计算机基础与实训教材系列

中文版 Premiere Pro CC视频编辑实例教程

蔡冠群 聂竹明 主 编
黎 颖 蔡小爱 刘训星 副主编

清华大学出版社
北 京

内 容 简 介

本书是安徽省重大教学改革与研究项目“微课与慕课：基于新媒体的课程重构与教育供给方式变革”以及安徽省高等学校省级质量工程项目“基于校企合作的高职计算机类专业课程体系优化与教学模式改革研究”的研究成果。本书从视频制作中所遇到的实际问题出发，采用“项目引导、任务驱动”的项目化教学编写方式，体现“基于工作过程”、“教、学、做”一体化的教学理念和实践特点。以软件使用流程为主线、以案例制作为抓手，由浅入深、循序渐进地介绍了Adobe公司经典非线性编辑软件——中文版Premiere Pro CC的操作方法和使用技巧。全书共分为12个工程项目，共38个任务。具体内容包括：熟悉Premiere Pro CC、采集与管理素材、编辑视频素材、视频切换、设置运动效果、使用视频特效、使用外挂滤镜、视频合成、制作字幕、应用音频、输出影片、综合实训。读者能够通过项目案例完成相关知识的学习和技能的训练。每个项目案例均来自企业工程实践，具有典型性、实用性、趣味性和可操作性。

本书图文并茂，条理清晰，通俗易懂，内容丰富，具有很强的实用性和可操作性。本书既可作为高等院校、职业院校及各类社会培训学校的优秀教材，也可作为广大初、中级计算机用户的自学参考书。

本书对应的电子课件、实例源文件和习题答案可以到http://www.tupwk.com.cn/edu网站下载。

图书在版编目(CIP)数据

中文版Premiere Pro CC视频编辑实例教程/蔡冠群，聂竹明 主编. —北京：清华大学出版社，2015
(计算机基础与实训教材系列)
ISBN 978-7-302-41702-6

Ⅰ. ①中… Ⅱ. ①蔡… ②聂… Ⅲ. ①视频编辑软件—教材 Ⅳ. ①TP391.41 ②TN94

中国版本图书馆CIP数据核字(2015)第237986号

责任编辑：胡辰浩 袁建华
装帧设计：牛艳敏
责任校对：成凤进
责任印制：何 芊

出版发行：清华大学出版社
网 址：http://www.tup.com.cn，http://www.wqbook.com
地 址：北京清华大学学研大厦A座 **邮 编**：100084
社 总 机：010-62770175 **邮 购**：010-62786544
投稿与读者服务：010-62776969，c-service@tup.tsinghua.edu.cn
质 量 反 馈：010-62772015，zhiliang@tup.tsinghua.edu.cn
印 装 者：北京密云胶印厂
经 销：全国新华书店
开 本：190mm×260mm **印 张**：22.5 **字 数**：590千字
版 次：2015年11月第1版 **印 次**：2015年11月第1次印刷
印 数：1～3500
定 价：45.00元

产品编号：056478-01

编审委员会

计算机基础与实训教材系列

丛书序

计算机已经广泛应用于现代社会的各个领域，熟练使用计算机已经成为人们必备的技能之一。因此，如何快速地掌握计算机知识和使用技术，并应用于现实生活和实际工作中，已成为新世纪人才迫切需要解决的问题。

为适应这种需求，各类高等院校、高职高专、中职中专、培训学校都开设了计算机专业的课程，同时也将非计算机专业学生的计算机知识和技能教育纳入教学计划，并陆续出台了相应的教学大纲。基于以上因素，清华大学出版社组织一线教学精英编写了这套“计算机基础与实训教材系列”丛书，以满足大中专院校、职业院校及各类社会培训学校的教学需要。

一、丛书书目

本套教材涵盖了计算机各个应用领域，包括计算机硬件知识、操作系统、数据库、编程语言、文字录入和排版、办公软件、计算机网络、图形图像、三维动画、网页制作以及多媒体制作等。众多的图书品种可以满足各类院校相关课程设置的需要。

⊙ 已出版的图书书目

《计算机基础实用教程（第三版）》	《Excel 财务会计实战应用（第四版）》
《计算机基础实用教程(Windows 7+Office 2010 版)》	《C#程序设计实用教程》
《电脑入门实用教程（第三版）》	《中文版 Office 2007 实用教程》
《电脑入门实用教程（Windows 7+Office 2010）》	《中文版 Word 2007 文档处理实用教程》
《电脑办公自动化实用教程（第三版）》	《中文版 Excel 2007 电子表格实用教程》
《计算机组装与维护实用教程（第三版）》	《中文版 PowerPoint 2007 幻灯片制作实用教程》
《中文版 Word 2003 文档处理实用教程》	《中文版 Access 2007 数据库应用实例教程》
《中文版 PowerPoint 2003 幻灯片制作实用教程》	《中文版 Project 2007 实用教程》
《中文版 Excel 2003 电子表格实用教程》	《中文版 Office 2010 实用教程》
《中文版 Access 2003 数据库应用实用教程》	《Word+Excel+PowerPoint 2010 实用教程》
《中文版 Project 2003 实用教程》	《中文版 Word 2010 文档处理实用教程》
《中文版 Office 2003 实用教程》	《中文版 Excel 2010 电子表格实用教程》
《网页设计与制作(Dreamweaver+Flash+Photoshop)》	《中文版 PowerPoint 2010 幻灯片制作实用教程》
《ASP.NET 4.0 动态网站开发实用教程》	《Access 2010 数据库应用基础教程》
《ASP.NET 4.5 动态网站开发实用教程》	《中文版 Access 2010 数据库应用实用教程》
《Excel 财务会计实战应用（第三版）》	《中文版 Project 2010 实用教程》

(续表)

《AutoCAD 2014 中文版基础教程》	《中文版 Photoshop CC 图像处理实用教程》
《中文版 AutoCAD 2014 实用教程》	《中文版 Flash CC 动画制作实用教程》
《AutoCAD 2015 中文版基础教程》	《中文版 Dreamweaver CC 网页制作实用教程》
《中文版 AutoCAD 2015 实用教程》	《中文版 InDesign CC 实用教程》
《AutoCAD 2016 中文版基础教程》	《中文版 CorelDRAW X7 平面设计实用教程》
《中文版 AutoCAD 2016 实用教程》	《中文版 Office 2013 实用教程》
《中文版 Photoshop CS6 图像处理实用教程》	《Office 2013 办公软件实用教程》
《中文版 Dreamweaver CS6 网页制作实用教程》	《中文版 Word 2013 文档处理实用教程》
《中文版 Flash CS6 动画制作实用教程》	《中文版 Excel 2013 电子表格实用教程》
《中文版 Illustrator CS6 平面设计实用教程》	《中文版 PowerPoint 2013 幻灯片制作实用教程》
《中文版 InDesign CS6 实用教程》	《Access 2013 数据库应用基础教程》
《中文版 CorelDRAW X6 平面设计实用教程》	《中文版 Access 2013 数据库应用实用教程》
《中文版 Premiere Pro CS6 多媒体制作实用教程》	《SQL Server 2008 数据库应用实用教程》
《中文版 Premiere Pro CC 视频编辑实例教程》	《Windows 8 实用教程》
《Mastercam X6 实用教程》	《计算机网络技术实用教程》
《多媒体技术及应用》	

二、丛书特色

1. 选题新颖，策划周全——为计算机教学量身打造

本套丛书注重理论知识与实践操作的紧密结合，同时突出上机操作环节。丛书作者均为各大院校的教学专家和业界精英，他们熟悉教学内容的编排，深谙学生的需求和接受能力，并将这种教学理念充分融入本套教材的编写中。

本套丛书全面贯彻“理论→实例→上机→习题”4 阶段教学模式，在内容选择、结构安排上更加符合读者的认知习惯，从而达到老师易教、学生易学的目的。

2. 教学结构科学合理、循序渐进——完全掌握“教学”与“自学”两种模式

本套丛书完全以大中专院校、职业院校及各类社会培训学校的教学需要为出发点，紧密结合学科的教学特点，由浅入深地安排章节内容，循序渐进地完成各种复杂知识的讲解，使学生能够一学就会、即学即用。

对教师而言，本套丛书根据实际教学情况安排好课时，提前组织好课前备课内容，使课堂

教学过程更加条理化，同时方便学生学习，让学生在学习完后有例可学、有题可练；对自学者而言，可以按照本书的章节安排逐步学习。

3. 内容丰富，学习目标明确——全面提升“知识”与“能力”

本套丛书内容丰富，信息量大，章节结构完全按照教学大纲的要求来安排，并细化了每一章内容，符合教学需要和计算机用户的学习习惯。在每章的开始，列出了学习目标和本章重点，便于教师和学生提纲挈领地掌握本章知识点，每章的最后还附带有上机练习和习题两部分内容，教师可以参照上机练习，实时指导学生进行上机操作，使学生及时巩固所学的知识。自学者也可以按照上机练习内容进行自我训练，快速掌握相关知识。

4. 实例精彩实用，讲解细致透彻——全方位解决实际遇到的问题

本套丛书精心安排了大量实例讲解，每个实例解决一个问题或是介绍一项技巧，以便读者在最短的时间内掌握计算机应用的操作方法，从而能够顺利解决实践工作中的问题。

范例讲解语言通俗易懂，通过添加大量的“提示”和“知识点”的方式突出重要知识点，以便加深读者对关键技术和理论知识的印象，使读者轻松领悟每一个范例的精髓所在，提高读者的思考能力和分析能力，同时也加强了读者的综合应用能力。

5. 版式简洁大方，排版紧凑，标注清晰明确——打造一个轻松阅读的环境

本套丛书的版式简洁、大方，合理安排图与文字的占用空间，对于标题、正文、提示和知识点等都设计了醒目的字体符号，读者阅读起来会感到轻松愉快。

三、读者定位

本丛书为所有从事计算机教学的老师和自学人员而编写，是一套适合于大中专院校、职业院校及各类社会培训学校的优秀教材，也可作为计算机初、中级用户和计算机爱好者学习计算机知识的自学参考书。

四、周到体贴的售后服务

为了方便教学，本套丛书提供精心制作的 PowerPoint 教学课件(即电子教案)、素材、源文件、习题答案等相关内容，可在网站上免费下载，也可发送电子邮件至 wkservice@vip.163.com 索取。

此外，如果读者在使用本系列图书的过程中遇到疑惑或困难，可以在丛书支持网站(http://www.tupwk.com.cn/edu)的互动论坛上留言，本丛书的作者或技术编辑会及时提供相应的技术支持。咨询电话：010-62796045。

前言

Adobe 公司的 Adobe Creative Suite CC 自发布以来，备受媒体和用户的关注，这一系列高度集成、行业领先的设计和开发工具为所有的创意流程做出了革命性的贡献。非线性编辑软件 Adobe Premiere Pro CC 是其重要的组成部分。利用 Premiere，用户可以轻松地捕捉数码视频，并通过使用多轨的影像与声音合成来制作 Microsoft Video for Windows(.avi)和 QuickTime Movies(.mov)等动态影像格式。通过与 Adobe After Effects CC Professional、Photoshop CC 等软件的集成，可扩大用户的创意选择空间。还可以将内容传输到 DVD、蓝光光盘、Web 和移动设备。

本书从视频制作中所遇到的实际问题出发，采用"项目引导、任务驱动"的项目化教学编写方式，体现"基于工作过程"、"教、学、做"一体化的教学理念和实践特点。每个项目案例均来自企业工程实践，具有典型性、实用性、趣味性和可操作性，每个项目又分成若干个任务，任务之后是拓展训练，由浅入深，循序渐进，将知识点融入各任务中，读者在完成任务的过程中掌握了视频制作的技能。全书共分 12 个工程项目，主要内容如下：

项目 1 介绍 Premiere Pro CC 的工作界面和基本工作流程。

项目 2 介绍在 Premiere Pro CC 中如何对素材进行采集、导入和管理。

项目 3 介绍如何使用 Premiere Pro CC 进行影视素材的编辑。

项目 4 介绍在 Premiere Pro CC 中如何应用视频切换效果。

项目 5 介绍在 Premiere Pro CC 中如何设置运动效果。

项目 6 介绍在 Premiere Pro CC 中如何应用视频特效。

项目 7 介绍在 Premiere Pro CC 中如何使用外挂滤镜。

项目 8 介绍如何使用 Premiere Pro CC 进行视频合成。

项目 9 介绍使用字幕编辑器中的工具和模板进行字幕编辑的技巧。

项目 10 介绍在 Premiere Pro CC 中如何应用音频。

项目 11 介绍在 Premiere Pro CC 中如何进行作品的合成和输出。

项目 12 介绍如何使用 Premiere Pro CC 制作视频短片《家乡美》。

本书图文并茂，条理清晰，通俗易懂，内容丰富，在讲解每个知识点时都配有相应的实例，方便读者上机实践。同时在难于理解和掌握的部分内容上给出相关提示，让读者能够快速地提高操作技能。此外，本书还配有大量综合实例和练习，让读者在不断的实际操作中更加牢固地掌握书中讲解的内容。

本书是多人智慧的结晶，除封面署名的作者外，参加本书编写的人员还有刘园红、于中海、汪勋、薛峰、张小奇、苏文明、龚勇、胡敏、何学成、张海民、袁婷婷、徐宏进、刘钊颖、王玉、薛琛、刘煜等。在编写本书的过程中参考了相关文献，在此向这些文献的作者深表感谢。由于作者水平有限，书中难免有错误与不足之处，恳请专家和广大读者批评指正。我们的信箱是 huchnehao@263.net，电话是 010-62796045。

本书对应的电子课件、实例源文件和习题答案可以到 http://www.tupwk.com.cn/edu 网站下载。

作　者

2015 年 9 月

推荐课时安排

项目名称	推荐课时
项目 1 介绍 Premiere Pro CC 的工作界面和基本工作流程	1
项目 2 介绍在 Premiere Pro CC 中如何对素材进行采集、导入和管理	1
项目 3 介绍如何使用 Premiere Pro CC 进行影视素材的编辑	4
项目 4 介绍在 Premiere Pro CC 中如何应用视频切换效果	4
项目 5 介绍在 Premiere Pro CC 中如何设置运动效果	8
项目 6 介绍在 Premiere Pro CC 中如何应用视频特效	8
项目 7 介绍在 Premiere Pro CC 中如何使用外挂滤镜	8
项目 8 介绍如何使用 Premiere Pro CC 进行视频合成	6
项目 9 介绍使用字幕编辑器中的工具和模板进行字幕编辑的技巧	6
项目 10 介绍在 Premiere Pro CC 中如何应用音频	6
项目 11 介绍在 Premiere Pro CC 中如何进行作品的合成和输出	6
项目 12 介绍如何使用 Premiere Pro CC 制作视频短片《家乡美》	6

目录

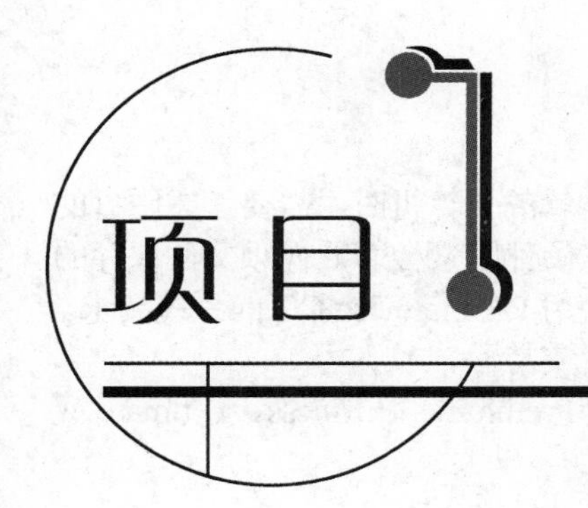

项目1 熟悉 Premiere Pro CC

学习目标

Premiere Pro CC 是一款常用的非线性视频编辑软件，由 Adobe 公司推出，具有较好的画面质量和兼容性，且可以与 Adobe 公司推出的其他软件相互协作，广泛应用于广告制作和电视节目制作中。新版的 Premiere Pro CC 经过重新设计，能够提供更强大、更高效的增强功能与专业工具，比如新增加的音频编辑面板，以及编辑技巧的增强，从而使用户制作影视节目的过程更加轻松。

本章重点

- Premiere Pro CC 的功能
- Premiere Pro CC 的特点
- Premiere Pro CC 的界面
- Premiere Pro CC 的菜单命令

任务1 认识 Premiere Pro CC

Premiere Pro CC 是美国 Adobe 公司出品的视频非线性编辑软件，是为视频编辑爱好者和相关专业人士准备的编辑工具，可以支持当前所有标清和高清格式视频的实时编辑。它提供了采集、剪辑、调色、美化音频、字幕添加、输出、DVD 刻录的一整套流程，并可以和其他 Adobe 软件高效集成，满足用户创建高质量作品的要求。目前，这款软件广泛应用于影视编辑、广告制作和电视节目的制作中。

Premiere Pro CC 的功能比其以前的版本更加强大，不仅可以在计算机上编辑、观看更多种文件格式的电影，还可以实时预览，具有多重嵌套的时间线窗口以及包含环绕声效果的全新的声音工具、内置的 YUV 调色工具，强有力的 Photoshop 文件处理能力、图像波形和矢量显示器、全新的更加方便的控制窗口和面板，而且可以全部自定义快捷键；不仅可以通过外部设备进行电影素材的采集，还可以将作品输出到录影带，尤其可以直接输出制作 DVD。同时 Premiere Pro CC 还具有强大的字幕编辑功能，完全可以创建广播级的字幕效果。

1.1.1 安装 Premiere Pro CC 的系统要求

编辑视频需要较高的计算机资源支持，因此配置用于视频编辑的计算机时，需要考虑硬盘的容量与转速、内存的容量和处理器的主频高低等硬件因素。这些硬件因素会影响视频文件保存的容量、处理和渲染输出视频文件时的运算速度。以下是安装和使用 Premiere Pro CC 的系统要求。

- Intel Core 2Duo 或 AMD Phenom II 处理器；需要 64 位支持。
- 需要 64 位操作系统：Microsoft Windows Vista Home Premium、Business、Ultimate 或 Enterprise (带有 Service pack 1)或者 Windows 7。
- 4GB 内存(推荐 8GB 或更大内存)。
- 10GB 可用硬盘空间(在安装过程中需要额外的可用空间)。
- DV 和 HDV 编辑需要专用的 7200 RPM 硬盘；HD 需要条带化的磁盘阵列存储空间(RAID0)；最好是 SCSI 磁盘子系统。
- 1280×1024 显示器分辨率，OpenGL2.0 兼容图形卡。
- Microsoft DirectX 或 ASIO 兼容声卡。
- 对于 SD/HD 工作流程，需要经 Adobe 认证的卡来捕捉并导出到磁带。
- DVD-ROM 驱动器。
- 制作蓝光光盘需要蓝光刻录机。
- 制作 DVD 需要 DVD+/-R 刻录机。
- 如果 DV 和 HDV 要捕捉、导出到磁带并传输到 DV 设备上，则需要 OHCI 兼容的 IEEE 1394 端口。
- 使用 QuickTime 功能需要 QuickTime 7.6.6 软件。
- 产品激活需要 Internet 或电话连接。
- Adobe Stock Photos 和其他服务需要宽带 Internet 连接。

1.1.2 Premiere Pro CC 的功能

Premiere Pro CC 既可以用于非线性编辑，也可以用于建立 Adobe Flash Video、Quick Time、RealMedia 或者 Windows Media 影片。使用 Premiere Pro CC 可以实现以下功能。

- 视频和音频的剪辑。
- 字幕叠加：叠加透明图片，如 PSD、自带字幕软件、可外挂字幕插件。
- 音频、视频同步：调整音频、视频不同步的问题。
- 格式转换：几乎可以处理任何格式，包括对 DV、HDV、Sony XDCAM、XDCAM EX、Panasonic P2 和 AVCHD 的原生支持。支持导入和导出 FLV、F4V、MPEG-2、QuickTime、Windows Media、AVI、BWF、AIFF、JPEG、PNG、PSD、TIFF 等。
- 添加、删除音频和视频(配音或画面)。
- 多层视频、音频合成。
- 加入视频转场特效。
- 音频、视频的修整：给音频、视频作各种调整，添加各种特效。
- 使用图片、视频片段做电影。
- 导入数字摄影机中的影音段进行编辑。

Premiere Pro CC 的核心技术是将视频文件逐帧展开，然后以帧为精度进行编辑，并且可以实现与音频文件的同步，这些功能的处理体现了非线性编辑软件的特点和功能。

Adobe Premiere Pro CC 主要用于在计算机上进行影片的制作。在过去的几十年里，与电影制作技术相关的几乎所有技术，如镜头、录音和照明等都有了极大的改进。现在可以实现使用新的镜头和胶片在低照明度环境下进行拍摄，使用彩色胶片随机快照得到完全逼真的彩色图像。在所有的技术进步中，有两项技术是具有革命性发展的：一个是高级摄像机的发展，另一个是视频技术的发展。前者使得摄像机向轻便且具有高质量的同步录音方面进行发展，使得拍摄实时性较强的新闻片和故事片成为可能；后者的发展促进了在计算机上进行影片编辑的技术进步。

计算机上的数字视频和 Premiere Pro CC 消除了传统编辑过程中耗时的制作过程。使用 Premiere Pro CC 时，不必到处寻找磁带，或者将它们放入磁带机和从中移走它们。使用计算机制作影片显著的优点就是将胶片的内容制作成为数字化的文件输入计算机之后，只要对文件进行操作，就可以对内容进行添加、删除和应用效果等处理，制作完成后，还可以再输出到胶片上，这样就减少了在制作过程中损坏或者耗费大量昂贵胶片的可能性。

1.1.3　Premiere Pro CC 的特点

Premiere Pro CC 的新增功能和变更，比如 Premiere Pro 中的 After Effects 工作流、主剪辑效果、支持 Typekit 字体、同步设置和文件管理、编辑体验强化、媒体管理增强功能、音频相关的增强功能、跨平台支持视频效果和过渡、图形性能和原生格式支持增强、新的作品格式、其他增强功能以及新增和更改的键盘快捷键等。

Adobe Premiere Pro CC 具有如下一些特点。

- Premiere Pro 中的 After Effects 工作流：Adobe 的视频处理软件 Premiere Pro CC 新版实现了与 After Effects 更紧密的集成，提供了新的剪辑效果以及多项新功能和增强功能，使视频后期制作流程更加方便快捷。
- 实时功能强化主剪辑效果、支持来自 Typekit 的字体：在 Premiere Pro CC 中，将效果应用到主剪辑时，效果会自动扩散到序列中使用的主剪辑的所有部分。对主剪辑应用效果或 LUT 后，该效果或颜色变更会自动应用至编辑到序列中的主剪辑的每个实例中。此外，对效果进行的任何后续调整，都会自动扩散到所有序列剪辑。通过将“效果”面板的效果拖动到主剪辑处，可将效果应用到主剪辑。要查看或调整序列剪辑中的主剪辑效果，可使用“匹配帧”功能将该序列的主剪辑加载到源监视器中。然后，从“效果控件”面板调整所有已应用的效果。
- 同步设置和文件管理：Adobe Creative Cloud 具有在线存储功能，可让用户随时随地通过任意设备或计算机访问自己的文件。利用 Premiere Pro CC 可将项目直接自动保存到基于 Creative Cloud 的存储空间，从而方便地将项目备份到安全且易于访问的存储环境中。
- 编辑体验强化：使用 Premiere Pro CC 的“反转匹配帧”命令，可找到源监视器中加载的帧并将其在时间轴中进行匹配。
- 跨平台支持视频效果和过渡：为了给效果和过渡提供一致的跨平台支持，Premiere Pro CC 支持在 Windows 和 Mac 平台上实现同样的效果和过渡。

任务2　启动与退出 Premiere Pro CC

本节将简要介绍如何启动和退出 Premiere Pro CC，便于读者学习和使用 Premiere Pro CC。

1.2.1 启动 Premiere Pro CC

(1) Premiere Pro CC 安装完成后，可以选择菜单栏中的【开始】|【所有程序】| Adobe 命令，在弹出的子菜单中选择 Adobe Premiere Pro CC 命令，或者在桌面上双击图标，以启动 Premiere Pro CC 程序。

(2) 在启动过程中，会弹出如图 1-1 所示的信息面板。

(3) 稍后进入欢迎界面，如图 1-2 所示，单击面板上的【新建项目】按钮。

图 1-1　Premiere Pro CC 的启动信息面板

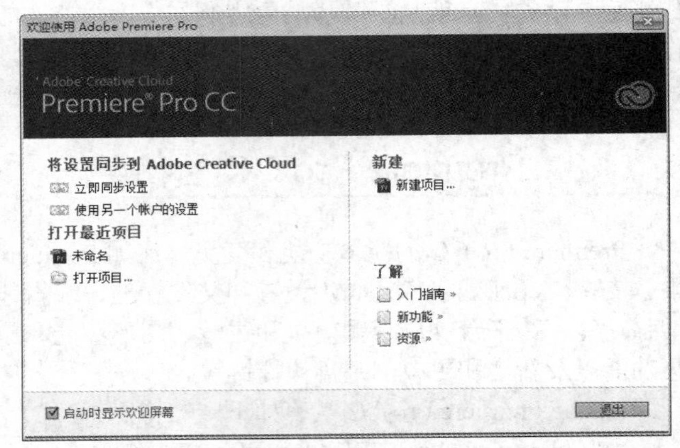

图 1-2　Premiere Pro CC 的欢迎界面

提示

在欢迎界面中除【新建项目】按钮外，还包括以下几个按钮。

- 了解：包括入门指南、新功能和资源。
- 打开最近项目：列出最近编辑或打开过的项目文件名。
- 退出：退出 Premiere Pro CC 软件。

(4) 弹出【新建项目】对话框，如图 1-3 所示。在该对话框中可以设置文件的格式、编辑模式、帧尺寸，单击【位置】右侧的【浏览】按钮，可以选择文件保存的路径。在【名称】右侧的文本框中输入当前项目文件的名称，然后单击【确定】按钮。

(5) 此时即可进入 Premiere Pro CC 的工作界面，如图 1-4 所示，然后就可以进行编辑工作了。执行【文件】|【新建】|【序列】命令，系统会弹出【新建序列】对话框，如图 1-5 所示。设置完序列参数后，单击【确定】按钮。

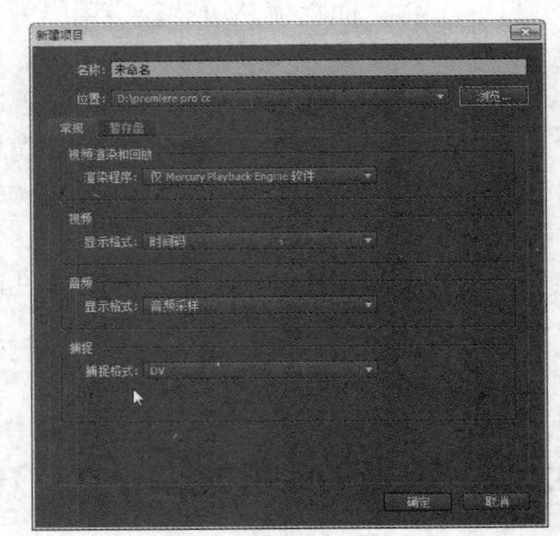

图 1-3　【新建项目】对话框

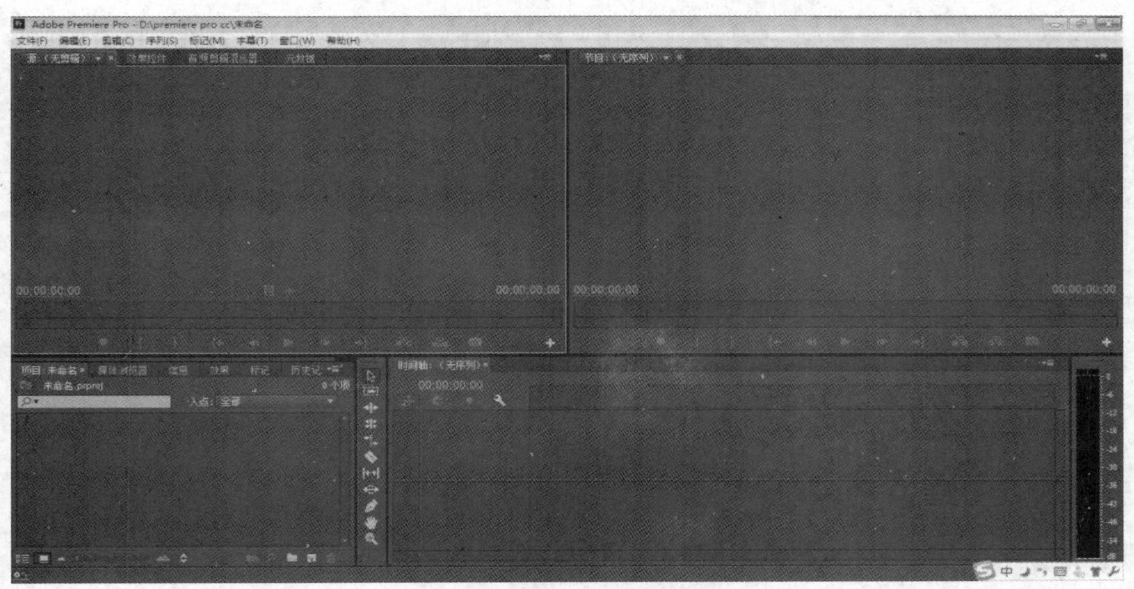

图 1-4　Premiere Pro CC 的工作界面

图 1-5　【新建序列】对话框

1.2.2　退出 Premiere Pro CC

在 Premiere Pro CC 软件中编辑完成后，在菜单栏中选择【文件】|【退出】命令，此时会弹

出提示对话框，如图 1-6 所示。该对话框提示用户是否对当前项目文件进行保存，其中有 3 个按钮。

- “是”：可以对当前项目文件进行保存，然后关闭软件。
- “否”：可以不保存直接退出软件。
- “取消”：回到编辑项目文件中，不退出软件。

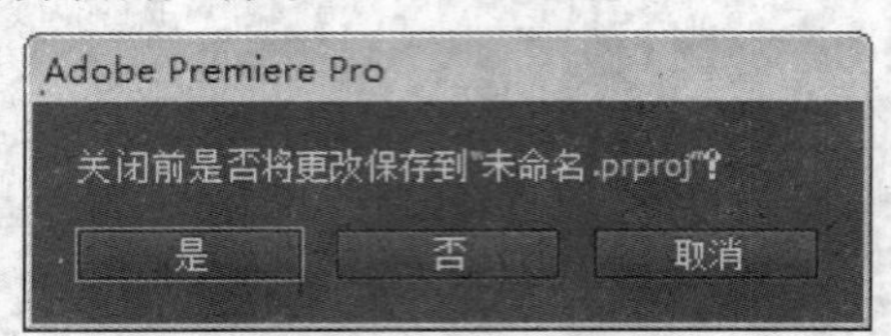

图 1-6　提示对话框

任务 3　熟悉 Premiere Pro CC 的工作界面

Premiere 是具有交互式界面的软件，其工作界面中存在着多个工作组件。用户可以方便地通过菜单和面板相互配合使用，直观地完成视频编辑。

Premiere Pro CC 工作界面中的面板不仅可以随意控制关闭和开启，而且还能任意组合和拆分。用户可以根据自身的习惯来定制工作界面。

1.3.1　【项目】窗口

【项目】窗口一般用来储存【时间线】窗口编辑合成的原始素材。在【项目】窗口的当前页的标签上显示了项目名。【项目】窗口分为上下两个部分：下半部分显示的是原始的素材，上半部分显示的是下半部分选中素材的一些信息。在下半部分选中一个素材，那么在上半部分显示的是该素材的信息。这些信息包括该视频的分辨率、持续时间、帧率和音频的采样频率、声道等。同时，在上半部分还可以显示当前所在文件夹的位置和该文件夹中所有素材的数目。如果该素材是视频素材或者音频素材，还可以单击播放按钮进行预览播放，如图 1-7 所示。

在【项目】窗口的左下方，有一组工具按钮，各按钮含义如下。

- 【列表视图】按钮：该按钮是控制原始素材的显示方式的。如果单击该按钮，那么【项目】窗口中的素材将以列表的方式显示出来，这种方式显示该素材的名称、标题、视频入点等参数。在该显示方式下，可以单击相应的属性栏。例如，单击【名称】栏，那么这些素材将按照名称的顺序进行排列；如果再单击【名称】栏，则排列顺序变为相反的类型(也就是降序变为升序，升序则变为降序)。
- 【图标】按钮：该按钮控制原始素材的显示方式，它是让原始素材以图标的方式进行显示。在这种显示方式下，用一个图标表示该素材，然后在图标下面，显示了该素材的名称和持续时间。
- 【自动匹配到序列】按钮：该按钮用于把选定的素材按照特定的方式加入到当前选定的【时间线】窗口中。单击该按钮，将会出现对话框，用于设置插入的方式，如图 1-8 所示。

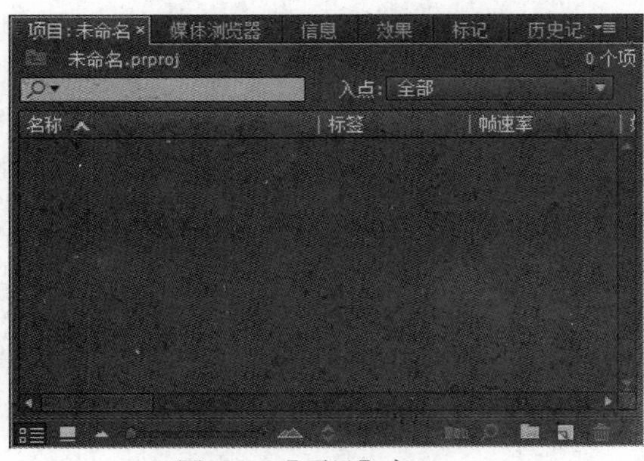

图 1-7　【项目】窗口

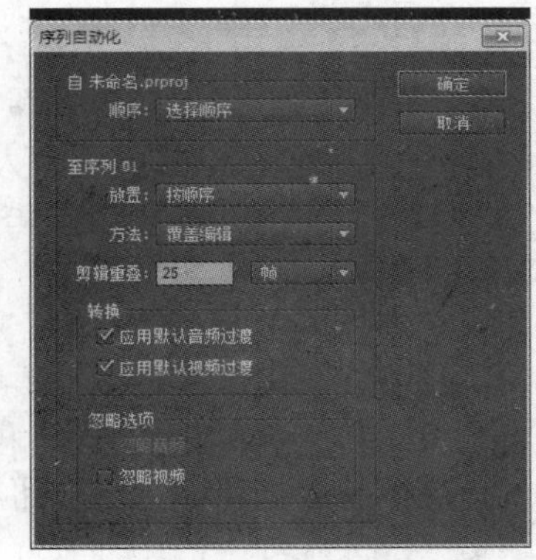

图 1-8　【序列自动化】对话框

- 【查找】按钮：该按钮用于按照【名称】、【标签】、【注释】、【标记】或【出入点】等在【项目】窗口中定位素材，就如同在 Windows 的文件系统中搜索文件一样。单击该按钮打开如图 1-9 所示的对话框。

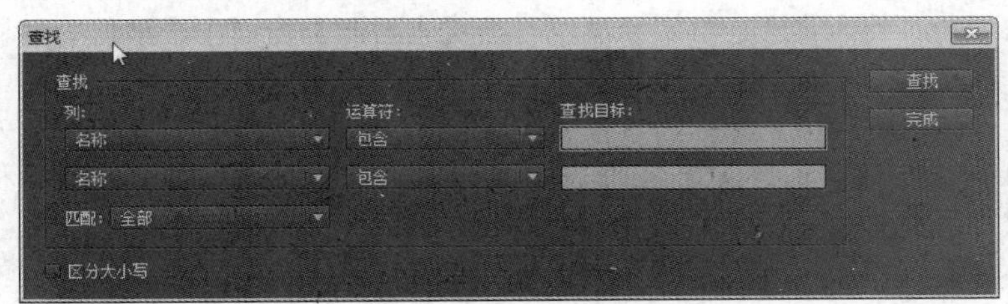

图 1-9　【查找】对话框

其中，【列】用于选择查找的关键字段，可以是【名称】、【标签】、【媒体类型】、【视频入点】等，其下拉菜单如图 1-10 所示。

【运算符】：用于选择操作符，可以是【包含】等。其下拉菜单如图 1-11 所示。

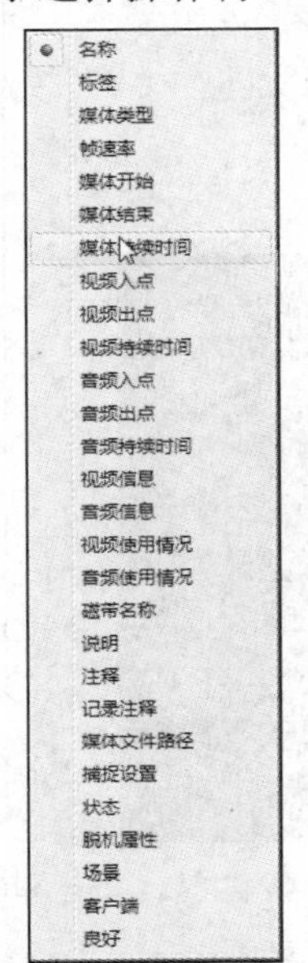

图 1-10　【列】下拉菜单

图 1-11　【操作】下拉菜单

【查找目标】：用于输入关键字。

【匹配】：用于选择逻辑关系，可以是【全部】。

【区分大小写】：选择是否和大小写相关。

在这些项目都选择或者填写完毕后，单击【查找】按钮就可以进行定位。

- 【新建文件夹】按钮：该按钮用于在当前素材管理路径下存放素材的文件夹，可以手动输入文件夹的名称。
- 【新建分项】按钮：该按钮用于在当前文件夹创建一个新的序列、脱机文件、字幕、标准彩色条、视频黑场、彩色场、通用倒计时片头。在该菜单中选择用新建的项目即可。
- 【清除】按钮：该按钮用于将素材从【项目】窗口中清除。

1.3.2 监视器窗口

在监视器窗口中，可以进行素材的精细调整，如进行色彩校正和剪辑素材。默认的监视器窗口由两个窗口组成，左边是【素材源】窗口，用于播放原始素材；右边是【节目】窗口，对【时间线】窗口中的不同序列内容进行编辑和浏览。在【素材源】窗口中，素材的名称显示在左上方的标签页上，单击该标签页的下拉按钮，可以显示当前已经加载的所有素材，可以从中选择素材在【素材源】窗口中进行预览和编辑。在【素材源】窗口和【节目】窗口的下方，都有一系列按钮，两个窗口中的这些按钮基本相同，它们用于控制窗口的显示，并完成预览和剪辑的功能。

监视器窗口如图 1-12 所示。

单击【素材源】窗口右上方的三角形按钮，可以出现一个菜单，如图 1-13 所示。该菜单综合了对源素材窗口的大多数操作。单击【节目】窗口右上方的三角形按钮，也可以出现一个菜单，它们基本上是相同的，下面介绍该菜单的各项功能。

图 1-12 监视器窗口

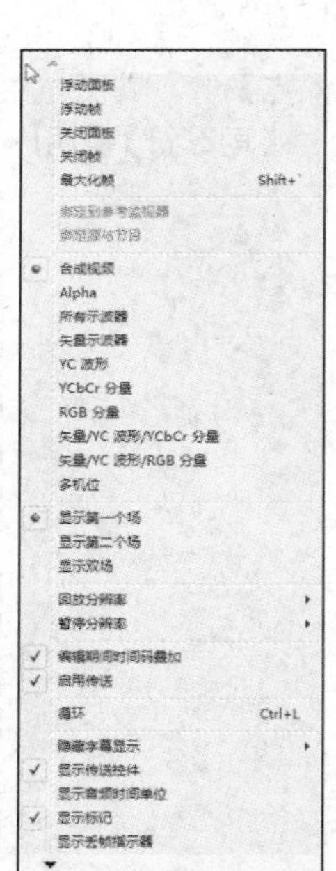

图 1-13 窗口操作菜单

- 【浮动面板】、【浮动帧】、【关闭面板】、【关闭帧】、【最大化帧】：这几项是所有窗口面板都有的选项，用于对窗口面板的操作。

- 【合成视频】、【Alpha】、【全部范围】、【矢量示波器】、【YC 波形】、【YCbCr 分量】、【RGB 分量】、【矢量/YC 波形/YCbCr 分量】、【矢量/YC 波形/RGB 分量】：这几项只能选择一项，表示当前在窗口中如何显示素材或者节目，这些显示模式基本上都是专业级广播工具。
- 【循环】：循环播放。
- 【显示音频时间单位】：时间单位采用基于音频的单位。
- 【安全框】：电视机在播放时通常会放大视频并把超出屏幕边缘的部分给剪掉，这称为过扫描。过扫描的量并不是固定的，因而用户需要将视频图像中一些重要的情节和字幕放在成为安全框的范围内。用户可以通过选择该项来观察监视器中【素材源】窗口或【节目】窗口的安全框。选择该项后，在窗口中会出现两个矩形框，里面一个框表示字幕素材的安全区域，外面一个框表示视频图像的安全区域。

以上这些命令基本上都能在【素材源】窗口下部找到对应的按钮。而关于这些按钮的功能，将在后面做具体的介绍。

【素材源】窗口在同一时刻只能显示一个单独的素材，如果将【项目】窗口中的全部或部分素材都加入其中，可以在【项目】窗口中选中这些素材，直接使用鼠标拖动到【素材源】窗口中即可。在【素材源】窗口的标题栏上单击下拉按钮，可以选择需要显示的素材。

【节目】窗口每次只能显示一个单独序列的节目内容，如果要切换显示的内容，可以在节目窗口的左上方标签页中选择所需要显示内容的序列。在监视器窗口中，【素材源】窗口和【节目】窗口都有相应的控制工具按钮，而且两个窗口的按钮基本上类似，都可进行预览、剪辑等操作。

窗口左上方的数字表示当前编辑线所在的时间位置，右上方的数字表示在相应窗口中使用入点、出点剪辑的片段的长度(如果当前未用入点、出点标记，则是整个素材或者节目的长度)。各按钮功能如下。

- 【设置入点】：单击该按钮，对【素材源】或者【节目】设置入点，用于剪辑。在当前位置处，指定为入点，时间指示器相应位置出现，快捷键是 I。当按住 Alt 键时再单击该按钮，可以清除已经设置的入点。
- 【设置出点】：单击该按钮，对【素材源】或者【节目】设置出点，在入点和出点之间的片段，将被用于插入(或者抽出)时间线。在当前位置处，指定为出点，时间指示器相应位置出现。该按钮对应的快捷键是 O。当按住 Alt 键再单击该按钮时，可以清除已设置的出点。
- 【设置未编号标记】：标记点用于标记关键帧，标记点既可以用数字标识，也可以不标识，设置无编号标记就是设置一个标记点，但不用数字标识，快捷键是 Num Lock+*。
- 【跳转到前一标记】：单击该按钮，编辑位置跳转到前一标记点。该按钮只在【素材源】窗口中有。
- 【跳转到前一编辑点】：单击该按钮，将编辑线快速移动到前一个需要编辑的位置。该按钮只在【节目】窗口中有。
- 【步退】：每单击一次该按钮，编辑线就回退一帧。该按钮对应的快捷键是【左箭头】。
- 【播放—停止切换】：单击一次该按钮，播放对应窗口中的素材或者节目，然后按钮变为停止按钮。然后再次单击该按钮，就停止播放素材或者节目。该按钮对应的快捷键是【空格键】。
- 【步进】：每单击一次该按钮，编辑线就前进一帧。该按钮对应的快捷键是【右箭头】。

- 【跳转到下一标记】：单击该按钮，跳转到下一个标记点，该按钮只在【素材源】窗口中有。
- 【跳转到下一编辑点】：单击该按钮，将编辑线快速移动到后一个需要编辑的位置。该按钮只在【节目】窗口中有。
- 【循环】：单击该按钮，选中循环播放模式，在【素材源】窗口播放的素材或者【节目】窗口播放的节目进行循环播放。再次单击该按钮，可取消循环播放模式。
- 【安全框】：单击该按钮，就会选中安全边框模式，在播放窗口中会出现安全边框。再次单击该按钮，可取消安全边框的显示。
- 【输出】：选择输出的模式。单击该按钮右下方的箭头，可以在出现的选择菜单中选择显示的模式和品质。比较重要的是显示模式。可以选择的输出模式有【合成视频】、【音频波形】、【透明通道】、【所有范围】、【矢量图】、【YC 波形】、【YCbCr 分量】、【RGB 分量】、【矢量/YC 波形/YCbCr 分量】和【矢量/YC 波形/RGB 分量】。
- 【跳转到入点】：单击该按钮，编辑线快速跳转到设置的入点。该按钮对应的快捷键是 Q。
- 【跳转到出点】：单击该按钮，编辑线快速跳转到设置的出点。该按钮对应的快捷键是 W。
- 【播放入点到出点】：单击该按钮，将播放从入点到出点的素材片段或者节目片段。按下 Alt 键，该按钮将变成【循环播放】。
- 飞梭：移动飞梭条可以方便地预览素材，一般用来快速定位编辑线。
- 【插入】：将当前【素材源】窗口中的素材从入点到出点的片段插入到【时间线】，处于编辑线后的素材均会向右移。如编辑线所处位置处于目标轨道中的素材之上，那么将会把原素材分为两段，新素材直接插入其中，原素材的后半部分将会紧接着插入的素材。快捷键是逗号“,”。该按钮为【素材源】窗口所特有。
- 【提升】：可以在【时间线】窗口中指定的轨道上，将当前由入点和出点确定的片段从编辑轨道中抽出，与之相邻的片段不会改变位置，快捷键是分号“;”。该按钮为【节目】窗口中所特有。
- 【覆盖】：将【素材源】窗口中由入点和出点确定的素材片段插入到当前【时间线】的编辑线处，其他片段与之在时间上重叠的部分都会被覆盖。若编辑线处于目标轨道中的素材上，那么加入的新素材将会覆盖原素材，凡是处于新素材长度范围内的原素材都将被覆盖。该按钮对应的快捷键是句号“.”。该按钮只有【素材源】窗口中有。
- 【提取】：将【时间线】窗口中由入点和出点取定的节目片段抽走，其后的片段前移，填补空缺，而且对于其他未锁定轨道上位于该选择范围内的素材，也同样进行删除。该按钮对应的快捷键是单引号“'”。该按钮是【节目】窗口中所特有的。
- 【导出单帧】：单击该按钮，将弹出【导出单帧】窗口，将视频文件以图片序列的方式导出。

1.3.3 【时间线】窗口

在 Premiere Pro CC 中，【时间线】窗口是非线性编辑器的核心窗口，在【时间线】窗口中，从左到右以电影播放时的次序显示所有该电影中的素材，视频、音频素材中的大部分编辑合成工作和特技制作都是在该窗口中完成的。【时间线】窗口如图 1-14 所示。

图 1-14　【时间线】窗口

- 视频轨道(可以有多个视频轨道，视频 1，视频 2……依次类推)。
- 音频轨道(可以同时有多个音频轨道，音频 1，音频 2……依次类推，在最后还有一个主混合轨道)。
- 【切换轨道输出】、：选择是否将对应轨道视频、音频输出。
- 【显示关键帧】：用于选择是否需要显示关键帧。
- 【折叠/展开轨道】、：用于选择是否需要展开轨道显示，显示轨道(音频或者视频)的全部内容。
- 【设置显示样式】：设置视频或者音频轨道内素材的显示模式。视频的显示模式有【显示头和尾】、【仅显示开头】、【显示每帧】和【仅显示名称】；音频的显示模式有【显示波形】和【仅显示名称】。
- 【切换同步锁定】：用于对相应的轨道进行锁定。
- 编辑线位置 00:00:00:00 ：显示编辑线在标尺上的时间位置。
- 【吸附】：用于将素材的边缘对齐。
- 【设置 Encore 章节标记】：用于设置输出的 Encore 制作 DVD 的章节标记。
- 【设置未编号标记】：用于设置一个无编号的标记。
- 时间标尺：用于表示电影中各帧的时间顺序，时间刻度可以由 1 帧到 5min。
- 编辑线：用于确定当前编辑的位置。
- 工作区域条：只是工作区域的起止点和持续时间，导出时只导出工作区域内的片段，而不是这个时间线。

1.3.4 【效果】面板

在默认的工作区中，【效果】面板通常位于程序界面的左下角。如果没有看到，可以选择【窗口】|【效果】命令，打开该面板，如图 1-15 所示。

在【效果】面板中，放置了 Premiere Pro CC 中所有的视频和音频的特效和转场切换效果。通过这些，可以从视觉和听觉上改变素材的特性。单击【效果】面板左上方的三角形按钮，打开【效果】面板的菜单，如图 1-16 所示。其中部分选项功能如下。

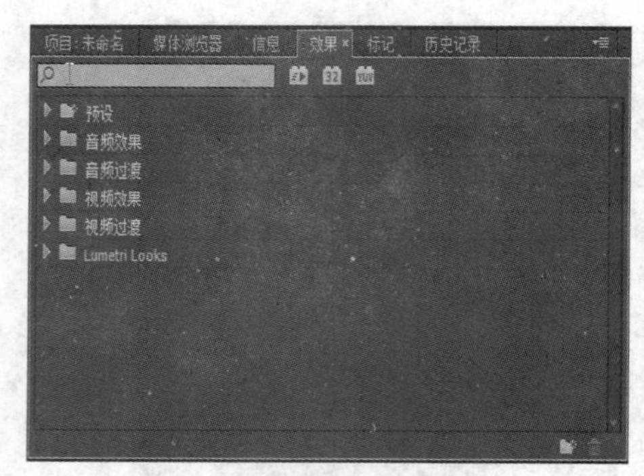

图 1-15 【效果】面板

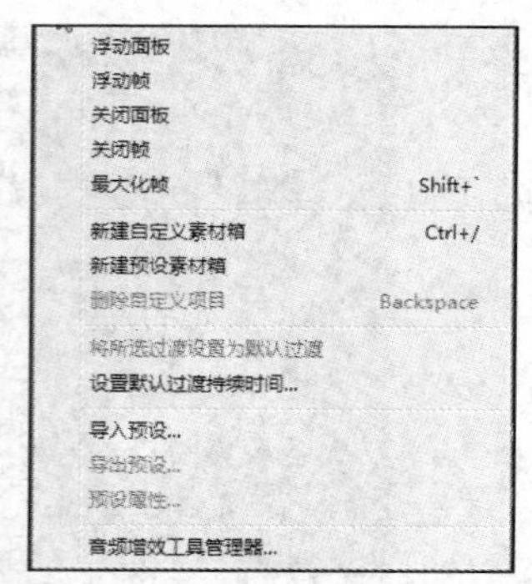

图 1-16 【效果】面板菜单

- 【新建自定义素材箱】：手动建立文件夹，可以把一些自己常用的效果拖到该文件夹里，这样使得效果管理起来更加方便，使用起来也更加简单。
- 【新建预设素材箱】：在【预设】文件夹中手动建立文件夹，可以把一些自己常用的效果设置保存到该文件夹里，使用起来也更加简单。
- 【删除自定义项目】：此命令用于删除手动建立的文件夹。
- 【将所选过渡设置为默认过渡】：此命令用于设置选择的切换效果为默认的过渡特效。
- 【设置默认过渡持续时间】：此命令将打开系统设置文件夹，可以设置默认过渡特效的持续时间。

【效果】面板中，上部的【搜索】文本框 用于输入关键字，快速定位效果的位置，输入"闪"，那么很快就可以找到在名称中包含"闪"的特效，如【闪电】。

【效果】面板右下方的【新建自定义文件夹】按钮，用于新建自定义文件夹；【删除】按钮 用于删除新建立的自定义文件夹。关于这些视频/音频特效、视频/音频过渡的详细含义和用法，将在后面章节中作详细介绍。

1.3.5 【特效控制台】面板

【特效控制台】面板显示了【时间线】窗口中选中的素材所采用的一系列特技效果，可以方便地对各种特技效果进行具体设置，以达到更好的效果，如图 1-17 所示。

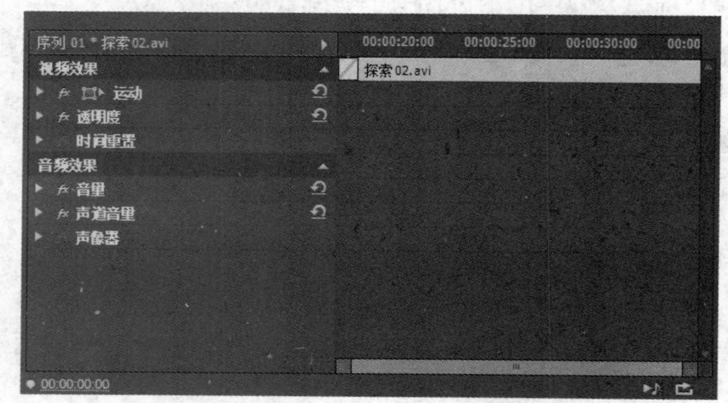

图 1-17 【特效控制台】面板

在 Premiere Pro CC 中，【特效控制台】面板的功能更加丰富和完善，增设了【时间重置】为固定效果。【运动】(Motion)特效和【透明度】(Opacity)特效的效果设置，基本上都在【效果控制】

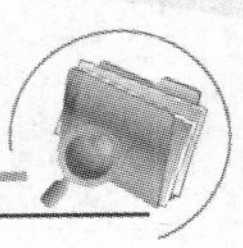

面板中完成。在该面板中，可以使用基于关键帧的技术来设置【运动】效果和【透明度】效果，还能够进行过渡效果的设置。

【特效控制台】面板的左边用于显示和设置各种特效，右边用于显示【时间线】窗口中选定素材所在的轨道或者选定过渡特效相关的轨道。

面板下方还有一小部分控制用的按钮和滑动条。

- 最左边的数字 00:00:00:00：用于显示当前编辑线在时间标尺上的位置。
- 播放音频按钮：只播放当前素材的音频。
- 循环按钮：固定音频循环播放。

1.3.6 【调音台】面板

在 Premiere Pro CC 中，可以对声音的大小和音阶进行调整。调整的位置既可以在【效果控制】面板中，也可以在【调音台】面板中。【调音台】面板如图 1-18 所示。

图 1-18　【调音台】面板

【调音台】面板是 Premiere 一个非常方便好用的工具。在该窗口中，可以方便地调节每个轨道声音的音量、均衡/摇摆等。Premiere Pro CC 支持 5.1 环绕立体声，所以，在【调音台】面板中，还可以进行环绕立体声的调节。

在默认音频轨道中，【音频 1】、【音频 2】和【音频 3】都是普通的立体声轨道，【主音轨】是主控制轨道。执行【窗口】|【调音台】命令，就会弹出【调音台】面板。

在【调音台】面板中，对每个轨道都可以进行单独的控制。在默认情况下，每个轨道都默认使用【主音轨】轨道进行总的控制。可以在【调音台】面板的下方列表框中进行选择。在 Premiere Pro CC 中，可以使用音频子混合轨道(可以通过【添加轨道】命令建立)对某些音轨进行单独控制。例如，将【音频 3】轨道改成由【子混合 1】轨道控制。由于【子混合 1】是环绕立体声轨道，对【音频 3】的均衡/摇摆的控制面板就改变为新的形状。在【调音台】面板中，还可以设置【静音/单独演奏】的播放效果。

1.3.7 【工具栏】面板

【工具栏】面板中的工具为用户编辑素材提供了足够用的功能，如图 1-19 所示。

图 1-19　【工具栏】面板

- 【选择】工具：使用该工具可以选择或移动素材，并可以调节素材关键帧、为素材设置入点和出点。当光标变为时，可以向右或向左缩短(或拉长)素材，快捷键是 V。在该方式下，还可以进行范围选择。在【时间线】窗口中，一直按下鼠标左键，然后拖动，鼠标将圈定一个矩形，在矩形范围内的素材全部被选中。

- 【轨道选择】工具：该工具选择单个轨道上从第一个被选择的素材开始到该轨道结尾处的所有素材。将光标移动到轨道上有素材的位置，光标变为单箭头形状，单击即可完成轨道选择。如果同时按住 Shift 键，那么光标的形状将变为双箭头，此时就可以进行多轨迹的选择，可选择【时间线】窗口中所有被选择素材之后的素材。该工具的快捷键是 A。
- 【波纹编辑】工具：该工具用于调整一个素材的长度，不影响轨道上其他素材的长度。选择该工具后，在能够使用该工具的位置，光标的形状是；而在无法使用该工具的位置，光标的形状是。使用该工具时，将光标移动到需要调整的素材的边缘，然后按下鼠标左键，向左或向右拖动鼠标，整个素材的长度将发生相应的改变，而与该素材相邻的素材的长度并不变。该工具的快捷键是 B。为了适应各素材之间的过渡关系，其他相邻素材的位置有所变化，但其长度都没变。
- 【滚动编辑】工具：该工具用来调节某个素材和其相邻的素材长度，以保持两个素材和其后所有的素材长度不变。在能够使用该工具的位置，光标的形状是；而在无法使用该工具的位置，光标的形状是。使用该工具时，将鼠标移动到需要调整的素材的边缘，然后按下鼠标左键，向左或者向右拖动鼠标。如果某个素材增加了一定的长度，那么相邻的素材就会减小相应的长度。该工具的快捷键是 N。把两段素材放在一起，使用该工具在两素材之间调整后，整体的长度不变，只是一段素材的长度变长，另一段素材的长度变短。
- 【速率伸缩】工具：使用该工具可以调整素材的播放速度。使用该工具时，将鼠标移动到需要调整的素材边缘，拖动鼠标，选定素材的播放速度将会随之改变(只要有足够的空间)。拉长整个素材会减慢播放速度，反之，则会加快播放速度。该工具的快捷键是 X。
- 【剃刀】工具：该工具将一个素材切成两个或多个分离的素材。使用时，将光标移动到素材的分离点处单击，原素材即被分离。该工具的快捷键是 C。如果同时按住 Shift 键，此时为多重剃刀工具。使用该工具，可以将分离位置处所有轨道(除锁定的轨道外)上的素材进行分离。
- 【滑动】工具：该工具用来改变素材的入点和出点，但不影响【时间线】窗口的其他素材。使用该工具时，把鼠标移动到需要改变的素材上，按下鼠标左键，然后拖动鼠标，前一素材的出点、后一素材的入点以及拖动的素材在整个项目中的入点和出点位置将随之改变，而被拖动的素材的长度和整个项目的长度不变。该工具的快捷键是 U。
- 【错落】工具：该工具用来改变前一素材的出点和后一素材的入点，保持选定素材长度不变。使用该工具时，将光标移动到需要调整的素材上，按住鼠标左键，然后拖动鼠标，素材的出点和入点也将随之变化，其他素材的出点和入点不变。该工具的快捷键是 Y。
- 【钢笔】工具：该工具用来设置素材的关键帧，快捷键是 P。
- 【手形把握】工具：该工具用来滚动时间线中窗口的内容，以便于编辑一些较长的素材。使用该工具时，将鼠标移动到时间线窗口，然后按住鼠标左键并拖动，可以滚动【时间线】窗口到需要编辑的位置。该工具的快捷键是 H。
- 【缩放】工具：该工具用来调节片段显示的时间间隔。使用放大工具可以缩小时间单位，使用缩小工具(按住 Alt 键)可以放大时间单位。该工具可以画方框，然后将方框选定的素材充满【时间线】窗口，时间单位也发生相应的变化。该工具的快捷键是 Z。

1.3.8　【信息】面板

【信息】面板显示了所选剪辑或过渡的一些信息，如图 1-20 所示。该面板中显示的信息随媒体类型和当前活动窗口等因素而不断变化。如果素材在【项目】窗口中，那么【信息】窗口将显示选定素材的名称、类型(视频、音频或者图像等)、长度等信息。同时，素材的媒体类型不同，显示的信息也有差异。

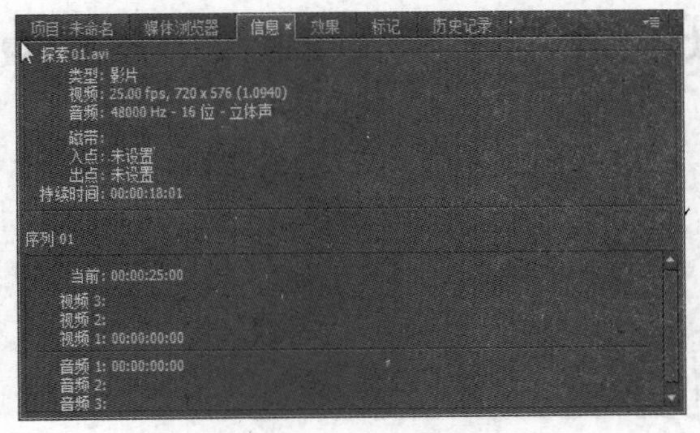

图 1-20　【信息】面板

1.3.9　【历史】面板

【历史】面板与 Adobe 公司其他产品中的【历史】面板一样，记录了从打开 Premiere Pro CC 后的所有的操作命令，如图 1-21 所示。其最多可以记录 99 个操作步骤。

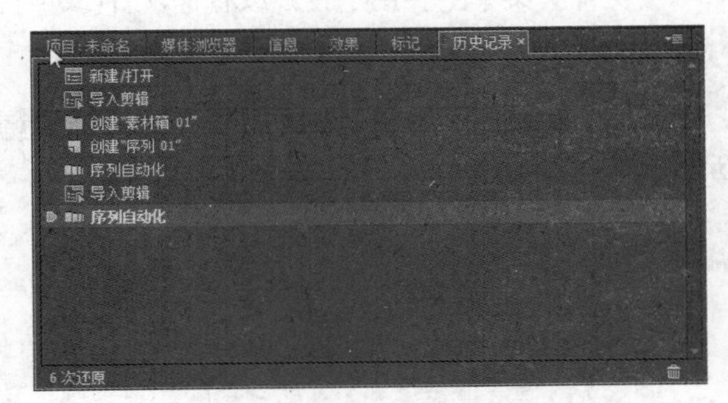

图 1-21　【历史】面板

用户可以在该面板中查看以前的操作，并且可以回退到先前的任意状态。例如，在【时间线】窗口中加入了一个素材，手动调整了素材的持续时间，对该素材使用了特技，进行复制、移动等操作，这些步骤都会记录在【历史】面板中。如果要回退到加入素材前的状态，只需要在【历史】面板中找到加入素材对应的命令，用鼠标左键单击即可。

历史面板的使用，有以下一些规定。

- 一旦关闭并重新打开项目，先前的编辑步骤将不再能从历史面板中得到。
- 打开一个字幕窗口，在该窗口中产生的步骤就不会出现在历史面板中。
- 最初的步骤显示在列表的顶部，而最新的步骤则显示在底部。
- 列表中显示的每种步骤也包括了改变项目时所用的工具或命令名称及代表它们的图标。某些操作会为受它影响的每个窗口产生一个步骤信息，这些步骤是相连的，Premiere 将它们作为一个单独的步骤对待。
- 选择一个步骤将使其下面的所有步骤变灰显示，表示如果从该步骤重新开始编辑，下面列出的所有改变都将被删除。
- 选择一个步骤后再改变项目，将删除选定步骤之后的所有步骤。

要在【历史】面板中上下移动，可拖动面板上的滚动条或者从【历史】面板菜单中选择【单步后退】或【单步前进】命令。

要删除一种项目步骤，应先选择该步骤，然后从【历史】面板菜单中选择【删除】命令并在弹出的确认对话框中单击【确定】按钮。

要清除历史控制面板中的所有步骤，可以从【历史】面板菜单中选择【清除历史记录】命令。

任务 4　了解 Premiere Pro CC 的菜单命令

Premiere Pro CC 一共有 8 个下拉式菜单命令，下面分别进行详细介绍。菜单如图 1-22 所示。

文件(F)　编辑(E)　剪辑(C)　序列(S)　标记(M)　字幕(T)　窗口(W)　帮助(H)

图 1-22　Premiere Pro CC 的菜单

1.4.1　【文件】菜单

【文件】菜单主要用于打开或存储文件(或项目)等操作，如图 1-23 所示。

1. 【新建】命令

此命令用来新建项目、序列和字幕等。将鼠标移至【新建】命令，弹出下拉菜单如图 1-24 所示。各选项功能如下。

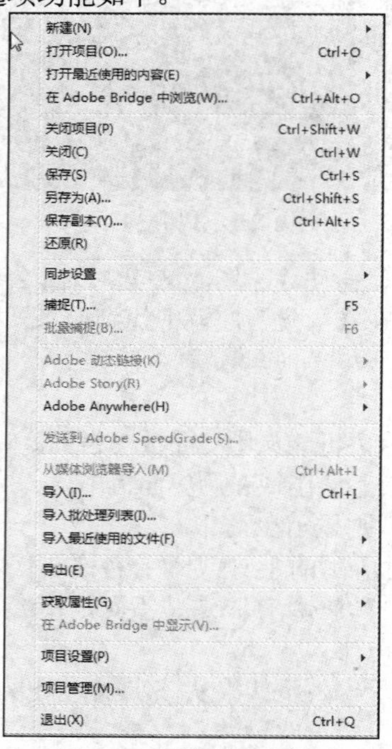

图 1-23　【文件】菜单

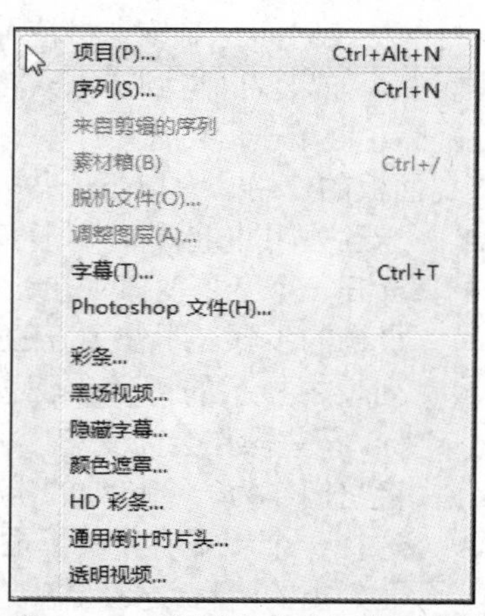

图 1-24　【新建】命令下的子菜单

- 【项目】：新建项目用于组织和管理节目所使用的源素材和合成序列。此命令用来建立一个新的项目，其快捷键是 Ctrl+N。项目是一个 Premiere 电影作品的蓝本，它相当于电影或者电视制作中的分镜头剧本，是一个 Premiere 影视剧的分镜头剧本。一个项目主要由视频文件、音频文件、动画文件、影视格式文件、静态图像、序列静态图像和字幕文件等素材文件组成。
- 【序列】：新建序列用于编辑和加工素材。此命令用于创建一个新的序列，序列拥有独立的时间标尺，可以在一个序列中进行电影文件的编辑。一个序列可以作为另外一个序列的素材，序列之间可以相互嵌套。一个序列中，可以有多条音频和视频轨道，而作

为别的序列的素材，只相当于一条音频轨道和一条视频轨道，这样就极大地方便了复杂项目的编辑。

- 【素材箱】：新建包含节目内部的文件夹，可以包含各种素材以及子文件夹。
- 【脱机文件】：在打开节目时，Premiere Pro CC 可以自动为找不到的素材创建脱机文件；也可以在编辑节目的过程中新建脱机文件，作为一个尚未存在的素材的替代品。
- 【字幕】：新建字幕，激活【字幕编辑器】窗口。
- 【Photoshop 文件】：新建一个匹配项目帧尺寸和纵横比的 Photoshop 文件。
- 【彩条】：新建标准彩条图像文件。
- 【黑场视频】：新建黑场视频文件。
- 【隐藏字幕】：新建一个隐藏字幕文件，弹出如图 1-25 所示的【新建隐藏字幕】对话框，可以根据需要进行设置。
- 【颜色遮罩】：新建颜色遮罩文件。
- 【HD 彩条】：新建 HD 彩条文件。
- 【通用倒计时片头】：新建一个通用倒计时片头文件，弹出如图 1-26 所示的【新建通用倒计时片头】对话框，可以根据需要进行设置。
- 【透明视频】：新建一个透明视频。

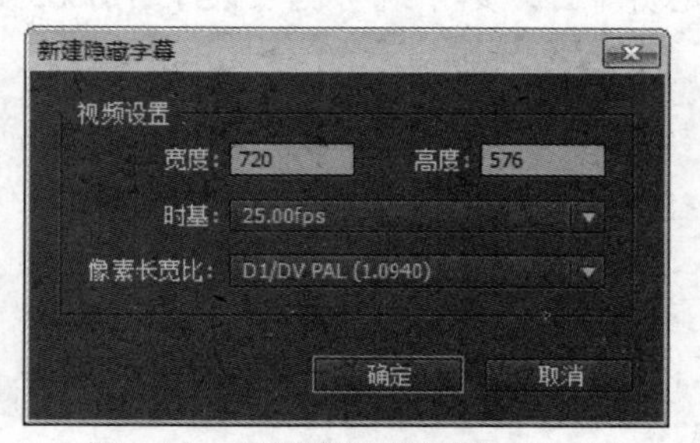

图 1-25　【新建隐藏字幕】对话框

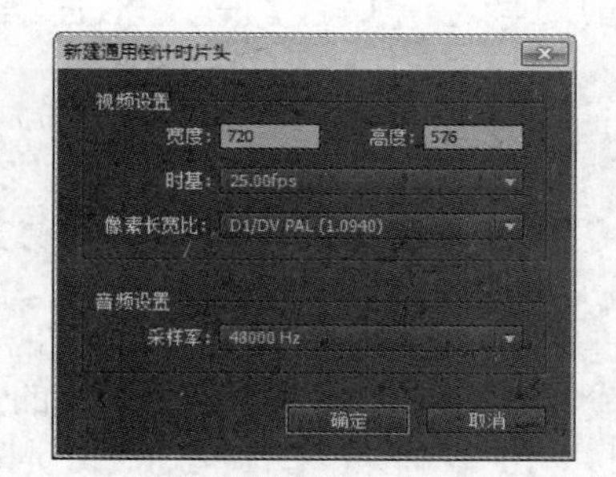

图 1-26　【新建通用倒计时片头】对话框

2. 【打开项目】命令

此命令用来打开一个已有的项目文件，快捷键是 Ctrl+O。

3. 【打开最近使用的内容】命令

此命令打开最近被打开的项目。鼠标移至该菜单，会弹出最近被打开的项目列表。

4. 【在 Adobe Bridge 中浏览】命令

打开 Adobe Bridge 进行文件浏览，快捷键是 Ctrl+ Alt +O。

5. 【关闭项目】命令

此命令用来关闭当前打开的文件或者项目，快捷键为 Ctrl + Shift + W。

6. 【关闭】命令

此命令用来关闭当前编辑的窗口，快捷键为 Ctrl + W。

7. 【保存】命令

此命令用来保存当前编辑的窗口，保存为相应的文件，快捷键为 Ctrl + S。

8. 【另存为】命令

此命令用来将当前编辑的窗口保存为另外的文件，快捷键为 Ctrl + Shift + S。

9. 【保存副本】命令

此命令用来保存当前项目的副本文件，快捷键为 Ctrl+Alt+S。

10. 【还原】命令

将最近一次编辑的文件或者项目恢复原状。

11. 【捕捉】命令

此命令将打开【采集】窗口，用于采集视频或音频，快捷键为 F5。

12. 【批量捕捉】命令

此命令用于批量采集视频或音频，快捷键为 F6。

13. 【Adobe 动态链接】命令

新建或者导入 Adobe After Effects 合成，此功能必须是系统中已安装了 Adobe Production Premium CC 才能使用。

14. 【从媒体浏览器导入】命令

此命令用来从媒体浏览器中导入素材文件，快捷键为 Ctrl+Alt+ I。

15. 【导入】命令

此命令用于为当前项目输入所需要的素材文件(包括视频、音频、图像、动画等)，选择该项后，系统将弹出【导入】对话框，快捷键为 Ctrl+ I。

16. 【导入最近使用的文件】命令

此命令用于导入最近使用的文件。

17. 【导出】命令

此命令用来输出当前制作的电影片段。从该菜单的下一级菜单中可以看出，可以把【时间线】窗口中选定序列的工作区域导出为影片、单帧、音频、字幕，可以输出到磁带，或者输出到 Encore，或者输出到 EDL，也可以使用 Adobe Media Encoder，输出成其他多种视频格式。

18. 【获取属性】命令

此命令用来获取文件的属性或者选择内容的属性。此命令的下级菜单如图 1-27 所示。各选项功能如下。

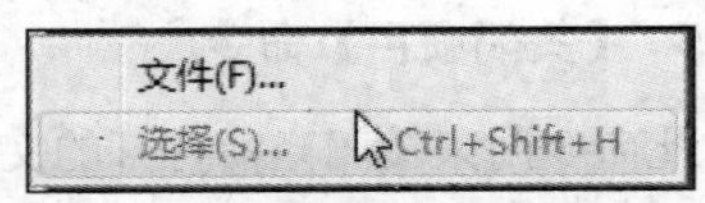

图 1-27 【获取属性】子菜单

- 【文件】：系统将让用户选择文件，在选定文件后，系统将对选定的文件进行分析，然后输出分析的结果。
- 【选择】：此命令将显示在【项目】窗口或者【时间线】窗口选定的素材的属性。

19. 【在 Adobe Bridge 中显示】命令

在 Adobe Bridge 中预览素材。

20. 【退出】命令

此命令用来退出 Premiere Pro CC 的系统界面，快捷键为 Ctrl+Q。

1.4.2 【编辑】菜单

【编辑】菜单提供了常用的编辑命令，如撤销、重做、复制文件等操作。该菜单如图 1-28 所示。

图 1-28 【编辑】菜单

1. 【撤销】命令

此命令用来取消上一步操作。

2. 【重做】命令

此命令用来重复上一步操作。

3. 【剪切】命令

此命令用来剪切选中的内容，然后将其粘贴到其他地方。

4. 【复制】命令

此命令用来复制选中的内容，然后将其粘贴到其他地方。

5. 【粘贴】命令

此命令用来把刚刚复制或者剪切的内容粘贴到相应的地方。

6. 【粘贴插入】命令

此命令用来把刚刚复制或者剪切的内容粘贴到合适的位置。

7. 【粘贴属性】命令

此命令通过复制和粘贴操作将用于片段的效果、透明度、运动等属性粘贴到另外的片段。

8. 【清除】命令

此命令用来清除所选中的内容。

9. 【波纹删除】命令

此命令删除【时间线】窗口中选定的素材和空隙，其他未锁定的剪辑片段会移动过来填补空隙。

10. 【重复】命令

此命令用来制作片段的副本。

11. 【全选】命令

此命令用来全部选定当前窗口里面的内容。

12. 【取消全选】命令

此命令用来取消刚刚全部选定的内容。

13. 【查找】命令

此命令用来在【项目】窗口中查找定位素材。

14. 【标签】命令

此命令用于改变素材在【项目】窗口中列表显示时标签的值或者改变在【时间线】窗口中显示的颜色。此命令的下级菜单如图 1-29 所示。各选项功能如下。

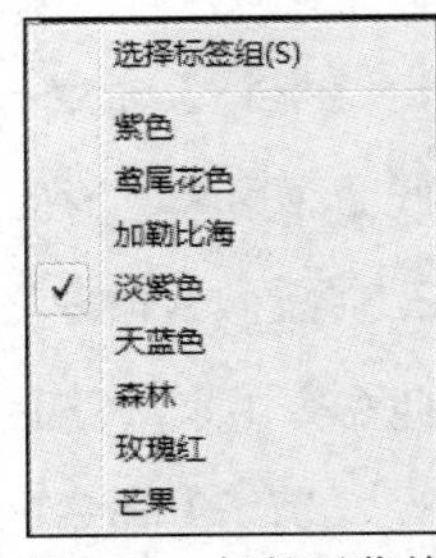

图 1-29　标签子菜单

- 【紫色】：素材的标签显示为紫色。
- 【鸢尾花色】：素材的标签显示为蓝紫色。
- 【加勒比海】：素材的标签显示为蓝色。
- 【淡紫色】：素材的标签显示为淡紫色。
- 【天蓝色】：素材的标签显示为天蓝色。
- 【森林】：素材的标签显示为绿色。
- 【玫瑰红】：素材的标签显示为粉红色。
- 【芒果】：素材的标签显示为橙色。

15. 【编辑原始】命令

此命令用来将编辑进行初始化，打开产生素材的应用程序。

16. 【在 Adobe Audition 中编辑】

转到 Adobe Audition 中编辑和混合所选音频。

17. 【在 Adobe Photoshop 中编辑】命令

转到 Adobe Photoshop 中编辑所选图片。

18. 【快捷键】命令

此命令用于对 Premiere Pro CC 系统的快捷键进行设置。手动设置快捷键可以改变系统中所有的快捷键，使之变成用户希望的方式，这样更方便了用户在 Premiere Pro CC 中的编辑。

19. 【首选项】命令

此命令用来进行编辑参数的选择，进行各种参数的设置。此命令的下级菜单如图 1-30 所示。关于参数的具体设置将在后面章节中详细介绍。

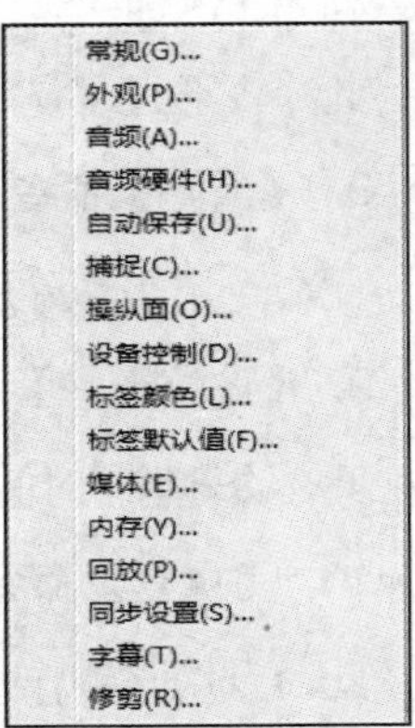

图 1-30　参数子菜单

1.4.3　【剪辑】菜单

【剪辑】菜单是 Premier Pro CC 中最为重要的菜单，剪辑影片的大多数命令都在这个菜单中，如图 1-31 所示。各选项功能如下。

1. 【重命名】命令

此命令用于改变【项目】窗口或【时间线】窗口中素材的名称。此命令的快捷键是 Ctrl+N。

2. 【制作子剪辑】命令

此命令用于为【素材源】窗口的素材设置出入点，创建附加素材并命名后出现在【项目】窗口中。以不同于源素材的绿底图标标记。

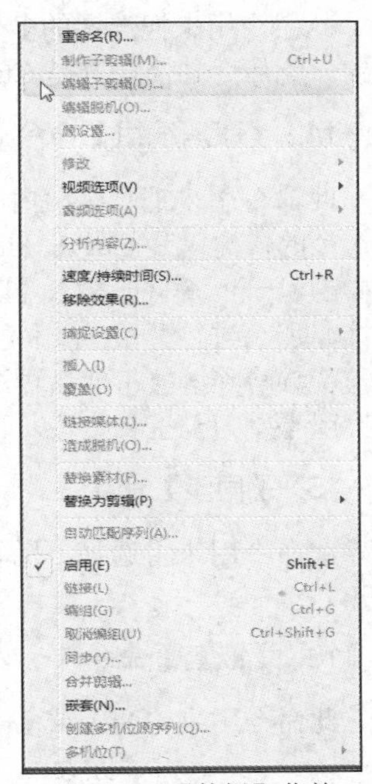

图 1-31　【剪辑】菜单

3. 【编辑子剪辑】命令

此命令用于重新设置附加素材的入点和出点。

4. 【编辑脱机】命令

此命令用于对文件进行脱机管理。

5. 【源设置】命令

此命令用于对源素材进行管理。

6. 【捕捉设置】命令

此命令用于对采集视频或音频的属性进行设置。

7. 【插入】命令

此命令用来将素材插入到【时间线】窗口中当前编辑线所指示的位置处。

8. 【覆盖】命令

此命令用新素材来覆盖【时间线】窗口中当前编辑线所指示的位置的素材。

9. 【替换素材】命令

此命令用来替换【项目】窗口中选中的素材。

10. 【替换为剪辑】命令

如果时间线上某个素材不合适，使用此命令可以完成用另外的素材来替换该素材的操作。其子菜单如图 1-32 所示。各选项功能如下。

- 【从源监视器】：用【素材源】监视器里当前显示的素材来完成替换，时间上是按照入点来进行匹配的。
- 【从源监视器，匹配帧】：这个方式也是用【素材源】监视器里当前显示的素材来完成替换，但是时间上是以当前时间指示(即【素材源】监视器当中的蓝色图标，时间线里的红线)来进行帧匹配，忽略入点。
- 【从素材箱】：是使用【项目】窗口中当前被选中的素材来完成替换(每次只能选一个)。

11. 【启用】命令

此命令用来将时间线上的素材激活，然后进行下一步操作。如果没有激活，那么在【时间线】窗口中素材的名称将以灰色显示，而且素材不被包含在影片中。

12. 【链接】命令

此命令用来链接音频和视频。

13. 【编组】命令

此命令用来把选定的多个素材设成一个组，进行拖动、删除等操作时，一个组的动作都是一致的。此命令的快捷键是 Ctrl+G。

14. 【取消编组】命令

此命令用来把一个组内的多个素材重新打开，避免进行拖动、删除等操作时产生一致的动作。此命令的快捷键是 Ctrl + Shift + G。这种组的关系和一个素材的视频与音频之间的链接关系是不一样的，一个素材在插入【时间线】窗口时，产生的视频和音频是有链接关系的，只要没有解除链接，那么进行分段(如用【剃刀】工具)等操作时，视频和音频都将被分段；然而，如果把该视频与音频解除链接，然后再群组，虽然在用鼠标拖动素材时，音频和视频是同时被移动的，但是如果用【剃刀】工具分段，视频和音频是不会同时产生作用的。

15. 【同步】命令

此命令用来将选择不同轨道的片段根据选择的入点、出点、时间码、已编号素材标记等方式对齐。

16. 【嵌套】命令

此命令用来将两个或多个视音频文件组合成一个整体文件。

17. 【多机位】命令

此命令用来对嵌套序列应用多机位编辑，如图 1-33 所示。

从源监视器(S)
从源监视器，匹配帧(M)
从素材箱(B)

图 1-32 【替换为剪辑】子菜单

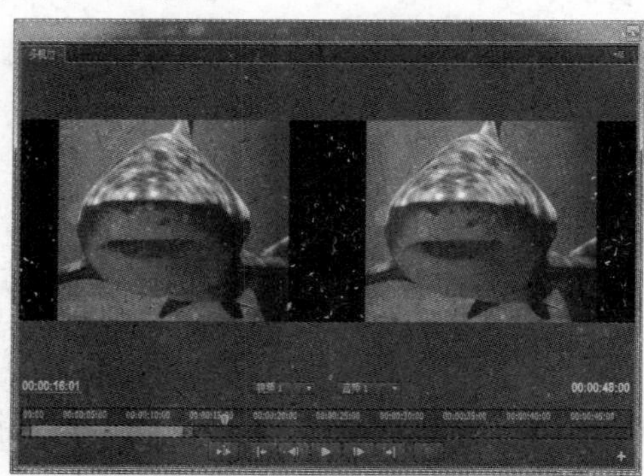

图 1-33 【多机位】窗口

18. 【视频选项】命令

此命令用来设置素材视频的各种参数。该命令的子菜单如图 1-34 所示。各选项功能如下。

- 【帧定格】：用于选择一个素材中的入点、出点或 0 标记点的帧画面，然后在整个素材的延时内，都显示该帧画面。
- 【场选项】：用于视频素材的场选项设置。
- 【帧混合】：用于改变素材速度或输出不同帧速率时，使帧与帧之间产生融合，防止图像抖动。

- 【缩放为帧大小】：用于自动将序列中的素材缩放到序列设置的帧尺寸。

19. 【音频选项】命令

此命令用来设置素材音频的各种参数。该命令的子菜单如图 1-35 所示。各选项功能如下。

- 【音频增益】：此命令设置音频的增益，由此来控制音频的大小，设置对话框中 0dB(分贝)表示使用原音频素材的音量。
- 【拆分为单声道】：此命令将把音频设为单声道。
- 【渲染并替换】：此命令将把选中的音频进行渲染，然后用输出的剪辑代替原来的音频片段。
- 【提取音频】：此命令把选中的音频提取出大小、增益等参数信息。

20. 【速度/持续时间】命令

此命令用来显示或者修改素材的持续时间和播放速度，快捷键为 Ctrl+R。执行此命令，打开窗口如图 1-36 所示。各选项功能如下。

- 【速度】：用于设置播放的速度。设置的速度如果大于 100%，为快进；如果小于 100%，则为慢镜头。
- 【持续时间】：用来设置素材的延时，按照【小时：分钟：秒：帧】的格式设置。
- 【倒放速度】：选择该项表示播放的时候为倒播。
- 【保持音频音调】：用于给音频定音。

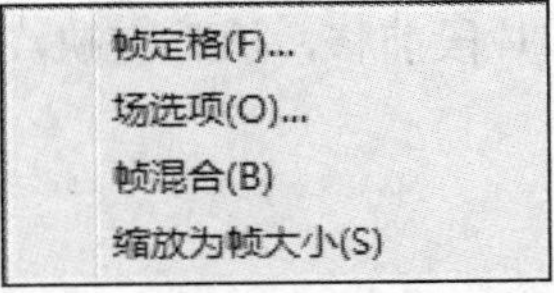

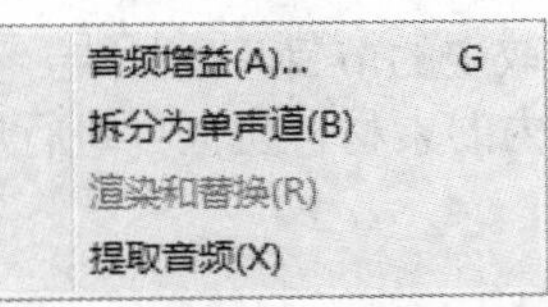

图 1-34　【视频选项】子菜单　图 1-35　【音频选项】子菜单　图 1-36　【剪辑速度/持续时间】对话框

21. 【移除效果】命令

此命令用来移除当前素材中的运动、透明度、视频滤镜、音频滤镜、音频音量等效果。

1.4.4　【序列】菜单

【序列】菜单用于对序列的操作，如图 1-37 所示。下拉菜单的主要功能是对素材片段进行编辑并最终生成电影。下面分别介绍【序列】下拉菜单中的各种命令。

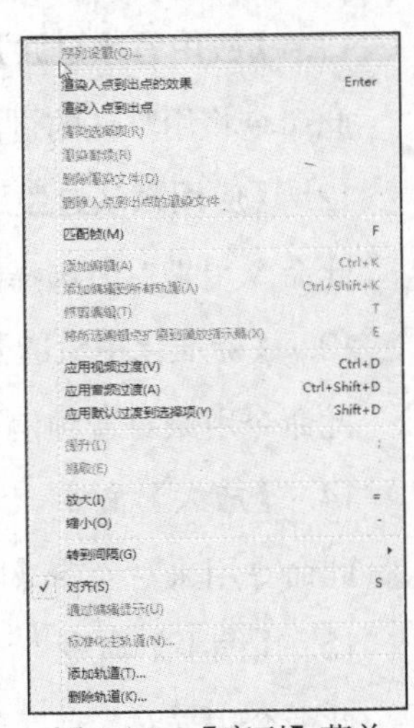

图 1-37　【序列】菜单

1. 【序列设置】命令

此命令用来对当前序列的编辑模式、视频格式、音频格式、视频预览等进行设置。

2. 【渲染入点到出点的效果】命令

此命令用来对工作区内的素材进行预览生成电影。快捷键为 Enter 键。

3. 【渲染入点到出点】命令

此命令用来对当前整段的工作区进行渲染。

4. 【渲染音频】命令

此命令用来对当前选中的音频进行渲染。

5. 【删除渲染文件】命令

此命令用来把预览工作区生成的文件删除。

6. 【删除入点到出点的渲染文件】命令

此命令用来删除当前工作区内已渲染的文件。

7. 【修剪编辑】命令

此命令用来对编辑线上的素材进行剪切编辑。

8. 【提升】命令

可以把【时间线】窗口中选定的轨道上由入点和出点确定的片段从轨道中抽出，与之相邻的片段不改变位置。

9. 【提取】命令

将【时间线】窗口中由入点和出点取定的节目片段抽走，其后的片段前移，填补空缺，而且对于其他未锁定轨道上位于该选择范围内的素材，也同样进行删除。

10. 【应用视频过渡】命令

此命令将用默认的过渡特效来进行视频间的过渡。

11. 【应用音频过渡】命令

此命令将用默认的过渡特效来进行音频间的过渡。

12. 【应用默认过渡到选择项】命令

此命令用来对所选择的区域使用默认切换效果过渡。

13. 【标准化主轨道】命令

此命令用来对音频信号进行标准化处理。

14. 【放大】命令

此命令用来对当前【时间线】上的素材片段进行放大处理。

15. 【缩小】命令

此命令用来对当前【时间线】上的素材片段进行缩小处理。

16. 【添加轨道】命令

此命令用来在【时间线】窗口中添加音视频轨道。

17. 【删除轨道】命令

此命令用来删除【时间线】上的音视频轨道。

1.4.5　【标记】菜单

【标记】菜单包含了设置标记点的命令，如图 1-38 所示。标记下拉菜单主要用于对素材或者时间线设置标记点。

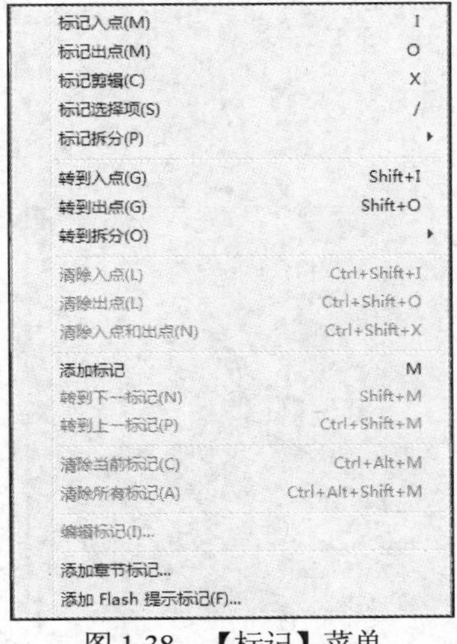

图 1-38　【标记】菜单

1. 【标记入点】、【标记出点】、【标记剪辑】、【标记选择项】、【标记拆分】命令

上述命令用来设置素材的标记。

2. 【转到入点】、【转到出点】、【转到拆分】命令

上述命令用来使编辑位置转到某个素材标记。

3. 【清除入点】、【清除出点】、【清除入点和出点】命令

上述命令用来清除已经设置的某个素材标记。

4. 【添加标记】命令

上述命令用来设置序列标记。

5. 【转到下一标记】、【转到上一标记】命令

上述命令用来指向序列标记。

6. 【清除当前标记】、【清除所有标记】命令

上述命令用来清除已经设置的序列标记。

7. 【添加章节标记】命令

此命令用来设置 Encore 章节标记。

8. 【添加 Flash 提示标记】命令

此命令用来设置 Flash 的提示标记。

1.4.6　其他菜单

1. 【字幕】菜单

该菜单用于字幕的设计，包括设置字体、尺寸、对齐、填充等方式以及创建图形元素等操作，

如图 1-39 所示。

2. 【窗口】菜单

该菜单包括控制显示/关闭窗口和面板的命令，如图 1-40 所示。打勾的命令选项表示该命令对应的窗口正显示在界面中。

3. 【帮助】菜单

利用该菜单，用户可阅读 Premiere Pro CC 的使用帮助，还可以链接到 Adobe 的网站，寻求在线帮助等，如图 1-41 所示。

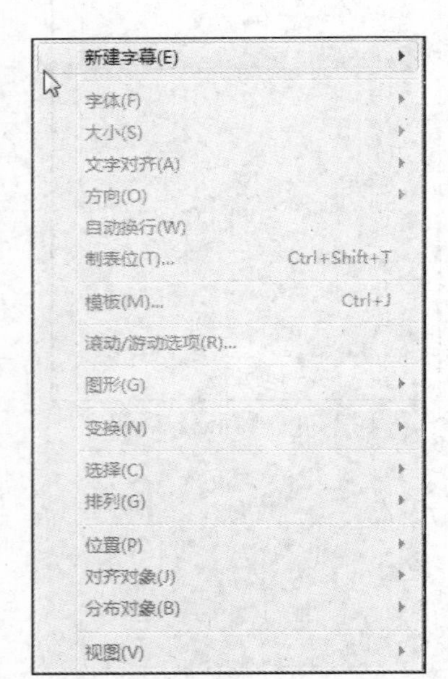

图 1-39 【字幕】菜单

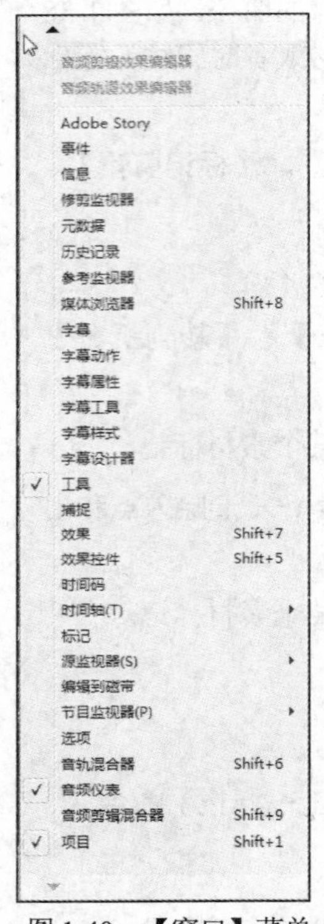

图 1-40 【窗口】菜单

图 1-41 【帮助】菜单

任务 5 掌握视频编辑基础知识

从动画诞生的那天起，人们就不断探求一种能够存储、表现和传播动态画面信息的方式。在经历了电影和模拟信号电视之后，数字视频技术迅速发展起来，伴随着不断扩展的应用领域，其技术手段也不断成熟。

1.5.1 帧和场

20 世纪最后 10 年，无论是广播电视还是电影行业，都在数字化的大潮中驶过。的确，由于数字技术的发展和广泛应用，不仅使这一领域引入了全新的技术和概念，而且也给这一领域的节

目制作、传输和播出都带来了革命性变化。数字技术的发展速度超乎一般人的预料和想象。

像电影一样，视频是由一系列的单独图像(称之为帧)组成，并放映到观众面前的屏幕上。因为人脑可以暂时保留单独的图像，所以每秒钟放映若干张图像就会产生动态的画面效果。典型的帧速率范围是 24～30 帧/秒，这样才会产生平滑和连续的效果。在正常情况下，一个或者多个音频轨迹与视频同步，并为影片提供声音。

帧速率也是描述视频信号的一个重要概念，帧速率是指每秒钟刷新的图片的帧数，也可以理解为图形处理器，每秒钟能够刷新几次。对于 PAL 制式电视系统，帧速率为 25 帧；而对于 NTSC 制式电视系统，帧速率为 30 帧。虽然这些帧速率足以提供平滑的运动，但它们还没有高到足以使视频显示避免闪烁的程度。根据实验，人的眼睛可觉察到以低于 1/50 秒速度刷新图像中的闪烁。然而，要把帧速率提高到这种程度，就要求显著增加系统的频带宽度。这是相当困难的。为了避免这样的情况，全部电视系统都采用了隔行扫描方法。

大部分的广播视频采用两个交换显示的垂直扫描场构成每一帧画面，这叫作交错扫描场。交错视频的帧由两个场构成，其中一个扫描帧的全部奇数场，称为奇场或上场；另一个扫描帧的全部偶数场，称为偶场或下场。场以水平分隔线的方式隔行保存帧的内容，在显示时首先显示第一个场的交错间隔内容，然后再显示第二个场来填充第一个场留下的缝隙。每一帧包含两个场，场速率是帧速率的二倍。这种扫描的方式称为隔行扫描，与之相对应的是逐行扫描，每一帧画面由一个非交错的垂直扫描场完成。计算机操作系统就是以非交错形式显示视频的。

1.5.2　NTSC、PAL 和 SECAM

基带视频是一种简单的模拟信号，由视频模拟数据和视频同步数据构成，用于接收端正确地显示图像。信号的细节取决于应用的视频标准或者【制式】——NTSC(National Television Standards Committee，即：美国全国电视标准委员会)、PAL(Phase Alternate Line，即：逐行倒相)以及 SECAM(SEquential Couleur Avec Memoire，即：顺序传送与存储彩色电视系统，它为法国采用的一种电视制式)。

在 PC 领域，由于使用的制式不同，存在不兼容的情况。就拿分辨率来说，有的制式每帧有 625 线(50Hz)，有的则每帧只有 525 线(60Hz)。后者是北美和日本采用的标准，统称为 NTSC。通常，一个视频信号是由一个视频源生成的，如摄像机、VCR 或者电视调谐器等。为传输图像，视频源首先要生成一个垂直同步信号(VSYNC)。这个信号会重设接收端设备(PC 显示器)，保证新图像从屏幕的顶部开始显示。发出 VSYNC 信号之后，视频源接着扫描图像的第一行。完成后，视频源又生成一个水平同步信号，重设接收端，以便从屏幕左侧开始显示下一行。并针对图像的每一行，都要发出一条扫描线，以及一个水平同步脉冲信号。

另外，NTSC 标准还规定视频源每秒钟需要发送 30 幅完整的图像(帧)。假如不作其他处理，闪烁现象会非常严重。为解决这个问题，每帧又被均分为两部分，每部分 262.5 行。一部分全是奇数行，另一部分则全是偶数行。显示时，先扫描奇数行，再扫描偶数行，就可以有效地改善图像显示的稳定性，减少闪烁。

1.5.3　RGB 和 YUV

对一种颜色进行编码的方法统称为【颜色空间】或【色域】。用最简单的话说，世界上任何一种颜色的“颜色空间”都可定义成一个固定的数字或变量。RGB(红、绿、蓝)只是众多颜色空间的一种。采用这种编码方法，每种颜色都可用 3 个变量来表示——红色、绿色以及蓝色的强度。

记录及显示彩色图像时，RGB 是最常见的一种方案。但是，它缺乏与早期黑白显示系统的良好兼容性。因此，众多电子电器厂商普遍采用的做法是，将 RGB 转换成 YUV 颜色空间，以维持兼容，再根据需要换回 RGB 格式，以便在计算机显示器上显示彩色图形。

YUV(亦称 YCrCb)是被欧洲电视系统所采用的一种颜色编码方法(属于 PAL)。YUV 主要用于优化彩色视频信号的传输，使其向后兼容老式黑白电视。与 RGB 视频信号传输相比，它最大的优点在于只需占用极少的带宽(RGB 要求 3 个独立的视频信号同时传输)。其中，Y 表示明亮度(Luminance 或 Luma)，也就是灰阶值；而 U 和 V 表示的则是色度(Chrominance 或 Chroma)，作用是描述影像色彩及饱和度，用于指定像素的颜色。【亮度】是通过 RGB 输入信号来创建的，方法是将 RGB 信号的特定部分叠加到一起。【色度】则定义了颜色的两个方面——色调与饱和度，分别用 Cr 和 Cb 来表示。其中，Cr 反映了 RGB 输入信号红色部分与 RGB 信号亮度值之间的差异；而 Cb 反映的是 RGB 输入信号蓝色部分与 RGB 信号亮度值之间的差异。

1.5.4 数字视频的采样格式及数字化标准

模拟视频的数字化包括不少技术问题，如电视信号具有不同的制式且采用复合的 YUV 信号方式，而计算机工作在 RGB 空间；电视机是隔行扫描，计算机显示器大多逐行扫描；电视图像的分辨率与显示器的分辨率也不尽相同等。因此，模拟视频的数字化主要包括色彩空间的转换、光栅扫描的转换以及分辨率的统一。

模拟视频一般采用分量数字化方式，先把复合视频信号中的亮度和色度分离，得到 YUV 或 YIQ 分量，然后用 3 个模/数转换器对 3 个分量分别进行数字化，最后再转换成 RGB 空间。

1. 数字视频的采样格式

根据电视信号的特征，亮度信号的带宽是色度信号带宽的两倍。因此，其数字化时可采用幅色采样法，即对信号的色差分量的采样率低于对亮度分量的采样率。用 Y:U:V 来表示 YUV 三分量的采样比例，则数字视频的采样格式有 3 种，分别是 4:1:1、4:2:2 和 4:4:4。电视图像既是空间的函数，也是时间的函数，而且又是隔行扫描式，所以其采样方式比扫描仪扫描图像的方式要复杂得多。分量采样时采到的是隔行样本点，要把隔行样本组合成逐行样本，然后进行样本点的量化，YUV 到 RGB 色彩空间的转换等，最后才能得到数字视频数据。

2. 数字视频标准

为了在 PAL、NTSC 和 SECAM 电视制式之间确定共同的数字化参数，国家无线电咨询委员会(CCIR)制定了广播级质量的数字电视编码标准，称为 CCIR 601 标准。在该标准中，对采样频率、采样结构、色彩空间转换等都做了严格的规定，主要有：采样频率为 f s＝13.5 MHz；分辨率与帧率；根据 f s 的采样率，在不同的采样格式下计算出数字视频的数据量。

这种未压缩的数字视频数据量对于目前的计算机和网络来说无论是存储或传输都是不现实的，因此在多媒体中应用数字视频的关键问题是数字视频的压缩技术。

3. 视频序列的 SMPTE 表示单位

通常用时间码来识别和记录视频数据流中的每一帧，从一段视频的起始帧到终止帧，其间的每一帧都有一个唯一的时间码地址。根据动画和电视工程师协会 SMPTE(Society of Motion Picture and Television Engineers)使用的时间码标准，其格式是小时:分钟:秒:帧或 hours:minutes:seconds:frames。一段长度为 00:01:24:15 的视频片段的播放时间为 1 分钟 24 秒 15 帧，如果以每秒 30 帧的速率播放，则播放时间为 1 分钟 24.5 秒。

根据电影、录像和电视工业中使用帧率的不同，各有其对应的 SMPTE 标准。由于技术的原因，NTSC 制式实际使用的帧率是 29.97 fps，而不是 30 fps，因此在时间码与实际播放时间之间有 0.1%的误差。为了解决这个误差问题，设计出丢帧(drop-frame)格式，即在播放时每分钟要丢 2 帧(实际上是有两帧不显示而不是从文件中删除)，这样可以保证时间码与实际播放时间的一致。与丢帧格式对应的是不丢帧(nondrop-frame)格式，它忽略时间码与实际播放帧之间的误差。

1.5.5 视频压缩编码

视频压缩的目标是在尽可能保证视觉效果的前提下减少视频数据率。视频压缩比一般指压缩后的数据量与压缩前的数据量之比。由于视频是连续的静态图像，因此其压缩编码算法与静态图像的压缩编码算法有某些共同之处，但是运动的视频还有其自身的特性，因此在压缩时还应考虑其运动特性才能达到高压缩的目标。在视频压缩中常需用到以下的一些基本概念。

1. 有损和无损压缩

在视频压缩中，有损(Lossy)和无损(Lossless)的概念与静态图像中基本类似。无损压缩即压缩前和解压缩后的数据完全一致。多数的无损压缩都采用 RLE 行程编码算法。有损压缩意味着解压缩后的数据与压缩前的数据不一致。在压缩的过程中要丢失一些人眼和人耳所不敏感的图像或音频信息，而且丢失的信息不可恢复。几乎所有高压缩的算法都采用有损压缩，这样才能达到低数据率的目标。丢失的数据率与压缩比有关，压缩比越小，丢失的数据越多，解压缩后的效果一般越差。此外，某些有损压缩算法采用多次重复压缩的方式，这样还会引起额外的数据丢失。

2. 帧内和帧间压缩

帧内(Intraframe)压缩也称为空间压缩(Spatial compression)。当压缩一帧图像时，仅考虑本帧的数据而不考虑相邻帧之间的冗余信息，这实际上与静态图像压缩类似。帧内一般采用有损压缩算法，由于帧内压缩时各个帧之间没有相互关系，所以压缩后的视频数据仍以帧为单位进行编辑。帧内压缩一般达不到很高的压缩。

采用帧间(Interframe)压缩是基于许多视频或动画的连续前后两帧具有很大的相关性，或者说前后两帧信息变化很小的特点，也即连续的视频其相邻帧之间具有冗余信息。根据这一特性，压缩相邻帧之间的冗余量就可以进一步提高压缩量，减小压缩比。帧间压缩也称为时间压缩(Temporal compression)，它通过比较时间轴上不同帧之间的数据进行压缩。帧间压缩一般是无损的。帧差值(Frame Differencing)算法是一种典型的时间压缩法，它通过比较本帧与相邻帧之间的差异，仅记录本帧与其相邻帧的差值，这样可以大大减少数据量。

3. 对称和不对称编码

对称性(symmetric)是压缩编码的一个关键特征。对称意味着压缩和解压缩占用相同的计算处理能力和时间，对称算法适合于实时压缩和传送视频，如视频会议应用就以采用对称的压缩编码算法为好。而在电子出版和其他多媒体应用中，一般是把视频预先压缩处理好，然后再播放，因此可以采用不对称(asymmetric)编码。不对称或非对称意味着压缩时需要花费大量的处理能力和时间，而解压缩时则能较好地实时回放，也即以不同的速度进行压缩和解压缩。一般来说，压缩一段视频的时间比回放(解压缩)该视频的时间要多得多。例如，压缩一段 3min 的视频片段可能需要十几分钟的时间，而该片段实时回放时间只有 3min。

1.5.6 非线性编辑

1. 非线性编辑的概念

非线性编辑是相对传统的以时间顺序进行线性编辑而言的，传统线性视频编辑是按照信息记录顺序，从磁带中重放视频数据来进行编辑，需要较多的外部设备，如放像机、录像机、特技发生器、字幕机，工作流程十分复杂。非线性编辑借助计算机来进行数字化制作，几乎所有的工作都在计算机里完成，不再需要那么多的外部设备，对素材的调用也是瞬间实现，不用反反复复在磁带上寻找，突破单一的时间顺序编辑限制，可以按各种顺序排列，具有快捷简便、随机的特性。非线性编辑只要上传一次，就可以“为所欲为”，直到满意为止，无论多少次的编辑，信号质量始终不会变低，所以节省了设备、人力，提高了效率。

2. 非线性编辑系统的硬件结构

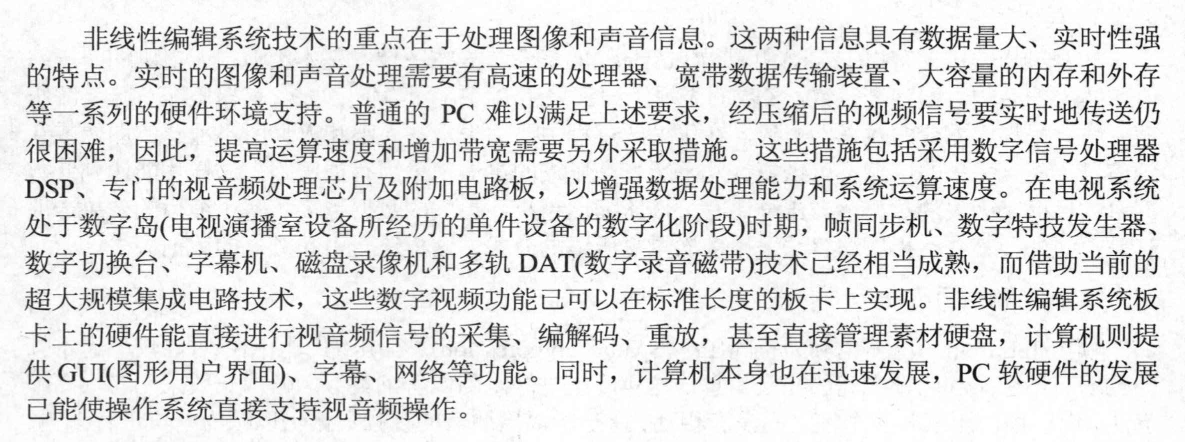

非线性编辑系统技术的重点在于处理图像和声音信息。这两种信息具有数据量大、实时性强的特点。实时的图像和声音处理需要有高速的处理器、宽带数据传输装置、大容量的内存和外存等一系列的硬件环境支持。普通的 PC 难以满足上述要求，经压缩后的视频信号要实时地传送仍很困难，因此，提高运算速度和增加带宽需要另外采取措施。这些措施包括采用数字信号处理器 DSP、专门的视音频处理芯片及附加电路板，以增强数据处理能力和系统运算速度。在电视系统处于数字岛(电视演播室设备所经历的单件设备的数字化阶段)时期，帧同步机、数字特技发生器、数字切换台、字幕机、磁盘录像机和多轨 DAT(数字录音磁带)技术已经相当成熟，而借助当前的超大规模集成电路技术，这些数字视频功能已可以在标准长度的板卡上实现。非线性编辑系统板卡上的硬件能直接进行视音频信号的采集、编解码、重放，甚至直接管理素材硬盘，计算机则提供 GUI(图形用户界面)、字幕、网络等功能。同时，计算机本身也在迅速发展，PC 软硬件的发展已能使操作系统直接支持视音频操作。

3. 视频压缩技术

在非线性编辑系统中，数字视频信号的数据量非常庞大，必须对原始信号进行必要的压缩。常见的数字视频信号的压缩方法有 M-JPEG、DV 和 MPEG 等。

◉ M-JPEG 压缩格式

目前，非线性编辑系统绝大多数采用 M-JPEG 图像数据压缩标准。1992 年，ISO(国际标准化组织)颁布了 JPEG 标准。这种算法用于压缩单帧静止图像，在非线性编辑系统中得到了充分的应用。JPEG 压缩综合了 DCT 编码、游程编码、霍夫曼编码等算法，既可以做到无损压缩，也可以做到质量完好的有损压缩。完成 JPEG 算法的信号处理器在 20 世纪 90 年代发展很快，可以做到以实时的速度完成运动视频图像的压缩。这种处理方法称为 Motion-JPEG(M-JPEG)。在录入素材时，M-JPEG 编码器对活动图像的每一帧进行实时帧内编码压缩，在编辑过程中可以随机获取和重放压缩视频的任一帧，很好地满足了精确到帧的后期编辑要求。

Motion-JPEG 虽然已大量应用于非线性编辑中，但 Motion-JPEG 与前期广泛应用的 DV 及其衍生格式(DVCPRO 25、50 和 Digital-S 等)，以及后期在传输和存储领域广泛应用的 MPEG-2 都无法进行无缝连接。因此，在非线性编辑网络中应用的主要是 DV 体系和 MPEG 格式。

◉ DV 体系

1993 年，包括索尼、松下、JVC 以及飞利浦等几十家公司组成的国际集团联合开发了具有较好质量、统一标准的家用数字录像机格式，称为 DV 格式。从 1996 年开始，各公司纷纷推出各自

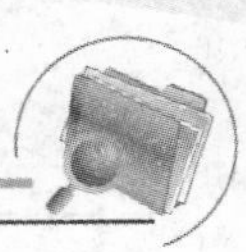

的产品。DV 格式的视频信号采用 4:2:0 取样、8 bit 量化。对于 625/50 制式，一帧记录 576 行。每行的样点数：Y 为 720，Cr、Cb 各为 360，且隔行传输。视频采用帧内约 5:1 数据压缩，视频数据率约 25 Mb/s。DV 格式可记录 2 路(每路 48 kHz 取样、16 bit 量化)或 4 路(32 kHz 取样、12 bit 量化)无数据压缩的数字声音信号。

DVCPRO 格式是日本松下公司在家用 DV 格式基础上开发的一种专业数字录像机格式，用于标准清晰度电视广播制式的模式有两种，称为 DVCPRO 25 模式和 DVCPRO 50 模式。在 DVCPRO 25 模式中，视频信号采用 4∶1∶1 取样、8 bit 量化，一帧记录 576 行，每行有效样点，Y 为 720，Cr、Cb 各为 180，数据压缩也为 5∶1，视频数据率亦为 25 Mb/s。在 DVCPRO 50 模式中，视频信号采用 4∶2∶2 取样、8 bit 量化，一帧记录 576 行，每行有效样点，Y 为 720，Cr、Cb 各为 360，采用帧内约 3∶3∶1 数据压缩，视频数据率约为 50 Mb/s。DVCPRO 25 模式可记录 2 路数字音频信号，DVCPRO 50 模式可记录 4 路数字音频信号，每路音频信号都为 48 kHz 取样、16 bit 量化。

DVCPRO 格式带盒小、磁鼓小、机芯小，这种格式的一体化摄录机体积小、重量轻，在全国各地方电视台都用得非常多。因此，在建设电视台的非线性编辑网络时，DVCPRO 是非编系统硬件必须支持的数据输入和压缩格式。

◉　MPEG 压缩格式

MPEG 是 Motion Picture Expert Group(运动图像专家组)的简称。开始时，MPEG 是视频压缩光盘(VCD、DVD)的压缩标准。MPEG-1 是 VCD 的压缩标准，MPEG-2 是 DVD 的压缩标准。现在，MPEG-2 系列已经发展成为 DVB(数字视频广播)和 HDTV(高清晰度电视)的压缩标准。非编系统采用 MPEG-2 为压缩格式将给影视制作、播出带来极大方便。MPEG-2 压缩格式与 Motion-JPEG 最大的不同在于它不仅有每帧图像的帧内压缩(JPEG 方法)，还增加了帧间压缩，因而能够获得比较高的压缩比。在 MPEG-2 中，有 I 帧(独立帧)、B 帧(双向预测帧)和 P 帧(前向预测帧)3 种形式。其中，B 帧和 P 帧都要通过计算才能获得完整的数据，这给精确到帧的非线性编辑带来了一定的难度。现在，基于 MPEG-2 的非线性编辑技术已经成熟，对于网络化的非编系统来说，采用 MPEG2-IBP 作为高码率的压缩格式，将会极大减少网络带宽和存储容量，对于需要高质量后期合成的片段可采用 MPEG2-I 格式。MPEG2-IBP 与 MPEG2-I 帧混编在技术上也已成熟。

4. 数据存储技术

由于非线性编辑要实时地完成视音频数据处理，系统的数据存储容量和传输速率也非常重要。通常单机的非编系统需应用大容量硬盘、SCSI 接口技术，对于网络化的编辑，其在线存储系统还需使用 RAID 硬盘管理技术，以提高系统的数据传输速率。

◉　大容量硬盘

硬盘的容量大小决定了它能记录多长时间的视音频节目和其他多媒体信息。以广播级 PAL 制电视信号为例，压缩前，1 s 视音频信号的总数据量约为 32 MB，进行 3∶1 压缩后，1 s 视音频信号的数据量约为 10 MB，1 min 视音频信号的数据量约为 600 MB，1 h 视音频节目需要约 36 GB 的硬盘容量。近年来硬盘技术发展很快，一个普通家用计算机的硬盘就可以达到 500GB，通常专业使用的硬盘容量在 1TB 左右，因此，现有的硬盘容量完全能够满足非线性编辑的需要。

◉　SCSI 接口技术

数据传输率也称为“读写速率”或“传输速率”，一般以 MB/s 表示。它代表在单位时间内存储设备所能读/写的数据量。在非线性编辑系统中，硬盘的数据传输率是最薄弱的环节。普通硬盘的转速还不能满足实时传输视音频节目的需要。为了提高数据传输率，计算机使用了 SCSI 接口技术。SCSI 是 Small Computer System Interface(小型计算机系统接口)的简称。目前 SCSI 总线支持 32 bit 的数据传输，并具有多线程 I/O 功能，可以从多个 SCSI 设备中同时存取数据。这种方式

明显加快了计算机的数据传输速率，如果使用两个硬盘驱动器并行读取数据，则所需文件的传输时间是原来的1/2。目前，8位的SCSI 最大数据传输率为20 MB/s，16位的Ultra Wide SCSI(超级宽 SCSI)为40 MB/s，最快的SCSI 接口 Ultra 320 最大数据传输率能达到320 MB/s。SCSI 接口加上与其相配合的高速硬盘，能满足非线性编辑系统的需要。

对非线性编辑系统来说，硬盘是目前最理想的存储媒介，尤其是 SCSI 硬盘，其传输速率、存储容量和访问时间都优于 IDE 接口硬盘。SCSI 的扩充能力也比 IDE 接口强。增强型 IDE 接口最多可驱动4个硬盘，SCSI-I 规范支持7个外部设备，而 SCSI-II 一般可连接15个设备，Ultra 2以上的 SCSI 可连接31个设备。

◉ RAID 管理技术

网络化的编辑对非编系统的数据传输速率提出了更高的要求。处于网络中心的在线存储系统通常由许多硬盘组成硬盘阵列。系统要同时传送几十路甚至上百路的视音频数据就需要应用 RAID 管理电路。该电路把每一字节中的位分配给几个硬盘同时读/写，提高了速度，整体上等效于一个高速硬盘。这种 RAID 管理方式不占用计算机的 CPU 资源，也与计算机的操作系统无关，传输速率可以做到100Mb/s 以上，并且安全性能较高。

5. 图像处理技术

在非线性编辑系统中，用户可以制作丰富多彩的数字视频特技(Digital Video Effects，简称 DVE)效果。数字视频特技有硬件和软件两种实现方式。软件方式以帧或场为单位，经计算机的中央处理器(CPU)运算获得结果。这种方式能够实现的特技种类较多，成本低，但速度受 CPU 运算速度的限制。硬件方式制作数字特技采用专门的运算芯片，每种特技都有大量的参数可以设定和调整。在质量要求较高的非编系统中，数字特技是由硬件或软件协助硬件完成的，一般能实现部分特技的实时生成。

电视节目镜头的组接可分为【混合】、【扫换(划像)】、【键控】和【切换】4 大类。多层数字图像的合成实际上是图像的代数运算的一种。它在非线性编辑系统中的应用有两大类，即全画面合成与区域选择合成。在电视节目后期制作中，前者称为【叠化】，后者在视频特技中用于【扫换】和【抠像】。多层画面合成中的层是随着新型数字切换台的出现而引入的。视频信号经数字化后在帧存储器中进行处理才能使层得到实现。所谓的层，实际上就是帧存，所有的处理包括【划像】、【色键】、【亮键】、【多层淡化叠显】等数字处理都是在帧存中进行的。数字视频混合器是非线性编辑系统中多层画面叠显的核心装置，主要提供【叠化】、【淡入淡出】、【扫换】和【键控】合成等功能。

随着通用和专用处理器速度的提高，图像处理技术和特级算法的改进，以及 MMX(Multimedia Extensions，即多媒体扩展)技术的应用，许多软件特技可以做到实时或准实时。随着由先进的 DSP 技术和硬件图像处理技术所设计的特技加速卡的出现，软件特技处理时间加快了8～20倍。软件数字特技由于特技效果丰富、灵活、可扩展性强，更能发挥制作人员的创意，因此，在图像处理中的应用越来越多。

6. 图文字幕叠加技术

字幕是编辑中不可缺少的一部分。在传统的电视节目制作中，字幕总是叠加在图像的最上一层。字幕机是串接在系统最后一级上的。在非线性编辑中，插入字幕有硬件和软件两种方式。软件字幕是利用作图软件的原理把字幕作为图形键处理，生成带 Alpha 键的位图文件，将其调入编辑轨对某一层图像进行抠像贴图，完成字幕功能。 硬件字幕的硬件构成通常由一个图形加速器和

一个图文帧存组成。图形加速器主要用于对单个像素、专用像素和像素组等图形部件的管理，它具有绘制线段、圆弧和显示模块等高层次图形功能，因而明显减轻了由于大量的图形管理给 CPU 带来的压力。图形加速器的效率和功能直接影响图文字幕的速度和效果。叠加字幕的过程是将汉字从硬盘的字库中调到计算机内存中，以线性地址写入图文帧存，经属性描述后输出到视频混合器的下游键中，将视频图像合成后输出。

拓展训练

本项目拓展训练主要通过安装 Premiere Pro CC 和制作简单的影片学习 Premiere Pro CC 的基本工作流程。

1. 安装 Premiere Pro CC

(1) 打开 Premiere Pro CC 的安装文件所在的文件夹，双击并运行 setup.exe，进入安装初始化，如图 1-42 所示。

图 1-42　安装初始化

(2) 初始化完成后，弹出如图 1-43 所示的安装协议窗口，单击右下角的【接受】按钮。

图 1-43　安装协议对话框

提示

在安装时，Premiere Pro CC 会进行系统检查。如果安装时系统正在运行与安装程序相冲突的应用程序，安装程序会列出需要关闭的程序。关闭所有列出的应用程序后，单击【重试】按钮继续进行安装。

(3) 在弹出的窗口中选择【提供序列号】选项，然后输入序列号，输入完成后在右上角选择一种语言，或者选择【安装此产品的试用版】，然后单击【下一步】按钮，如图 1-44 所示。

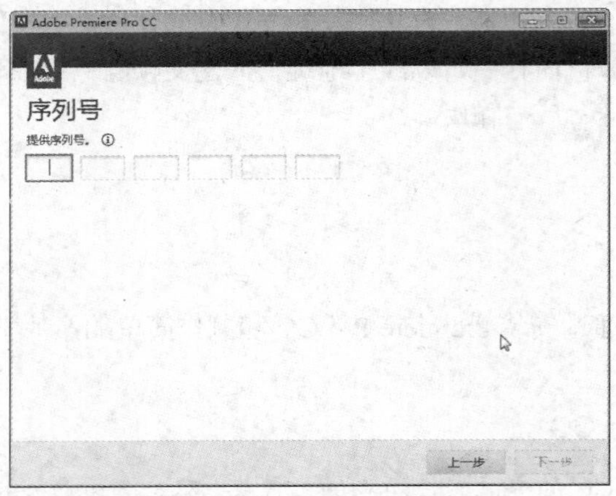

图 1-44　输入序列号选项

(4) 接下来，进入【安装】界面，可以看到安装的进度，如图 1-45 所示。

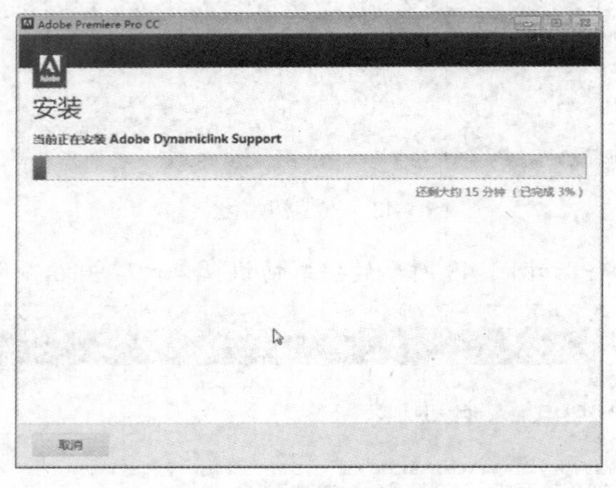

图 1-45　安装进度窗口

(5) 安装完成后，会弹出一个如图 1-46 所示的窗口。单击【立即启动】按钮即可运行软件。

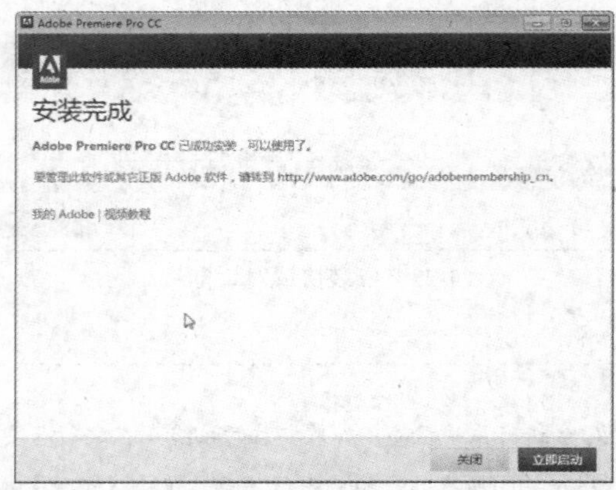

图 1-46　安装完成

2. 熟悉 Premiere Pro CC 的工作流程

(1) 运行 Premiere Pro CC，打开欢迎界面，如图 1-47 所示。在该界面下，单击【新建项目】按钮，打开【新建项目】对话框。

(2) 在【新建项目】对话框中，设置【视频】的【显示格式】为【时间码】，【音频】的【显示格式】为【音频采样】，【捕捉】的【捕捉格式】为 DV。然后选择项目存储的路径及名称“第一个作品”后，单击【确定】按钮即可创建【第一个作品】项目文件，如图 1-48 所示。

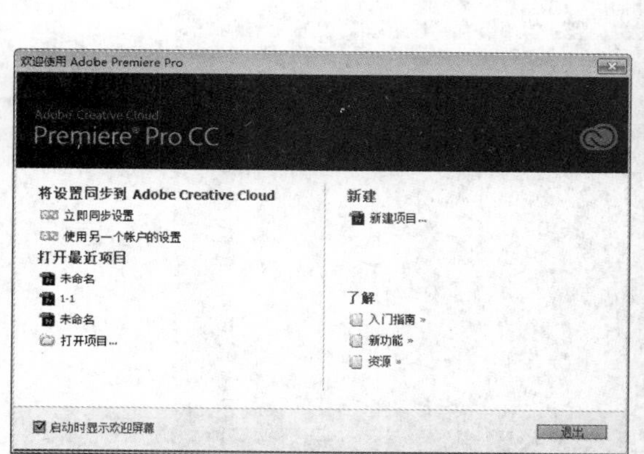

图 1-47 欢迎界面

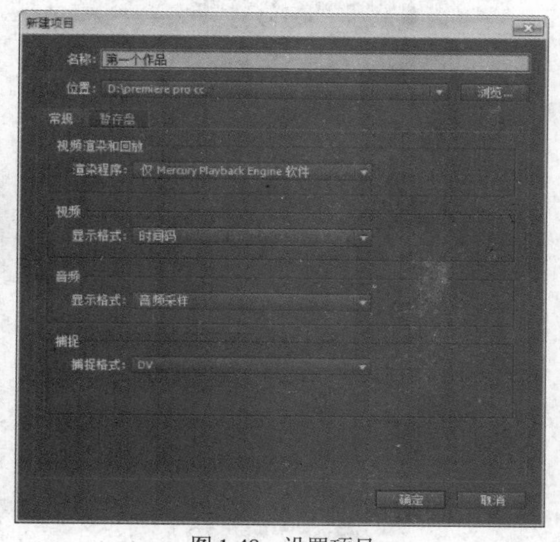

图 1-48 设置项目

(3) 进入程序主界面后，选择【文件】|【导入】命令，打开【导入】对话框。在该对话框中选择“一世情缘.wav”素材文件。选择完成后，单击【打开】按钮，导入到【项目】窗口中，如图 1-49 所示。

(4) 完成导入操作后，选择【文件】|【保存】命令，保存项目文件。

(5) 在【项目】窗口中，选择【新建项】按钮，弹出快捷菜单，在其中选择【序列】命令，如图 1-50 所示。

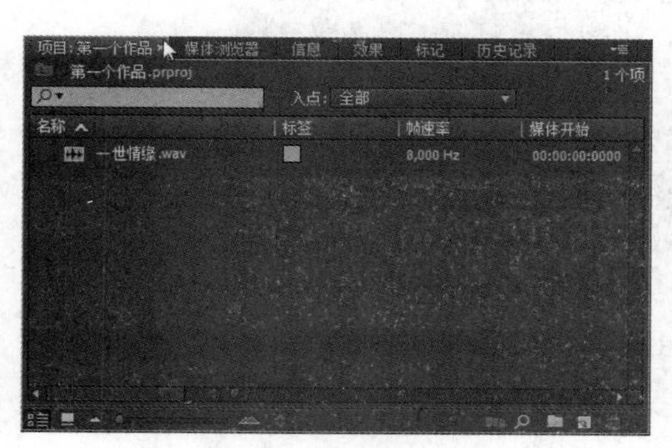

图 1-49 导入素材

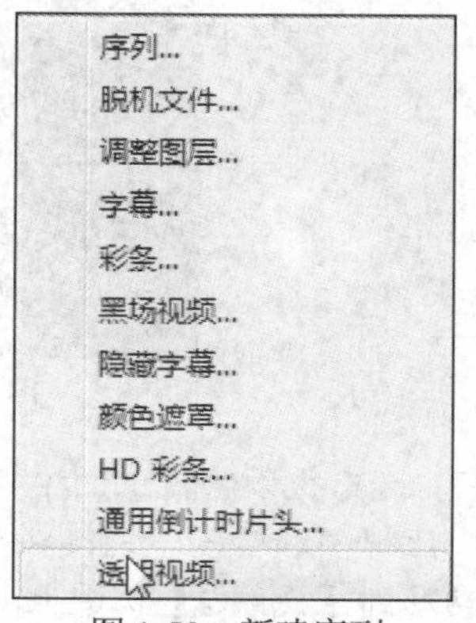

图 1-50 新建序列

(6) 在弹出的【新建序列】对话框中选择如图 1-51 所示的选项，序列名称为快慢镜头切换，单击【确定】按钮。

(7) 在【项目】窗口中，双击【快慢镜头切换】序列。

(8) 在工具窗口中选择【选择工具】按钮，选择【项目】窗口中的"海底动物世界"素材文件，按住鼠标左键并将其拖动到【时间线】窗口中的【视频 1】轨道上后释放，如图 1-52 所示。

图 1-51　序列设置

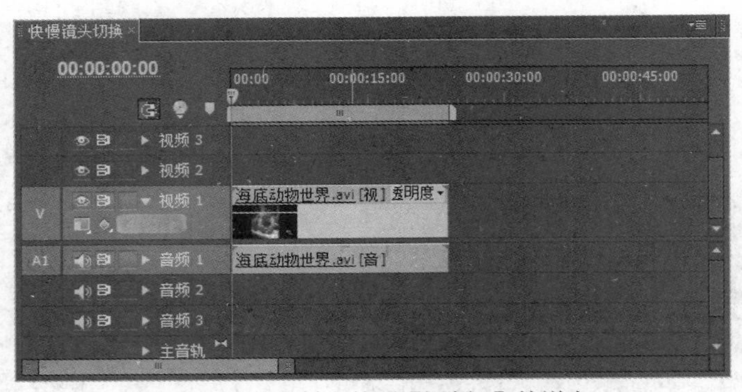

图 1-52　拖动素材文件到【视频 1】轨道上

(9) 选中视频轨道上的素材并右击，在弹出的快捷菜单中选择【取消链接】命令，如图 1-53 所示，让视频和音频不链接在一起。选择【视频 1】轨道上的内容，执行【复制】命令，将复制内容粘贴到【视频 2】轨道上，如图 1-54 所示。

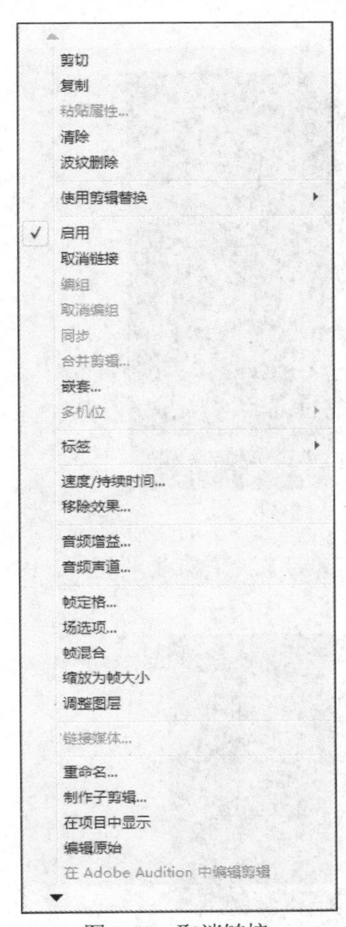

图 1-53　取消链接

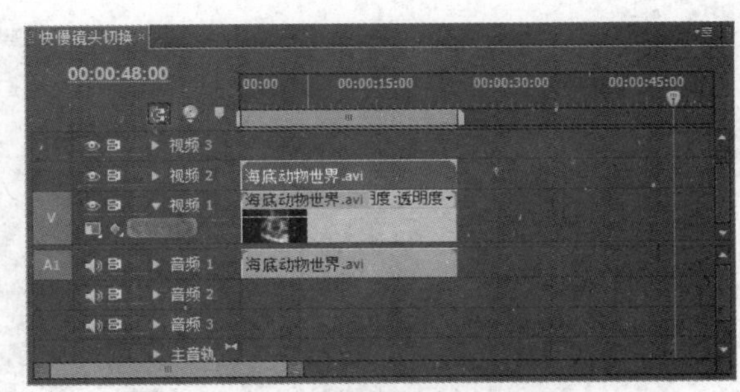

图 1-54　复制视频 1 的内容

(10) 选择【视频 2】轨道前的【设置显示样式】按钮，选择【显示帧】命令，将时间线指针移动到画面交界处，配合时间线放大工具，可以看到每帧图片，如图 1-55 所示。

(11) 选中【视频 1】轨道，在【工具】面板中，选择【剃刀】工具，如图 1-56 所示。将【剃刀】工具移动到时间线指针处单击，将素材剪开。

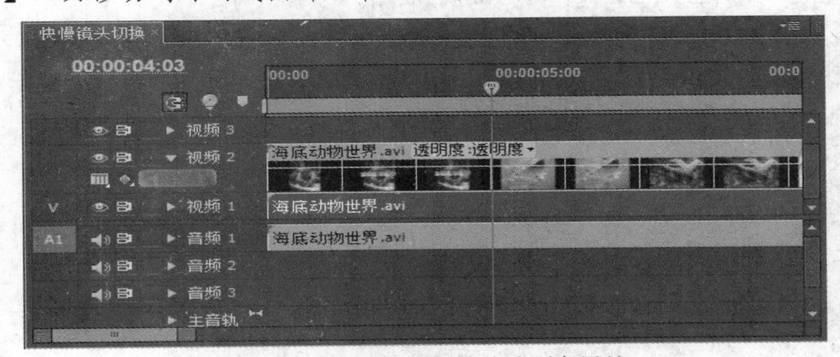

图 1-55　将时间线指针移动到交界处

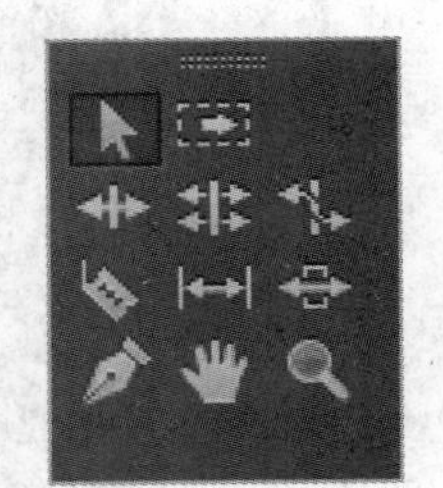

图 1-56　选择【剃刀】工具

(12) 使用同样的方法，裁剪【视频 2】轨道上的素材。

(13) 选中裁剪后的第 1 个视频短片，切换到【特效控制台】面板中设置缩放比例与位置参数，如图 1-57 所示。

图 1-57　特效控制台参数设置 1

(14) 选中第 2 个视频短片，选中【特效控制台】面板，设置缩放比例与位置参数，如图 1-58 所示。

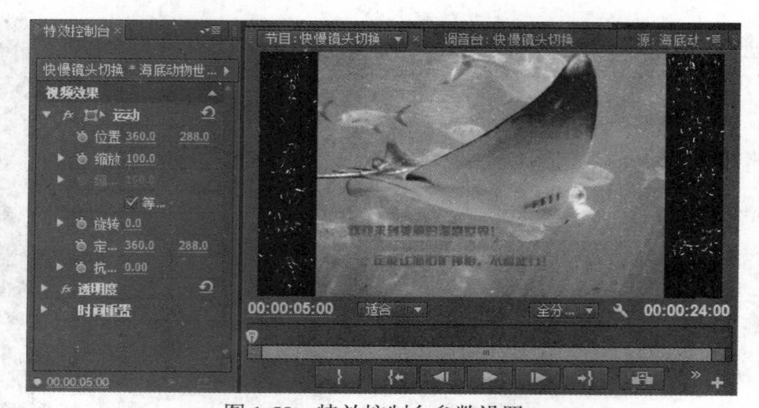

图 1-58　特效控制台参数设置 2

(15) 使用同样的方法，选中第 3 个小视频素材，设置相关参数，如图 1-59 所示。

图 1-59　特效控制台参数设置 3

(16) 选中第 4 个小视频素材，在【特效控制】台面板中设置参数，如图 1-60 所示。

图 1-60　特效控制台参数设置 4

(17) 继续选中第 4 个视频素材，右击，在弹出的快捷菜单中选择【速度/持续时间】命令，如图 1-61 所示，在弹出的窗口中设置【速度】为 200%，单击【确定】按钮，如图 1-62 所示。

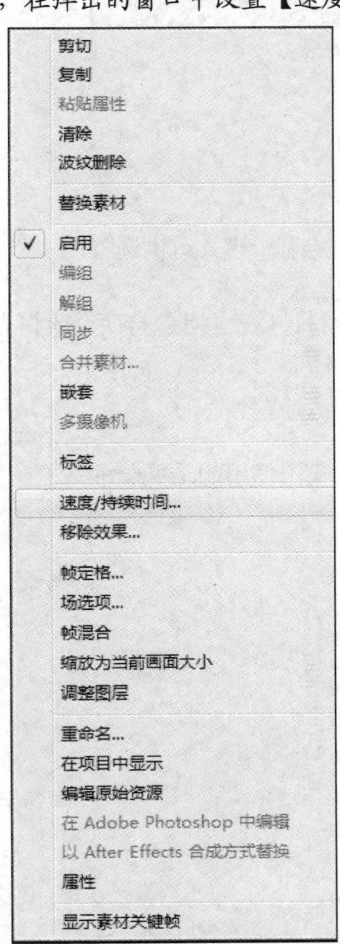

图 1-61　选择【速度/持续时间】命令

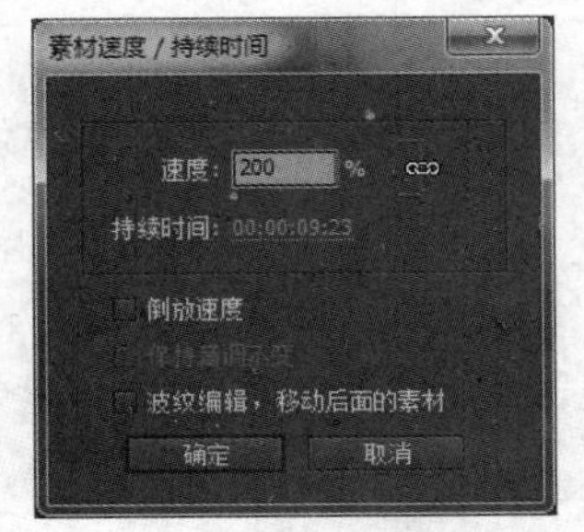

图 1-62　设置速度

(18) 选择最后一段小视频素材，在【特效控制台】面板中设置缩放比例为 28%，然后右击，在弹出的快捷菜单中选择【速度/持续时间】命令，在弹出的窗口中设置【速度】为 50%，单击【确定】按钮。

(19) 完成后，单击节目窗口中的播放按钮，预览效果如图 1-63 所示。

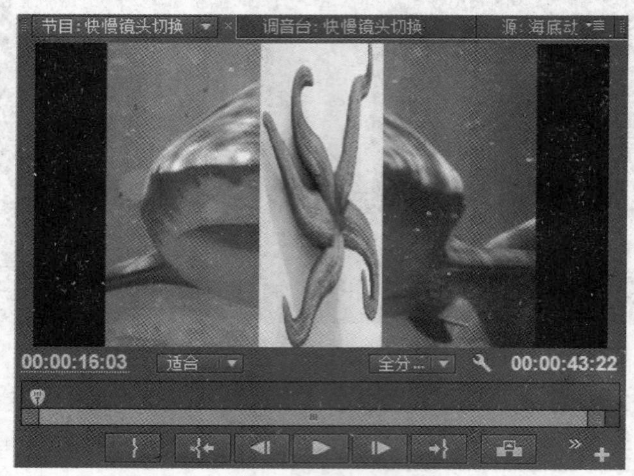

图 1-63　预览效果

(20) 存储项目文件。

习　题

1. 在【时间线】窗口中，视频素材有哪 4 种不同的显示模式可供选择？
2. 素材替换有哪些方式？
3. 哪个工具可以用来调节某个素材和其相邻的素材长度，并且保持两个素材和其后所有的素材长度不变？
4. 历史面板最多可以记录多少个操作步骤？
5. 【帧】是什么单位？
6. 目前，世界上彩色电视主要采用哪 3 种制式？我国使用的是哪一种？
7. 什么是有损压缩和无损压缩？
8. 简要叙述 Premiere 的基本工作流程。

采集与管理素材

学习目标

在进行视频编辑之前，对项目和素材进行管理可以使得编辑效率大大提高，达到事半功倍的效果。本章将详细介绍在 Premiere Pro CC 中如何创建项目和设置系统的参数、采集素材，以及如何导入素材并对文件进行组织和管理。同时详细讲述 Premiere Pro CC 所支持输入的文件格式，讲解脱机文件的实际应用。通过本章的学习，读者可以逐步掌握视频编辑的基本能力和正确的工作流程。

本章重点

- 采集素材
- 导入素材
- 管理素材

任务 1　采集素材

项目(Project)是一种单独的 Premiere 文件，包含了序列以及组成序列的素材(视频片段、音频文件、静态图像以及字幕等)。项目存储了关于序列和参考的信息，如采集设置、切换和音频混合。项目文件还包含了所有编辑结果的数据。

2.1.1　新建项目

成功启动 Premiere Pro CC 后，会出现欢迎界面。在此可以单击【新建项目】按钮创建一个新的项目文件，也可以单击【打开项目】按钮打开已有的项目文件，如图 2-1 所示。

单击【新建项目】按钮，会打开【新建项目】对话框。在【常规】选项卡中，设置【视频】项目的【显示格式】为【时间码】，【音频】项目的【显示格式】为【音频采样】，【捕捉】项目的【捕捉格式】为 DV。在【位置】下拉列表框中，设置项目保存的路径，在【名称】文本框中给项目命名(一般填写影片名)，如图 2-2 所示。在如图 2-3 所示的【暂存盘】选项卡中，【捕捉

的视频】、【捕捉的音频】、【视频预览】、【音频预览】栏目里均设置为【与项目相同】。单击【确定】按钮，此时即可进入 Premiere Pro CC 的工作界面。执行【文件】|【新建】|【序列】命令，弹出【新建序列】对话框，如图 2-4 所示。

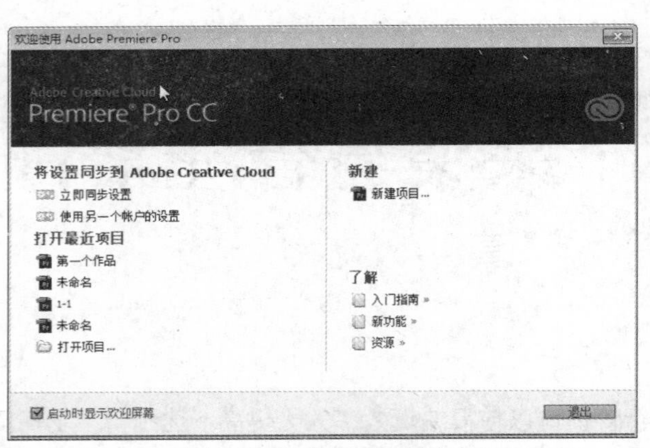

图 2-1　新建或打开项目

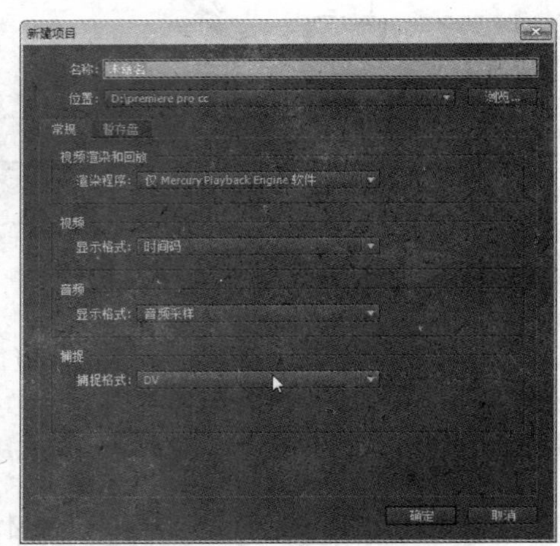

图 2-2　【常规】选项卡

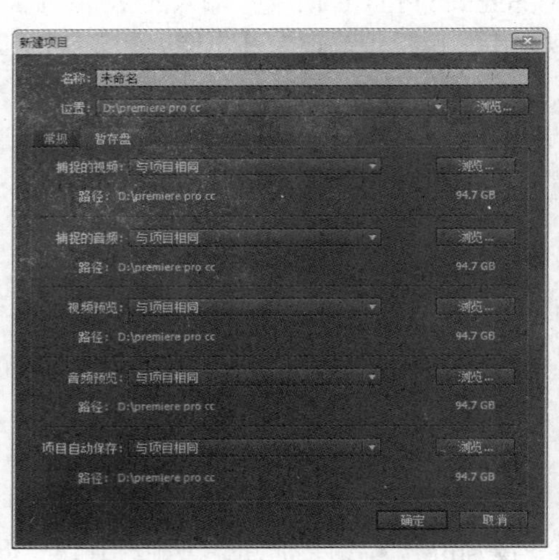

图 2-3　【暂存盘】选项卡

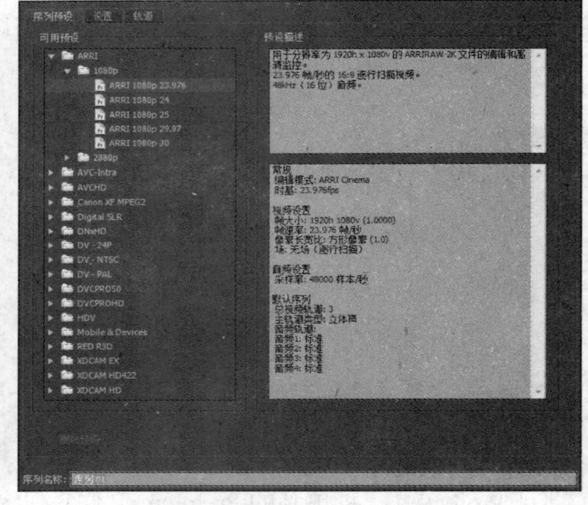

图 2-4　【新建序列】对话框

在【新建序列】对话框的【序列预设】选项卡中的【可用预设】项目里，用户可以设置 DV-24P、DV-NTSC 等标准。

在【设置】选项卡，根据需要可以将【编辑模式】设置为 DV PAL，【时间基准】设置为【25.00 帧/秒】，视频的【画面大小】默认为【720 水平 576 垂直 4∶3】(宽银幕则为 16∶9)，【像素纵横比】设置为【DI/DV PAL(1.0940)】(宽银幕则为【DI/DV PAL 宽银幕 16∶9(1.4587)】)，【场】设置为【上场优先】，【显示格式】设置为【25fps 时间码】。音频的【采样率】设置为 48000Hz，【显示格式】为【音频采样】。【视频预览】的【预览文件格式】为 Microsoft AVI DV PAL，如图 2-5 所示。

在【轨道】选项卡中，默认【视频】为 3 轨道，【音频】中的【立体声】是 2。最后，在【序列名称】文本框中，填写序列名称。单击【确定】按钮后，完成项目设置，进入 Premiere Pro CC

工作界面，如图 2-6 所示。

图 2-5　【设置】选项卡

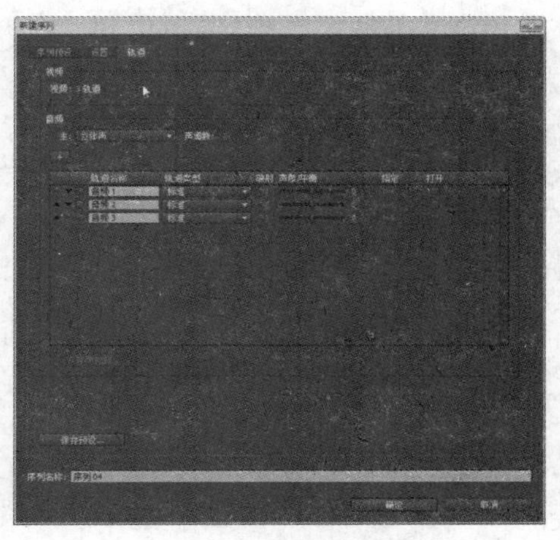

图 2-6　【轨道】选项卡

2.1.2　设置工作系统参数

在使用 Premiere Pro CC 软件编辑之前，用户需要对该软件本身的一些重要参数进行设置，以便软件工作时处于最佳状态。

1. 打开参数对话框

在 Premiere Pro CC 工作界面的菜单栏里，执行【编辑】|【首选项】|【常规】命令，弹出【首选项】对话框，如图 2-7 所示。

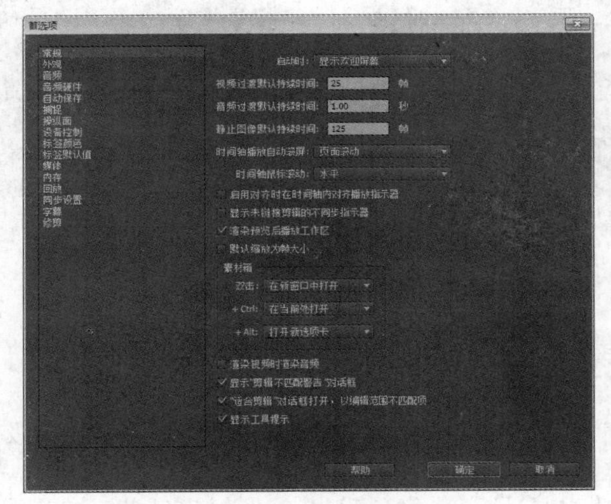

图 2-7　【首选项】对话框

2. 常规设置

在【首选项】对话框的【常规】选项卡中，可以修改【视频过渡默认持续时间】为 25 帧，音频过渡和静帧图像的默认持续时间分别设置为 1.00 秒和 125 帧。其余的选项均为默认设置。

3. 自动保存设置

在编辑的过程中，系统会根据用户的设置，自动对已编辑的内容进行保存。自动存储的时间间隔不能过短，以免造成系统占用过多的时间来进行存盘工作。

单击【自动存储】选项，设置【自动存储时间间隔】为 15min。用户可以根据硬盘空间的大小来设置项目数量，一般设置【最多存储数量】为 20，如图 2-8 所示。如用户硬盘空间大，可以适当增加项目数量。

4. 捕捉设置

单击【采集】选项，一定要选中【丢帧时中断采集】复选框。这样在采集素材时如果出现大量帧丢失，系统会自动中断当前的采集，并提示用户错误信息。

5. 媒体设置

Premiere Pro CC 工作所需要的媒体高速缓存文件硬盘空间较大，用户应尽量将其设置在磁盘空间较大的位置。

单击【媒体】选项，在【媒体缓存文件】选项组中，单击【浏览…】按钮。在弹出的【浏览文件夹】对话框中，选择缓存文件所要保存的位置(硬盘文件夹)。将【媒体缓存数据库】也设置在同样位置的硬盘文件夹。在【不确定的媒体时基】下拉列表中，选择 25.00fps，其余的为默认状态，如图 2-9 所示。

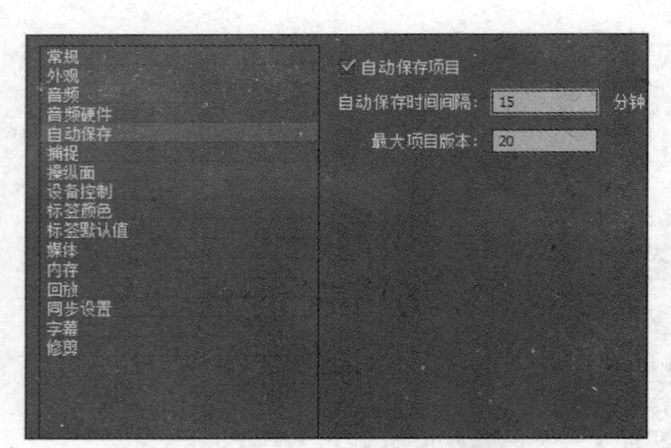

图 2-8 【自动存储】界面

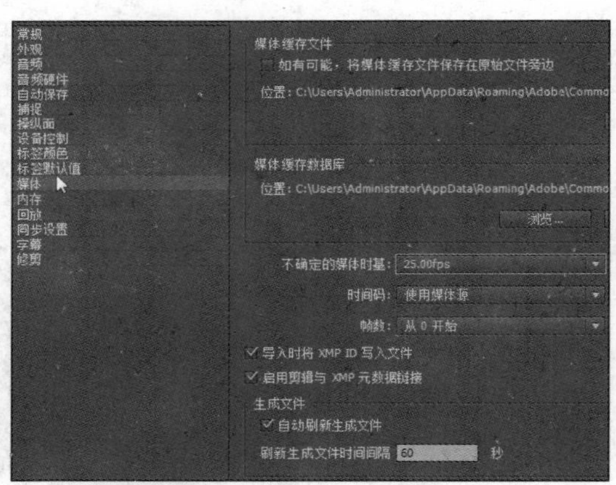

图 2-9 【媒体】界面

2.1.3 视频采集卡简介

视频采集卡一般分为广播级视频采集卡、专业级视频采集卡、民用级视频采集卡。它们的区别主要是采集的图像指标不同。

- 广播级视频采集卡：最高采集分辨率一般为 768×576(均方根值)/720×576(CCIR-601 值)PAL 制 25 帧每秒，或 640×480/720×480 NTSC 制 30 帧每秒，最小压缩比一般在 4∶1 以内。这一类产品的特点是采集的图像分辨率高，视频信噪比高。缺点是视频文件庞大，每分钟数据量至少为 200MB。广播级模拟信号采集卡都带分量输入输出接口，用来连接 BetaCam 摄/录像机。此类设备是视频采集卡中最高档的，用于电视台制作节目。

◉ 专业级视频采集卡：其级别比广播级视频采集卡的性能稍微低一些。分辨率两者是相同的，但专业级视频采集卡的压缩比稍微大一些，其最小压缩比一般在 6∶1 以内。输入输出接口为 AV 复合端子与 S 端子。此类产品适用于广告公司、多媒体公司制作节目及多媒体软件。

◉ 民用级视频采集卡：其动态分辨率一般最大为 384×288 PAL 制 25 帧每秒，或 320×240 NTSC 制 30 帧每秒(个别产品的静态捕捉分辨率为 768×576)。输入端子为 AV 复合端子与 S 端子，绝大多数不具有视频输出功能。

在计算机上通过视频采集卡可以接收来自视频输入端的模拟视频信号，对该信号进行采集、量化成数字信号，然后压缩编码成数字视频。大多数视频卡都具备硬件压缩的功能，在采集视频信号时首先在卡上对视频信号进行压缩，然后再通过 PCI 接口把压缩的视频数据传送到主机上。一般的 PC 视频采集卡采用帧内压缩的算法把数字化的视频存储成 AVI 文件，高档一些的视频采集卡还能直接把采集到的数字视频数据实时压缩成 MPEG-1 格式的文件。

由于模拟视频输入端可以提供不间断的信息源，视频采集卡要采集模拟视频序列中的每帧图像，并在采集下一帧图像之前把这些数据传入 PC 系统。因此，实现实时采集的关键是每一帧所需的处理时间。如果每帧视频图像的处理时间超过相邻两帧之间的相隔时间，则会出现数据的丢失，即丢帧现象。采集卡都是把获取的视频序列先进行压缩处理，然后再存入硬盘，也就是说视频序列的获取和压缩是在一起完成的，免除了再次进行压缩处理的不便。不同档次的采集卡具有不同质量的采集压缩性能。

2.1.4　采集的注意事项

由于采集视频和视频编辑的运算会占用大量的计算机系统资源，因此用户必须正确地设置计算机中相关的参数选项，以确保成功地进行采集视频和视频编辑。下面就介绍一些关于采集视频和编辑视频时设置数码摄像机和优化计算机的技巧。

◉ 如果想要更好地成批采集和设置摄像机设备的控制性能，那么必须校正 DV 磁带上的时间码。想要进行此操作，可以在拍摄影像前使用标准回放(SP)模式，然后从磁带的开始到结尾不间断地拍摄一段空白的视频，如盖上镜头盖录制等。

◉ 在使用 Premiere 进行视频采集操作时，最好关闭所有其他的应用程序，并且还应关闭自动启动的软件，如屏幕保护等。这样可以避免采集视频时发生中断。

◉ 如果用户的计算机系统中有两个以上的硬盘分区，那么用户可以将 Premiere 安装在系统盘(通常是 C 盘)，再将采集视频保存在其他分区中，如 D 盘等。

◉ 设置系统的虚拟内存为内存容量的两倍。

◉ 启用硬盘的 DMA 功能。

◉ 禁用用于视频采集视频硬盘的【启用磁盘上的写入缓存】功能。

要启用硬盘的 DMA，可以通过如下步骤进行操作。

(1) 单击 Windows 的【开始】菜单，选择【设置】|【控制面板】命令，打开【控制面板】窗口，如图 2-10 所示。

(2) 在该窗口中，单击【硬件和声音】 图标，打开【硬件和声音】窗口，如图 2-11 所示。在该窗口中，单击【设备管理器】图标，打开【设备管理器】窗口，如图 2-12 所示。

(3) 在该对话框中，选择【IDE ATA/ATAPI 控制器】|【主要 IDE 通道】选项，右击，从打开的快捷菜单中选择【属性】命令，打开【属性】对话框，如图 2-13 所示。

图 2-10 【控制面板】窗口

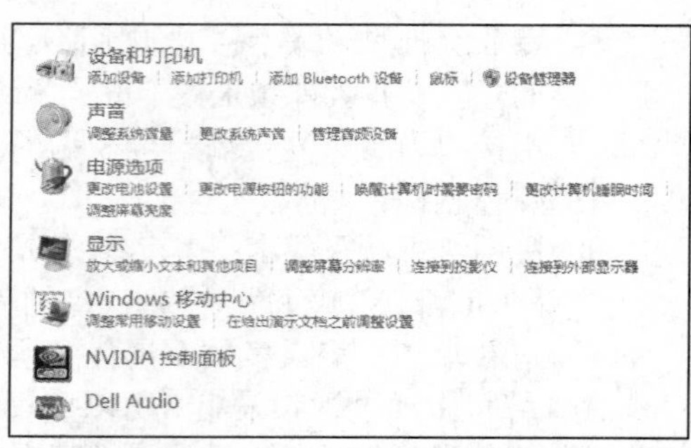

图 2-11 【硬件和声音】窗口

设备管理器
文件(F) 操作(A) 查看(V) 帮助(H)
JS0D39C0XSMVDHM
Bluetooth 无线电收发器
DVD/CD-ROM 驱动器
IDE ATA/ATAPI 控制器
处理器
磁盘驱动器
电池
计算机
监视器
键盘
人体学输入设备
声音、视频和游戏控制器
鼠标和其他指针设备
通用串行总线控制器
图像设备
网络适配器
系统设备
显示适配器

图 2-12 【设备管理器】窗口

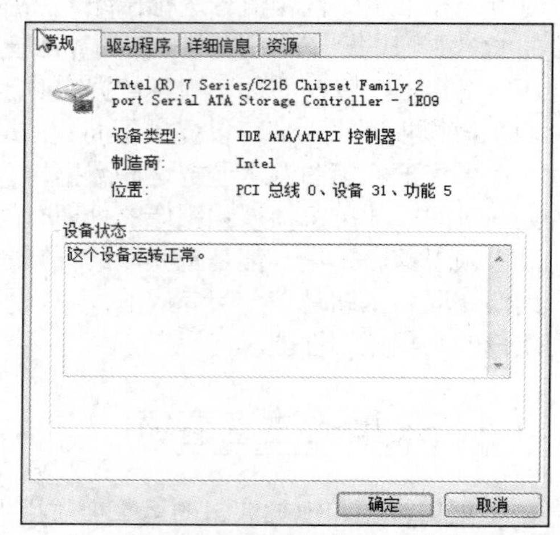

图 2-13 【属性】对话框

(4) 在打开的【ATA Channel 0 属性】对话框中，打开【高级设置】选项卡，在【设备属性】选项组中，选中【启用 DMA】复选框，如图 2-14 所示。设置完成后，单击【确定】按钮。

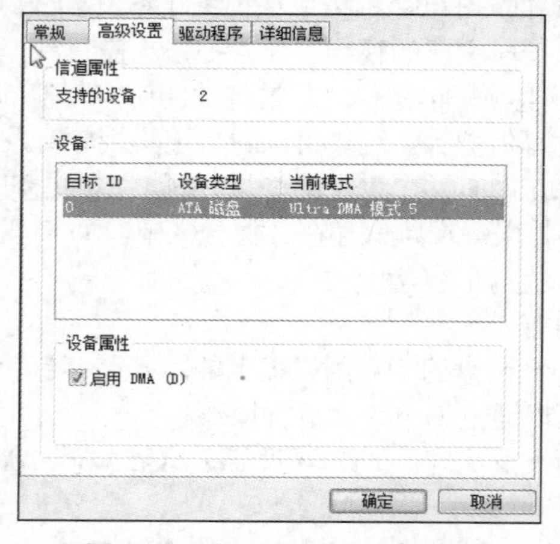

图 2-14 设置【设备选项】选项

想要禁用视频采集硬盘的【启用磁盘上的写入缓存】功能，可以通过如下步骤进行操作。

在打开的如图 2-12 所示的【设备管理器】对话框中，选择【磁盘驱动器】里用户采集视频使用的硬盘名称，如图 2-15 所示。然后在选择的选项上右击，从弹出的快捷菜单中选择【属性】命

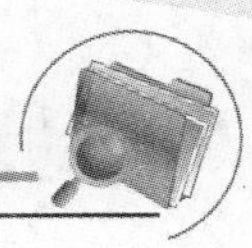

令，打开该硬盘的属性对话框。在该对话框的【策略】选项卡中，选中【启用设备上的写入缓存】复选框，禁用该功能，如图 2-16 所示。设置完成后，单击【确定】按钮即可。

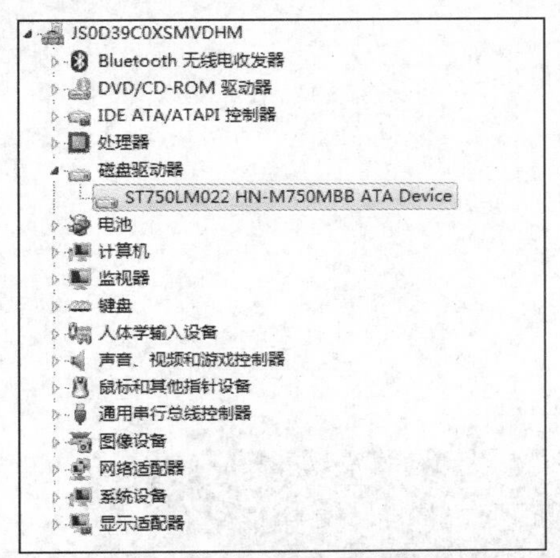

图 2-15　选择【磁盘驱动器】里采集视频使用的硬盘名称

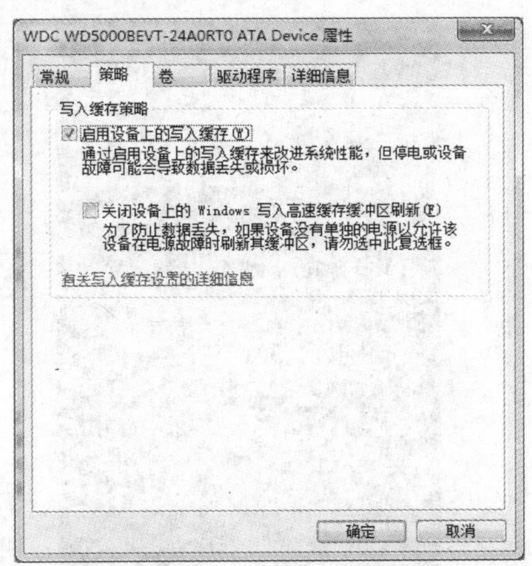

图 2-16　选中【启用设备上的写入缓存】复选框

捕捉视频素材是项目素材的重要功能之一。Premiere Pro CC 的采集视频功能，只需通过【捕捉】面板和【项目】面板进行简单操作，其功能不但专业化，同时也大大提高了使用效率。在进行视频采集前，先来了解视频采集需要进行哪些参数设置。

执行菜单栏中的【文件】|【捕捉】命令，打开如图 2-17 所示的【捕捉】面板。

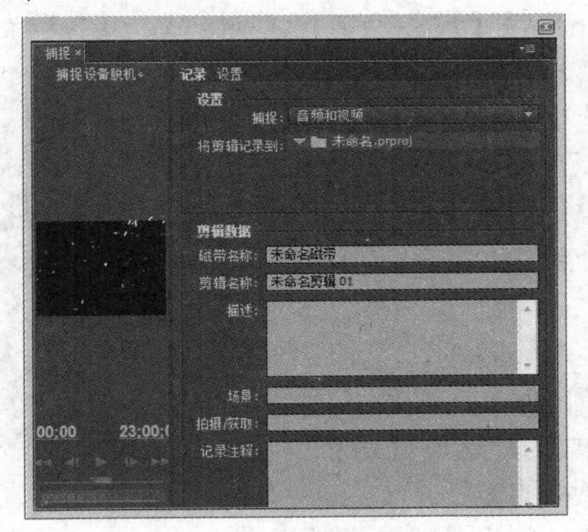

图 2-17　【捕捉】面板

【捕捉】面板右侧是【记录】选项卡，该选项卡由 4 个选项区域构成，分别是【设置】、【剪辑数据】、【时间码】和【捕捉】。各选项区域含义如下。

- 【设置】：【捕捉】下拉列表可以选择需要采集的文件类型，包括【音频和视频】、【音频】、【视频】；【记录素材到】列表框用于确定采集后素材要存放的位置。
- 【剪辑数据】：该区域的参数主要是为采集到的素材命名，并建立描述文件以及备注信息等。
- 【时间码】：该区域的参数主要是确定入点、出点，以及素材的延时信息。
- 【捕捉】：该区域的参数主要是设定采集开始、结束的信息以及采集类型等参数。

单击【设置】标签，打开【设置】选项卡，如图 2-18 所示，可以看到【设置】选项卡分为【捕捉设置】、【捕捉位置】和【设备控制】3 个选项区域。单击【捕捉设置】区域中的【编辑】按钮，打开如图 2-19 所示的【捕捉设置】对话框，在【捕捉格式】下拉列表中选择采集的视频类型。

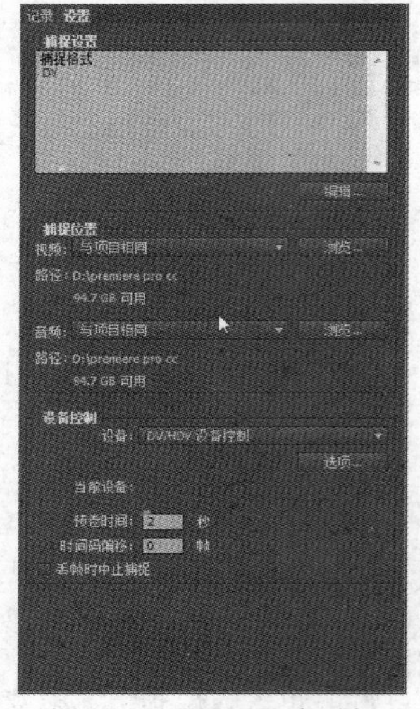

图 2-18 【设置】选项卡

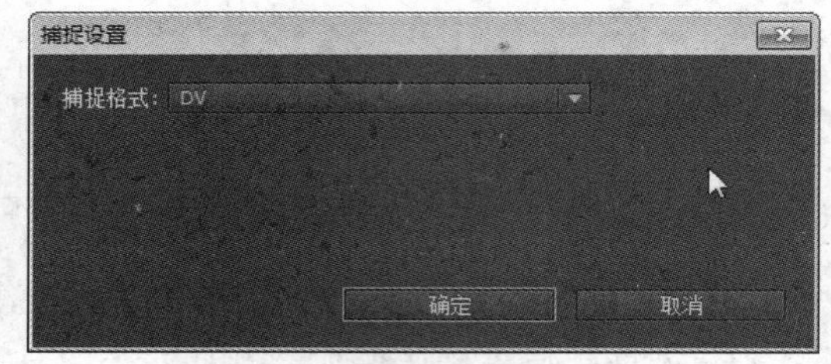

图 2-19 【捕捉设置】对话框

设置完成后，单击【确定】按钮回到【捕捉】面板。

【捕捉位置】选项区域下方是【设备控制】选项区域，其各项参数如下。

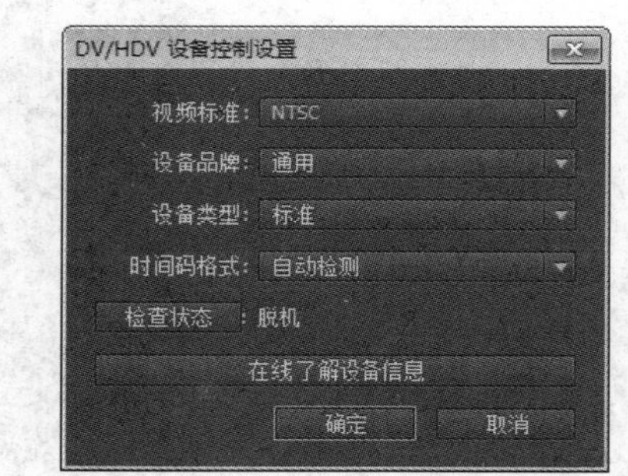

图 2-20 【DV/HDV 设备控制设置】对话框

- 【设备】：控制采集设备的参数。单击【选项】按钮，可以打开【DV/HDV 设备控制设置】对话框。在该对话框中，可以看到 DV 的品牌与型号设置。选择后，【检查状态】选项中将提示连接的状态，如图 2-20 所示。
- 【预卷时间】：在控制设备时，指定视频采集在入点之前保留的时间，使设备倒带速度达到同步。该参数的默认设置是 2 秒，具体设置取决于摄像机的类型。
- 【时间码偏移】：在控制设备时，调整视频上的时间标记，使之符合原始录像带中正确的帧。
- 【丢帧时中止捕捉】：选中该复选框，采集时一旦出现丢失帧的情况，采集过程将会自动停止。

设置完成后，就可以进行 DV 采集工作了。在采集的过程中，为了保证画面质量，最好关掉其他的程序。

任务 2　导入素材

Premiere Pro CC 可以导入的文件有多种格式，包括了几乎所有常用的视频、音频和静帧图像以及项目文件等，如图 2-21 所示。视频格式主要有 AVI、MPEG、MOV、WMV、ASF、FLV、DLX，音频格式主要有 WAV、MP3、WMA，图像文件主要有 BMP、JPEG、GIF、AI、PNG、

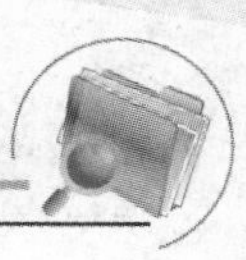

PSD、EPS、ICO、PCX、TGA、TIF 等，项目文件格式有 PPJ、PRPROJ、AAF、AEP、EDL、PLB 等。

所有支持的媒体 (*.264;*.3G2;*.3GP;*.3GPP;*.AAC;*.AAF;*.AC3;*.AEP;*.AEPX;*.AI
AAF (*.AAF)
ARRIRAW 文件 (*.ARI)
AVI 影片 (*.AVI)
Adobe After Effects 项目 (*.AEPX)
Adobe Audition 轨道 (*.XML)
Adobe Illustrator 文件 (*.AI;*.EPS)
Adobe Premiere Pro 项目 (*.PRPROJ)
Adobe Title Designer (*.PRTL;*.PTL)
Adobe 声音文档 (*.ASND)
CMX3600 EDL (*.EDL)
Cineon/DPX 文件 (*.CIN;*.DPX)
CompuServe GIF (*.GIF)
EBU N19 字幕文件 (*.STL)
FLV (*.FLV)
Final Cut Pro XML (*.XML)
JPEG 文件 (*.JFIF;*.JPE;*.JPEG;*.JPG)
MP3 音频 (*.MP3;*.MPA;*.MPE;*.MPEG;*.MPG)
MPEG 影片 (*.264;*.3GP;*.3GPP;*.AAC;*.AC3;*.AVC;*.F4V;*.M1A;*.M1V;*.M2A
MXF (*.MXF)
MacCaption VANC 文件 (*.MCC)
Macintosh 音频 AIFF (*.AIF;*.AIFF)
P2 影片 (*.MXF)
PNG 文件 (*.PNG)
Photoshop (*.PSD)
QuickTime 影片 (*.3G2;*.3GP;*.M4A;*.M4V;*.MOV;*.MP4;*.QT)
RED R3D Raw File (*.R3D)
Scenarist 隐藏字幕文件 (*.SCC)
Shockwave Flash 对象 (*.SWF)
TIFF 图像文件 (*.TIF;*.TIFF)

图 2-21　Premiere 支持的文件格式

2.2.1　常用文件格式简介

下面对一些常用的文件格式作一简单介绍。

1. AVI 格式

AVI 是音频视频交错(Audio Video Interleaved)的英文缩写，它是 Microsoft 公司开发的一种符合 RIFF 文件规范的数字音频与视频文件格式，原先用于 Microsoft Video for Windows (简称 VFW)环境，现在已被多数操作系统直接支持。AVI 格式常应用在多媒体光盘上，用于保存电视、电影等各种影像信息。不过，有时它也会出现于 Internet 中，用于提供用户欣赏新影片的精彩片段。

AVI 格式是将语音和影像同步组合在一起的文件格式，允许视频和音频交错在一起同步播放，对于视频文件采用了一种有损压缩方式，但压缩比较高，因此尽管画面质量不是太好，但其应用范围仍然非常广泛。AVI 支持 256 色和 RLE 压缩，但 AVI 文件并未限定压缩标准，因此，AVI 文件格式只是作为控制界面上的标准，不具有兼容性，用不同压缩算法生成的 AVI 文件，必须使用相应的解压缩算法才能播放出来。Premiere 能够导入各种编码的 AVI 文件，只要是当前系统能够播放的 AVI 文件均能够被导入。

2. MPEG 格式

MPEG 格式的文件，是行业中开发早、使用时间长，并且早已认定为视频标准的视频文件。随着影碟机的大量普及，影碟也走进千家万户，VCD、SVCD、DVD，它们所采用的视频文件，自然是 MPEG 格式的文件。MPEG 是 Motion Picture Experts Group 的缩写，它包括 MPEG 视频、MPEG 音频和 MPEG 系统(视音频同步)3 个部分。MPEG 压缩标准是针对运动图像而设计的，基本方法为：在单位时间内采集并保存第一帧信息，然后只存储其余帧相对第一帧发生变化的部分，以达到压缩的目的。MPEG 压缩标准可实现帧之间的压缩，其平均压缩比可达 50∶1，压缩率比较高，且又有统一的格式，兼容性好。在多媒体数据压缩标准中，较多采用 MPEG 系列标准，包

括 MPEG-1、2、4 等。

MPEG-1 用于传输 1.5Mb/s 数据传输率的数字存储媒体。运动图像及其伴音的编码经过 MPEG-1 标准压缩后，视频数据压缩率为 1/100～1/200，音频压缩率为 1/6.5。MPEG-1 提供每秒 30 帧 352×240 分辨率的图像，当使用合适的压缩技术时，具有接近家用视频制式(VHS)录像带的质量。

MPEG-2 主要针对高清晰度电视(HDTV)的需要，传输速率为 10Mb/s，与 MPEG-1 兼容，适用于 1.5～60Mb/s 甚至更高的编码范围。 MPEG-2 有每秒 30 帧 720×480 的分辨率，是 MPEG-1 播放速度的 4 倍。它适用于高要求的广播和娱乐应用程序，如 DSS 卫星广播和 DVD，MPEG-2 是家用视频制式(VHS)录像带分辨率的两倍。

MPEG-4 标准是超低码率运动图像和语言的压缩标准，用于传输速率低于 64Mb/s 的实时图像传输，它不仅可覆盖低频带，也向高频带发展。较之前两个标准而言，MPEG-4 为多媒体数据压缩提供了一个更为广阔的平台。它更多定义的是一种格式、一种架构，而不是具体的算法。它可以将各种各样的多媒体技术充分结合起来，包括压缩本身的一些工具、算法，也包括图像合成、语音合成等技术。

3. ASF 格式

ASF 是微软公司 Windows Media 的核心，英文全名为 Advanced Stream Format。ASF 是一种包含音频、视频、图像以及控制命令脚本的数据格式，最大的优点是文件体积小，可以在网络上传输。这种格式是通过 MPEG-4 作为核心而开发的，主要用于在线播放的流媒体，所以质量上比其他的文件稍微差一些。如不考虑网络传播，而用最好的质量来压缩，则质量比起 VCD 格式的 MPEG-1 还要稍微好些，并且体积上有优势。

4. WMV 格式

和 ASF 格式一样，WMV 也是微软的一种流媒体格式，英文全名为 Windows Media Video。和 ASF 格式相比，WMV 是前者的升级版本。WMV 格式的体积非常小，因此很适合在网上播放和传输。在文件质量相同的情况下，WMV 格式的视频文件比 ASF 拥有更小的体积。从 Windows Media Video 7 开始，微软的视频方面开始脱离 MPEG 组织，并且与 MPEG-4 不兼容，成为一个独立的编解码系统。

5. QuickTime(MOV)格式

QuickTime(MOV)是 Apple 计算机公司开发的一种音频、视频文件格式，用于保存音频和视频信息，具有先进的视频和音频功能，被包括 Apple Mac OS、Microsoft Windows 95/98/NT 在内的所有主流计算机平台支持。QuickTime 文件格式支持 25 位彩色，支持 RLE、JPEG 等领先的集成压缩技术，提供 150 多种视频效果，并配有提供了 200 多种 MIDI 兼容音响和设备的声音装置。新版的 QuickTime 进一步扩展了原有功能，包含了基于 Internet 应用的关键特性，能够通过 Internet 提供实时的数字化信息流、工作流与文件回放功能。此外，QuickTime 还采用了一种称为 QuickTime VR(简作 QTVR)技术的虚拟现实(Virtual Reality，简称 VR)技术，用户通过鼠标或键盘的交互式控制，可以观察某一地点周围 360° 的影像，或者从空间任何角度观察某一物体。QuickTime 以其领先的多媒体技术和跨平台特性、较小的存储空间要求、技术细节的独立性以及系统的高度开放性，得到业界的广泛认可，目前已成为数字媒体软件技术领域的事实上的工业标准。Premiere 中要导入 QuickTime 文件，必须先在系统中装有 QuickTime 播放器。

6. WAV 格式

WAV 格式是微软公司开发的一种声音文件格式，它符合 RIFF(Resource Interchange File Format，即资源交换文件格式)文件规范，用于保存 Windows 平台的音频信息资源，被 Windows 平台及其应用程序所支持。WAV 格式支持 MSADPCM、CCITT A LAW 等多种压缩算法，支持多种音频位数、采样频率和声道，标准格式的 WAV 文件和 CD 格式一样，也是 44.1kb 的采样频率，速率 88kb/s，16 位量化位数。

7. MP3 格式

所谓MP3，指的是MPEG标准中的音频部分，也就是MPEG音频层。MP3音频编码具有10:1～12:1 的高压缩率，同时基本保持低音频部分不失真，但是牺牲了声音文件中 12kHz 到 16kHz 高音频这部分的质量来换取文件的尺寸，相同长度的音乐文件，用 MP3 格式来储存，一般只有 WAV 文件的 1/10，而音质要次于 CD 格式或 WAV 格式的声音文件。由于 MP3 文件同样存在着不同的编码，且不同软件在转换生成 MP3 文件时会采取不同的算法，所以不一定是所有的 MP3 文件都能够被 Premiere 导入，这不是 MP3 文件本身的问题，而是转换软件导致。解决的方法就是换另外一个软件再转一遍。

8. Windows Bitmap(BMP)格式

Windows Bitmap 格式是微软公司为其 Windows 环境设置的标准图像格式，文件扩展名是.bmp。随着 Windows XP 的出现，BMP 文件也开始具备 Alpha 通道信息。但要注意的是，并不是所有的软件都能够导出和读取这种格式的 BMP 文件。例如，Flash 和 Photoshop 都可以输出带 Alpha 通道的 BMP 文件，但这种 BMP 文件就不能被 Combustion 和 After Effects 识别。

9. TGA 格式

TGA 格式是 Truevision 公司为其支持图像的捕捉以及该公司的图形卡而设计的一种图像文件格式，其全称为 Targa 文件格式，文件扩展名是.tga。要在 Premiere 中输出 TGA 文件，需要系统中安装有 QuickTime。TGA 文件也可以附带 Alpha 通道信息，且能够被各种视频软件识别，不像 BMP 格式一样存在兼容性的问题。

10. JPEG 格式

JPEG 是 Joint Photographic Experts Group(联合摄影师专家小组)首字母的缩写，是 Internet 上广为通用的格式之一，文件扩展名是.jpg 或者.jpeg。JPEG 格式的文件采取压缩编码的方式。在各种图形格式转换软件中均提供了 JPEG 转换选项。

11. PSD 格式

PSD 格式，Adobe Photoshop 自己专用的图形文件格式。是目前唯一支持所有可用图像模式(位图、灰度、双色调、索引颜色、RGB、CMYK、Lab 和多通道)、参考线、Alpha 通道、专色通道和图层(包括调整图层、文字图层和图层效果)的格式，因而在各个领域都得到了广泛的运用。PSD 强大的图层处理功能使得它不仅在平面设计上无人能敌，在影视制作上也大显身手。Flash、Premiere、After Effects 均提供了对 PSD 文件格式的良好支持。

12. GIF 格式

GIF 是目前唯一能动的图形文件格式，全称是 Graphic Interchange Format，即图形交换格式。文件扩展名是.gif。原本是由 CompuServe 使用的格式，于 1987 年推出，现在包括 87a 和 89a 两个版本。因为最多支持 256 种颜色，所以文件尺寸非常小，并且能够表现动态的画面，现在是 Internet 上使用最为广泛的标准格式之一。

13. TIF 格式

TIF 格式，带标记的图像文件格式，是 Tagged Image File Format 的缩写，广泛运用于印刷排版，文件扩展名是.tif 或者.tiff。因为它在不同的硬件之间修改和转换十分容易，所以成为 PC 和 Macintosh 之间相互连接最好的格式。文件的可改性、多格式性和可扩展性是 TIF 文件的 3 个突出特点。目前，各种图形处理软件和排版软件均提供了对 TIF 文件的良好支持。

14. PNG 格式

PNG 格式全称为 Portable Network Graphics(可携带网络图形格式)，是为了适应网络数据传输而设计的一种图像文件格式，用于取代格式较为简单、专利限制较为严格的 GIF 文件格式，而且在某种程度上，还可以取代格式较为复杂的 TIF 文件，它的文件扩展名是.png。

15. AI 格式

AI 是 Adobe Illustrator 的文件格式，同样附带 Alpha 通道信息。Illustrator 作为著名的设计软件，成为广大艺术家最常用的软件之一，Premiere 理所当然地提供了对 AI 文件的良好支持。

2.2.2 导入文件和文件夹

在 Premiere 中导入素材文件，最常见的方法是将其单独导入，导入的素材在 Premiere 的【项目】窗口中是以个体形式独立存在的。

导入素材需要打开【导入】对话框，方法有 3 种，分别如下。

- 执行【文件】|【导入】菜单命令。
- 在键盘上按 Ctrl+I 快捷键。
- 用鼠标双击【项目】窗口中的空白位置。

这时将直接打开【导入】对话框，如图 2-22 所示，从中选择相应的素材文件并单击【打开】按钮即可实现素材的导入。

在选择素材文件时，可以通过按住 Ctrl 键或 Shift 键的方式，同时选择多个素材文件导入至【项目】窗口中。

图 2-22 【导入】对话框

从【导入】对话框中还可以看出，Premiere 不仅能够导入各种格式的文件，还可以将一个完整的文件夹导入。

在该对话框中选择一个文件夹，然后单击【导入文件夹】按钮即可将该文件夹中所有 Premiere 支持的文件都导入到【项目】窗口，如图 2-23 所示。

完成导入操作的同时，在【项目】窗口中会出现一个和所选文件夹同名的【文件夹】(Premiere 内部的文件夹)，如图 2-24 所示，单击该文件夹前的▶图标，可以看到原文件夹中 Premiere 所支持的文件已经被导入。

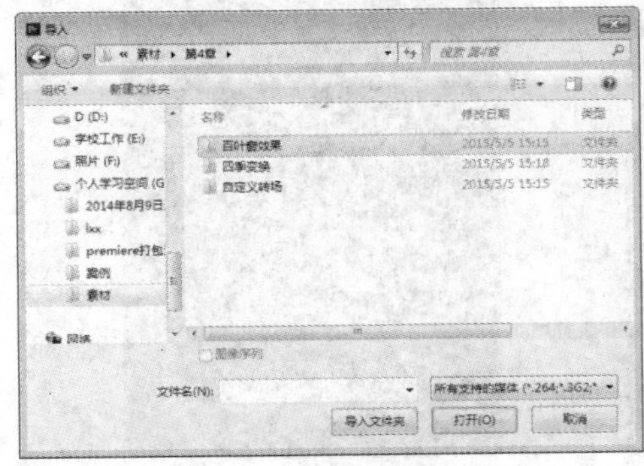

图 2-23　导入文件夹

图 2-24　展开文件夹

2.2.3　导入序列图片

所谓序列图片，就是其名称按照一定顺序排列的多个图片，如图 2-25 所示。

序列图片最基本的要求就是格式统一。如果原来有 12 个 JPG 文件，序列图片的起始范围就是从 sx_0001.JPG 到 sx_0012.JPG，如果第 8 个文件 sx_0008.JPG 变成了 sx_0008.GIF，如图 2-26 所示，则这个序列图片就被打断了，序列图片起始范围变成 sx_0001.JPG 到 sx_0007.JPG。

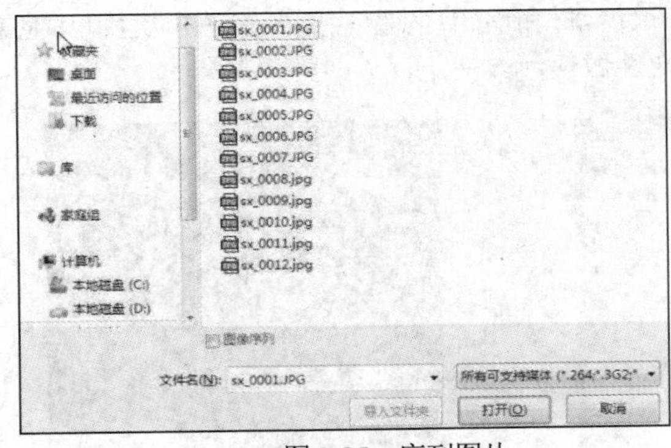

图 2-25　序列图片

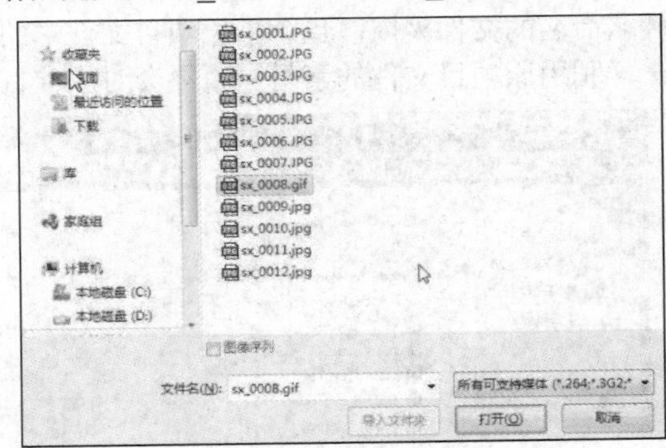

图 2-26　序列被打断

序列图片的第二个要求就是名称具有递增或者递减的数字。有的软件在输出序列图片格式时取名不是按照如图 2-26 所示的从 0001 开始计数，而是从 0 或者 1 开始的，即 sx_1.JPG、sx_2.JPG、……、sx_0009.JPG、sx_0010.JPG、……、sx_0019.JPG、sx_0020.JPG、……，以这种命名方式存在的序列图片无法被 Premiere 全部识别。如果选择 sx_1.JPG 作为起始文件，则 Premiere 只能导入 sx_1.JPG、sx_2.JPG、……、sx_9.JPG 总共 9 个文件。遇到这种情况只好手工进行修改了：如果数字的最大位数是 3 位数，则将 sx_1.JPG 改为 sx_001.JPG，将 sx_10.JPG 改为 sx_010.JPG，

以此类推。如果数字的最大位数是 4 位数，则将 sx_1.JPG 改为 sx_0001.JPG，将 sx_10.JPG 改为 sx_0010.JPG，将 sx_100.JPG 改为 sx_0100.JPG，以此类推。

设置好序列图片的格式后就可以在 Premiere 中将其导入了。打开【导入】对话框，首先选择序列图片的起始文件，然后选中【序列图像】复选框，这是导入序列图像的关键，如图 2-27 所示。然后单击【打开】按钮，序列图像将被当作一个单独的动态剪辑出现在【项目】窗口中，如图 2-28 所示。

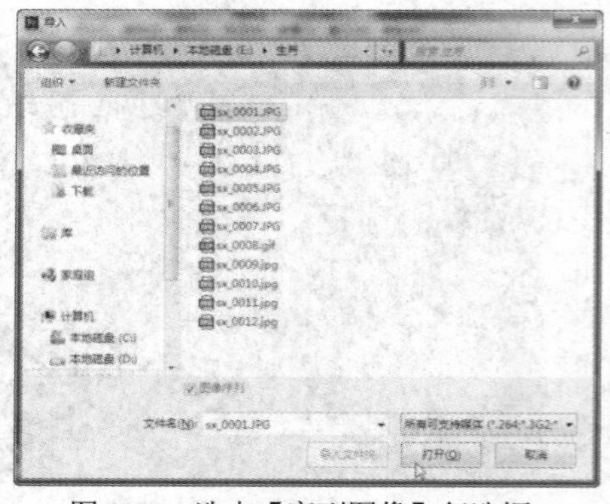

图 2-27　选中【序列图像】复选框

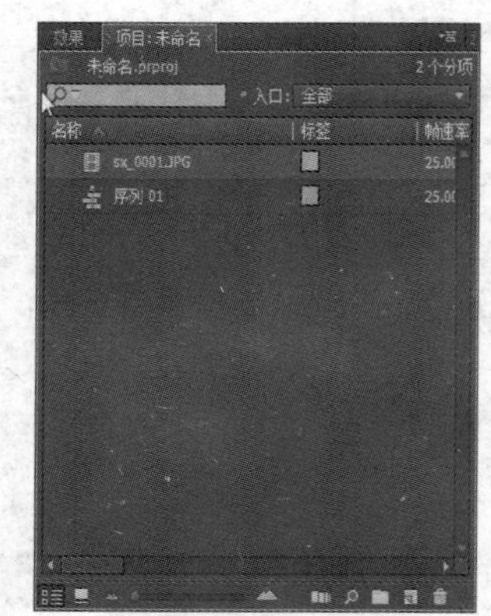

图 2-28　序列图片在【项目】窗口中

2.2.4　导入 Premiere 项目文件

除了将各种素材导入 Premiere 中进行编辑外，已经编辑好的 Premiere 项目文件彼此间也可以互为素材。执行【文件】|【导入】菜单命令，在弹出的【导入】对话框中选择一个项目文件，如图 2-29 所示，单击【打开】按钮将其导入。

在如图 2-30 所示的【项目】窗口中可以看到，导入的项目文件会被放在一个以所导入的项目文件名命名的文件夹内，包含了原项目文件中的所有素材和剪辑序列。用户可以如同运用其他素材一样利用原项目文件的素材，而不会对原项目文件做任何改变。

图 2-29　导入项目文件

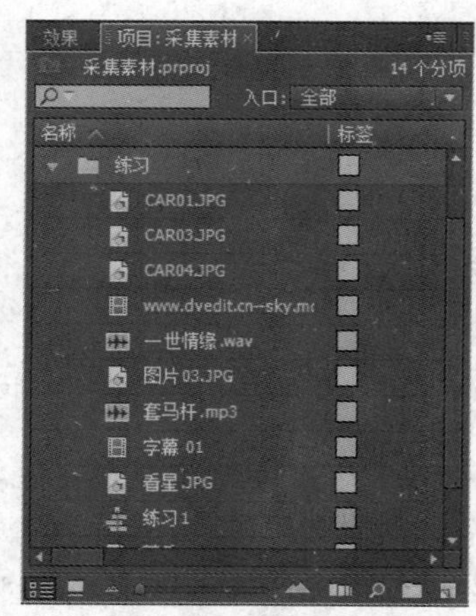

图 2-30　【项目】窗口中的项目同名文件夹

任务 3　管理素材

通常制作比较大型的节目，用户总想尽可能多地导入素材。而导入素材越多，对素材查找操作就越不方便，需要耗费大量时间。有效地管理素材可以提高影片编辑效率。

2.3.1　使用文件夹

当项目中所用的素材繁多时，用户可以通过创建文件夹来管理素材。

文件夹是 Premiere 用于管理素材的基本单位，利用文件夹可以将项目中的素材分门别类、有条不紊地组织起来，这对于包含大量素材的项目是相当有用的。

用户可以通过以下几种操作创建文件夹。

- 选择【文件】|【新建】|【文件夹】命令。
- 单击【项目】窗口下的【文件夹】图标按钮。
- 右击【项目】窗口空白处，在弹出的快捷菜单中选择【新建文件夹】命令。
- 在键盘上按快捷键 Ctrl+/。

创建后的新文件夹将出现在【项目】窗口中，如图 2-31 所示。此时，系统会为新文件夹自动命名。用户也可以修改文件夹的名称，在新建文件夹时，直接在文本框中输入文件夹的名称即可。

如果要将【项目】窗口中的素材放进建立好的文件夹内，可以将鼠标移动到素材文件上，同时按下鼠标左键，这时鼠标会变成手形，拖动该素材文件到所要放置的文件夹中释放，就可以改变素材在【项目】窗口中的位置了。

在【项目】窗口中，双击文件夹图标，就会打开该文件夹，文件夹中的文件就出现在一个新的【文件夹】面板中，如图 2-32 所示。

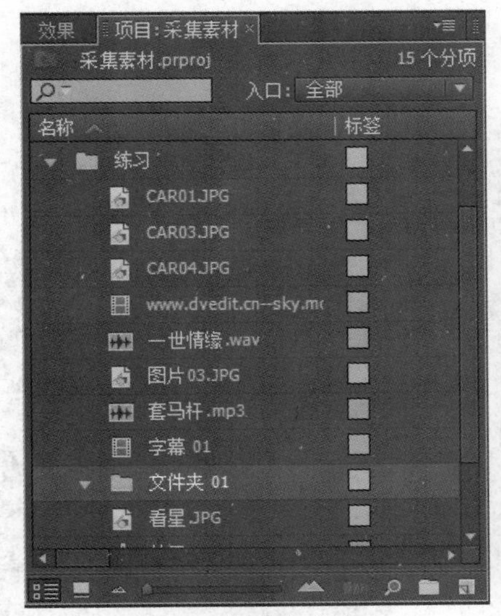

图 2-31　新建文件夹

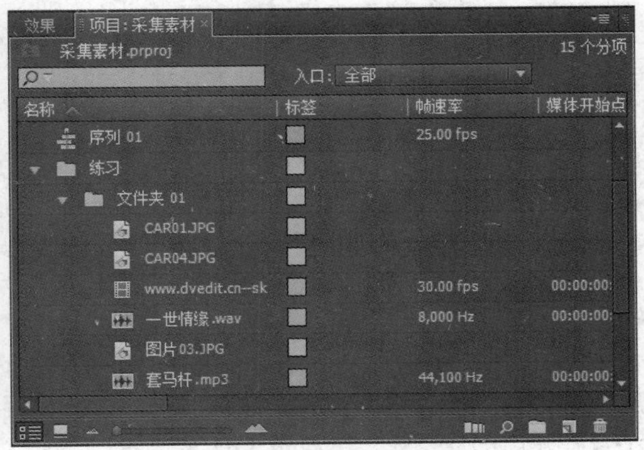

图 2-32　打开【文件夹】面板

当用户编辑需要用到的很多素材时，用【项目】窗口中的文件夹来管理素材是一个不错的选择。在【项目】窗口中，用户可以根据需要创建多层次的文件夹结构，就像在 Windows 里使用资源管理器来管理磁盘中的文件一样。

可以看出，最初的【项目】窗口就像磁盘的根目录，用户可以在这个“根目录”中再创建子目录，就是子文件夹。通过在文件夹间移动素材文件来实现分类管理。一般来说，用户可以按照文件类型来进行分类存放素材。例如，可以在【项目】窗口中建立一个 MPEG 文件夹，然后把所有 MPG 类型的文件都放到这个文件夹里去。另一种常见的分类方法就是按照【时间线】面板中的序列不同来存放素材，将同属于一个序列的或者同一个影片片段的素材都放到同一个文件夹中，这样在需要时就可以轻松找到所需要的素材了。

用文件夹来管理素材，可以使用户从数目繁多的素材中解脱出来，有利于用户以清晰的思路进行影视编辑工作。

在【项目】窗口中，用户也可以轻松删除不需要的文件夹。如果要删除一个或者多个文件夹，可以有以下几种操作方式。

- 选中所要删除的文件夹，执行【编辑】|【清除】菜单命令。
- 选中所要删除的文件夹，在键盘上按 Delete 键。
- 在所要删除的文件夹上右击，从弹出的快捷菜单中选择【清除】命令。
- 选中所要删除的文件夹，单击【项目】窗口下方的【清除】图标按钮。

如果要删除的文件夹中有【时间线】面板中正在使用的素材，系统会打开信息提示对话框，如图 2-33 所示，提示该素材将从【项目】窗口和【时间线】面板中删除。用户可以根据需要决定是否删除。

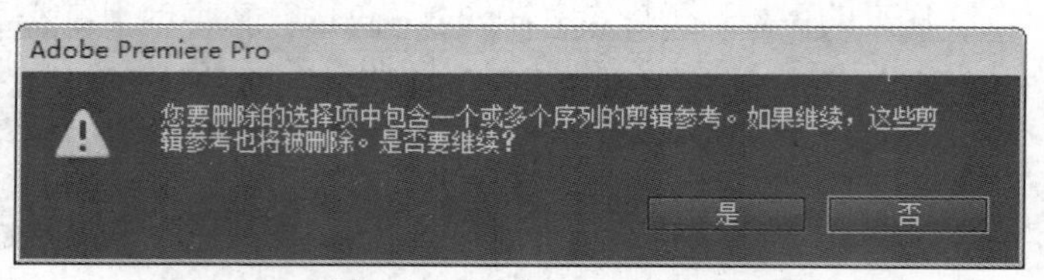

图 2-33　删除提示对话框

2.3.2　在项目面板中查找素材

在项目中使用的素材不多的情况下，用户可以在【项目】窗口中轻松地找到素材。而在大型的项目中，要使用的素材往往比较多，从中逐一查找素材是比较费时的。这时可以使用【项目】窗口中的【查找】命令来快速查找所需要的素材，如图 2-34 所示。输入关键词后，【项目】窗口中将出现名称中包含该关键词的素材。

查找完成后，若想恢复原状，只需单击【查找】文本框后的按钮即可。

Premiere 中还可以对素材进行复杂的查找。单击【项目】窗口底部的【查找】按钮，打开如图 2-35 所示的对话框。在各项查找属性都选择或者填写完毕后，单击【查找】按钮即可进行素材定位。可以设定两种查找线索，即主线索和次线索，系统先按照主线索进行查找，如果找不到再按照另一条线索查找。同时，在【操作】选项列表中，也可以选择操作所处的位置，如【开始于】、【结束于】等。

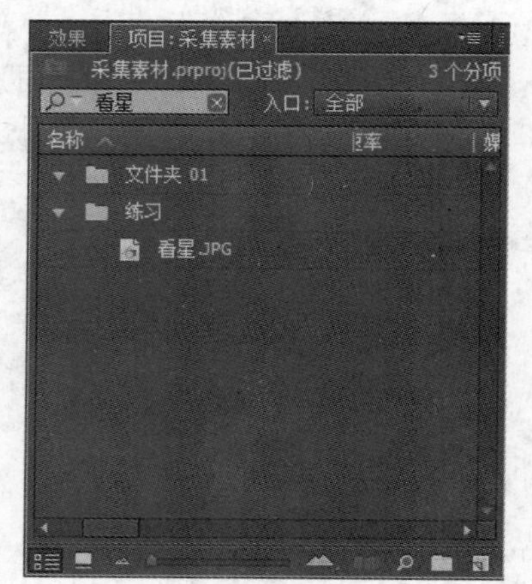

图 2-34　在【项目】窗口中查找素材

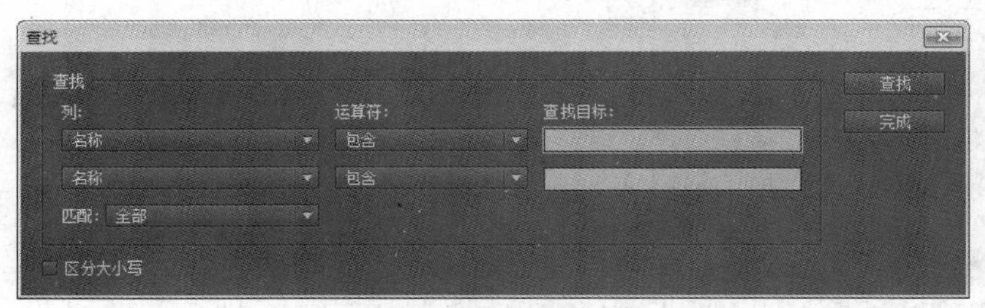

图 2-35　【查找】对话框

2.3.3　使用脱机文件

在影视编辑中，有时会出现编辑所需要的素材量非常大，占用很多的磁盘空间的现象，或某些素材未采集或者不在本机，这时候，脱机文件将是一个很有用的工具。

用户可以在编辑时使用低分辨率的素材以节省磁盘空间，或者应用脱机文件进行编辑，在最后输出时，再重新采集高分辨率的素材加以替换来保证成品的质量。

脱机文件是目前磁盘上暂时不可用的素材文件的占位符，可以记忆丢失的源素材的信息，在实际工作中当遇到素材文件丢失时，不会毁坏已经编辑好的项目文件。当脱机文件出现在时间线窗口中，那么在节目监视器窗口预览该素材时就会显示媒体离线脱机信息，如图 2-36 所示。

当项目文件中的源素材路径被改变时，如素材被删除、移动、重命名等，就会在项目文件中造成素材文件的脱机。这种情况下，Premiere Pro CC 在打开项目文件时弹出如图 2-37 所示的对话框对素材进行重新定位。用户可以通过重新指定素材的位置来替代原素材。方法是，通过单击【查找】按钮，打开 Windows 搜索面板。确定文件所在的路径后在【查找范围】下拉菜单中选择素材所在的文件夹，单击该素材文件，然后单击【选择】按钮即可。此时，Premiere 将会在该文件夹中继续查找其他脱机文件。

单击【跳过】按钮，可以暂时跳过单个素材，而单击【全部跳过】按钮，就可以暂时跳过全部素材。

单击【脱机】按钮，可以使得单个素材脱机，而单击【全部脱机】按钮，就可以使得全部未找到的素材脱机。

也可以单击【取消】按钮使其不做任何操作，即暂时变成脱机文件。

图 2-36　媒体离线脱机信息显示

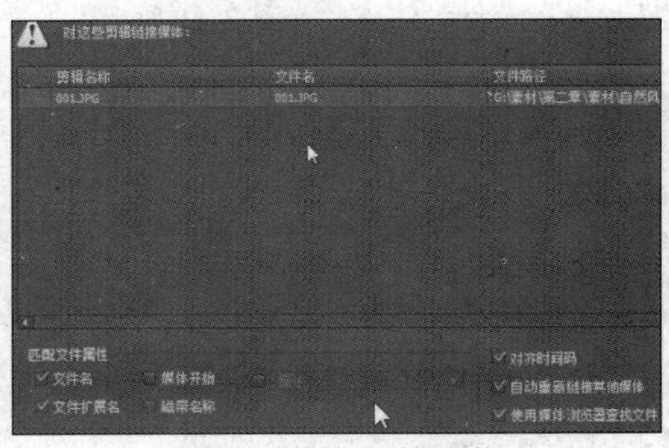

图 2-37　查找已脱机文件

在【项目】窗口中，选择脱机文件，执行【项目】|【链接媒体】命令，或者通过右击，在弹出的快捷菜单中选择【链接媒体】命令，同样可以打开图 2-37 所示的对话框，为单个脱机文件进

行链接。

当用户准备重新采集或者替换某些正在使用中的素材时，首先选择要变成脱机文件的素材，执行【项目】|【造成脱机】菜单命令，这样会弹出如图 2-38 所示的【设为脱机】对话框，选择是否在硬盘上保留目前所使用的素材文件。

用户还可以手工创建脱机文件。执行【文件】|【新建】|【脱机文件】菜单命令或者单击项目窗口底部的【新建】按钮，在菜单中选择【脱机文件】命令，这样会弹出如图 2-39 所示的【新建脱机文件】对话框。在其中填写脱机文件的各项参数进行标识。

用户可以随时对脱机文件进行编辑。在项目窗口中双击一个脱机文件，就会弹出它的设置对话框，调整必要的选项即可。脱机文件在项目中只是起到占位符的作用，在编辑的节目中是没有实际的画面内容的。在输出前要将脱机文件用实际的素材进行定位和替换。

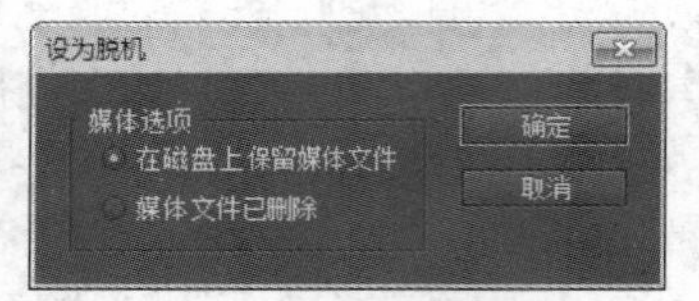

图 2-38　【设为脱机】对话框

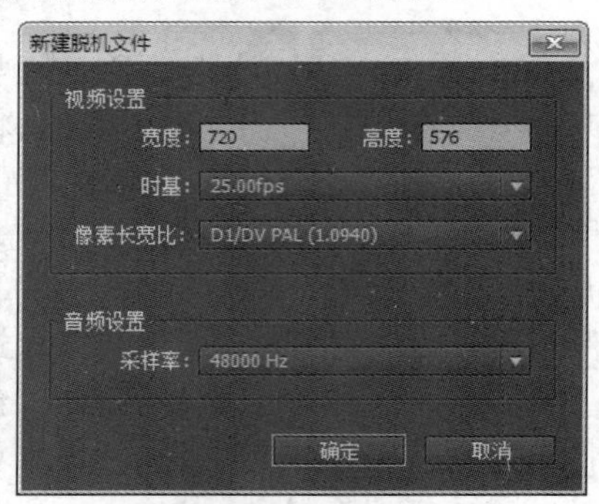

图 2-39　【新建脱机文件】对话框

拓展训练

本项目拓展训练主要通过在 Premiere Pro CC 中进行素材的管理，使用户熟悉素材管理的一些基本操作。

(1) 启动 Premiere Pro CC，新建一个名为【素材管理】项目，选择保存路径，单击【确定】按钮，如图 2-40 所示。

(2) 进入 Premiere Pro CC 工作区后，执行【文件】|【导入】命令，打开【导入】对话框，在其中选择相应的素材文件夹，如图 2-41 所示。

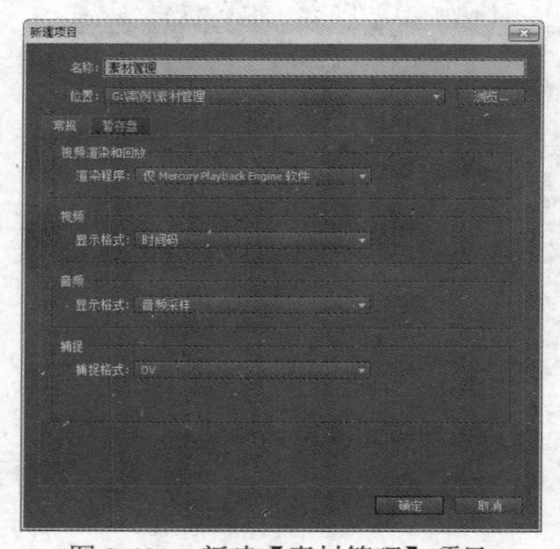

图 2-40　新建【素材管理】项目

图 2-41　【导入】对话框

(3) 在键盘上按下 Ctrl+A 快捷键，选中文件夹中的所有素材后，单击【打开】按钮将所有素材导入。可以看到文件夹中的文件都出现在【项目】窗口中。浏览【项目】窗口中的文件可以发现，图 2-42 中的文件夹并没有导入进来。

(4) 再次执行【文件】|【导入】命令，打开【导入】对话框，选中【自然风光】文件夹，单击【导入文件夹】按钮，如图 2-43 所示。

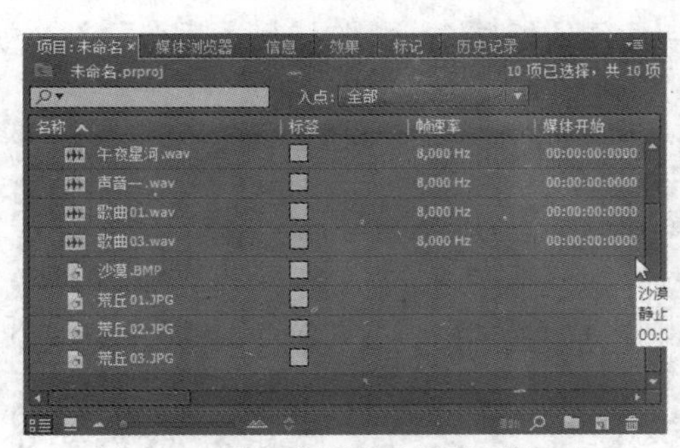

图 2-42　导入素材到【项目】窗口中

图 2-43　【导入】对话框

(5) 导入后可以看到在【项目】窗口中出现一个名字同为【自然风光】的文件夹，如图 2-44 所示。

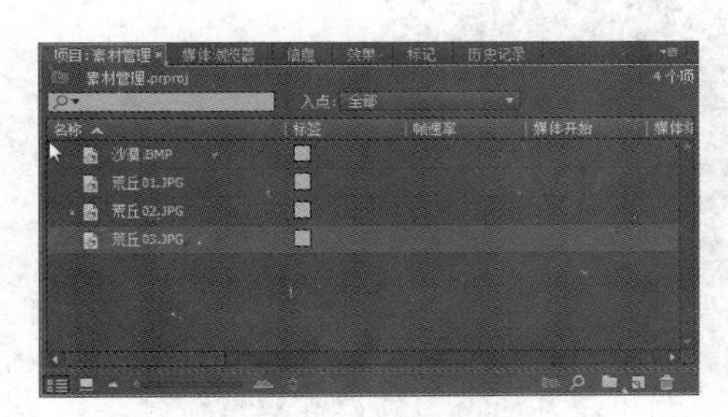

图 2-44　导入【自然风光】文件夹

图 2-45　准备导入序列化的文件

(6) 再次打开【导入】对话框，双击【名称】文件夹，可以看到文件夹中的文件是以严格有序的文件名命名的，如图 2-45 所示。下面将它们以序列形式导入。在对话框中单击第一个图片文件 1.JPG，选中【图像序列】复选框后，单击【打开】按钮，可以看到在【项目】窗口中只出现了以 1.JPG 命名的素材文件，显示的图标与视频文件相同，如图 2-46 所示。

(7) 单击【项目】窗口下的图标显示按钮，使素材以图标的方式显示，如图 2-47 所示。

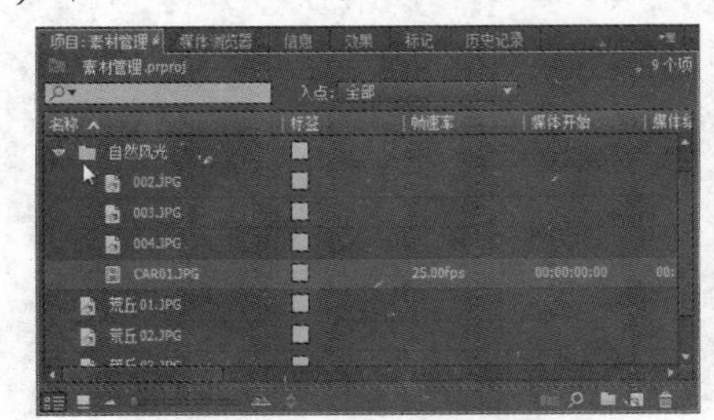

图 2-46　导入【文件素材】序列

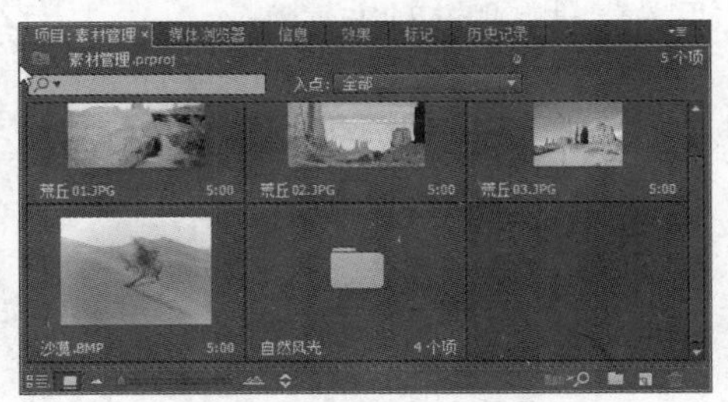

图 2-47　以图标的方式显示

(8) 单击【项目】窗口右上角的▤按钮，打开菜单，选择【浮动面板】命令，使【项目】窗口独立出来，调整其大小，如图 2-48 所示。

(9) 在项目窗口中的素材，可以重新对其进行命名。

(10) 为了进一步将素材分门别类，用户可以利用文件夹对素材进一步管理。首先执行【窗口】|【工作区】|【重置当前工作区】命令，工作区重置后，让【项目】窗口恢复到列表模式。单击【新建文件夹】按钮▢，可以看到【项目】窗口中出现了一个新的文件夹，对其重命名，输入名字“荒丘”。

(11) 选中图片荒丘 01.JPG ~ 荒丘 03.JPG，然后按住鼠标左键，将其拖到【荒丘】文件夹中，如图 2-49 所示。

图 2-48 调整窗口大小

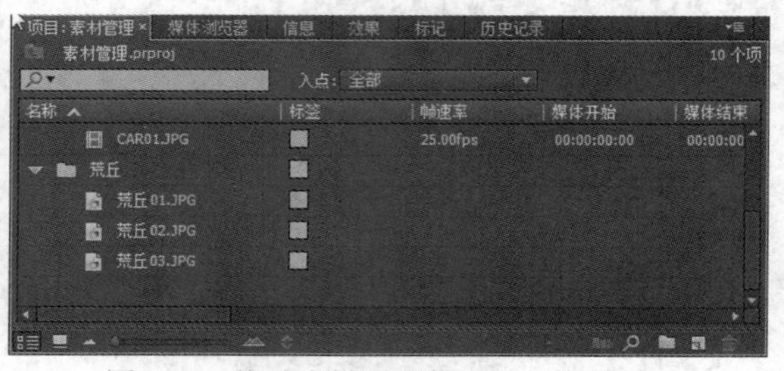

图 2-49 拖动素材到【荒丘】文件夹中

(12) 新建两个文件夹，分别命名为【音乐】。将【项目】窗口中的其他文件和文件夹，按照素材的类别分别拖到这个文件夹中，如图 2-50 所示。

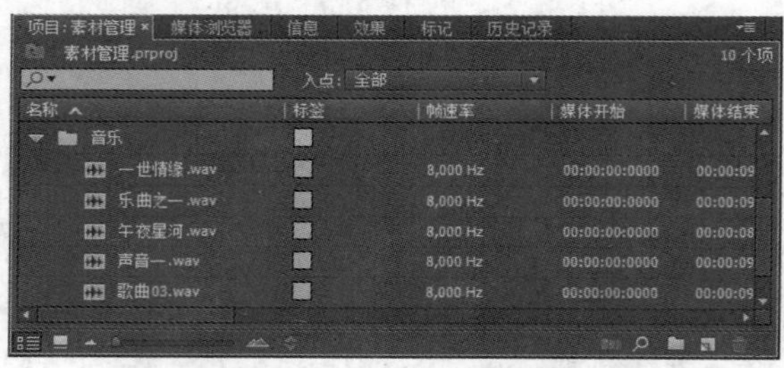

图 2-50 分类放置素材

(13) 通过整理，【项目】窗口变得层次分明，整洁明了，如同使用资源管理器一样。

习 题

1. 在项目自定义设置时，哪一种编辑模式可以根据需要设置视频画幅大小？
2. 视频采集卡一般分为哪几种？
3. 系统默认的情况下，序列中视频、音频轨道分别有几条？
4. 导入素材有哪几种方法？
5. 导入素材时，如何导入一个文件夹？
6. 如何创建一个文件夹？

项目3 编辑视频素材

学习目标

Premiere 中的素材剪辑，对于整个影片的创建是非常重要的环节。素材剪辑主要是对素材的调用、分割和组合等操作处理。在 Premiere 中，用户可以在【时间线】面板的轨道中编辑置入的素材，也可以通过【节目】监视器面板直观地编辑【时间线】面板轨道上的素材，还可以在【源】监视器面板中编辑【项目】面板中的源素材。通过这些窗口强大的编辑功能，用户可以很方便地根据影片结构的构思自如地组合、剪辑素材，使影片最终形成所需的播放次序。通过本章的学习，读者可以熟悉【源】和【节目】监视器面板、【时间线】面板以及【工具】面板进行素材的组织应用，掌握影片编辑的基本技巧。

本章重点

- 剪辑素材
- 三点编辑和四点编辑
- 使用【时间线】面板剪辑
- 使用监视器窗口剪辑
- 高级编辑

任务1　剪辑素材

通常在项目中的素材不一定完全适合最终影片的需要，往往要去掉素材中不需要的部分，将有用的部分编入到影片中。在对素材进行剪辑之前先来了解各窗口的功能。

3.1.1　【源】面板

【源】监视器面板查看和编辑【项目】面板或者【时间线】面板中某个序列的单个素材。双击【项目】面板中的某个素材，可以打开【源】监视器面板，如图 3-1 所示。

【源】监视器面板中可以根据需要更改素材显示的比例。单击视窗下【选择缩放级别】下的 适合 ▼ 按钮，可以在弹出的下拉菜单中选择合适的比例，如图 3-2 所示。选择【适合】命令，系

统将根据监视器面板的大小调整素材的显示比例，以显示整个素材。

图 3-1　打开【源】监视器面板

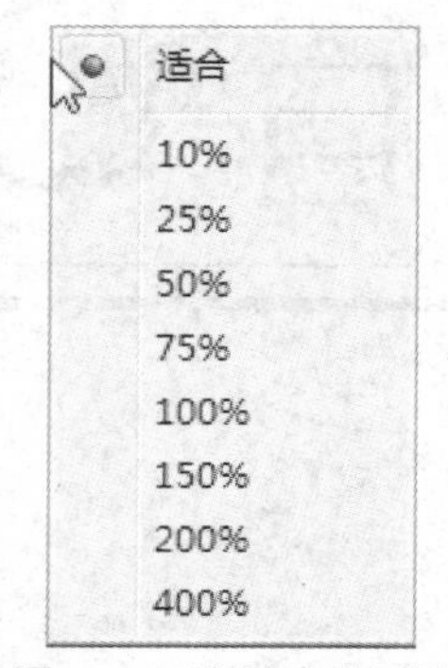

图 3-2　选择缩放级别

在【源】监视器面板已经打开的情况下，将一个素材由【项目】面板或者【时间线】面板直接拖动到【源】面板中，也可以在【源】面板中查看素材，而且可以将素材名字添加到素材菜单中。

从【项目】面板拖动多个素材或者整个文件夹到【源】面板，或者在【时间线】面板选择多个素材后双击，也可以同时打开多个素材，但是【源】面板只能显示最后选择的那一个素材，其他素材会按选择的顺序添加到素材菜单。

在【源】面板单击素材名称，弹出的下拉菜单中包含最近查看过的素材名称列表，通过单击素材名称可快速查看需要的素材。如果是在序列中打开的素材，还可以看出其所在的序列名称，如图 3-3 所示。

图 3-3　【源】窗口的下拉菜单

利用【源】面板的下拉菜单可以清除列表中的素材。

选择【关闭】命令，可以清除当前显示于【源】面板的素材，然后将显示列表中第一个素材。

选择【全关】命令，将清除列表中所有的素材。

【源】监视器面板不仅可以查看素材，还可以对素材进行编辑。【源】面板的控制区域包含了一套控制工具，有很多类似于录放机和编控器面板的控制器。各个工具的功能将结合素材剪辑进行讲解。

图 3-4　【节目】监视器窗口

3.1.2　【节目】面板

从布局上看，【节目】面板与【源】面板非常相似，在功能上，两者也大同小异，所不

同的是【源】面板主要是对源素材进行操作，而【节目】监视器面板的操作对象则是【时间线】面板上的序列，如图 3-4 所示。

3.1.3　【参考】面板

在某些情况下，有必要使用两个视图比较序列的不同帧或查看同一帧在应用效果前后的不同，最好的方法就是使用【参考】监视器面板，它同【节目】面板类似。

单击【窗口】按钮，打开如图 3-5 所示的菜单，选择【参考监视器】命令，可以打开【参考】监视器面板，如图 3-6 所示。

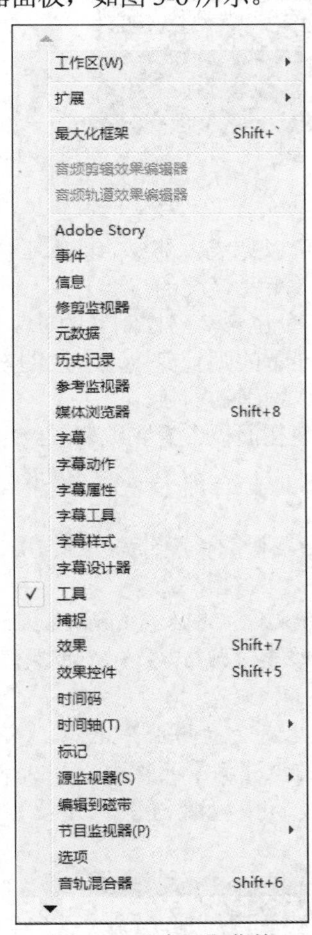

图 3-5　【窗口】菜单

图 3-6　【参考】监视器面板

将序列中的一帧显示在独立于【节目】面板的【参考】监视器面板，就可以通过查看两个视图进行比较，如在使用颜色匹配滤镜时。

3.1.4　【修整】面板

有时候需要校正序列中两个相邻素材片段的相邻帧，这就需要用到 Premiere 提供的一个非常重要的窗口——【修整】监视器面板。执行【窗口】|【修整监视器】命令，可以打开【修整】监

视器面板，如图 3-7 所示。

图 3-7　【修整】监视器面板

按下快捷键 T，同样可以打开【修整】面板。

虽然凭借【源】、【节目】监视器面板和【时间线】面板就可以完成大部分的剪辑工作，但对于素材片段之间剪接点的精细调整，使用【修整】监视器面板效率是最高的。

【修整】面板与其他监视器面板有着相似的布局，不过它是一个包含专门控制器的独立窗口。【修整】面板的左视图显示的是剪接点左边的素材片段，右视图显示的则是剪接点右边的素材片段。用户可以在序列的任何编辑点执行波纹或滚动工具编辑来完成精细的剪接。

使用【修整】面板对相邻素材进行精确剪辑，可以非常直观地在面板中看到编辑的结果，它是一种实用、高效的编辑方法。与设置入点、出点的方法相比较而言，区别在于修整同时影响了相邻的两个素材。

【例 3-1】　对素材进行如下剪辑：将【时间线】上的前 4 段素材的长度分别剪成 10s、5s、3s 和 4s，再将全部视音频精确到 30s 整。

(1) 启动 Premiere Pro CC，新建一个名为【剪辑素材】的项目文件。导入【JumpBack.avi】、【海底动物世界.avi】、【花好月圆.avi】、【九寨旅游风光.avi】、【四季过渡.avi】5 个视频文件和【bgmusic.mp3】音频文件。

(2) 在【项目】面板中，按顺序依次选择【JumpBack.avi】、【海底动物世界.avi】、【花好月圆.avi】、【九寨旅游风光.avi】和【四季过渡.avi】5 个视频文件，拖至【源】面板中，分别单击及拖动视频按钮，将每个素材文件的视频依次拖动到时间线的【视频 1】轨道上，选择【bgmusic.mp3】音频文件，拖至【音频 1】轨道上，如图 3-8 所示。

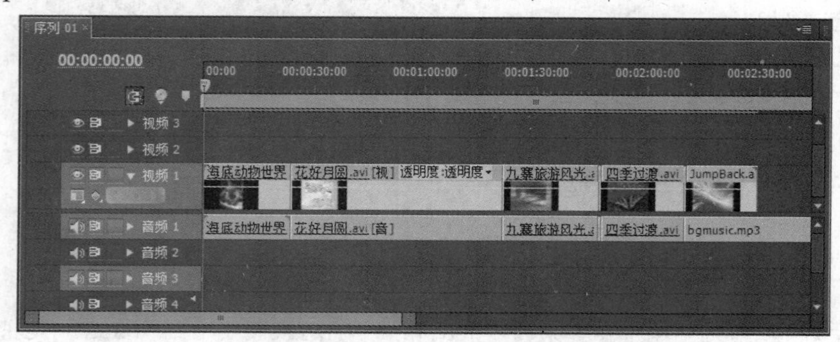

图 3-8　适配素材设置

(3) 在【时间线】面板中将时间线指针移到第 10s 处，选择工具面板上的【剃刀】工具，确认时间线左侧的【吸附】按钮处于打开状态，在【海底动物世界.avi】素材上时间线指针所处位置单击，将其分割成两段，如图 3-9 所示。

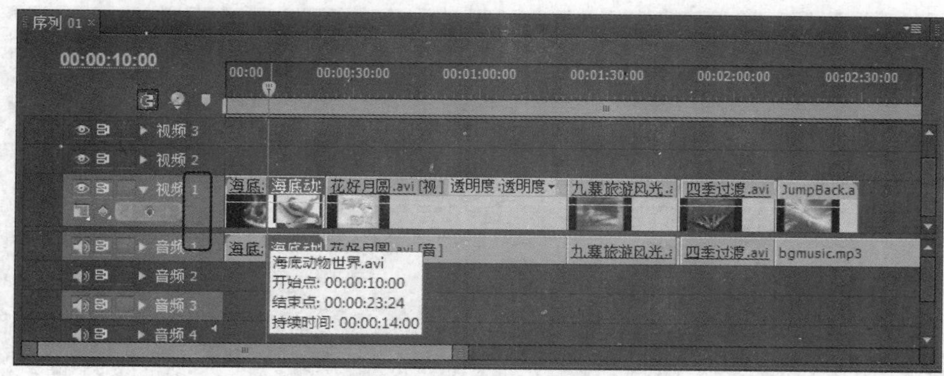

图 3-9　分割素材

(4) 在【海底动物世界.avi】素材的后半段上右击，在弹出的快捷菜单中选择【波纹删除】命令，将其删除，后面的【花好月圆.avi】素材等会自动跟着前移，如图 3-10 所示。

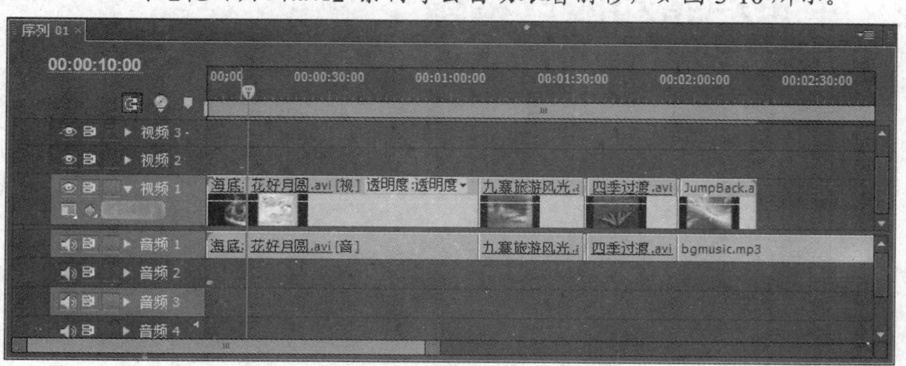

图 3-10　波纹删除后的素材文件效果

(5) 同样，将时间线指针分别移至第 15s、第 18s、第 22s 处，使用【剃刀】工具在【花好月圆.avi】、【九寨旅游风光.avi】、【四季过渡.avi】上时间线指针处单击，将其切开，使用【波纹删除】命令将其后一部分删除，如图 3-11 所示。

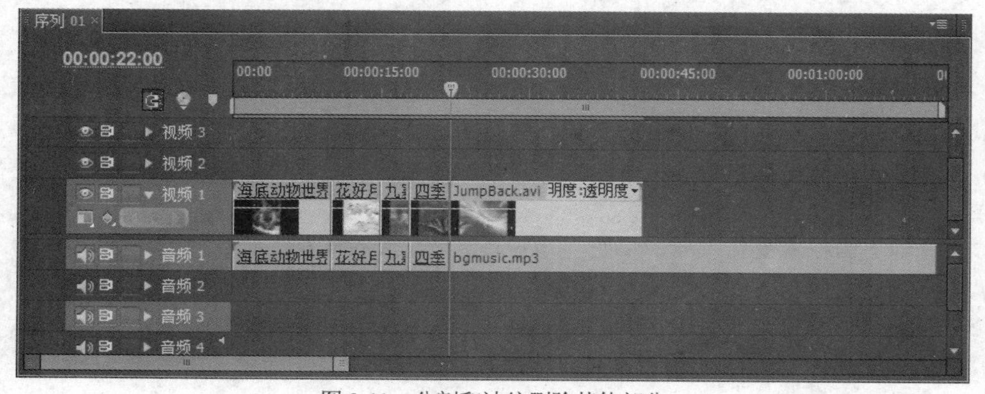

图 3-11　分割和波纹删除其他部分

(6) 将时间线指针移至第 30s 处，选择【剃刀】工具，按住 Shift 键的同时在时间线指针处单击，可以将 30s 处的视频和音频素材同时分割开，并将其后面的部分删除掉，这样便完成了对素材的剪辑，如图 3-12 所示。

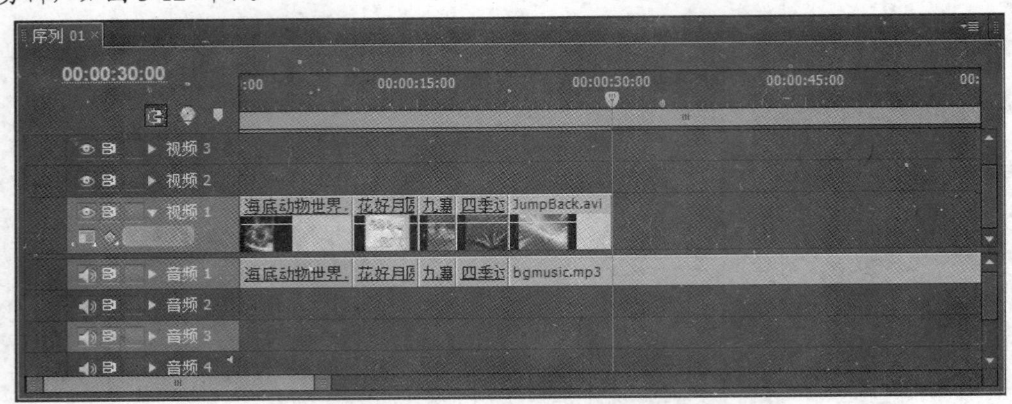

图 3-12　在 30s 处分割

任务 2　三点编辑和四点编辑

所谓三点编辑和四点编辑，都是指对于源素材的剪辑方法。三点、四点是指素材入点和出点的个数。

3.2.1　三点编辑

在【源】面板和【节目】面板中，一共标记了两个入点、一个出点或者是两个出点、一个入点。三点编辑一般有两种方法。

1. 第 1 种方法

(1) 在【时间线】面板中选择添加视频或音频的目标轨。

(2) 从【项目】面板中选择一个素材，将其拖到【源】面板中，选择编辑类型(视频或音频或视音频)。

(3) 在【源】面板中设置入点与出点，在【节目】面板中设置入点。

(4) 单击【源】面板下方的【插入】按钮或【覆盖】按钮。

2. 第 2 种方法

(1) 在【时间线】面板中选择添加视频或音频的目标轨。

(2) 从【项目】面板中选择一个素材，将其拖到【源】面板中，选择编辑类型(视频或音频或视音频)。

(3) 在【源】面板中设置入点，在【节目】面板中设置入点与出点。

(4) 单击【源】面板下方的【插入】按钮或【覆盖】按钮。

【例 3-2】　对素材进行三点编辑。

(1) 启动 Premiere Pro CC，新建一个名为【三点编辑】的项目文件。导入素材【九寨旅游风光.avi】和【四季过渡.avi】。

(2) 将【九寨旅游风光.avi】拖动到【时间线】面板中，并双击【四季过渡.avi】使其在【源】面板中打开。

(3) 在【源】面板中的 3 秒 17 帧处设置入点，如图 3-13 所示。

(4) 在【节目】面板中的第 5 秒 15 帧和第 10 秒 01 帧处分别设置入点和出点，如图 3-14 所示。

图 3-13　在【源】面板中设置入点

图 3-14　在【节目】面板中设置入点和出点

(5) 单击【源】面板中的覆盖命令，则在【时间线】面板中可以看到原来在【源】面板中设置入点之后的素材覆盖了在【节目】面板中设置入点和出点之间的素材，如图 3-15 所示。

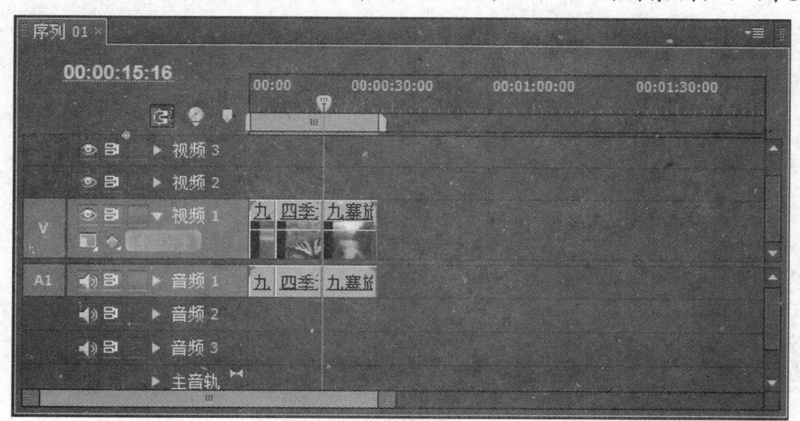

图 3-15　覆盖素材

3.2.2　四点编辑

在【源】面板和【节目】面板中，标记了两个入点、两个出点。

【例 3-3】　对素材进行四点编辑。

(1) 拖动【九寨旅游风光.avi】素材到【时间线】面板，双击【四季过渡.avi】素材使其在【源】面板中显示。

(2) 在【源】面板中的第 14 秒 15 帧和第 11 秒 01 帧处分别设置入点与出点，在【节目】面板中的第 17 秒 10 帧和第 12 秒 01 帧处也分别设置入点与出点，如图 3-16 和图 3-17 所示。

图 3-16 在【源】面板设计入点和出点

图 3-17 在【节目】面板设置入点和出点

(3) 单击素材源面板下方的【插入】按钮或【覆盖】按钮。如果两对标记之间的持续长度不一样，会弹出对话框，为了适配入点与出点间的长度，按下列设置进行选择，如图 3-18 所示。

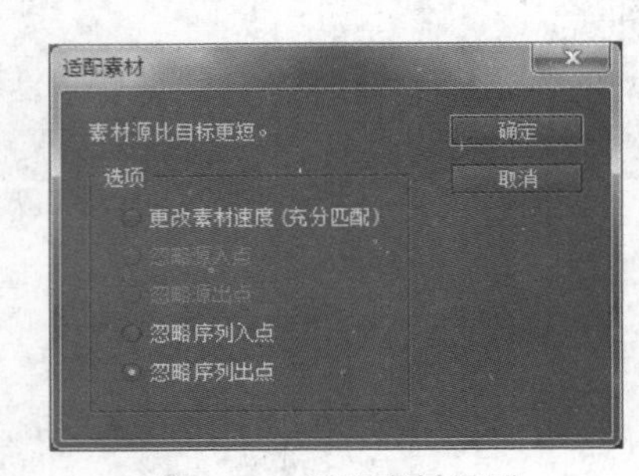

图 3-18 适配素材设置

- 更改素材速度(充分匹配)：改变素材的速度以适应节目中设定的长度。
- 忽略源入点：忽略节目中设定的源入点。
- 忽略源出点：忽略节目中设定的源出点。
- 忽略序列入点：忽略节目中设定的入点。
- 忽略序列出点：忽略节目中设定的出点。

任务 3 使用【时间线】窗口剪辑素材

在 Premiere Pro CC 中进行影片的剪辑，核心部分就是利用监视器面板和【工具】面板中的各种工具在【时间线】面板对素材进行调用、分割和组合等操作。

3.3.1 【时间线】窗口

【时间线】面板可以用图解的方式来显示序列的构成，如素材片段在视频和音频轨道中的位置以及上下轨道之间的分布等。

项目中的多个序列可以按标签的方式排列在【时间线】面板中，可以向序列中的任何一个视频轨道添加视频素材，音频素材则要添加到相应类型的音频轨道中去。素材片段之间可以添加转场效果。【视频 2】轨道以及更高的轨道可以用来进行视频合成，附加的音频轨道可以用来混合音频，可以指定每一个音频轨道支持的声道类型，并决定如何传送到主音轨。为了得到音频混合处理更高级的控制，可以创建次合成音轨。可以在【时间线】面板中完成多项编辑任务，而且可以按照当前任务或者个人喜好来进行订制。

3.3.2 向序列添加素材

在已经采集或者导入了素材到 Premiere Pro CC 后，如何应用这些素材呢？最简单的方法就是，选择【项目】面板中的素材，可以直接将其拖动到【时间线】面板中，添加到某个序列上。

【例 3-4】　创建一个名为【添加素材】的项目，导入几段素材，分别将素材应用到序列中的轨道上。

(1) 启动 Premiere Pro CC，新建一个名为【添加素材】的项目文件。在【新建序列】的【设置】选项卡中，选择【编辑模式】为 DV PAL，【时基】为【25.00 帧/秒】，【画面大小】为【720 水平 576 垂直】，【像素纵横比】为 D1/DV PAL(1.0940)，【场】为【无场(逐行扫描)】，【显示格式】为【帧】，如图 3-19 所示。

(2) 执行【文件】|【导入】命令，打开【导入】对话框，导入【视频素材】文件夹中的所有素材，如图 3-20 所示。

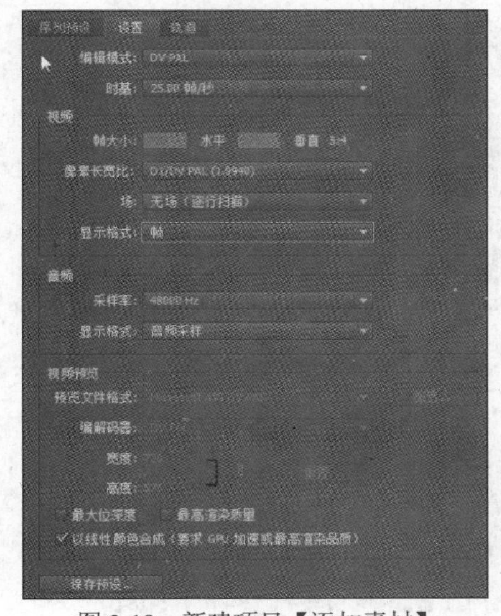

图 3-19　新建项目【添加素材】

图 3-20　导入练习素材

(3) 在【项目】面板中选择【海底动物世界.avi】，按住鼠标左键，将其拖动到【时间线】面板的【视频 1】上，如图 3-21 所示，然后释放鼠标左键即可。

(4) 使用同样的方法，在【项目】面板中选择【花好月圆.avi】素材，将其拖动到【时间线】面板的【视频 1】上的【海底动物世界.avi】素材之后，释放鼠标左键，效果如图 3-22 所示。

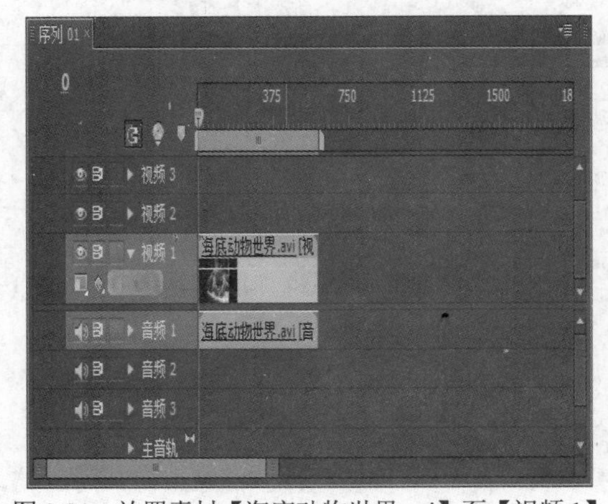

图 3-21　放置素材【海底动物世界.avi】至【视频 1】

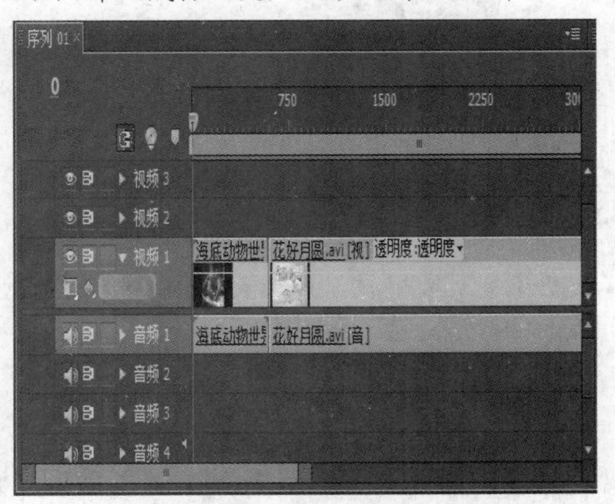

图 3-22　放置素材【花好月圆】至【视频 1】

(5) 分别选中【视频 1】上的两段视频，右击后，在弹出的快捷菜单中选择【解除视音频链接】命令，以解除两段视频和其对应的音频的链接，选中【音频 1】上的两段音频，按 Delete 键删除；从【项目】面板中选择【春.jpg】素材，将其拖动到【视频 2】上，释放鼠标左键，效果如图 3-23 所示。

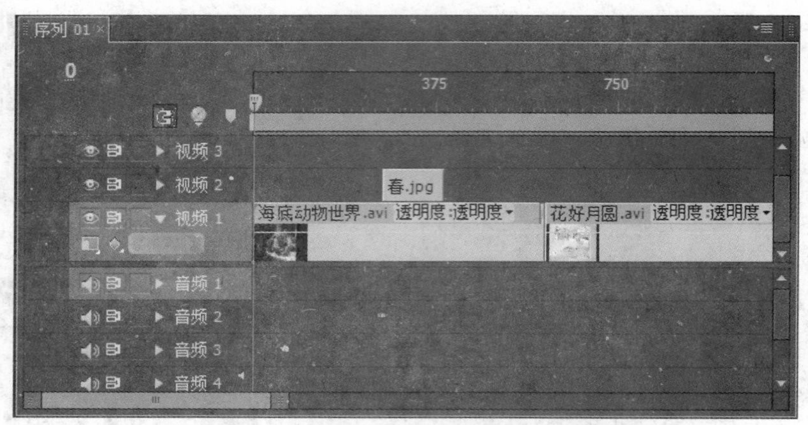

图 3-23　在【视频 2】轨道上放置素材【春.jpg】

(6) 在【项目】面板中选择【bgmusic.mp3】，按住鼠标左键，将其拖动到【时间线】面板的【音频 1】上，释放鼠标左键，效果如图 3-24 所示。

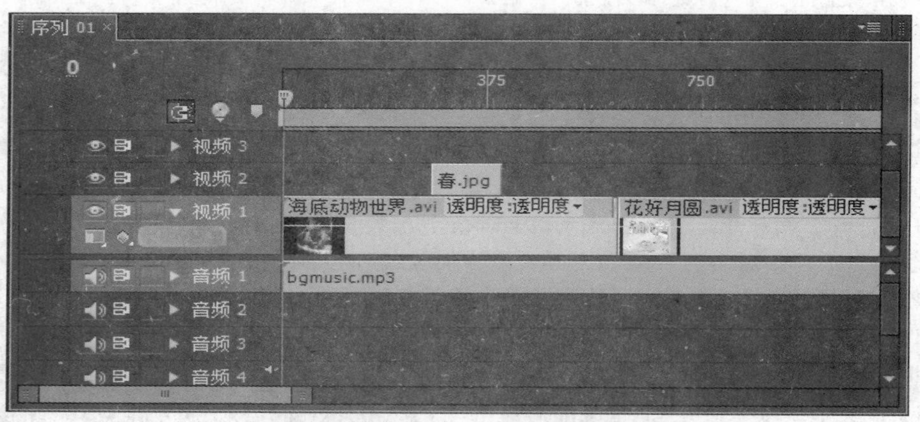

图 3-24　在【音频 1】轨道上放置素材【bgmusic.mp3】

3.3.3　选择素材

在对轨道上任何素材编辑之前，都需要先选择素材。配合【工具】面板上的工具可以在【时间线】面板进行选择素材操作。

1. 选择一个或多个素材

在【工具】面板中使用【选择】工具，单击轨道上的一个素材。

如果选择对象包含音频、视频，而用户只想选择其中一个，可按住键盘上的 Alt 键，同时使用【选择】工具单击需要的文件部分。

2. 同时选择多个素材

按住 Shift 键，同时使用【选择】工具，分别单击多个素材。如果想取消选择某一个素材，按住 Shift 键，再次单击该素材即可。

选择多个素材还可以使用【选择】工具，在【时间线】面板轨道上拖出一个矩形选框，框选需要选择的多个素材。

3. 选择当前素材后所有内容

使用【轨道选择】工具单击当前素材，轨道上当前素材后的所有素材都将变为选中状态。如果选择当前素材后所有轨道上的素材，按下 Shift 键，同时单击当前素材，则当前素材后的所有轨道上的素材都被选中。

如果只选择音频或视频素材，可以按住 Alt 键，同时选择当前视频或音频中的一个轨道，则当前轨道中选中素材之后的所有素材都将被选中。

3.3.4　移动素材

当素材被添加到【时间线】面板后，用户可以在【时间线】面板中对素材进行移动，重新排序，这也是经常使用的编辑方法。

在【时间线】面板移动素材，可以选择轨道中的素材，按下鼠标左键，拖动素材到要移动到的位置，然后释放鼠标左键即可。

移动素材时，确认【时间线】面板右上角的【吸附】 按钮被按下，当两个素材贴近时，相邻边缘如同正、负磁铁之间产生吸引力一样，会自动对齐或靠拢。如图 3-25 所示。

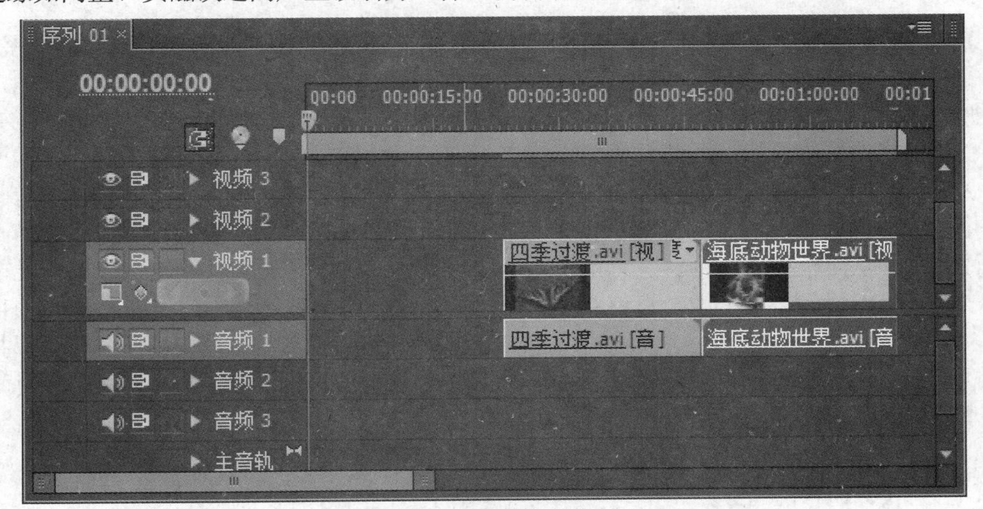

图 3-25　吸附素材

当两段素材中间有空白区域，要将后面一个素材移动到紧贴前一个素材之后，还有另一种方法：单击两个素材之间的空白区域，执行【编辑】|【波纹删除】菜单命令，或执行右键菜单中的【波纹删除】 命令，空白区域被删除，空白区域后方的素材会自动补上，不同轨道的素材同步向空白区域移动。

3.3.5　复制和粘贴素材

同 Office 软件一样，在 Premiere Pro CC 中可以使用复制、粘贴命令对素材进行相关操作。

1. 粘贴

(1) 选择素材，再执行【编辑】|【复制】命令。
(2) 在【时间线】面板视频轨道上选择粘贴位置。
(3) 执行【编辑】|【粘贴】命令。

2. 粘贴插入

(1) 选择素材，再执行【编辑】|【复制】命令。
(2) 在【时间线】面板视频轨道上选择目标轨道。
(3) 拖动时间线指针到准备粘贴插入的位置。
(4) 执行【编辑】|【粘贴插入】命令。

3. 粘贴属性

(1) 选择素材，再执行【编辑】|【复制】命令。
(2) 在【时间线】面板视频轨道上选择需要粘贴属性的目标素材。
(3) 执行【编辑】|【粘贴属性】命令，将前一素材的属性复制给当前素材。

任务 4　使用监视器面板剪辑素材

在 Premiere Pro CC 中，用户可以利用【时间线】面板来进行素材的剪辑。这种剪辑更注重的是处理各种素材之间的关系，特别是位于【时间线】面板中不同轨道上的素材之间的关系，从宏观上把握各段素材在时间线上的进度。但在很多时候，用户在剪辑素材时更注重的是素材的内容。例如，在出现特定的某一帧画面时对视频素材进行剪断操作。用户固然可以将【时间线】面板与监视器面板配合使用来完成这种剪辑操作，但这种方法远不如直接使用监视器面板进行剪辑方便。

使用监视器面板进行剪辑的好处就在于，用户可以通过监视器面板对视频素材每一帧画面的内容了如指掌，从而根据素材内容进行比较精确的设定。其中，【源】监视器可以为影像节目准备素材，也可以编辑一个从影像节目打开的素材片段。【节目】监视器显示了正在创建项目的当前状态，当在 Premiere Pro CC 中播放影像节目时，它就出现在【节目】监视器中。还可以把【节目】监视器看作是【时间线】面板的替代视图，不过【时间线】面板显示的素材是基于时间的视图，而【节目】监视器显示的素材是基于帧的视图。

3.4.1　插入和覆盖

利用【源】监视器面板剪辑素材的具体操作如下。

(1) 将素材【海底动物世界.avi】和【四季过渡.avi】导入【时间线】面板，并将【四季过渡.avi】导入【源】监视器面板，裁切之前的素材在【时间线】面板中的安排如图 3-26 所示。

(2) 在【源】监视器面板中，拖动时间标尺上的指示器，为素材设置入点和出点，截取一个片段，如图 3-27 所示。

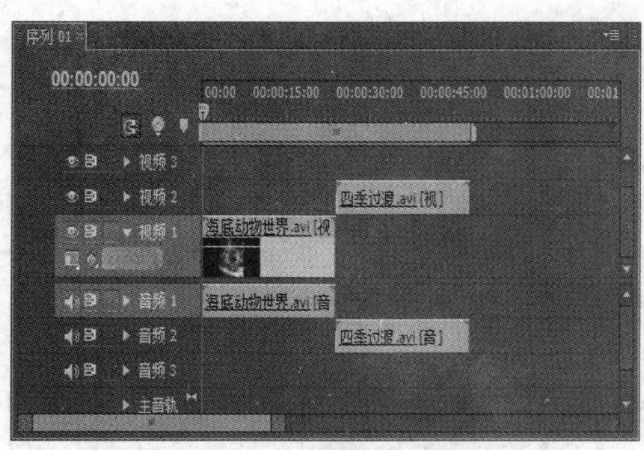

图 3-26　未进行裁切之前的素材状态

图 3-27　为素材设置入点和出点

(3) 在【源】监视器面板中，执行下列操作之一。

◉　插入。截取片段后，单击【插入】按钮，截取片段将插入到【时间线】面板目标轨道中当前时间线指针所指示位置，如图 3-28 所示，该位置的素材被分割成两段，插入点之后的素材后移。

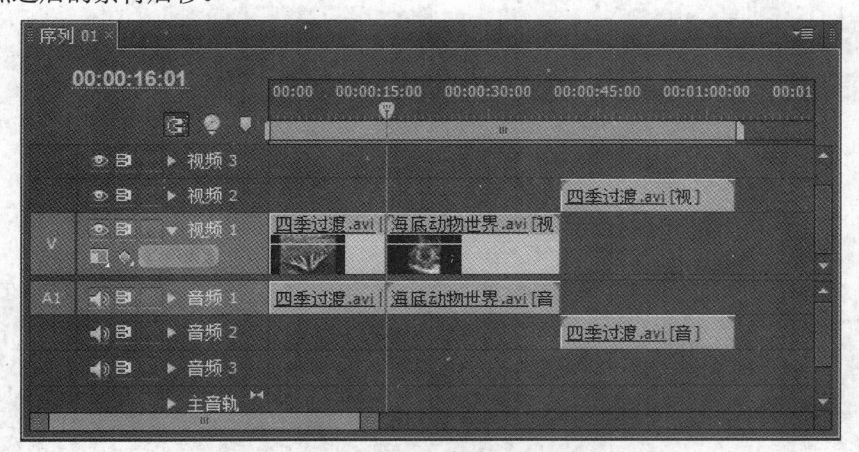

图 3-28　利用【插入】命令裁切之后的素材状态

◉　覆盖。截取片段后，单击【覆盖】按钮，截取片段将插入到【时间线】面板目标轨道中当前时间线指针所指示位置，如图 3-29 所示，该位置的素材被新插入的素材覆盖。

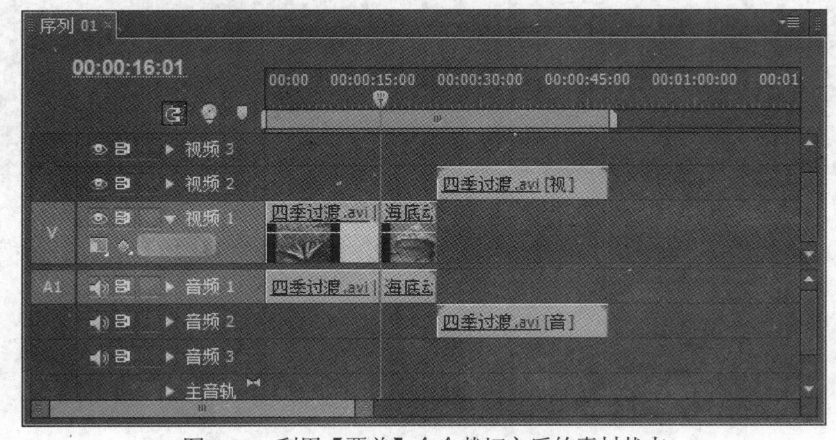

图 3-29　利用【覆盖】命令裁切之后的素材状态

3.4.2　提升和提取

利用【节目】监视器面板剪辑素材，具体操作如下。

(1) 将素材导入【时间线】面板，在【节目】监视器面板中可预览显示。

(2) 在【节目】监视器面板中，单击【播放—停止切换】按钮▶播放素材，利用播放过程为素材设置入点和出点，如图 3-30 所示，截取一个片段，在【时间线】面板中显示的结果如图 3-31 所示。

图 3-30　在【节目】面板中设置入点和出点

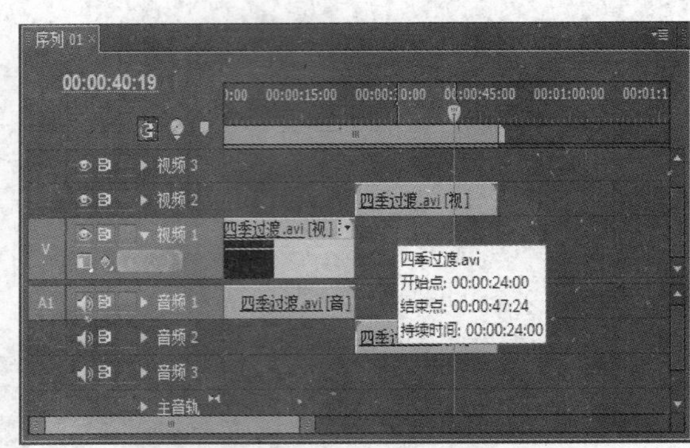

图 3-31　设置入点和出点后在【时间线】面板中显示的结果

(3) 执行下列操作之一。

- 提升。截取片段后，单击【提升】按钮，截取片段将从【时间线】面板目标轨道中删除，如图 3-32 所示。

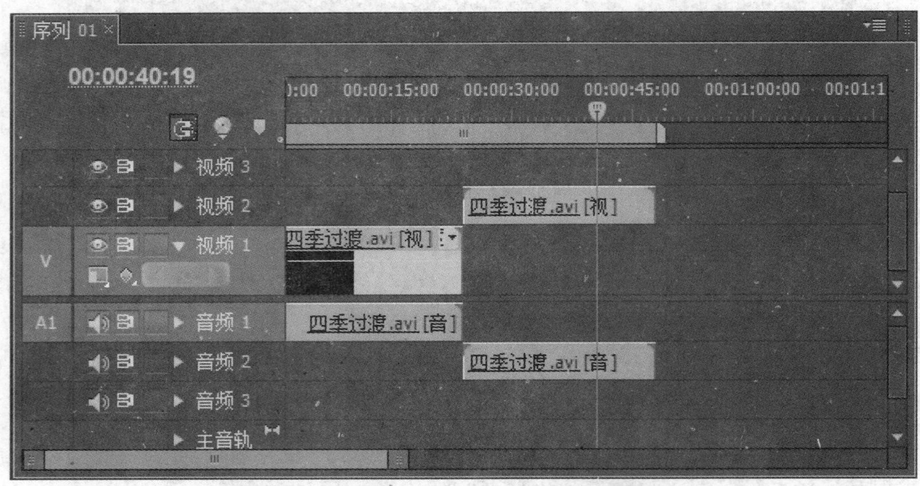

图 3-32　利用【提升】命令裁切之后的素材状态

- 提取。截取片段后，单击【提取】按钮，截取片段将从【时间线】面板目标轨道中删除，后面的素材将向前靠拢，填补剪切留下的空白，如图 3-33 所示。

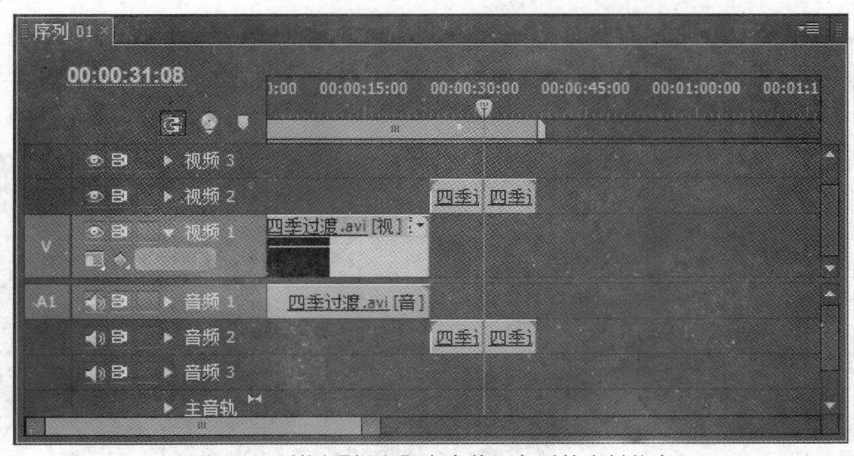

图 3-33　利用【提取】命令裁切之后的素材状态

任务 5　掌握高级编辑技巧

3.5.1　设置标记点

在 Premiere Pro CC 中，可以通过设置标记来指示一些重要的点，这样有助于定位和安排素材。在【时间线】面板中，素材标记在素材中以图标的形式显示，序列标记显示在序列标尺上。用户可以通过标记快速查找标记所在的帧，可以方便地使用两个原本不相关的素材，特别是对视频素材与音频素材同步的处理变得更容易了。通常的做法是，使用素材标记来指定素材中重要的点，使用序列标记来指定序列中重要的点。

使用标记与使用入点和出点非常相似，都能起到标记的作用，但是标记不像素材的入点和出点那样要改变素材的长度，标记点只是单纯地起到标记的作用，并不会更改视频素材。加入单独的标记点只会对这个素材本身产生作用，而添加到序列中的标记点则可以对【时间线】面板中的素材都产生作用。

标记可以理解为素材片段中的书签，一个标记点标志着这段素材上一个特定的位置。用户可以通过对标记的操作来快速定位素材的位置。用户可以对时间标尺和【时间线】面板中的每一个素材片段设置各自的标记。

当光标位于【时间线】面板之内时，时间标尺上对应于光标位置有一条短竖线，用户可以用下面介绍的方法在时间标尺的游标处设定编号标记或者无编号标记。

1. 标记入点、标记出点

在【时间线】面板中拖动时间指针到需要添加标记的位置，在【标记】菜单中选择【标记入点】、【标记出点】命令，或者在【时间线】面板中时间指针处右击，弹出【标记】快捷菜单，在其中选择【标记入点】、【标记出点】命令，如图 3-34 所示。

在【时间线】面板中选中所需素材【女孩.avi】，将时间指针拖动到 28 帧处，单击【设置出点】按钮，再将时间指针拖动到 1 秒 15 帧处，单击【设置出点】按钮，如图 3-35 所示。

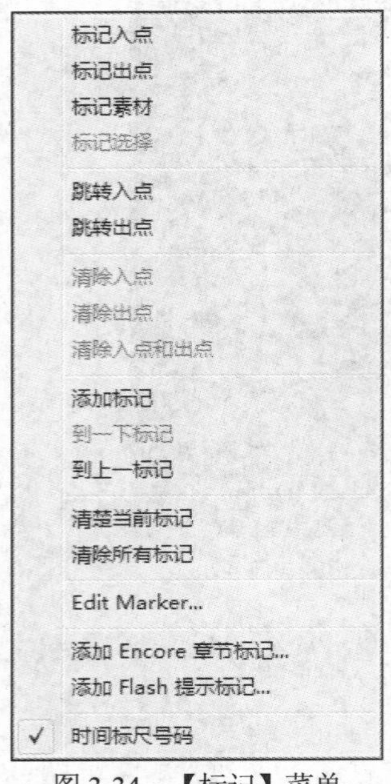

图 3-34　【标记】菜单

图 3-35　设置入点出点

2. 跳转入点、跳转出点

在【源】监视器面板中，单击【跳转入点】按钮，时间指针移动设置入点处，如图 3-36 所示。单击【跳转出点】按钮，时间指针移动设置出点处，如图 3-37 所示。

图 3-36　跳转入点

图 3-37　跳转出点

3. 添加标记

在【时间线】面板上拖动时间指针到需要添加标记的位置，单击【时间线】面板左侧的【添加标记】按钮，在此位置上添加标记。也可以在【时间线】面板的时间标尺中所要添加标记的位置上右击，在弹出的快捷菜单中选择【添加标记】命令。

在【时间线】面板上选中所需素材【女孩.avi】，将时间指针拖动到 3 秒处，单击【添加标记】按钮，再将时间指针拖动到 9 秒处，单击【添加标记】按钮，以同样方法在 15 秒、21 秒处添加标记，如图 3-38 所示。

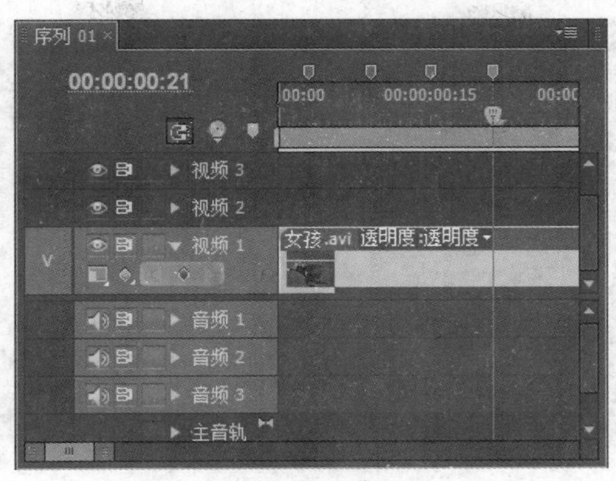

图 3-38　添加标记

4. 清除标记

在【时间线】面板上选中所需素材【女孩.avi】，清除已添加四个标记中的任意一个，在右键菜单中选择【清除当前标记】命令。当需要一次性清除所有的标记时，需要在右键菜单中选择【清除所有标记】命令，如图 3-39 所示。清除所有标记之后的效果如图 3-40 所示。

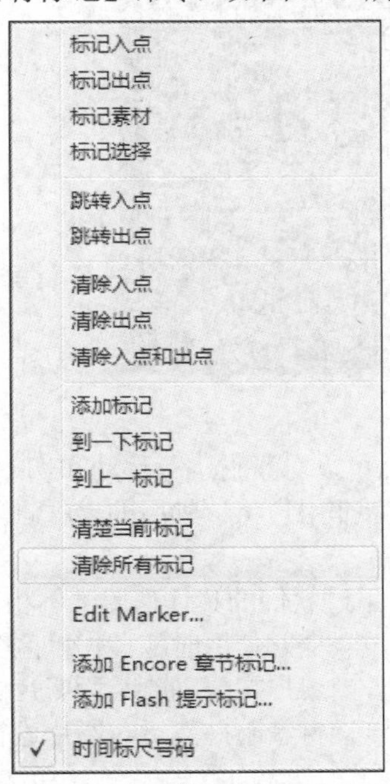

图 3-39　清除所有标记命令

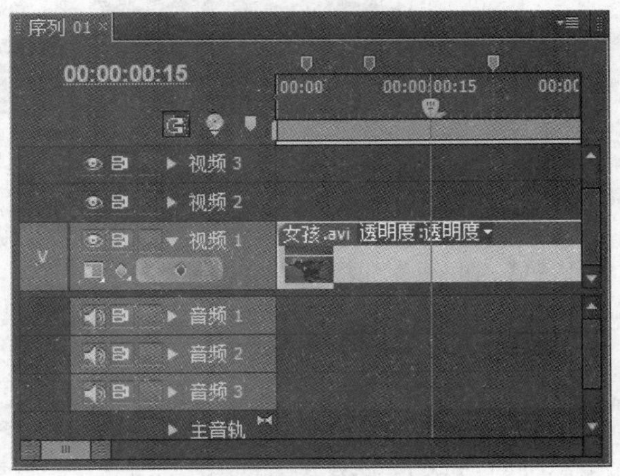

图 3-40　清除所有标记效果

3.5.2　锁定与禁用素材

单击【时间线】面板上某个轨道左侧的【轨道锁定开关】标记框，标记框内出现锁的图标，轨道上出现灰色右斜平行线表示已经将整个轨道上的素材锁定了，如图 3-41 所示。

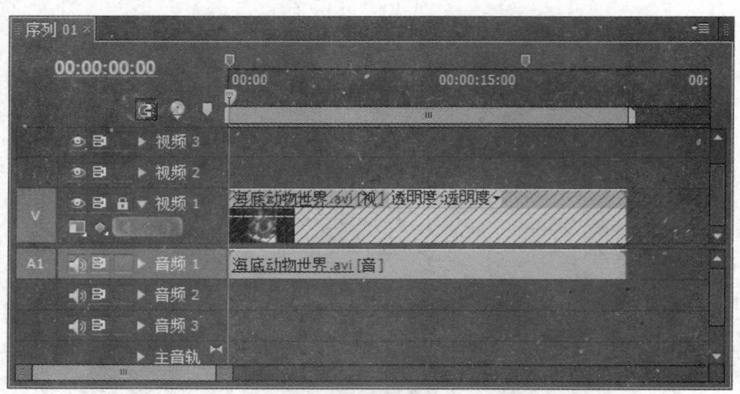

图 3-41　锁定轨道上的素材

在 Premiere Pro CC 中，还可以对单独的素材实现禁用。当用户要禁用某段素材时，可以右击该素材，从弹出的快捷菜单中取消选择【启用】选项，被禁用的素材用【节目】监视器面板预演影片时将不再出现，如图 3-42 所示。但在【时间线】面板中，该被禁用的素材还是占有一席之地的，随时可以重新启用。

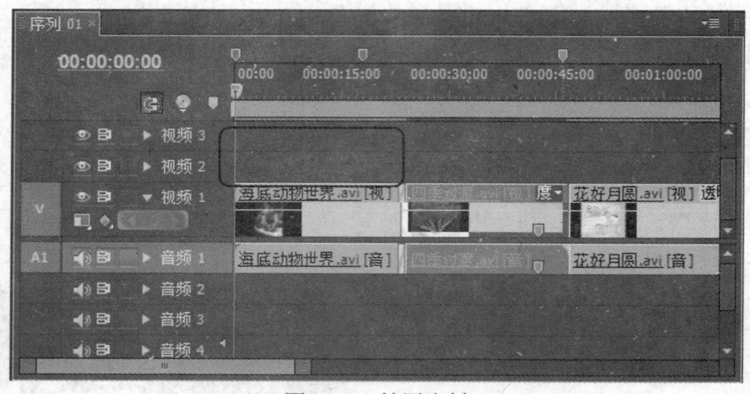

图 3-42　禁用素材

被禁用的素材仍然存在于【时间线】面板之中，用户仍然可以对素材进行移动和切割等操作。被禁用的素材始终占据【时间线】面板中的部分编辑空间，除非用户将该禁用的素材删除，才会真正在【时间线】面板上清除该素材。

锁定和禁用素材都是 Premiere Pro CC 中的保护性操作，不过它们的具体作用并不相同。两者最主要的区别在于，锁定的内容不可以被改变而禁用的可以被改变，使用时应该加以区分。

素材的禁用是 Premiere Pro CC 中一项重要的安全性措施。当用户想要删除某段影片中不需要的素材，而又担心删除操作会造成意外影响时，就应该先将该素材禁用，然后对影片进行预演，在确定没有异常的情况下就可以放心地删除这段素材了。

还有一种情况是【时间线】面板中多条轨道上有多个复合的素材时，为了观察其中一些素材的预演情况，也可以暂时性地禁用某些素材。

3.5.3　帧定格

如果用户要在剪辑的持续时间中在屏幕上定格单个静止帧，而允许正常播放它的背景音乐，

可以使用【帧定格】功能。

【帧定格】功能可以定格在剪辑的入点、出点或者通过在剪辑中使用【标记 0】指定的帧上。如果视频包括链接的音频，则在剪辑的持续时间内，仍然会播放音频。此外，还可以删除音频或停用音频。

【帧定格】可以按照以下步骤进行操作。

(1) 双击【时间线】面板中的某个剪辑以在【源】面板中显示。

(2) 如果用户不是想将视频定格在剪辑的入点或出点上，而是要定格在特定的帧上，可以在【素材源】面板中的当前时间指示器上拖动到要定格的帧。选择【标记】|【设置剪辑标记】|【其他编号】命令。然后，将【设定已编号标记】指定为 0，单击【确定】按钮。需要注意的是，必须在素材剪辑中设置素材标记，而不是在【时间线】面板中设置序列标记。

(3) 在【时间线】面板中选择素材剪辑。 选择【素材】|【视频选项】|【帧定格】命令。打开【帧定格选项】对话框，如图 3-43 所示。

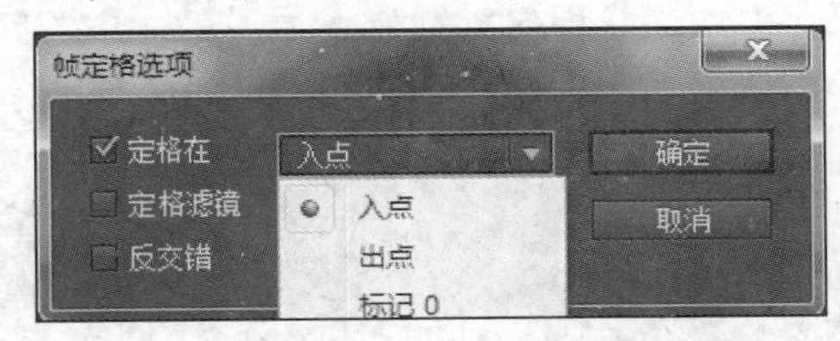

图 3-43　【帧定格选项】对话框

(4) 在【帧定格选项】对话框中，选中【定格在】复选框。从其后的下拉列表中选择要定格的帧：【入点】、【出点】或【标记 0】。如果用户在入点或出点上设置了定格帧后，更改了入点或出点，则定格帧画面也随之更改。如果是在标记 0 上设置定格，则移动标记也会更改显示的帧。

(5) 根据需要指定下列选项，然后单击【确定】按钮。

- 定格滤镜。防止在剪辑的持续时间内将任何关键帧【效果设置】(如果存在)设置为动画。【效果设置】使用已定格帧处的值。
- 反交错。从隔行扫描视频剪辑中删除一个场，并使其余的场加倍，以便在定格帧中隔行扫描人工效果明显。

3.5.4　素材编组和序列嵌套

素材编组也是一个重要的操作。在编辑过程中如果需要对多个素材同时进行操作，最好的选择就是将这些素材编组作为一个对象使用。编组后的素材不能使用基于素材的命令，如速度调节。效果也不能添加到编组素材上(编组内部的素材个体可以添加特效)。可以修剪群组素材的边缘，这不会影响组内的入点和出点设置。

1. 素材编组

选择多个素材，执行【素材】|【编组】命令。

要选择编组素材内一个或多个素材，可以按住 A1t 键，单击其中一个素材或按 Shift+A1t 快捷键，同时选择多个素材。

2. 取消编组

选择一个素材编组，执行【素材】|【解组】命令。

除了素材编组操作外，用户还可以在一个特定序列中进行素材剪辑，然后把该序列当作一个素材应用到其他序列中去，形成序列嵌套，这样可以在各个特定的序列中进行独立编辑。

序列嵌套可以是多层嵌套，但是不能相互嵌套。

拓展训练

在影视作品中，经常可以看到一些快慢的镜头的效果，恰当地使用这两种镜头可以突出画面的视觉效果。在 Premiere Pro CC 中很容易实现这种效果，只需调整视频轨道中素材的播放速率即可。本项目拓展训练主要通过制作【快慢镜头】，使用户熟悉影片剪辑的一些基本操作。

(1) 运行 Premiere Pro CC，打开欢迎界面，执行【新建】|【项目】命令，打开【新建项目】对话框，如图 3-44 所示。 在该对话框中，采用默认设置，选择项目保存的路径及名称“快慢镜头”后，单击【确定】按钮，此时系统将弹出【新建序列】对话框。

(2) 在【序列预设】选项卡中，选择国内电视制式通用的【DV-PAL】 |【标准 48 kHZ】，序列名称默认为【序列 01】，如图 3-45 所示，单击【确定】按钮，即可创建【快慢镜头】项目文件和序列 01，进入主程序界面。

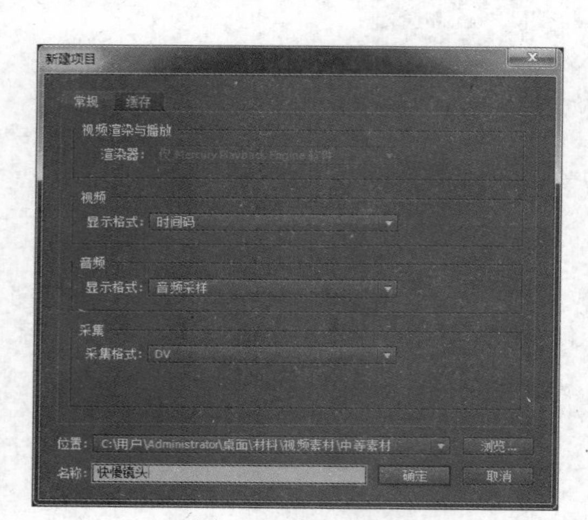

图 3-44　新建项目

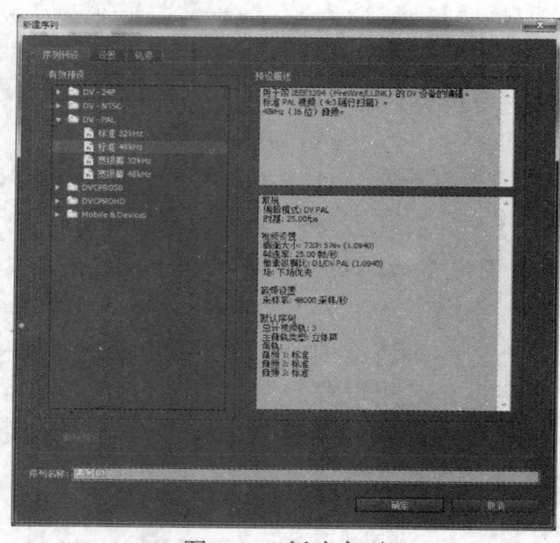

图 3-45　新建序列

(3) 在【项目】面板中导入视频素材【长江七号.avi】，并将其添加到轨道 1 中，如图 3-46 所示。

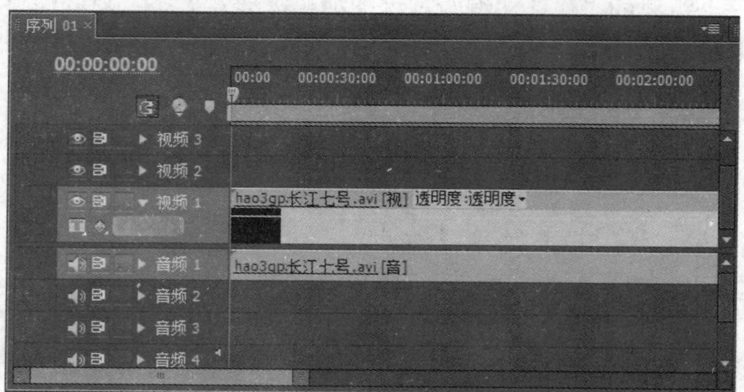

图 3-46　添加素材

(4) 单击工具栏中的【剃刀】工具，在轨道 1 的 1 分 30 处单击，将素材分割成两段，如图 3-47 所示。

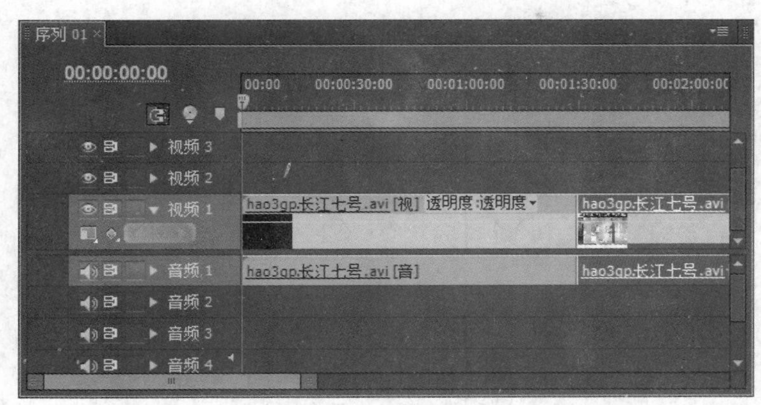

图 3-47　分割素材

(5) 右击第二段素材，在弹出的快捷菜单中选择【波纹删除】命令，如图 3-48 所示。

(6) 单击工具栏的【剃刀】工具，在轨道 1 的 30 秒和 60 秒处单击，将素材分割成 3 段，如图 3-49 所示。

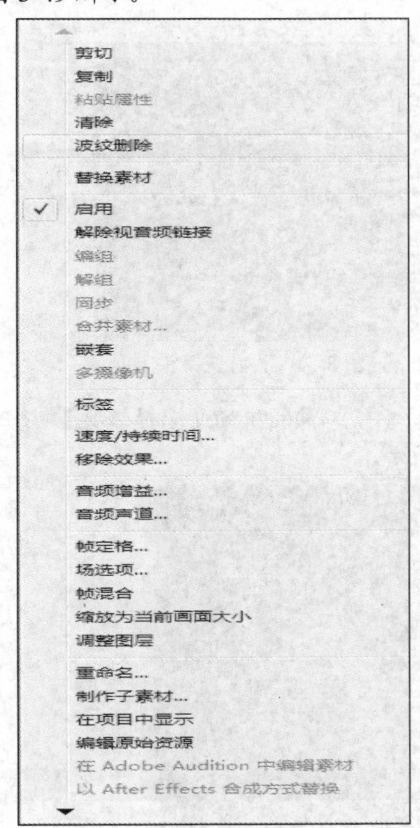

图 3-48　执行【波纹删除】命令

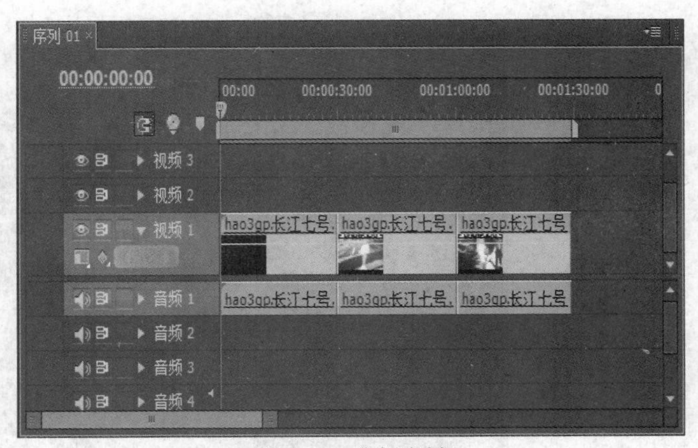

图 3-49　分割素材

(7) 右击第二段素材，在弹出的快捷菜单中选择【速度/持续时间】命令，如图 3-50 所示。

(8) 在弹出的【素材速度/持续时间】对话框中，将【速度】设置为300，单击【确定】按钮，创建快镜头，如图3-51设置速度所示。

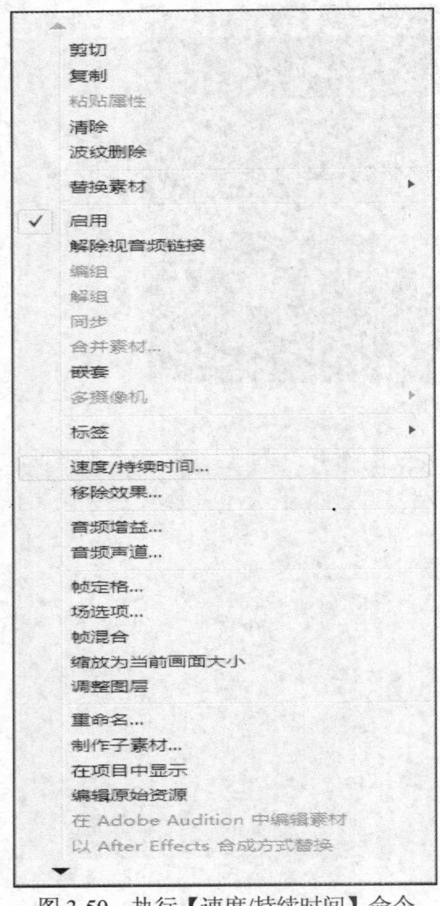

图3-50 执行【速度/持续时间】命令

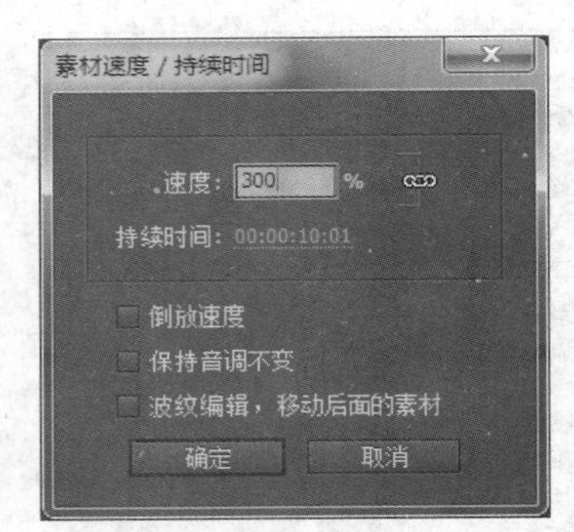

图3-51 设置快镜头

(9) 此时，在轨道1中，第二段素材会按相应比例缩短。单击工具箱中的【选择工具】按钮，选择第三段素材，将其移动到第二段素材之后，如图3-52所示。

图3-52 调整素材

(10) 右击第二段素材，执行【速度/持续时间】命令，在弹出的【素材速度/持续时间】对话框中，将【速度】设置为 70，单击【确定】按钮，创建慢镜头，如图 3-53 设置速度所示。

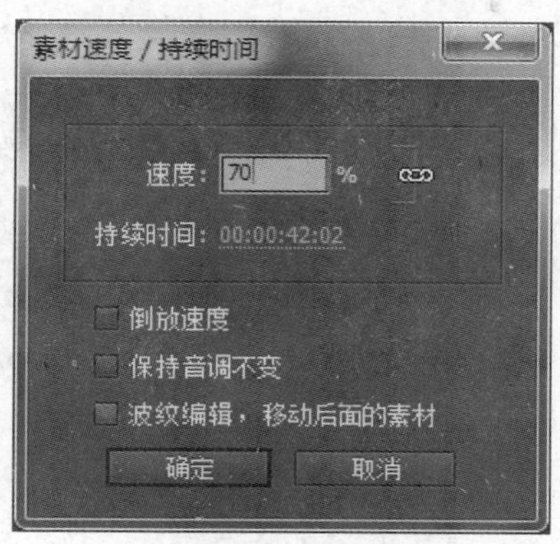

图 3-53　设置慢镜头

(11) 设置完成后，按 Enter 键，在【节目】监视窗口中观看最终效果，并保存该项目。

(12) 按空格键或按 Enter 键浏览效果，最后执行【文件】|【存储】命令，保存项目文件。

习　题

1. 校正序列中两个相邻素材片段的相邻帧，对素材片段之间剪接点进行精细调整，使用哪种办法剪辑效率是最高的？

2. 如何同时选择多个素材？

3. 在【工具】面板中，【剃刀】工具的快捷键是什么？

4. 如何解除视音频链接？

5. 什么是三点编辑和四点编辑？

6. 【插入】和【覆盖】，【提升】和【提取】之间有何区别？

7. 锁定和禁用素材有何区别？

项目4 视频切换

学习目标

使用切换效果，可以让一段视频素材以一种特殊的形式过渡到下一段视频。合理地使用视频切换效果将素材组织到一起，可以保持作品的整体性和连贯性，可以制作出赏心悦目的特技效果。作为一款优秀的非线性编辑软件，Premiere Pro CC 中提供了相当多的视频切换效果。本章将详细介绍运用视频切换与视频切换效果的技巧。

本章重点

- 查找切换效果
- 应用视频切换效果
- 设置默认视频切换效果
- 使用特效控制台面板设置

任务1 了解视频切换

所谓切换，就是一个素材结束时立即换成另一个素材，这称为硬切换，也叫无技巧转换。要在 Premiere Pro CC 的两个素材间进行直接切换，只需要在【时间线】面板的同一条视频轨道上将两个素材首尾相连，不过，如果希望两个素材的视频切换效果切换得更加自然，最好能加入一个适合的视频切换效果选项，即一个素材以某种效果逐渐地换为另一个素材。这种转换手法称为软切换，也就是通常所说的转场。在影视制作中，为了更好地保持作品的整体性和连贯性，经常运用有技巧转换。恰当运用场景的技巧切换，可以制作出一些赏心悦目的特技，大大增强艺术感染力。

4.1.1 查找切换效果

在 Premiere Pro CC 中，要运用视频切换效果，首先要执行【窗口】|【效果】命令，打开【效果】面板，如图 4-1 所示。

在【效果】面板中，单击【视频切换】前的▶按钮展开该文件夹，可以看到它包含了 10 个子文件夹，如图 4-2 所示。

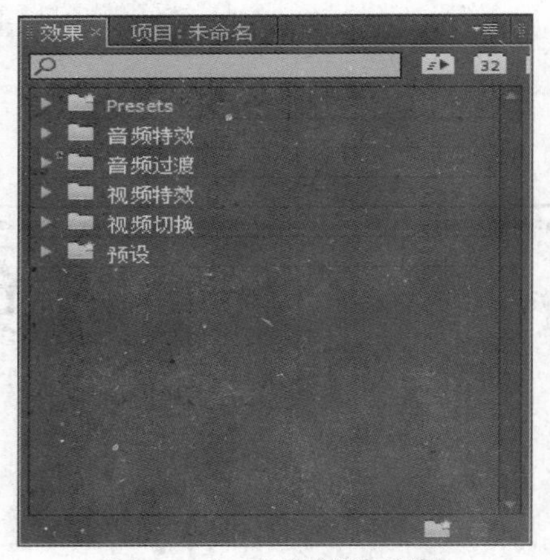

图 4-1　打开【效果】面板

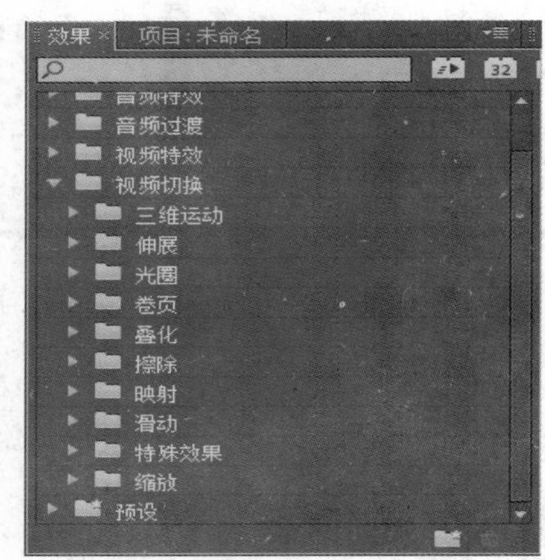

图 4-2　展开【视频切换】文件夹

Premiere Pro CC 中提供了 70 多种视频切换效果，按类别分别放在这 10 个子文件夹中，方便用户按类别寻找所需运用的切换效果。单击某个分类前的▶按钮，如想打开属于【伸展】这一类型的视频切换效果，可以单击【伸展】前的▶按钮展开该文件夹，可以看到同属于【伸展】分类的所有视频切换效果，如图 4-3 所示。

如果用户知道要运用的切换效果的名称，还可以直接在【查找】文本框中输入要运用的切换效果名称，可以快速找到所需的效果。如想要查找【旋涡】效果，可以直接在【查找】文本框中输入“旋涡”，如图 4-4 所示。

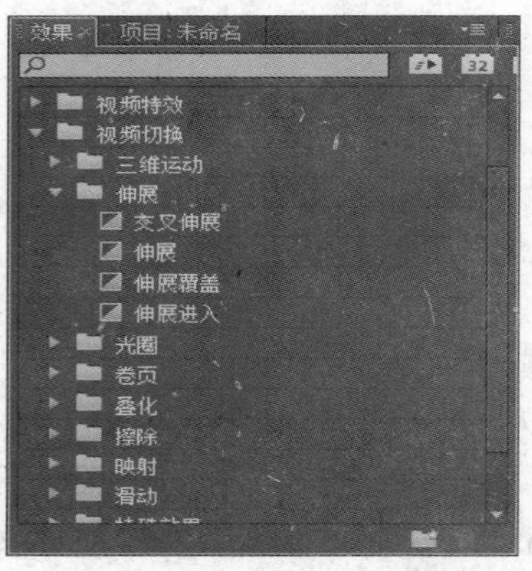

图 4-3　展开【伸展】分类夹

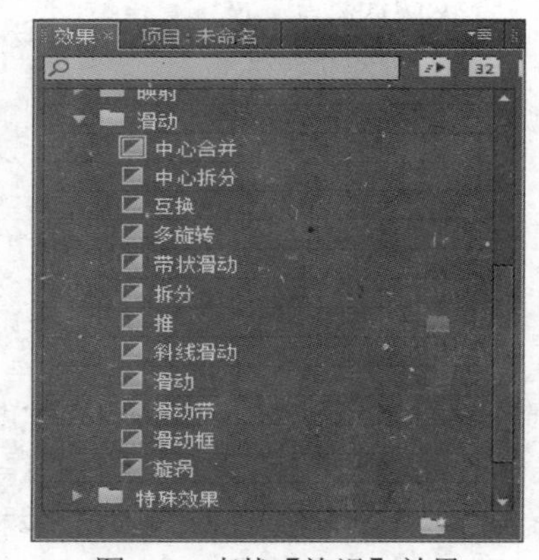

图 4-4　查找【旋涡】效果

另外，还可以通过创建一个新的文件夹来存放经常使用的切换效果。

【例 4-1】　在【效果】面板中创建一个名为【常用切换效果】的文件夹，用来存放经常使用的切换效果。

(1) 执行【窗口】|【效果】菜单命令，打开【效果】面板，单击右下角的【新建自定义文件夹】按钮，在面板中就会创建一个蓝色图标的文件夹，默认文件夹名称为【自定义文件夹 01】，如图 4-5 所示。

(2) 选中并单击该文件夹，可以对该文件夹进行重命名。在文本框中输入“常用切换效果”文字，更改后效果如图 4-6 所示。

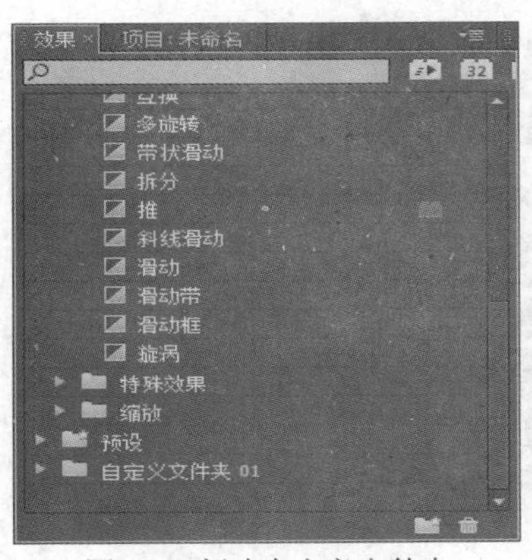

图 4-5　新建自定义文件夹

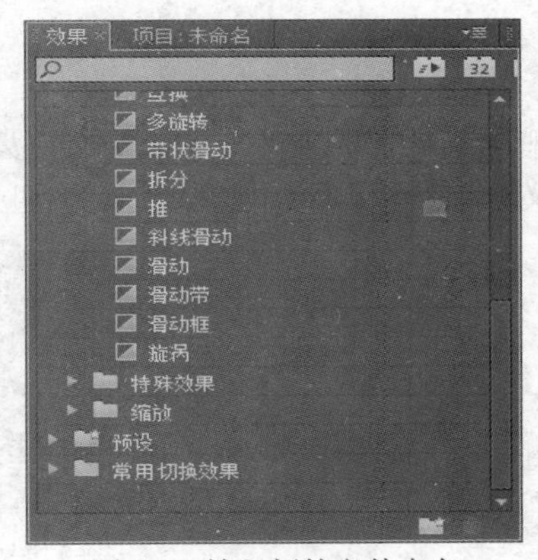

图 4-6　输入新的文件夹名

(3) 展开【视频切换】文件夹，选择【滑动】|【拆分】效果，如图 4-7 所示。选中该效果，按住鼠标左键不放，拖动该效果到新建的【常用切换效果】文件夹后，该文件夹名称区域会变成蓝底白字，如图 4-8 所示，此时可以松开鼠标左键。

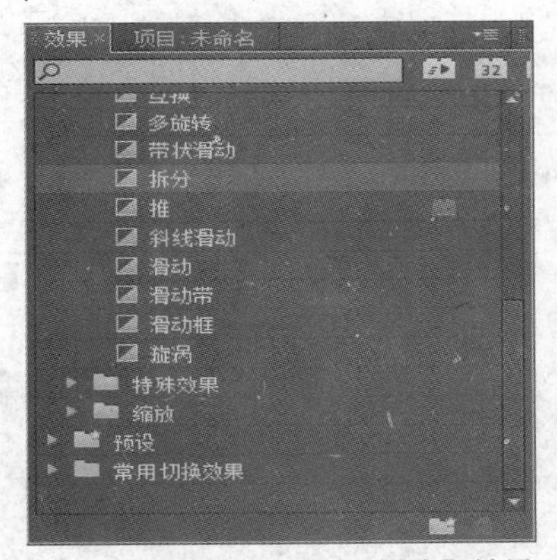

图 4-7　选择【滑动】|【拆分】效果

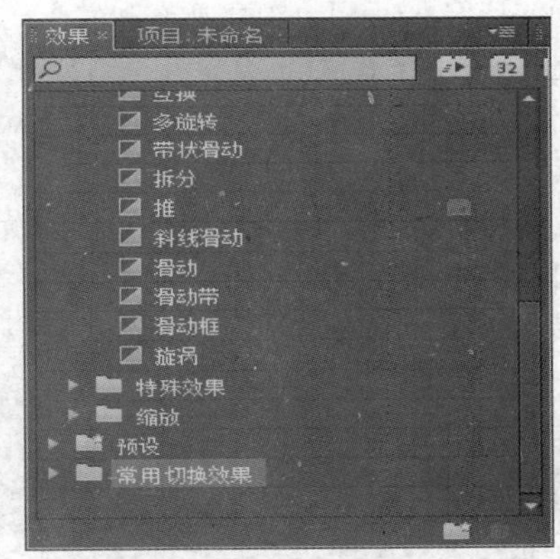

图 4-8　文件夹名称区域变成蓝底白字

(4) 展开【常用切换效果】文件夹，可以看到【拆分】这一效果已被复制到文件夹中，如图 4-9 所示。

(5) 使用同样的方法，可以把其他常用的效果也复制到该文件夹中，如图 4-10 所示。

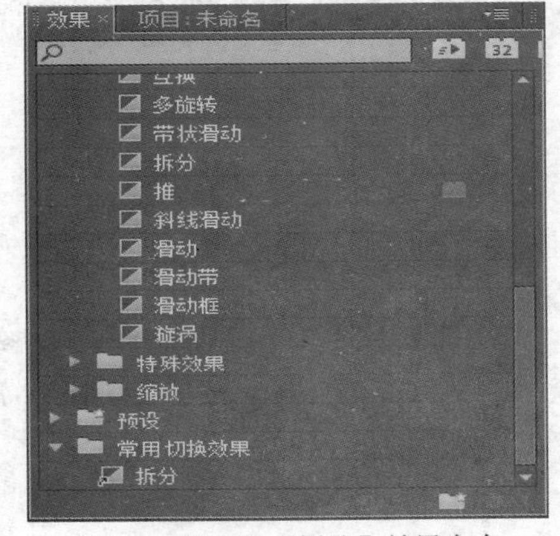

图 4-9　添加的【拆分】效果命令

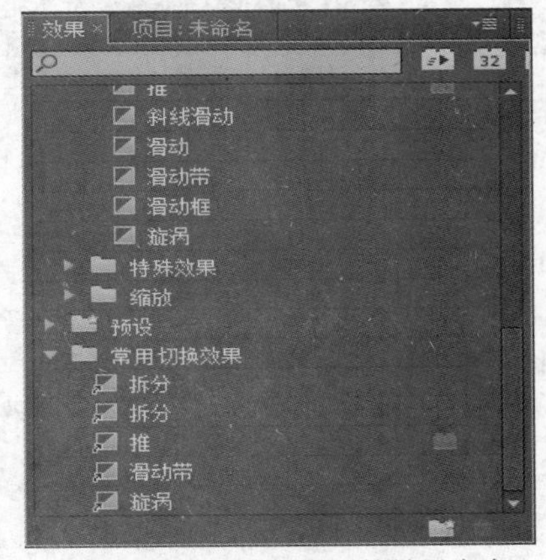

图 4-10　添加其他常用的效果命令

用户可以根据需要再新建多个文件夹放入切换效果的快捷方式，也可以根据需要删除这些快捷方式，甚至删除整个文件夹。

要删除某个快捷方式或者某个文件夹，可以选中该快捷方式或者文件夹，单击左下角的【删除自定义分项】按钮，在弹出的如图 4-11 所示的【删除分项】对话框中单击【确定】按钮。

图 4-11　【删除分项】对话框

4.1.2　应用视频切换效果

在【时间线】面板中的视频轨道上，将一个素材的开头接到另一个素材的结尾，就能实现切换。那么如何进行素材间有技巧的切换效果呢？要产生切换效果，要求两个素材间有重叠的部分，否则就不会同时显示，这些重叠的部分就是前一个素材出点与后一个素材入点相接的部分。

在默认状态下，在时间线中放置两段相邻的素材，如果采用的是剪切方式，那么就是前一段素材的最后一帧与下一段素材的第一帧紧密连接在一起。要为一个场景的变换强调或添加一个特定的效果，就可以添加一个多样化的切换，如【卷页】、【缩放】和【擦除】等。可以在【效果】面板中，选择所要应用的切换效果，并将它拖动到两段素材片段首尾相连处，如图 4-12 所示。

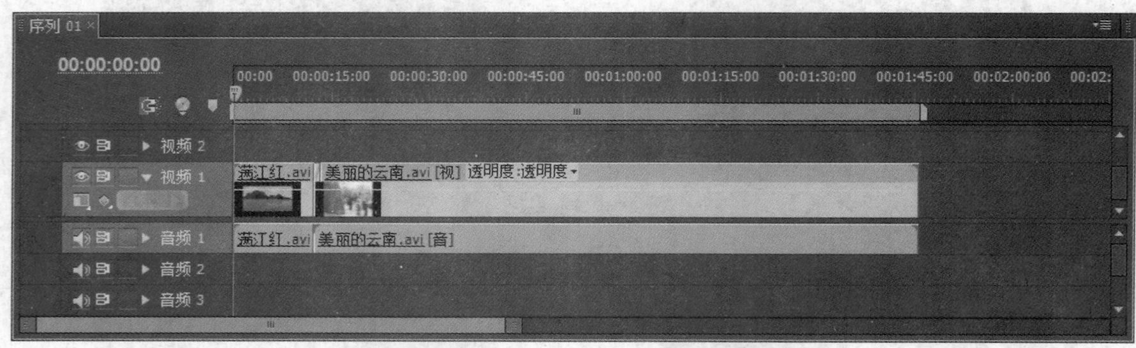

图 4-12　应用视频切换效果到两段素材片段首尾相连处

【例 4-2】　为两段视频素材运用视频切换效果。

(1) 启动 Premiere Pro CC，新建一个名为【透明叠加】的项目文件。

(2) 选择【文件】|【导入】命令，打开【导入】对话框，导入【透明叠加】文件夹中的两段视频素材【满江红.avi】和【美丽的云南.avi】，如图 4-13 所示。

(3) 在【项目】面板中将素材【满江红.avi】拖动到【时间线】面板的【视频 1】轨道上释放，将素材【美丽的云南.avi】拖动到【时间线】面板的【视频 1】轨道上，与素材【满江红.avi】的尾部对齐后释放，如图 4-14 所示。

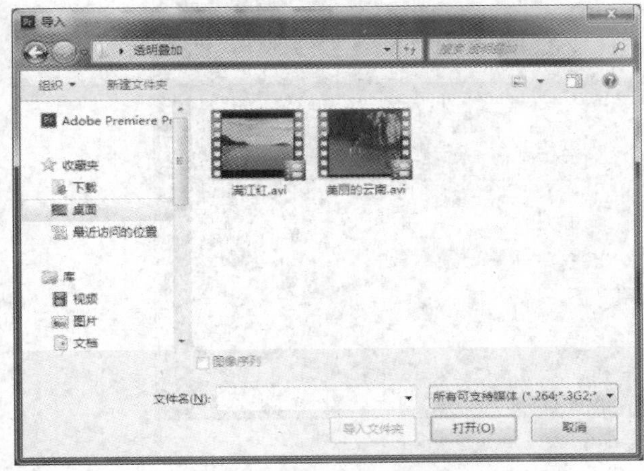

图 4-13　导入两段素材

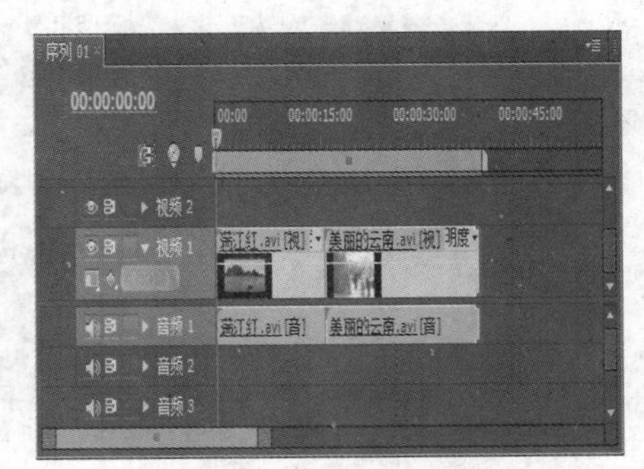

图 4-14　将素材拖到视频轨道上

(4) 打开【效果】面板，在【效果】面板中，选择【视频切换】|【卷页】|【卷走】命令，如图 4-15 所示，应用【卷走】效果。

(5) 将【卷走】效果拖放到【视频 1】轨道上的两个素材连接处，然后释放鼠标。如图 4-16 所示。

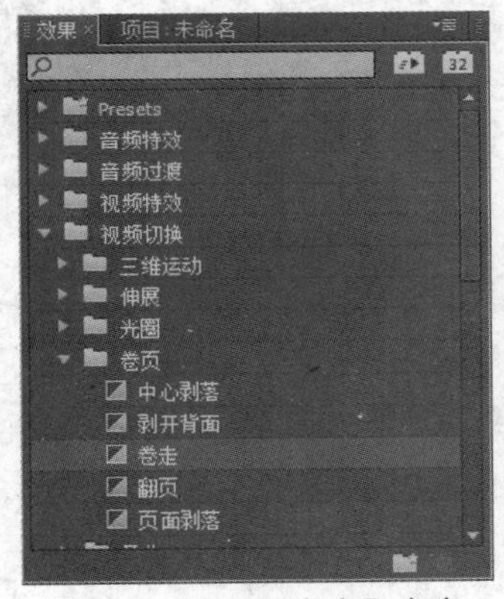

图 4-15　选择【卷走】命令

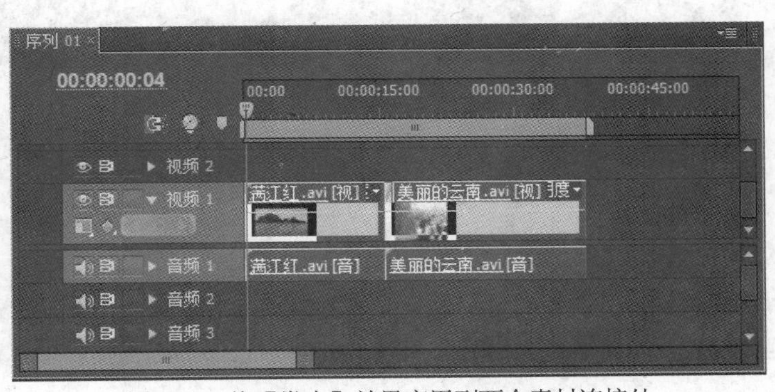

图 4-16　将【卷走】效果应用到两个素材连接处

(6) 将时间指针拖动到两个素材应用了【卷走】效果处，可以在【节目】面板中预演，会看到使用前一段视频逐渐卷走，后一段视频逐渐显现的效果，如图 4-17 所示。

(7) 在【效果】面板中，还可以选择其他的视频切换效果，将其拖放在【时间线】面板上的现有切换效果上，释放鼠标后原来的视频切换被替换成新的视频切换效果了。例如，可以选择【视频切换】|【3D 运动】|【帘式】命令，将【帘式】效果拖放在时间线上原来的【卷走】效果上，如图 4-18 所示。

图 4-17　预演【卷走】效果

图 4-18　选择【帘式】替换【卷走】效果

(8) 将时间指针拖动到两个素材应用了【帘式】效果处，在【节目】面板中预演，如图 4-19 所示。

图 4-19　预演【帘式】效果

任务 2　设置视频切换效果

一般应用视频切换，可以直接拖动一个视频切换效果到【时间线】上。如果用户经常需要使用某个视频切换效果，可以将其设置为默认切换效果。当需要使用该默认效果时，可以在前后两段素材的连接处，执行【序列】|【应用视频过渡效果】菜单命令，进行添加。

4.2.1　设置默认视频切换效果

在默认状态下，Premiere Pro CC 会使用【交叉叠化(标准)】作为默认视频切换效果。在【效果】面板中，默认切换标以红色的轮廓线，如图 4-20 所示。如果使用其他的切换更频繁，可以将它设置为默认切换。当改变默认切换的设置时，会改变所有项目中的默认设置，但并不影响已经在序列中正在使用的切换。

改变默认切换效果的操作如下。

在【效果】面板中找到要设置为默认切换效果的那个效果，如【向上折叠】，在该切换效果上右击，单击弹出的【设置所选择为默认过渡】按钮，如图 4-21 所示。

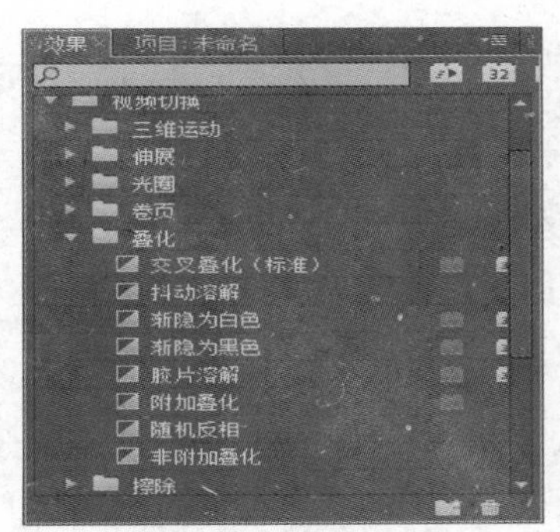

图 4-20　默认切换效果【交叉叠化(标准)】

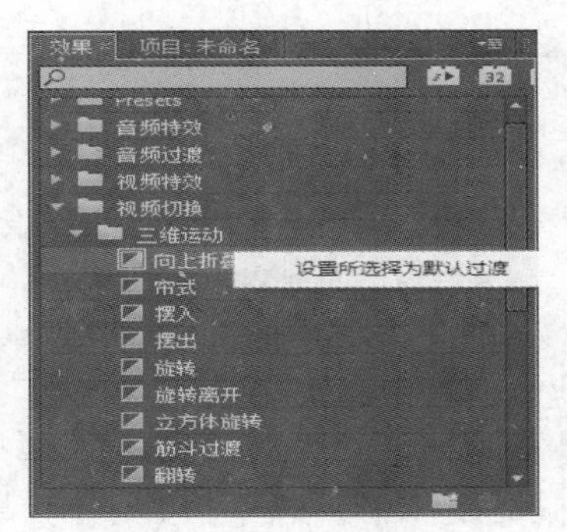

图 4-21　更改默认切换效果

4.2.2　使用【特效控制台】面板

视频切换效果自身带有参数设置，通过更改设置就可以实现视频切换效果的变化。在【时间线】面板中选中已经应用的视频切换效果，执行【窗口】|【特效控制台】菜单命令，打开【特效控制台】面板，相关的参数设置就会出现在其中。或在【时间线】面板中双击某个视频切换效果，也会直接打开【特效控制台】面板，如图 4-22 所示。

【特效控制台】面板中各选项功能如下。

- 【播放转场过渡效果】按钮：单击后，将在下面的【预演和方向选择】区域中动态或静态显示视频切换效果。【播放转场过渡效果】按钮后出现的是关于该效果的描述。
- 【预演和方向选择】区域：预演视频切换效果，单击视窗边缘的三角按钮可以改变视频切换效果的方向。
- 【开始】和【结束】视窗：分别对应的是前一个素材和后一个素材，下面对应的三角滑块可以改变视频切换开始和结束程度，其具体数值在视窗上方显示。
- 【持续时间】：显示视频切换效果的持续时间，在数值上拖动或者双击鼠标也可以进行数值调整。
- 【对齐】：校准视频切换效果，其中【居中于切点】是视频切换效果放在两个素材交接处的中间；【开始于切点】是视频切换开始点在后一个素材的开始点上；【结束于切点】是视频切换结束点在前一个素材的结束点上。还可以是手动设置的【自定义开始】。
- 【显示实际来源】复选框：选中该复选框，可以在【预演和方向选择】区域以及【开始】和【结束】视窗中显示实际的素材，如图 4-23 所示。

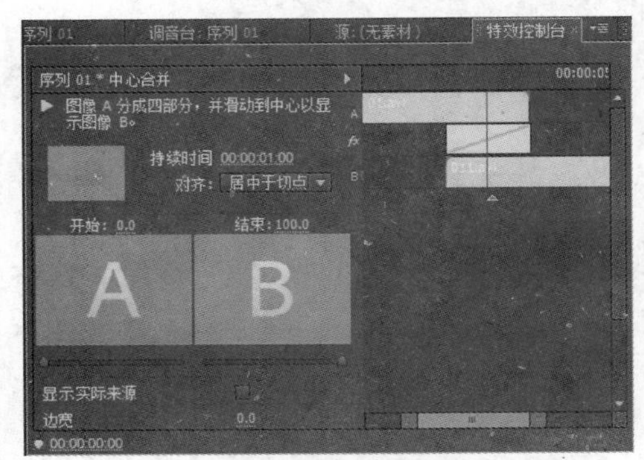

图 4-22　视频切换【特效控制台】面板

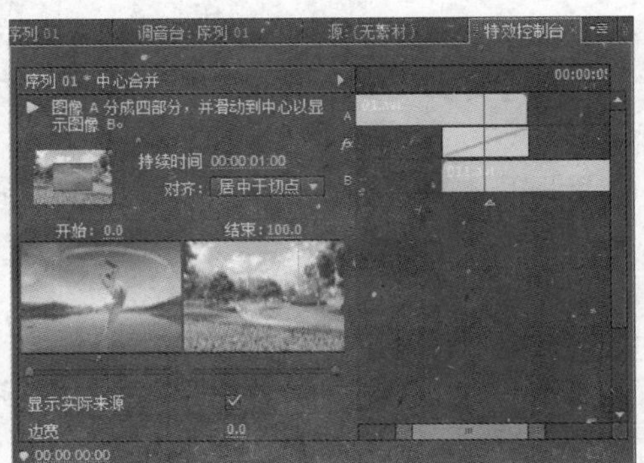

图 4-23　显示实际素材

- 【边宽】：调整视频切换效果的边界宽度，默认值是 0.0，即无边界。
- 【边色】：设定边界的颜色。单击颜色图标会打开【色彩拾取】对话框，进行颜色设置，也可以使用吸管工具在屏幕上选取颜色。
- 【反转】：选中该复选框，会使视频切换效果运动的方向相反。
- 【抗锯齿品质】：对切换效果中两个素材相交的边缘实施边缘抗锯齿效果，有【关】、【低】、【中】、【高】4 种等级选择。

另外，在某些转换的设置窗口中还有自定义按钮，它提供了一些自定义参数。例如【划像形状】效果，可以自定义设置【形状数量】，即【宽】和【高】的重复值，还提供了【矩形】、【椭圆形】、【菱形】3 种形状类型，调整好后单击【确定】按钮可应用自定义视频切换效果，如图 4-24 所示。

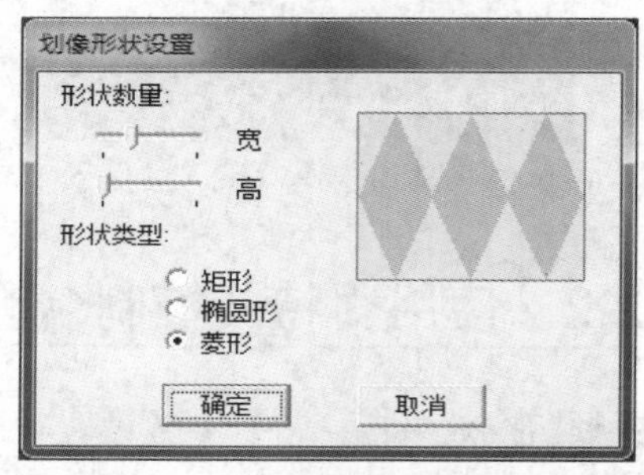

图 4-24 【划像形状设置】对话框

视频切换参数设置窗口的右侧，以时间线的形式显示了两个素材相互重合的程度以及视频切换的持续时间，这与以前版本的【时间线】面板的布局是一致的。单击面板上方的»按钮，可以展开或者关闭这个区域。在这个区域可以完成与【时间线】面板中相一致的操作。

【例 4-3】 为两段视频素材间视频切换效果进行参数设置。

(1) 运行 Premiere Pro CC，打开【例 4-2】中的项目文件。

(2) 在【效果】面板中，选择【视频切换】|【擦除】|【棋盘】效果，拖放在时间线上原来的【帘式】效果上，如图 4-25 所示。

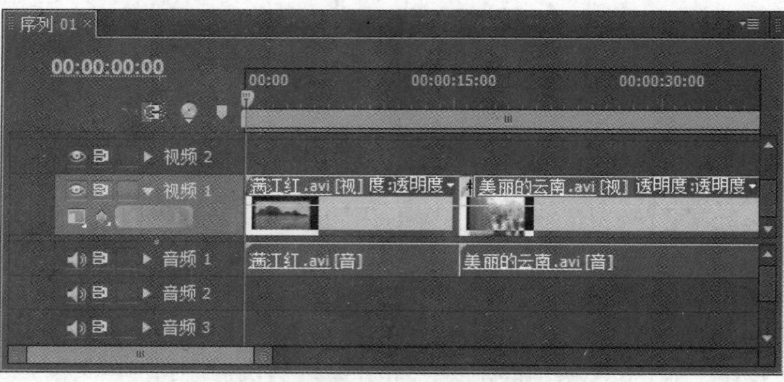

图 4-25 选择【棋盘】替换【帘式】效果

(3) 在【时间线】面板中双击【棋盘】切换效果，直接打开【特效控制台】面板，如图 4-26 所示。

(4) 选中【显示实际来源】复选框，再单击【播放切换效果】按钮▶，观看【棋盘】效果预演，如图 4-27 所示。

(5) 在【边宽】选项的数值上拖动鼠标或者单击后输入边框的宽度大小为 1.0。接着单击【边色】选项中的颜色，弹出的【颜色拾取】对话框如图 4-28 所示。

(6) 在颜色调板中选择边框的颜色。如选择 RGB 值为 408020 的绿色，这样切换效果的边界就会出现用户所设置大小和颜色的边界了，可以在【节目】面板中查看，如图 4-29 所示。

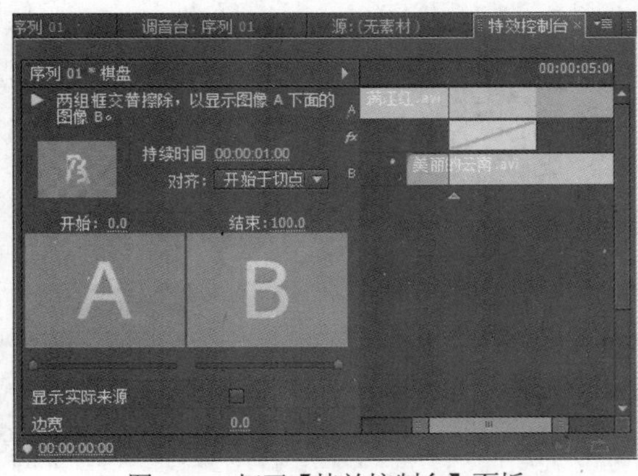

图 4-26　打开【特效控制台】面板

图 4-27　观看【棋盘】效果预演

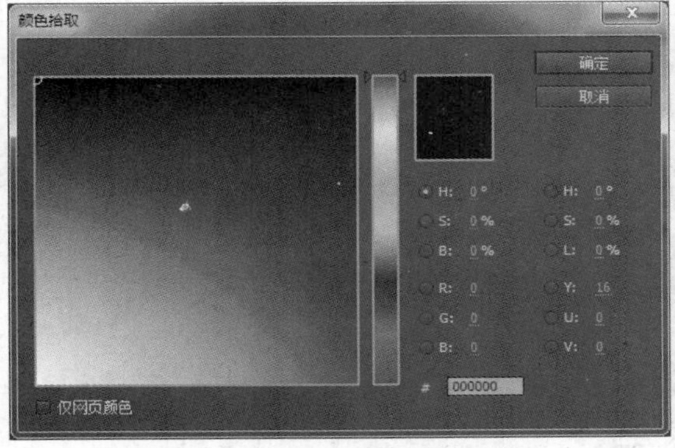

图 4-28　【颜色拾取】对话框

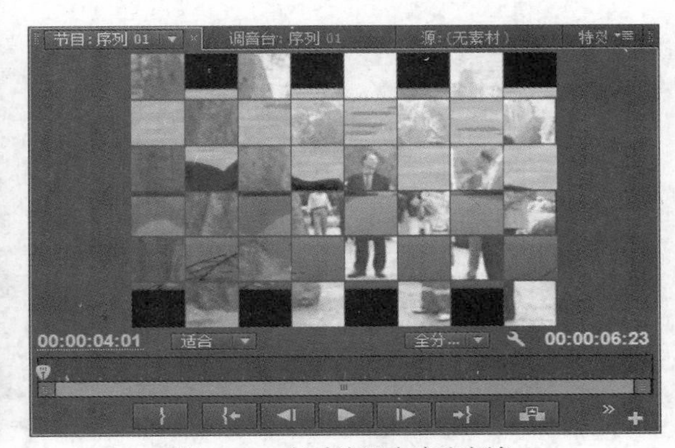

图 4-29　查看边界宽度和颜色

(7) 选中【反转】复选框，会使视频切换效果运动的方向相反。效果如图 4-30 所示。

(8) 在【抗锯齿品质】的下拉菜单中选择【高】。可以看到特效边界变得柔和，如图 4-31 所示。

图 4-30　【反转】后效果

图 4-31　【抗锯齿品质】选择【高】

(9) 单击【自定义】按钮。弹出【棋盘设置】对话框，如图 4-32 所示。可以在【水平切片】中输入 12，【垂直切片】中输入 9，效果如图 4-33 所示。

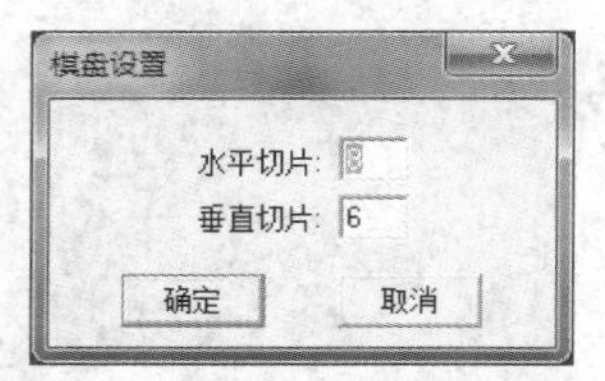

图 4-32 【棋盘设置】对话框

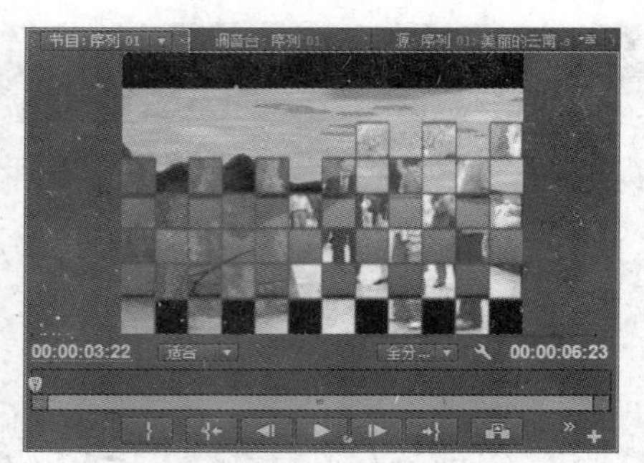

图 4-33 自定义后的【棋盘】效果

4.2.3 视频切换效果一览

1. 3D 运动

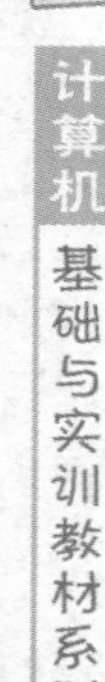

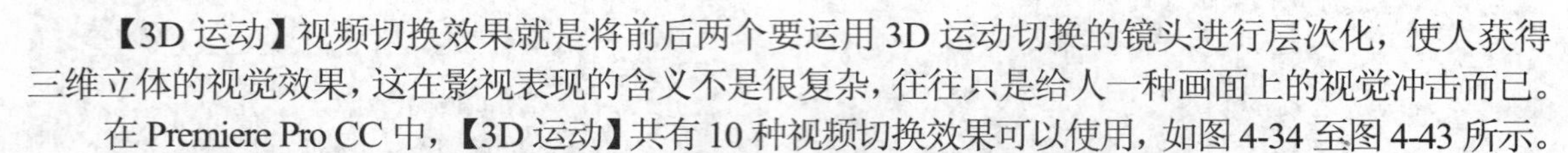

【3D 运动】视频切换效果就是将前后两个要运用 3D 运动切换的镜头进行层次化，使人获得三维立体的视觉效果，这在影视表现的含义不是很复杂，往往只是给人一种画面上的视觉冲击而已。

在 Premiere Pro CC 中，【3D 运动】共有 10 种视频切换效果可以使用，如图 4-34 至图 4-43 所示。

图 4-34 【向上折叠】效果

图 4-35 【帘式】效果

图 4-36 【摆入】效果

图 4-37 【摆出】效果

图 4-38　【旋转】效果

图 4-39　【旋转离开】效果

图 4-40　【立方体旋转】效果

图 4-41　【筋斗过渡】效果

图 4-42　【翻转】效果

图 4-43　【门】效果

2. 伸展

【伸展】视频切换效果主要通过素材的变形来实现过渡。

Premiere Pro CC 中共提供了 4 种【伸展】视频切换效果，如图 4-44 至图 4-47 所示。

图 4-44　【交叉伸展】效果

图 4-45　【伸展】效果

图 4-46　【伸展覆盖】效果

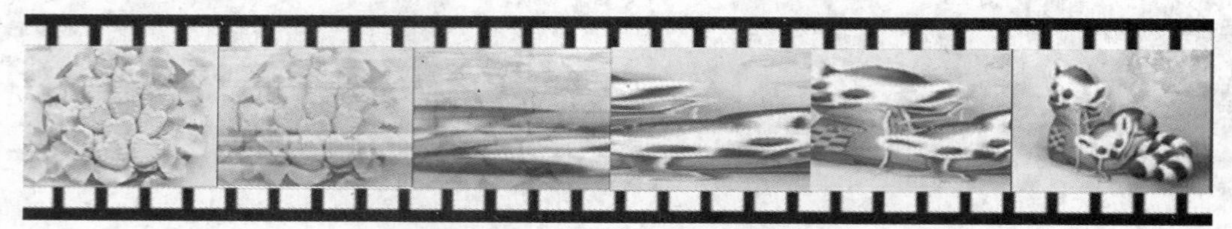

图 4-47　【伸展进入】效果

3. 划像

【划像】切换类型的影像效果通常是前一个镜头从画面中逐渐由大变小离开，后一个镜头则由小变大进入。由小变大的光圈叫作入圈，由大变小的光圈叫作收圈。这种镜头可以起到两方面的效果，或者用于表现叙述手法中的插叙，或者后一个镜头的画面从前一个镜头的某一部分逐渐放大，起到吸引注意力的目的，使得观察者能够注意到镜头中的某一个细节，从而起到特写的作用，类似于拍摄技巧中的推镜头。

Premiere Pro CC 共提供了 7 种类型的【划像】切换，如图 4-48 至图 4-54 所示。

图 4-48　【划像交叉】效果

图 4-49　【划像形状】效果

图 4-50　【圆划像】效果

图 4-51　【星形划像】效果

图 4-52　【点划像】效果

图 4-53　【盒形划像】效果

图 4-54　【菱形划像】效果

4. 卷页

【卷页】效果又称为【翻入翻出】技巧。所谓【卷页】效果，是指在一个画面将要结束的时候将其后面的一系列画面翻转从而翻出后面的画面的过渡过程。这种表现手法多用于表现空间和时间的转换，常常用于对比前后的一系列画面。影视广告中常有应用。

Premiere Pro CC 共提供了 5 种类型的【卷页】切换效果，如图 4-55 至图 4-59 所示。

图 4-55 【中心剥落】效果

图 4-56 【剥开背面】效果

图 4-57 【卷走】效果

图 4-58 【翻页】效果

图 4-59 【页面剥落】效果

5. 叠化

【叠化】在影视编辑中又被称为【淡入淡出】效果。所谓的【淡入】，就是指一个镜头开始

的时候由暗逐渐变亮，一般用于段落或全片开始的第一个镜头，引领观众逐渐进入；所谓的【淡出】，则是在一个镜头结束的时候由亮逐渐变暗，常用于段落或全片的最后一个镜头，可以激发观众回味。将前后两个镜头的淡出和淡入过程重叠在一起便形成了【化】。即当前一个画面逐渐消失的同时，后一个画面逐渐显现出来，直至完全替代前一个画面的过程叫作【化】。【化】也是一种缓慢的渐变过程。画面之间的转换显得非常流畅、自然、柔和，给人以舒适、平和的感觉。如果将两个画面化出化入中间相叠的过程固定，并延续下去，便得到相重叠的效果，叫作【叠】(Superimposition)。【叠】可以强调重叠画面内容之间的对列关系。【淡入淡出】效果最重要的参数是视频切换效果持续时间的长短，这需要根据内容而定。

Premiere Pro CC 中共提供了 7 种【叠化】效果，如图 4-60 至图 4-66 所示。

图 4-60　【交叉叠化】效果

图 4-61　【抖动溶解】效果

图 4-62　【白场过渡】效果

图 4-63　【附加叠化】效果

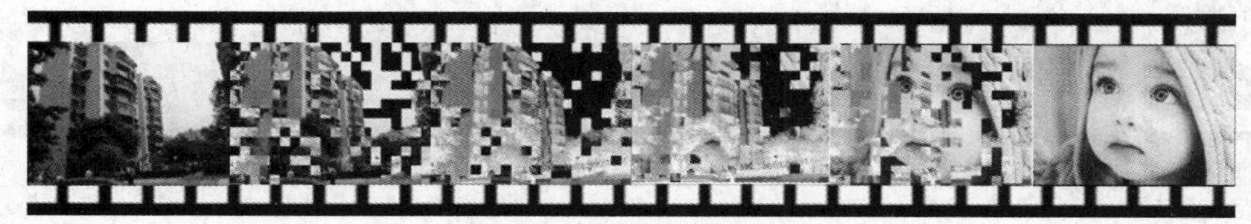

图 4-64　【随机反相】效果

图 4-65 【非附加叠化】效果

图 4-66 【黑场过渡】效果

6. 擦除

【擦除】切换效果分类是 Premiere Pro CC 中包含类型最多的一组切换效果。【擦除】过渡特技的共同特征是一个镜头从另一个镜头扫过，且多呈指针旋转，所以通常情况下，可以制作电影片头的倒计时数字，还可以用来制作渐层的效果。

Premiere Pro CC 中共提供了 17 种【擦除】视频切换效果，如图 4-67 至图 4-83 所示。

图 4-67 【双侧平推门】效果

图 4-68 【带状擦除】效果

图 4-69 【径向划变】效果

图 4-70　【插入】效果

图 4-71　【擦除】效果

图 4-72　【时钟式划变】效果

图 4-73　【棋盘】效果

图 4-74　【棋盘划变】效果

图 4-75　【楔形划变】效果

图 4-76 【水波块】效果

图 4-77 【油漆飞溅】效果

图 4-78 【渐变擦除】效果

图 4-79 【百叶窗】效果

图 4-80 【螺旋框】效果

图 4-81 【随机块】效果

图 4-82 【随机擦除】效果

图 4-83 【风车】效果

7. 映射

【映射】切换效果通过将前一个镜头的通道或者明度值映射到后一个镜头中来实现切换。Premiere Pro CC 共提供了两种类型的映射切换。

【明亮度映射】效果如图 4-84 所示。

图 4-84 【明亮度映射】效果

【通道映射】效果如图 4-85 所示。【通道映射】效果参数设置如图 4-86 和图 4-87 所示。

图 4-85 【通道映射】效果

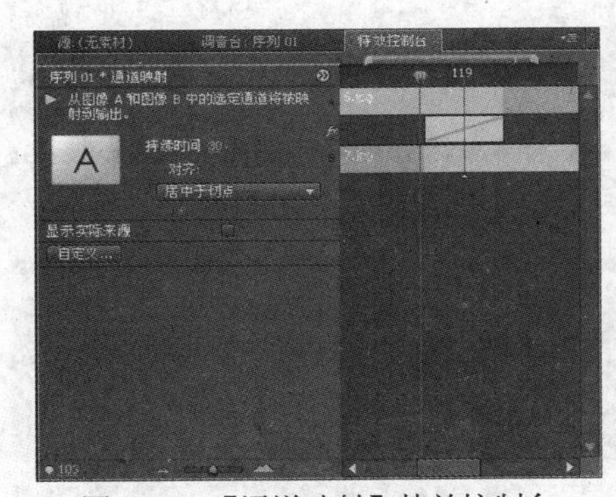

图 4-86 【通道映射】特效控制台

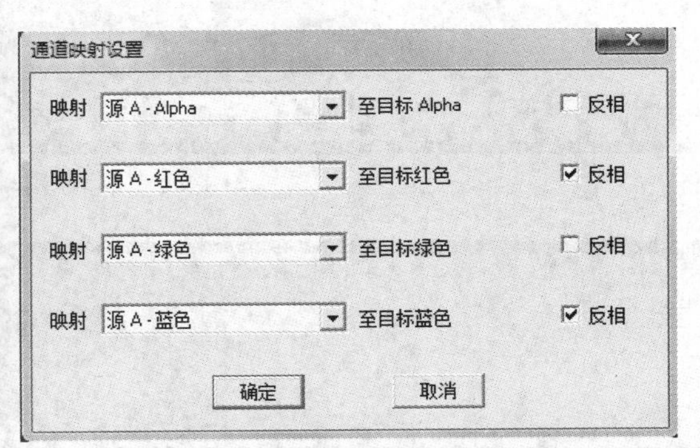

图 4-87 【通道映射设置】对话框

8. 滑动

【滑动】视频切换效果分类也是 Premiere Pro CC 中包含视频切换效果比较多的一组切换类型。共有 12 种视频切换效果，如图 4-88 至图 4-99 所示。

图 4-88 【中心合并】效果

图 4-89 【中心拆分】效果

图 4-90 【互换】效果

图 4-91 【多旋转】效果

图 4-92 【带状滑动】效果

图 4-93 【拆分】效果

图 4-94　【推】效果

图 4-95　【斜线滑动】效果

图 4-96　【滑动】效果

图 4-97　【滑动带】效果

图 4-98　【滑动框】效果

图 4-99　【旋涡】效果

9. 特殊效果

在 Premiere Pro CC 中，除了常用的过渡视频切换技巧外，还提供了一些特殊的视频切换技巧。【特殊效果】视频切换类一般用于影视片头的制作，而且这些技巧往往都需要与其他的图形图像处理软件一起使用。

【特殊效果】共有 3 种，如图 4-100 至图 4-102 所示。

图 4-100 【映射红蓝通道】效果

图 4-101 【纹理】效果

图 4-102 【置换】效果

10. 缩放

【缩放】视频切换效果模拟了实际拍摄过程中的镜头的推拉。在 Premiere Pro CC 中共有 4 种类型的【缩放】切换效果，如图 4-103 至图 4-106 所示。

图 4-103 【交叉缩放】效果

图 4-104 【缩放】效果

图 4-105　【缩放拖尾】效果

图 4-106　【缩放框】效果

拓展训练

本项目拓展训练通过制作【百叶窗】，熟悉应用视频切换效果和设置视频切换效果等知识。

两个素材之间最常用的就是切换效果，即从一个场景进入另一个场景的方式。在本例中，将使用带滑动视频转场来实现百叶窗效果。

(1) 运行 Premiere Pro CC，打开欢迎界面，单击【新建】|【项目】按钮，打开【新建项目】对话框，如图 4-107 所示。在该对话框中，采用默认设置，选择项目保存的路径及名称“制作百叶窗”后，单击【确定】按钮，此时系统将弹出【新建序列】对话框。

(2) 单击【序列预设】选项，选择国内电视制式通用的 DV-PAL|【标准 48kHZ】，序列名称默认为【序列 01】，如图 4-108 所示。单击【确定】按钮，即可创建【制作百叶窗】项目文件和序列 01，进入主程序界面。

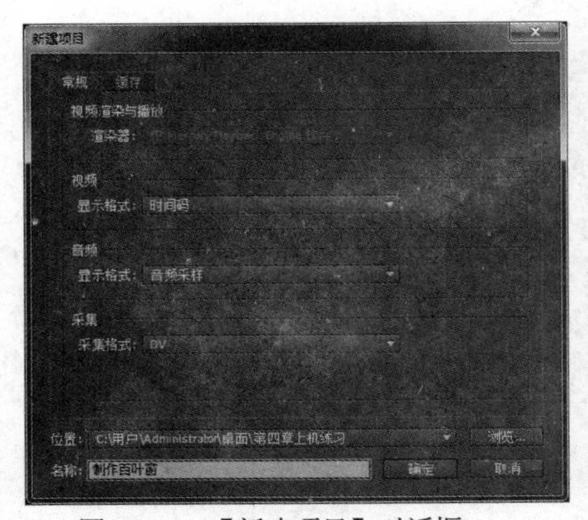

图 4-107　【新建项目】对话框

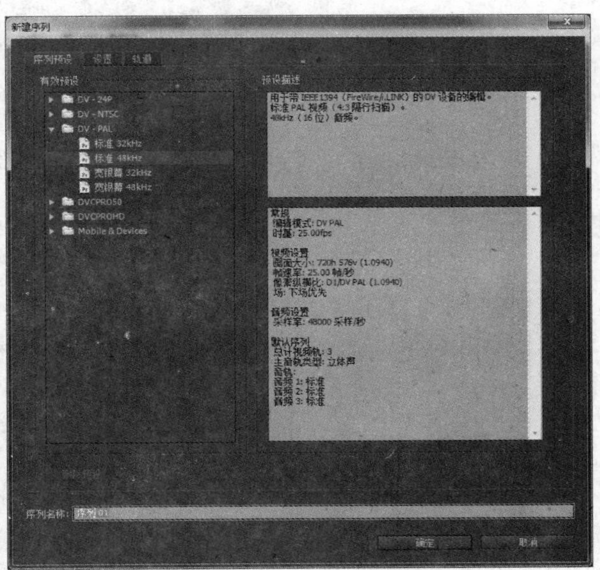

图 4-108　【新建序列】对话框

(3) 在【项目】面板中导入视频素材【01.avi】、【02.avi】。将【01.avi】、【02.avi】分别拖到【时间线】面板的【视频 1】中，如图 4-109 所示。

(4) 在【效果】窗口中，选择【视频切换效果】|【滑动】|【带滑动】选项，并将其添加到【01.avi】、【02.avi】素材之间，如图 4-110 所示。

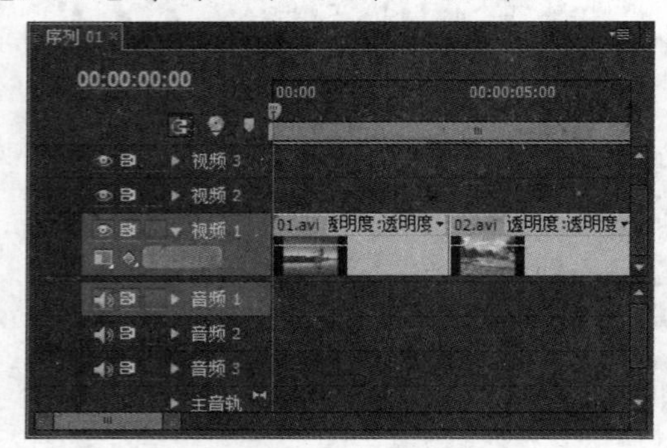

图 4-109　导入素材

图 4-110　为素材添加【带滑动】效果

(5) 双击视频 1 轨道上的转场，弹出【效果控制】窗口。在该窗口中，勾选【显示实际来源】复选框；将【边宽】设置为 0.0，【边色】设置为红色，如图 4-111 所示。

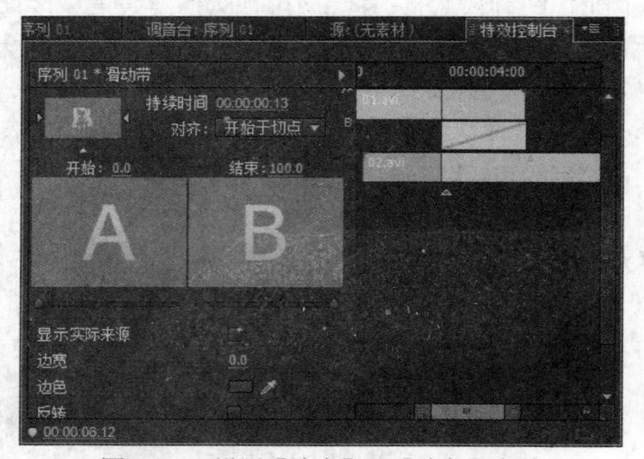

图 4-111　设置【边宽】及【边色】参数

(6) 按 Enter 键，在【节目】监视窗口中，预览最终效果。

习　题

1.【百叶窗】属于哪一类视频切换效果？
2. 默认状态下，Premiere Pro CC 使用哪一种效果作为默认的视频切换效果？
3. 如果需要对大多数甚至全部素材应用默认的切换，最好的办法是使用哪种方式？
4. 在两个素材衔接处加入视频切换效果，两个素材应如何排列？
5.【叠化】类视频切换特效有什么作用？它包括了哪些切换效果？
6. 简要叙述 Premiere Pro CC 中如何进行视频切换特效设置。

设置运动效果

学习目标

Premiere 虽然不是动画制作软件，但却有强大的运动生成功能，通过运动设定，能轻易地将图像(或视频)进行移动、旋转、缩放以及变形等，可让静态的图像产生运动效果。本章详细介绍利用 Premiere Pro CC 进行视频动画制作的技巧，详细讲解如何给素材添加运动效果，如何设置运动路径以及如何使素材产生移动、旋转、缩放等不同效果。

本章重点

- 【运动】效果选项
- 设置运动路径
- 控制运动速度
- 控制图像大小比例
- 设置旋转效果

任务1　运动效果基本设置

影视节目与其他艺术类型的不同之处在于它不拘一格的运动形式。从拍摄本身来讲，它就是对运动主体的忠实记录和艺术化的反映。众所周知，电影是以每秒 24 格的速率放映的。每秒钟播放 24 个静态的画面，由于人眼视觉分辨力的局限，那些具有连贯性静态画面的播放，展现在观众眼前便宛如真实的运动了。而电视由于制式的不同，在中国和一些欧洲国家以每秒 25 帧(PAL 制式)的速率播放，在欧美的另一些国家则是以每秒 30 帧(NTSC 制式)的速率播放的。

这里讲述的视频运动，是一种后期制作与合成中的技术，而不是拍摄层面或者播放层面的概念。Premiere Pro CC 中，对视频运动的设置是在特效控制面板中进行的，这种运动设置建立在关键帧的基础上。这里的运动是针对视频的，包括视频在画面上的运动、变形、缩放等效果。在视频运动中，也可以结合前面学习的内容综合运用，实现更为复杂的画面效果。

【运动】效果是 Premiere 中专门对片段进行运动设置的。【运动】效果通过设置一条运动路径来对片段进行运动设置，用户可以在【节目】监视器面板内移动剪辑，但是只能对剪辑本身应用运动，而不能对剪辑的特定部分使用运动。

5.1.1 【运动】效果选项

在 Premiere Pro CC 中，对剪辑运动的设置是通过【效果控件】面板来进行的，每段应用到【时间线】面板中的视频剪辑都会有【运动】效果应用在其中，【运动】效果的设置要涉及多种属性的设置：【位置】、【缩放】、【旋转】、【锚点】和【防闪烁滤镜】。

选中【时间线】面板中的素材，执行【窗口】|【效果控件】菜单命令，可以打开【效果控件】面板。然后单击【运动】前面的三角形按钮▶，展开【运动】效果如图 5-1 所示。其中，各选项功能如下。

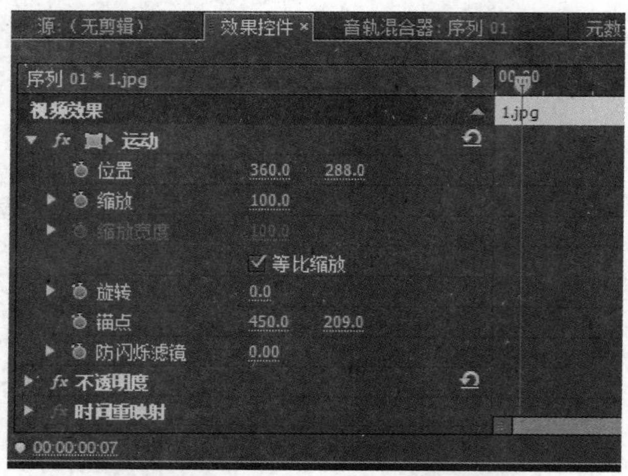

图 5-1　【效果控件】面板

- 【位置】：当前对象中心点所在的位置。可以把鼠标移动到后面的坐标值上，按下鼠标左键，向左右拖动鼠标即可改变位置的坐标值，也可以在该数值上双击，然后直接输入数值。
- 【缩放】：指定当前对象显示的尺寸相对于原始尺寸的百分比值。如果选中后面的【等比缩放】复选框，那么表示当前对象的长宽比不变，即长和宽同时改变；如果未选中【等比缩放】复选框，那么【缩放】变成【缩放高度】，同时激活下面的【缩放宽度】选项，可以单独调整长和宽的显示比例。大于 100%表示放大，小于 100%表示缩小。
- 【旋转】：指定当前对象的旋转角度。可以把鼠标移动到后面的角度值上，按下鼠标左键，向左右拖动鼠标即可改变旋转的角度值，也可以在该数值上双击输入数值设置旋转角度。除此之外，还可以展开【旋转】选项手动调节。
- 【锚点】：该点是图像旋转的中心点，以相对于图像左上角的坐标值表示。
- 【防闪烁滤镜】：指定当前对象在执行运动、变形、缩放等效果时的清晰程度。

5.1.2 设置运动路径

仅仅利用这些选项是无法完成运动效果的，还必须加入关键帧技术的支持。利用关键帧技术，配合运用【特效控制台】面板和【节目】监视器面板，可以为素材片段设置运动路径。

【例 5-1】　为图片设置运动效果，利用关键帧设置运动路径。

(1) 运行 Premiere Pro CC，打开欢迎界面，单击【新建项目…】按钮，打开【新建项目】对话框，在该对话框中，采用默认设置，选择项目保存的路径及输入名称“运动效果练习”后，单击【确定】按钮后，可创建“运动效果练习”项目文件。进入主程序界面后，执行【文件】|【新建】|【序列】命令，此时系统将弹出【新建序列】对话框。单击【设置】选项卡，设置【编辑模式】为“自定义”，画面大小设定为 352px × 288 px，【像素长宽比】为“方形像素(1.0)”，序列名称默认为“序列 01”，如图 5-2 所示。

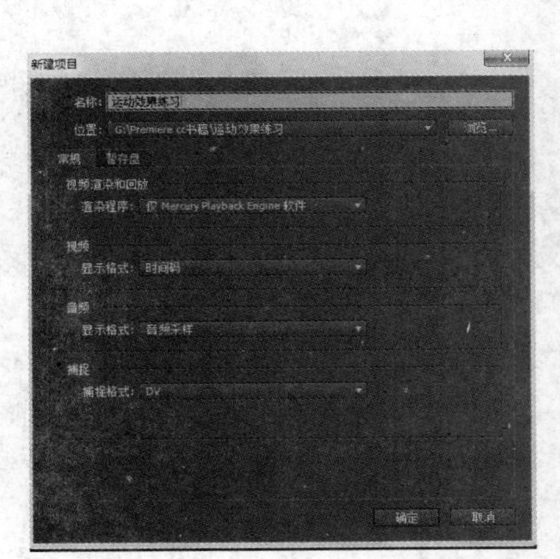

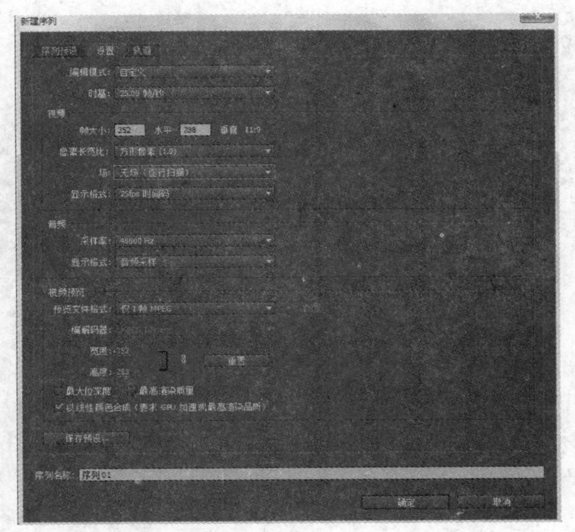

图 5-2　新建项目【运动效果练习】设置

(2) 执行【文件】|【导入(I) …】命令，打开【导入】对话框，导入图片素材“热气球.png”和“背景.jpg”，如图 5-3 所示。

图 5-3　导入图片素材

(3) 将【项目】面板中的“背景.jpg”和“热气球.png”素材文件分别拖动到【时间线】面板的【V1】和【V2】轨道上去，调整【时间线】面板显示，如图 5-4 所示。

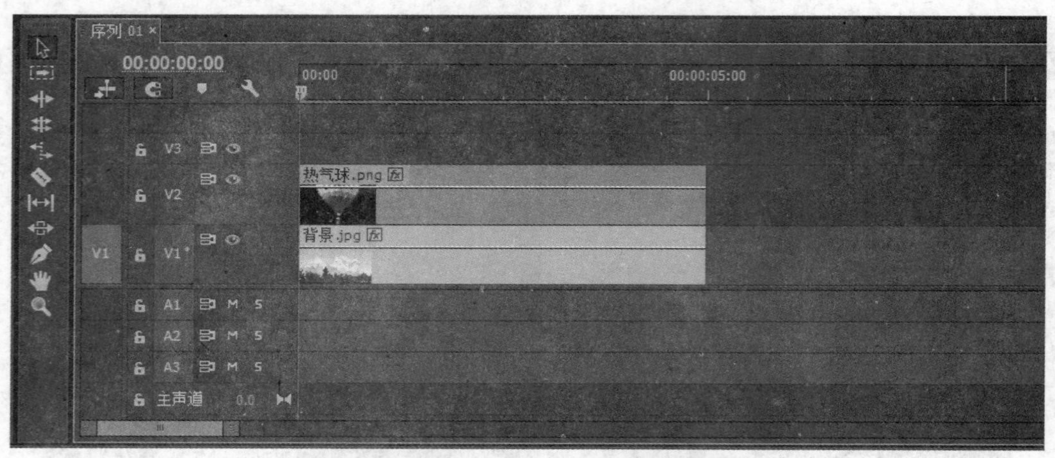

图 5-4　分别在【V1】和【V2】轨道上放置素材

(4) 选中【V2】轨道上的“热气球.png”素材，执行【窗口】|【效果控件】菜单命令打开【效果控件】面板，可以看到【运动】效果作为默认选项出现在了【效果控件】面板中，单击前面的三角形按钮▶展开【运动】选项，并调整热气球图片【缩放】的百分比值，使其大小比例适合背景图片，如图 5-5 所示。

(5) 在【效果控件】面板中，选中【热气球】选项(选中后标题变灰)，在【节目】监视器面板中将出现该素材片段的控制框，这样就可以在【节目】监视器面板中对素材片段的位置进行调整，如图 5-6 所示。

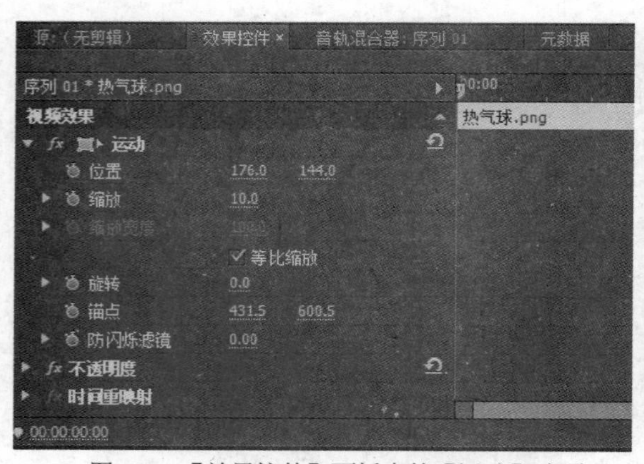

图 5-5　【效果控件】面板中的【运动】选项

图 5-6　素材片段的控制框

(6) 在【节目】监视器面板中，拖动“热气球.png”到右角，或者在【位置】参数中直接输入“330.0、50.0”，将时间指针移到【时间线】面板中的开始位置，也就是说该素材片段将从右上角开始运动，然后在【效果控件】面板中按下【位置】参数左边的动画切换按钮，为素材片段添加关键帧，这时在【效果控件】面板中右侧区域就会增加关键帧的控制点，如图 5-7 所示。

(7) 将时间指针移到【时间线】面板中的第 95 帧的位置，然后拖动“热气球. png”到左下角，或者在【位置】参数中直接输入“0.0、240.0”，也就是说该素材片段将从右上角向左下角运动。同时在【效果控件】面板中右侧区域就会自动增加关键帧的控制点，如图 5-8 所示。

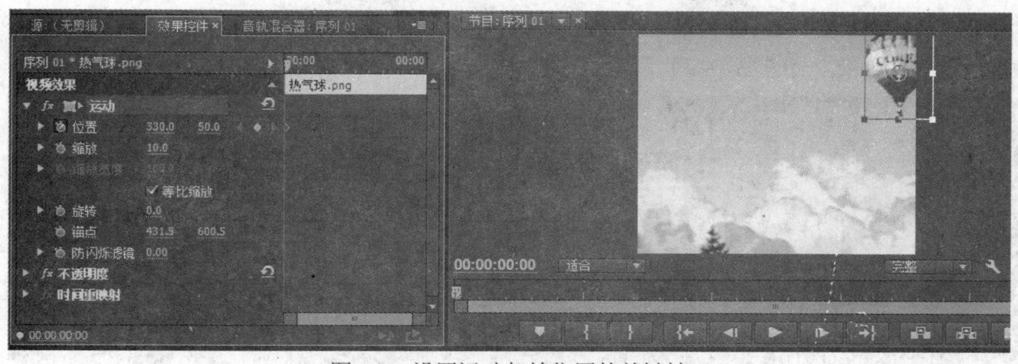

图 5-7　设置运动起始位置的关键帧

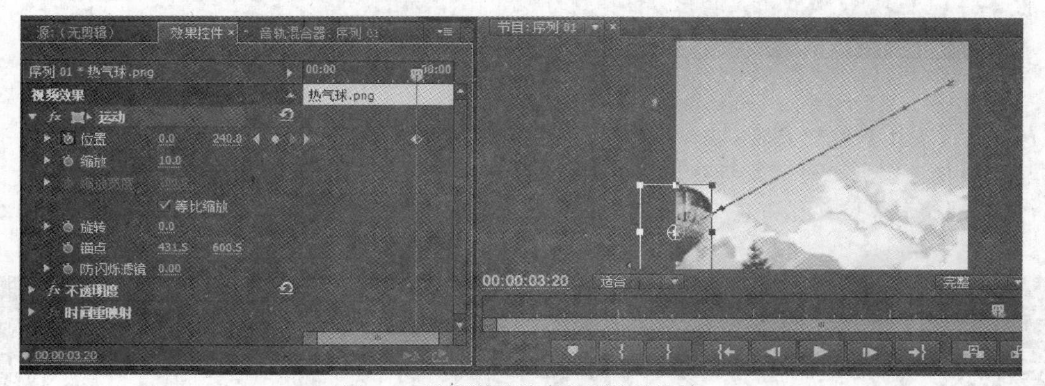

图 5-8　设置运动结束位置的关键帧

5.1.3　使用句柄控制运动路径

在设置运动路径时，还可以利用关键帧控制点为素材片段的运动路径作进一步设置。使用句柄，可以随心所欲地为运动设置更加复杂的路径。

【例 5-2】　为图片设置增加关键帧控制点，使用句柄设置复杂运动路径。

(1) 启动 Premiere Pro CC，打开【例 5-1】保存的“运动效果练习”项目文件。

(2) 将时间指针移到第 30 帧的位置，拖动“热气球. png”到右下角(【位置】为“300.0，200.0”)，创建关键帧的控制点，如图 5-9 所示。

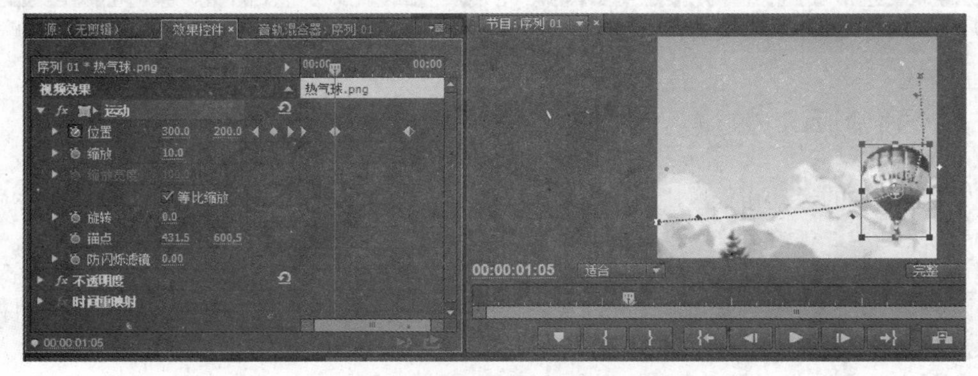

图 5-9　设置第 30 帧位置的关键帧

(3) 将时间指针移到第 60 帧的位置，拖动“热气球. Png”到左上角(【位置】为“100.0、50.0”)，创建关键帧的控制点，如图 5-10 所示。

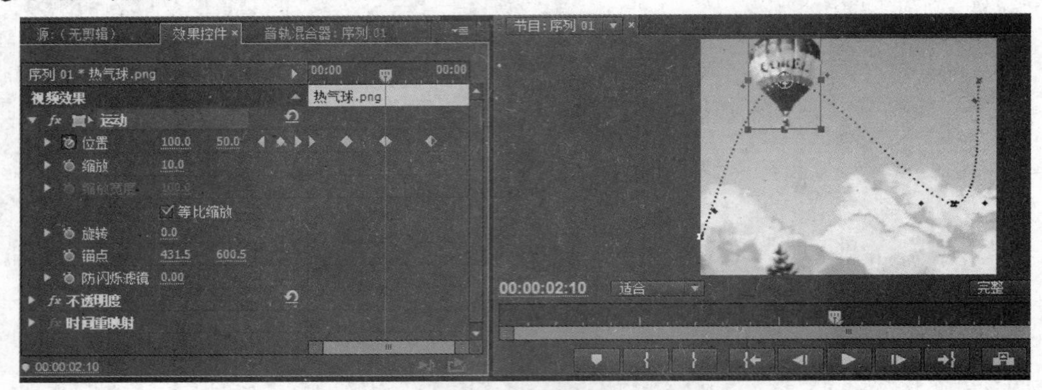

图 5-10　设置第 60 帧位置的关键帧

(4) 在【节目】监视器窗口中，用户可以看到在关键帧控制点附近出现了句柄控制点，将鼠标移动到句柄控制点上时，鼠标变成▸∘状，如图 5-11 所示。

(5) 在【节目】监视器窗口中，可以自由地拖动句柄控制点，改变素材运动的路径，如图 5-12 所示。

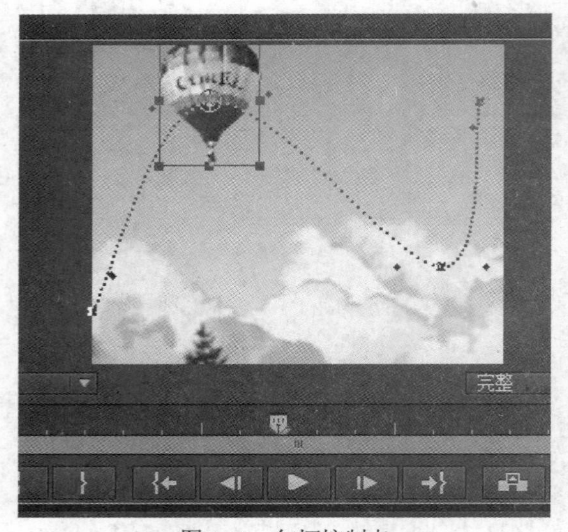

图 5-11　句柄控制点

图 5-12　拖动句柄控制点改变素材运动的路径

5.1.4　预览运动效果

在设置完素材的运动路径后，用户可以在【节目】监视器窗口中预览运动的效果，然后再根据预览结果决定是否对运动效果进行进一步调整。

要预览运动效果，可以按下【空格键】预演整个影片。但当剪辑比较长的影片，而运动效果只是一小段时，可以用鼠标来回拖到时间线指针的方式浏览，这时素材也将在【节目】监视器窗口中动起来，这样预览快速有效。

预览【例 5-2】设置的运动效果，如图 5-13 所示。

图 5-13　预览运动的路径变化效果

任务 2　控制运动的高级设置

利用关键帧技术，不仅可以设置素材运动的路径，还可以对运动的速度、图像大小比例变化和旋转效果等做更高级的设置。

5.2.1　控制运动速度

在 Premiere 中，没有专门的设置运动速度的选项，但是通过关键帧的设置完全可以实现画面的变速运动。

【例 5-3】　调整关键帧控制点，控制运动速度。

(1) 启动 Premiere Pro CC，打开【例 5-2】保存的“运动效果练习”项目文件。

(2) 选中【V2】轨道上的“热气球.png”素材，执行【窗口】|【效果控件】菜单命令打开【效果控件】面板，展开【运动】选项中的【位置】选项，可以看到每两个关键帧之间的具体速度值，如图 5-14 所示。

(3) 在【效果控件】面板右侧，左右拖动关键帧控制点，可以看到每两个关键帧之间的速度值会随着鼠标拖动发生变化，如图 5-15 所示。

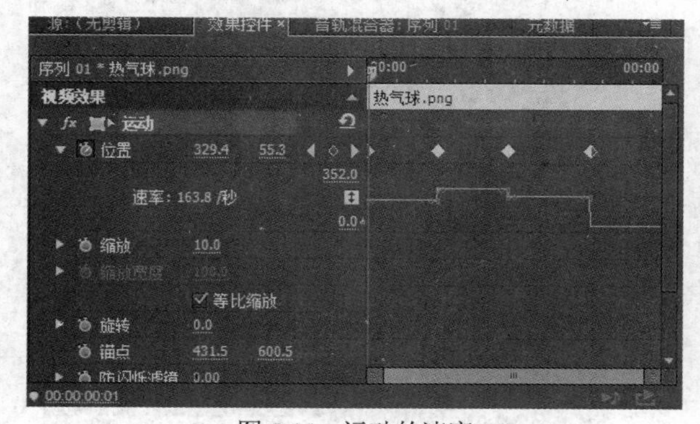

图 5-14　运动的速度

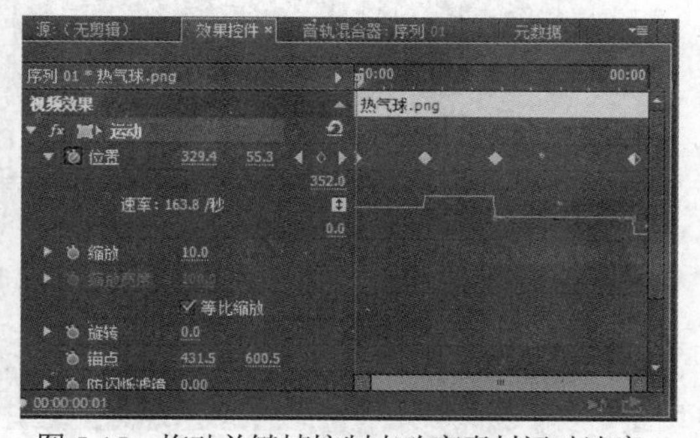

图 5-15　拖动关键帧控制点改变素材运动速度

(4) 在【效果控件】面板右侧关键帧控制点下的曲线，表示的是速度变化的路径，也可以通过句柄控制来制作出更复杂的速度变化，如图 5-16 所示。

5.2.2　控制图像大小比例

【位置】选项配合关键帧技术，可以控制素材运动的路径和速度，而再配合【缩放】选项，还可以设置素材的大小比例变化。

【例 5-4】 调整不同时刻素材的【缩放】参数，来控制素材的大小变化。

(1) 启动 Premiere Pro CC，打开【例 5-3】保存的“运动效果练习”项目文件。

(2) 选中【V2】轨道上的“热气球.png”素材，执行【窗口】|【效果控件】菜单命令打开【效果控件】面板，展开【运动】选项中的【缩放】选项，将时间指针移到【时间线】面板中的开始位置，然后按下【缩放】选项左边的动画切换按钮，为素材片段添加【缩放】关键帧，调整【缩放】参数为“10.0”，如图 5-17 所示。

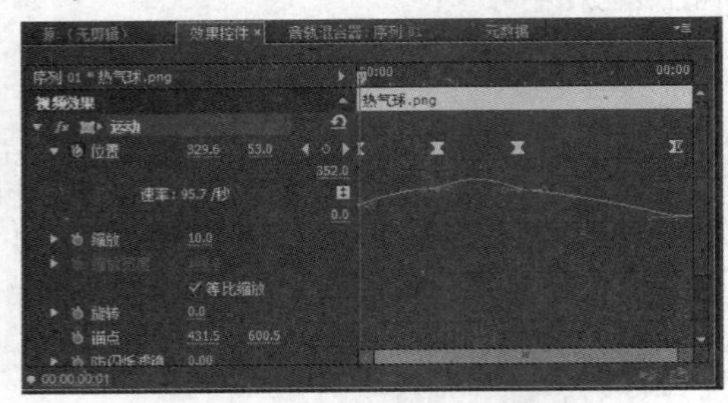

图 5-16 句柄控制运动的速度

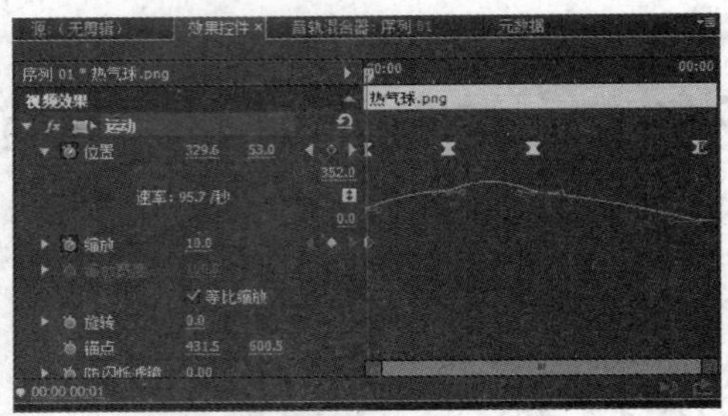

图 5-17 添加【缩放】关键帧 1

(3) 将时间指针移到第 40 帧的位置，调整【缩放】参数为“40.0”，创建关键帧的控制点，如图 5-18 所示。

(4) 将时间指针移到第 70 帧的位置，调整【缩放】参数为“15.0”，创建关键帧的控制点，如图 5-19 所示。

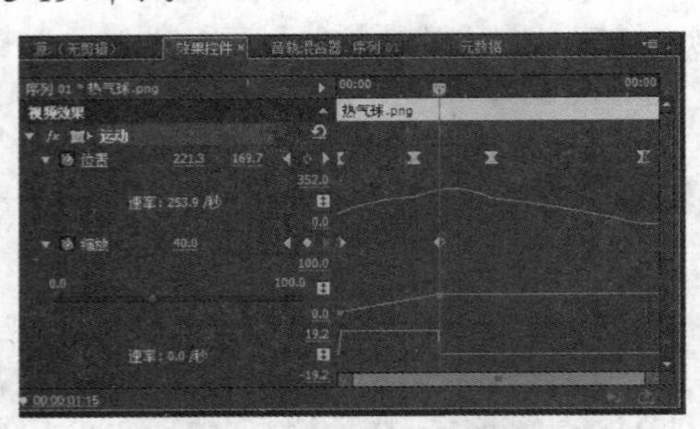

图 5-18 添加【缩放】关键帧 2

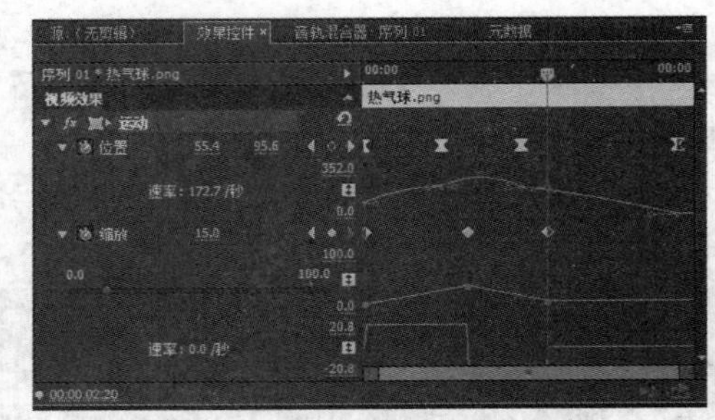

图 5-19 添加【缩放】关键帧 3

(5) 将时间指针移到第 90 帧的位置，调整【缩放】参数为“10.0”，创建关键帧的控制点，如图 5-20 所示。

(6) 将时间指针移到第 115 帧的位置，调整【缩放】参数为“5.0”，创建关键帧的控制点，如图 5-21 所示。

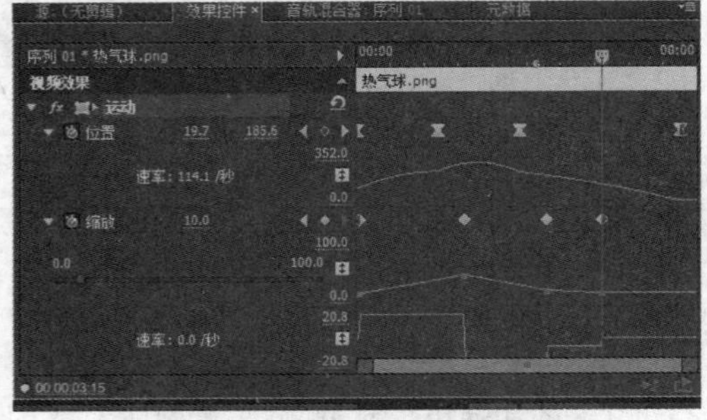

图 5-20 添加【缩放】关键帧 4

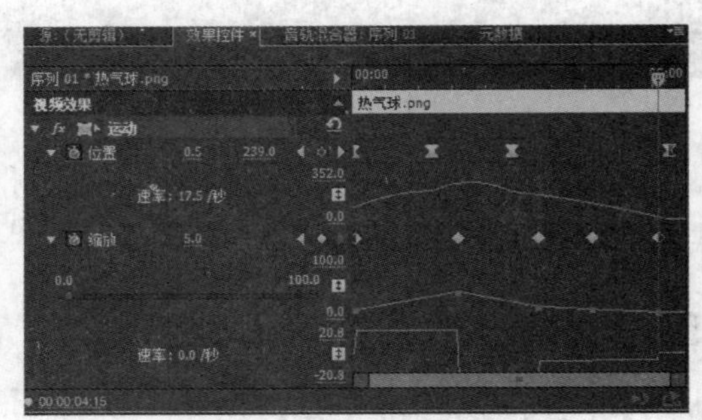

图 5-21 添加【缩放】关键帧 5

(7) 预览运动效果，如图 5-22 所示。

图 5-22　预览素材大小变化效果

5.2.3　设置旋转效果

设置运动效果时，可以通过设置【旋转】选项的参数，结合关键帧创建旋转效果。

【例 5-5】　调整不同时刻的素材【旋转】选项的参数，控制素材的旋转效果。

(1) 启动 Premiere Pro CC，打开【例 5-4】保存的“运动效果练习”项目文件。

(2) 选中【V2】轨道上的“热气球.png”素材，执行【窗口】|【效果控件】菜单命令打开【效果控件】面板，展开【运动】选项中的【旋转】选项，将时间指针移到【时间线】面板中的开始位置，然后按下【旋转】选项左边的动画切换按钮，为素材片段添加【旋转】关键帧，如图 5-23 所示。

(3) 将时间指针移到第 35 帧的位置，调整【旋转】参数为“35.0”，创建关键帧的控制点，如图 5-24 所示。

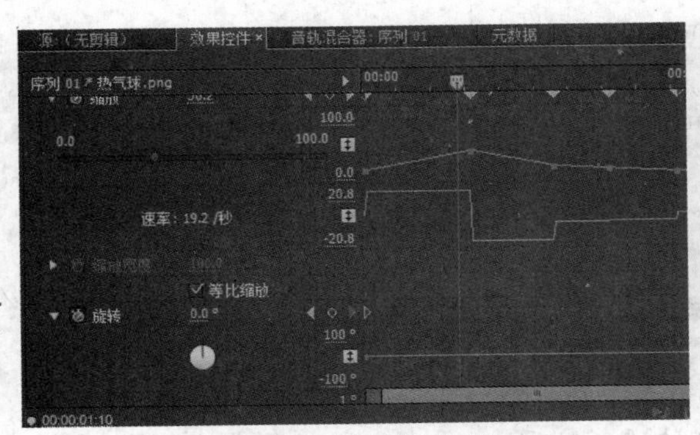

图 5-23　添加【旋转】关键帧 1

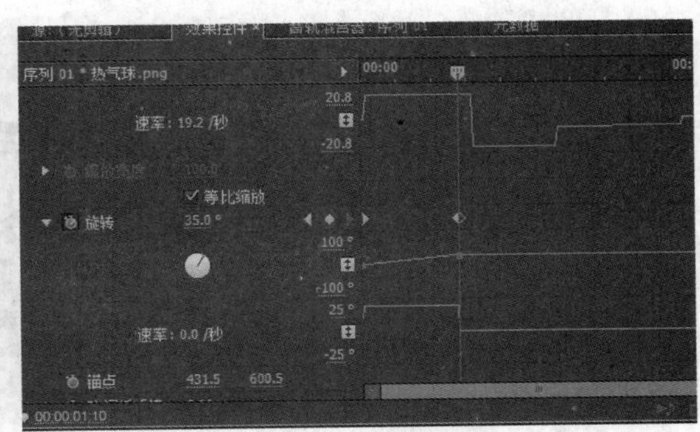

图 5-24　添加【旋转】关键帧 2

(4) 将时间指针移到第 65 帧的位置，调整【旋转】参数为“−35.0”，创建关键帧的控制点，如图 5-25 所示。

(5) 将时间指针移到第 85 帧的位置，调整【旋转】参数为“0.0”，创建关键帧的控制点，如图 5-26 所示。

(6) 预览运动效果，如图 5-27 所示。

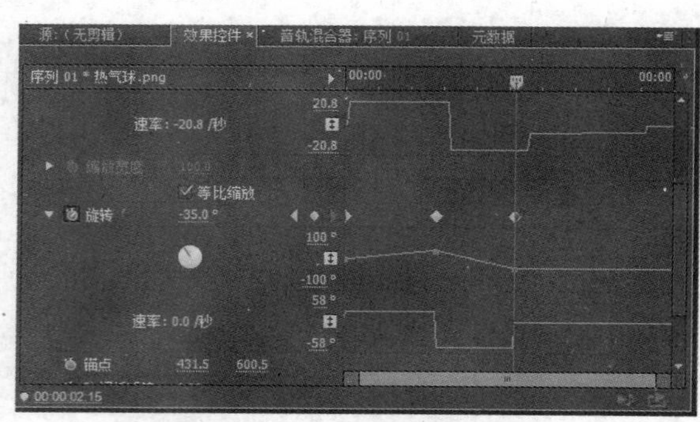

图 5-25　添加【旋转】关键帧 3

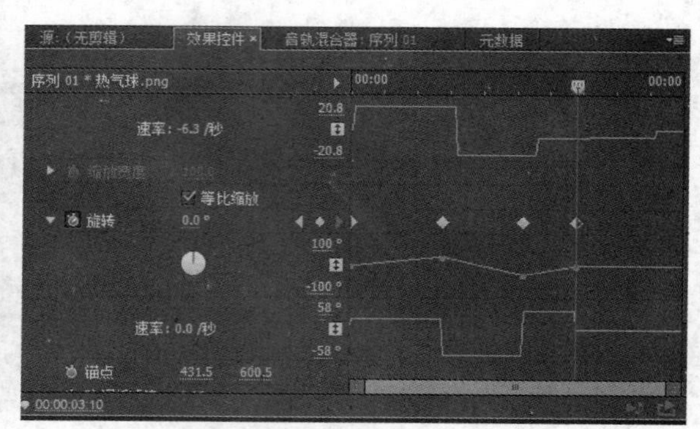

图 5-26　添加【旋转】关键帧 4

图 5-27　预览素材旋转效果

拓展训练

本项目拓展训练通过制作“美丽的黄山”，使用户熟悉运动效果的基本设置和操作。效果如图 5-28 所示。

图 5-28　效果图

(1) 运行 Premiere Pro CC，打开欢迎界面，单击【新建项目…】按钮，打开【新建项目】对话框，如图 5-29 所示，在该对话框中，采用默认设置，选择项目保存的路径及输入名称“美丽的黄山”后，单击【确定】按钮，可创建“美丽的黄山”项目文件。进入主程序界面后，执行【文件】|【新建】|【序列】命令，此时系统将弹出【新建序列】对话框。

(2) 单击【设置】选项卡，设置【编辑模式】为【自定义】，画面大小设定为 600px × 400 px，【像素长宽比】为【方形像素(1.0)】，序列名称默认为【序列 01】，如图 5-30 所示。

(3) 选择菜单【编辑】|【首选项】|【常规(G) …】命令，打开【首选项】对话框，设置【静止图像默认持续时间】为“125 帧”，将静态图片的视频持续时间设置为 25s，如图 5-31 所示；在【项目】面板中导入素材文件夹中的所有图片“1.jpg”～“10.jpg”。

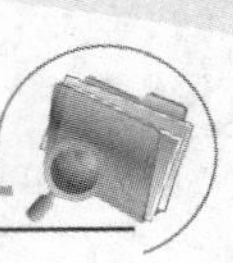

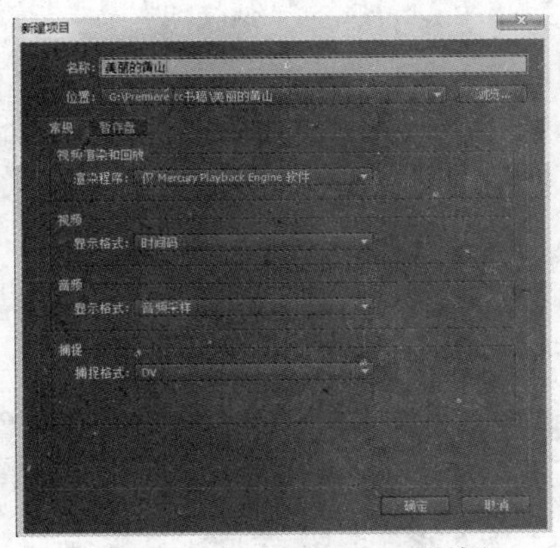

图 5-29　【新建项目】对话框

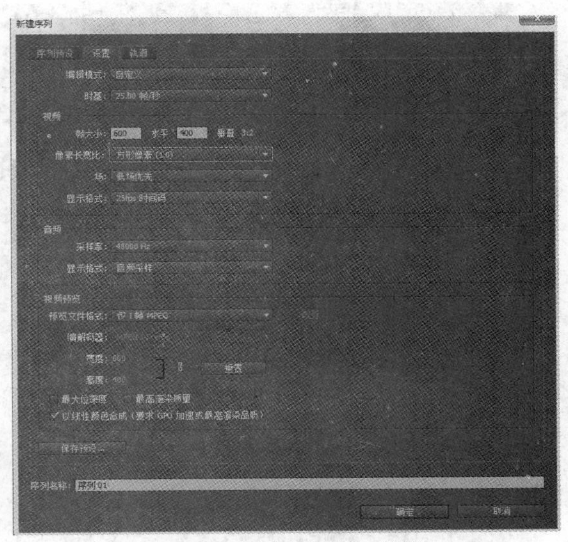

图 5-30　【新建序列】对话框

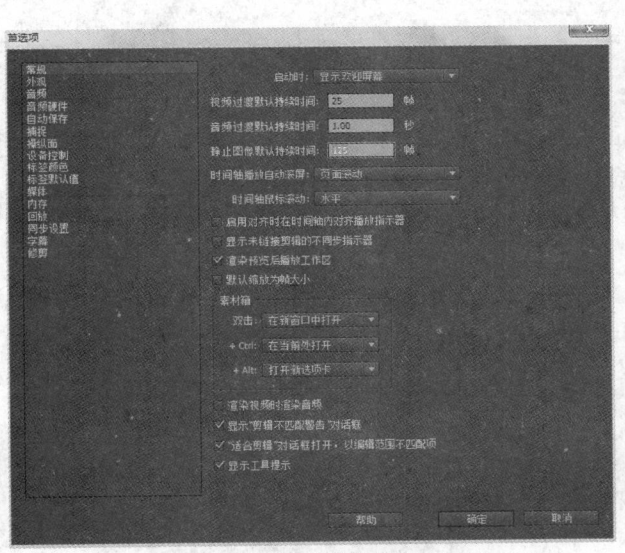

图 5-31　修改图片的视频持续时间

(4) 将“1.jpg”～“5.jpg”同时选中，并拖到【时间线】面板中的【V1】轨道。选择“1.jpg”，在【效果控件】面板中，展开【运动】特效，并单击【运动】特效，此时，在【节目】窗口中就会看见图片控制框，将【选择缩放级别】设置为“25%”。在 00:00:00:00 处，设置【位置】的值为“400.0,200.0”，单击【位置】属性前的码表，新建一关键帧：在 00:00:04:24 处，修改【位置】属性的值为“157.0,200.0”，此时会自动生成一个关键帧，由此就形成了图片从右到左的动画效果，如图 5-32 所示。

(5) 选择“2.jpg”，在【效果控件】面板中，展开【运动】特效，并单击【运动】特效以显示控制框；设置【位置】的值为“338.0,200.0”，在 00:00:05:00 处，单击【缩放】属性前的码表，创建一个关键帧，在 00:00:09:24 处，修改【缩放】的值为“63.0”，以修改一个关键帧，形成图片由近及远的动画效果，如图 5-33 所示。

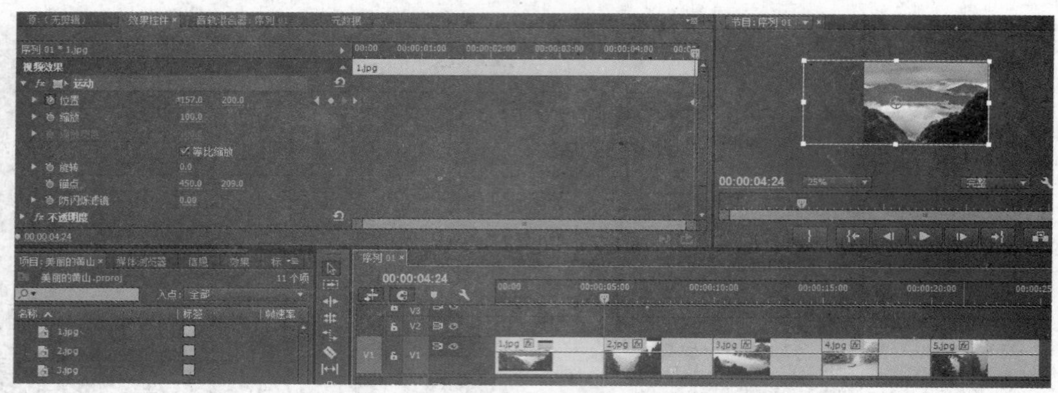

图 5-32　第一张图片的动画设置

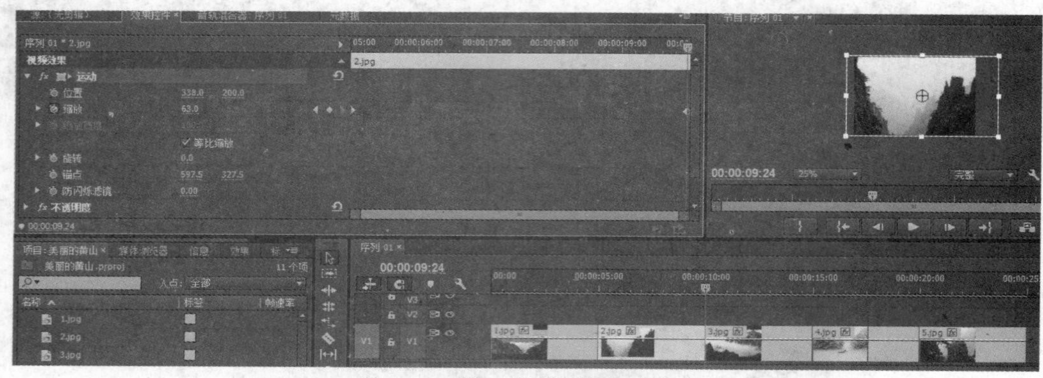

图 5-33　第二张图片的动画设置

(6) 选择“3.jpg”，在【效果控件】面板中，展开【运动】特效，并单击【运动】特效以显示控制框；设置【位置】的值为“441.0,200.0”，在 00:00:10:00 处，单击【位置】属性前的码表，创建一个关键帧，在 00:00:14:24 处，修改【位置】的值为“171.0,200.0”，以修改一个关键帧，形成图片从右到左的动画效果，如图 5-34 所示。

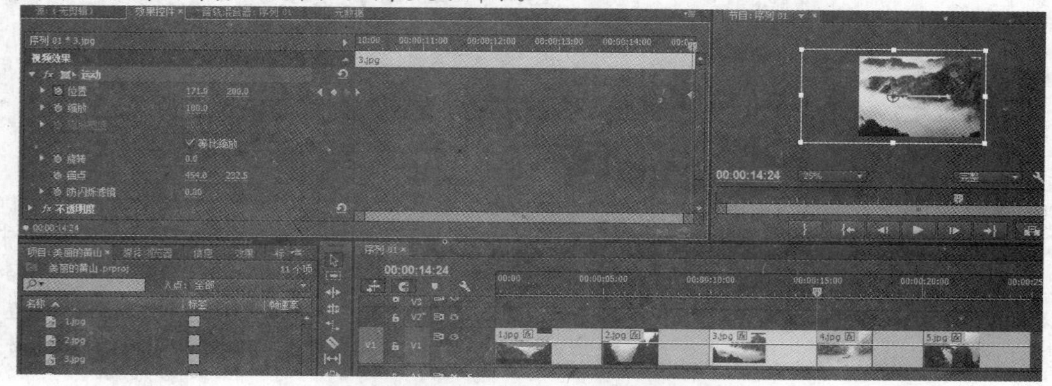

图 5-34　第三张图片的动画设置

(7) 选择“4.jpg”，在【效果控件】面板中，展开【运动】特效，并单击【运动】特效以显示控制框；设置【位置】的值为“300.0,200.0”，在 00:00:15:00 处，单击【缩放】属性前的码表，创建一个关键帧，在 00:00:19:24 处，修改【缩放】的值为“59.0”，以修改一个关键帧，形成图片由近及远的动画效果，如图 5-35 所示。

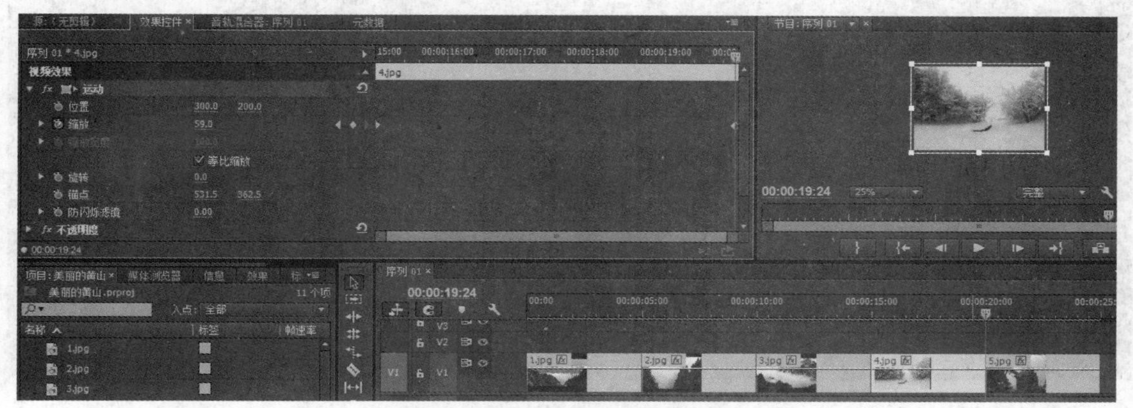

图 5-35　第四张图片的动画设置

(8) 选择“5.jpg”，在【效果控件】面板中，展开【运动】特效，并单击【运动】特效以显示控制框；设置【位置】的值为“300.0,200.0”,；在 00:00:20:00 处，单击【缩放】属性前的码表，创建一个关键帧，在 00:00:22:00 处，修改【缩放】的值为“62.0”，以新建一个关键帧，形成图片由近及远的动画效果；此时，再单击【位置】属性前的码表，创建一个关键帧，在 00:00:24:24 处，修改【位置】的值为“147.0 ,99.0”，并修改【缩放】的值为“31.0”，形成图片在大小和位置上的动画效果，如图 5-36 所示。

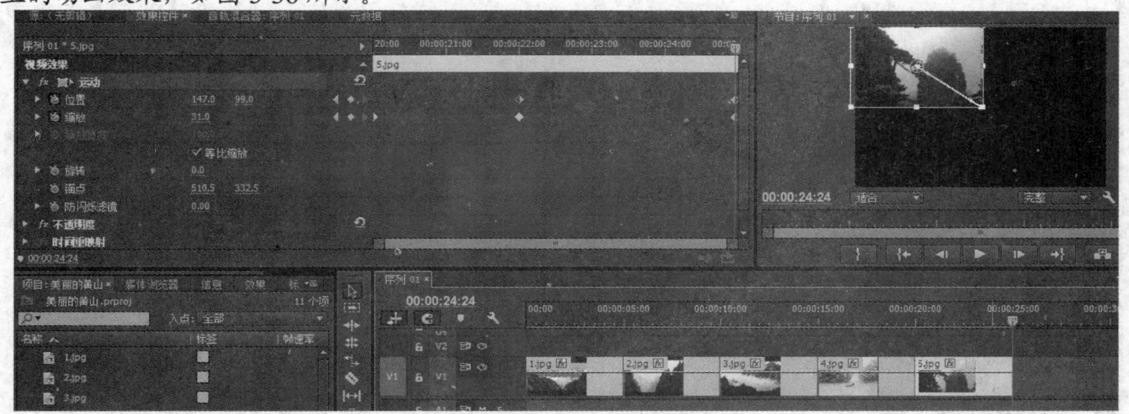

图 5-36　第五张图片的动画设置

(9) 在【时间线】面板中将时间滑块滑动到 00:00:25:00 处，在【项目】面板中选择“6.jpg”，将之拖到【V2】轨道上，并将【V1】轨道上的“5.jpg”的持续时间再延长 5s；选择“6.jpg”，在【效果控件】面板中，展开【运动】特效，并单击【运动】特效以显示控制框；设置【位置】的值为“300.0,200.0”，设置【缩放】的值为“141.0”；在 00:00:25:00 处，单击【缩放】属性前的码表，创建一个关键帧，在 00:00:27:00 处，修改【缩放】的值为“82.0”，以新建一个关键帧，形成图片由近及远的动画效果；此时，再单击【位置】属性前的码表，创建一个关键帧，在 00:00:29:24 处，修改【位置】的值为“450.0 ,97.0”，并修改【缩放】的值为“40.0”，形成图片在大小和位置上的动画效果，如图 5-37 所示。

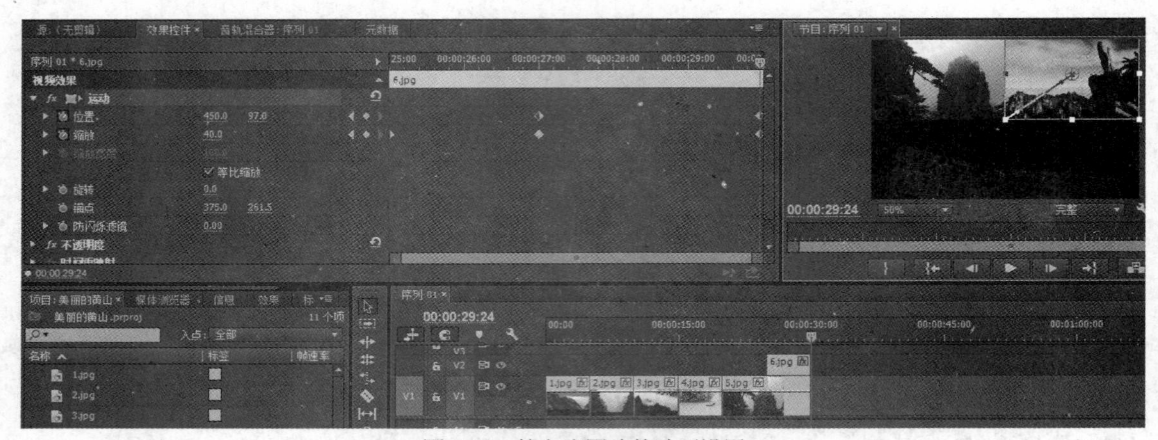

图 5-37　第六张图片的动画设置

(10) 在【时间线】面板中将时间滑块滑动到 00:00:30:00 处，在【项目】面板中选择“7.jpg”，将之拖到【V3】轨道上，并将【V1】轨道上的“5.jpg”和【V2】上的“6.jpg”的持续时间各延长 5s；选择“7.jpg”，在【效果控件】面板中，展开【运动】特效，并单击【运动】特效以显示控制框；设置【位置】的值为“300.0,200.0”，设置【缩放】的值为“125.0”；在 00:00:30:00 处，单击【缩放】属性前的码表，创建一个关键帧，在 00:00:32:00 处，修改【缩放】的值为“82.0”，以新建一个关键帧，形成图片由近及远的动画效果；此时，再单击【位置】属性前的码表，创建一个关键帧，在 00:00:34:24 处，修改【位置】的值为“154.0, 306.0”，并修改【缩放】的值为“41.0”，形成图片在大小和位置上的动画效果，如图 5-38 所示。

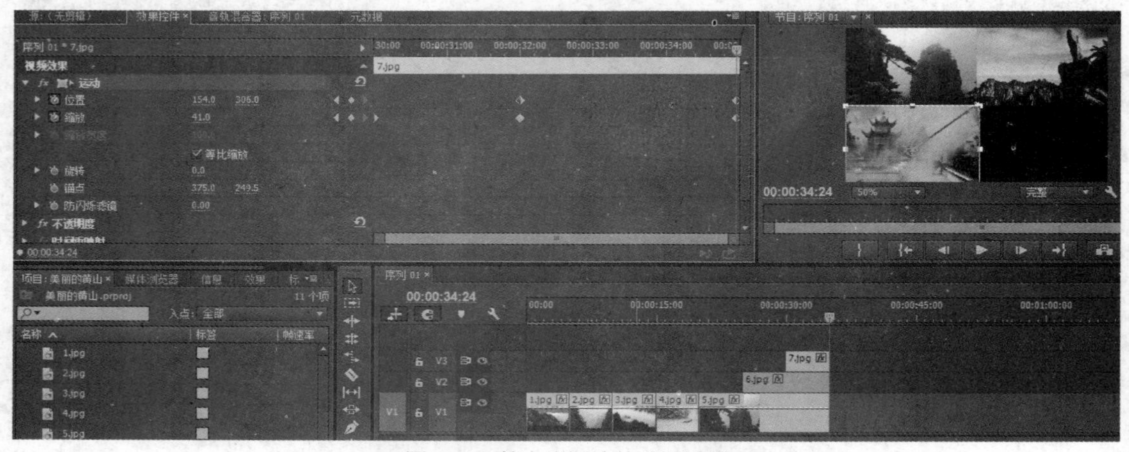

图 5-38　第七张图片的动画设置

(11) 在【时间线】面板中单击左边空白处，在弹出的快捷菜单中选择【添加轨道...】命令，在弹出的对话框中设置添加 3 条视频轨道，1 条音频轨道，0 条音频子混合轨道，如图 5-39 所示。

(12) 在【时间线】面板中将时间滑块滑动到 00:00:35:00 处，在【项目】面板中选择“8.jpg”，将之拖到【V4】轨道上，并将【V1】轨道上的“5.jpg”、【V2】轨道上的“6.jpg”及【V3】轨道上的“7.jpg”的持续时间各延长 5s；选择“8.jpg”，在【效果控件】面板中，展开【运动】特效，并单击【运动】特效以显示控制框；设置【位置】的值为“300.0,200.0”，设置【缩放】的值为“95.0”；在 00:00:35:00 处，单击【缩放】属性前的码表，创建一个关键帧，在 00:00:37:00 处，修改【缩放】的值为“59.0”，以新建一个关键帧，形成图片由近及远的动画效果；此时，再单击

【位置】属性前的码表，创建一个关键帧，在 00:00:39:24 处，修改【位置】的值为“472.0, 305.0”，并修改【缩放】的值为“27.0”，形成图片在大小和位置上的动画效果，如图 5-40 所示。

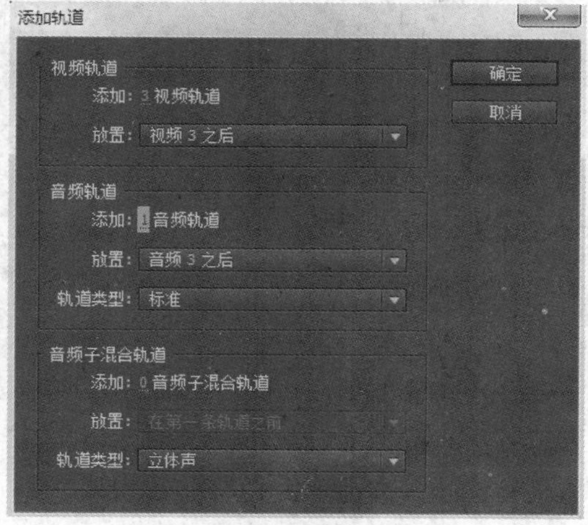

图 5-39　添加视频轨道

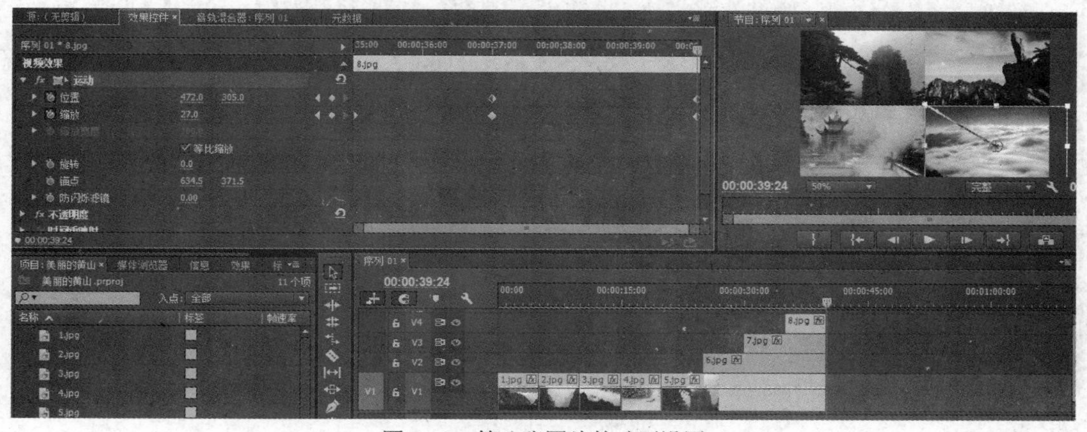

图 5-40　第八张图片的动画设置

(13) 在【时间线】面板中将时间滑块滑动到 00:00:40:00 处，在【项目】面板中选择“9.jpg”，将之拖到【V5】轨道上，并将【V1】轨道上的“5.jpg”、【V2】轨道上的“6.jpg”、【V3】轨道上的“7.jpg”及【V4】轨道上的“8.jpg”的持续时间各延长 5s；选择“9.jpg”，在【效果控件】面板中，展开【运动】特效，设置【位置】的值为“300.0,200.0”，设置【缩放】的值为“0.0”；在 00:00:40:00 处，单击【缩放】和【旋转】属性前的码表，分别创建对应属性上的一个关键帧，在 00:00:44:00 处，修改【缩放】的值为“58.0”，形成图片由小到大的动画效果，修改【旋转】的值为“1x”，形成图片旋转 360 度的动画效果，如图 5-41 所示。

(14) 在【时间线】面板中将时间滑块滑动到 00:00:45:00 处，在【项目】面板中选择“10.jpg”，将之拖到【V6】轨道上，并将【V5】轨道上的“9.jpg”的持续时间延长 5s；选择“10.jpg”，在【效果控件】面板中，展开【运动】特效，设置【位置】的值为“300.0,200.0”，设置【缩放】的值为“0.0”；在 00:00:45:00 处，单击【缩放】和【旋转】属性前的码表，分别创建对应属性上的一个关键帧，在 00:00:49:00 处，修改【缩放】的值为“71.0”，形成图片由小到大的动画效果，修改【旋转】的值为“1x”，形成图片旋转 360 度的动画效果，如图 5-42 所示。

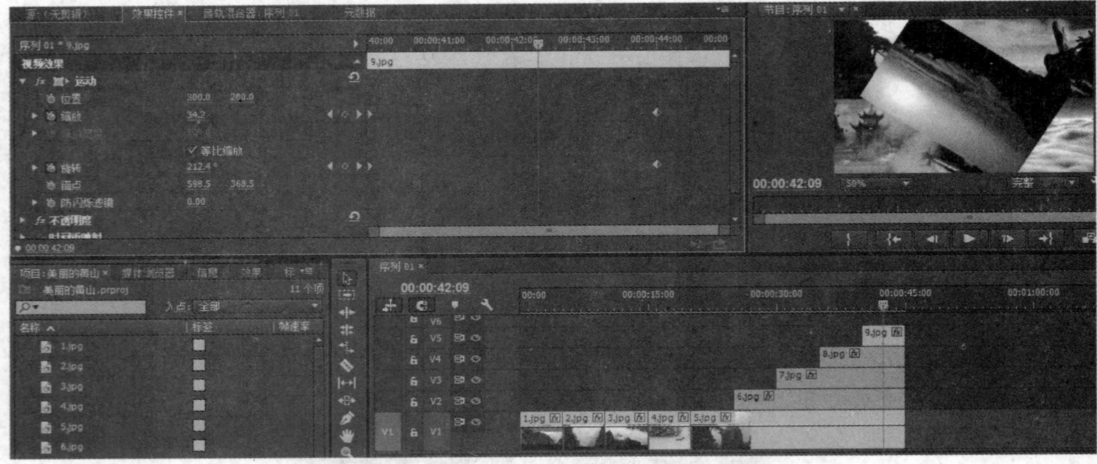

图 5-41　第九张图片的动画设置

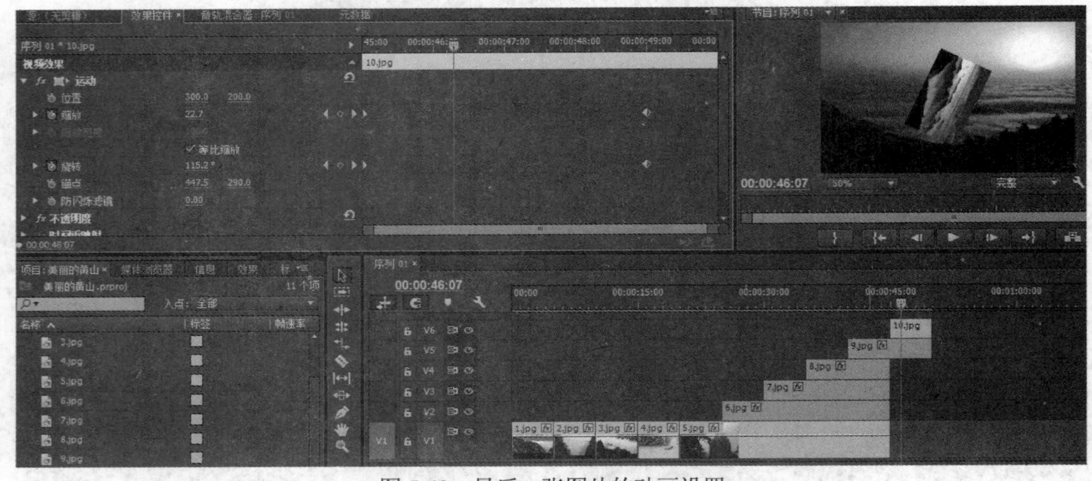

图 5-42　最后一张图片的动画设置

(15) 单击【时间线】面板，按空格键或回车键浏览效果，最后执行【文件】|【保存】命令，保存项目文件。

习　题

1.【运动】效果的设置要涉及哪些属性？
2. 如何改变素材的长宽比例？
3.【运动】选项中的【旋转】值是根据什么来计算的？
4. 如何改变素材的运动速度？
5. 简述创建运动效果的原理。
6. 简述应用运动效果的步骤和要点。

项目6 使用视频特效

学习目标

使用过 Photoshop 的用户不会对滤镜感到陌生，通过各种特技滤镜，可以对图片素材进行加工，为原始图片添加各种各样的特效；Premiere 中也能使用各种滤镜(称为“视频特效”)。可以使用视频特效为影片添加有创意的风格，或者使用视频特效来解决曝光度或颜色问题，还可以处理图像产生动态的扭变、模糊、风吹、幻影等特效，这些变化增强了影片的吸引力。

Premiere 提供的预设效果使用户可以将预配置的效果快速且轻松地应用于素材。用户可以使用软件自带的预设，也可以自己创建预设，或根据需要调整数值和设置动画参数。可以使用具有预定义的或使用自定义创建的关键帧的预设，为添加到剪辑中的效果设置动画。

本章通过对视频特效的详细介绍，使读者掌握在 Premiere Pro CC 中根据需要为影片添加视频特效的方法。

本章重点

- 视频特效基础知识
- 查找视频特效
- 添加视频特效
- 清除视频特效
- 设置视频特效随时间变化

任务1　视频特效基础知识

编辑影片(整理、删除和裁切剪辑)后，可以通过将视频特效应用于视频剪辑来为其增光。例如，视频特效可以改变素材的曝光度或颜色，扭曲图像或增加艺术感。

所有视频特效都被预设为默认设置，因此用户在应用视频特效后立刻就能看到其结果，并可以更改设置以达到需要应用的效果，还可以使用效果来旋转剪辑或为剪辑设置动画，或者调整其在帧中的大小和位置。

Premiere Pro CC 中提供了多种预设的效果，可用于快速更改用户的素材。 大多数效果都有可调整的属性，但某些效果(如【黑白】)没有这些属性。

6.1.1 滤镜

Premiere 中的视频特效是使素材产生特殊效果的有力工具，其作用和 Photoshop 中的滤镜相似。最初 Premiere 也将视频特效称为滤镜，从 Premiere Pro CS 开始采用了 After Effects 的叫法，并将原来 After Effects 使用的一些视频特效引入了 Premiere，使得 Premiere 视频特效功能更加强大。Premiere Pro CC 中包含了大量的滤镜，用于改变或者提高视频画面的效果，通过应用滤镜，可以使得图像产生模糊、变形、构造、变色以及其他的一些滤镜效果。

6.1.2 关键帧

【关键帧(Keyframe)】是 Premiere 中极为重要的概念，通常使用的视频特效都要设置几个关键帧。每个关键帧的设置都要包含视频滤镜的所有参数值，最终将这些参数值应用到视频片段的一个特定的时间段中，通过这些关键帧来控制一定时间范围的视频剪辑，从而也就实现了控制视频滤镜效果的目的。

在应用滤镜效果时，Premiere 自动在两个关键帧之间设置线性增益的参数，从而可以获得流畅的画面播放效果。所以通常情况下，只需在一个片段上设置几个关键帧就可以控制整个片段的滤镜效果了。

任务 2 应用视频特效

6.2.1 查找视频特效

在【效果】面板中，单击【视频效果】文件夹前的三角按钮▶，展开该文件夹可以看到它包含了 16 个子文件夹。如图 6-1 所示。

Premiere Pro CC 中提供了 130 多种视频特效，按类别分别放在这 16 个子文件夹中，方便用户按类别寻找到所需运用的滤镜效果。单击某个分类前的▶按钮，展开该分类，可以看到同属于该分类的所有滤镜效果，如图 6-2 所示。

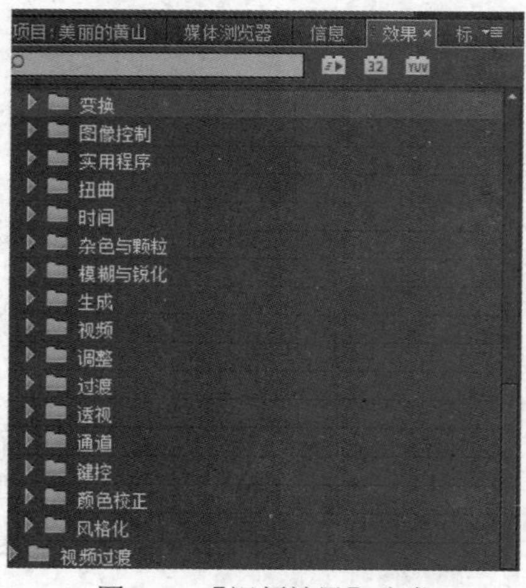

图 6-1 【视频效果】分类

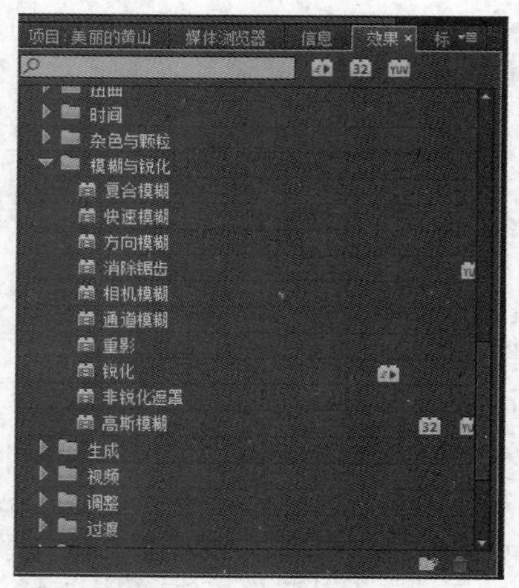

图 6-2 展开分类夹

与视频过渡效果一样，如果用户知道要运用的视频特效的名称，还可以直接在【效果】搜索框中输入要运用的视频特效名称，可以快速找到所需的效果，如图 6-3 所示。

同样，用户还可以通过新建一个文件夹来存放经常使用的视频特效。

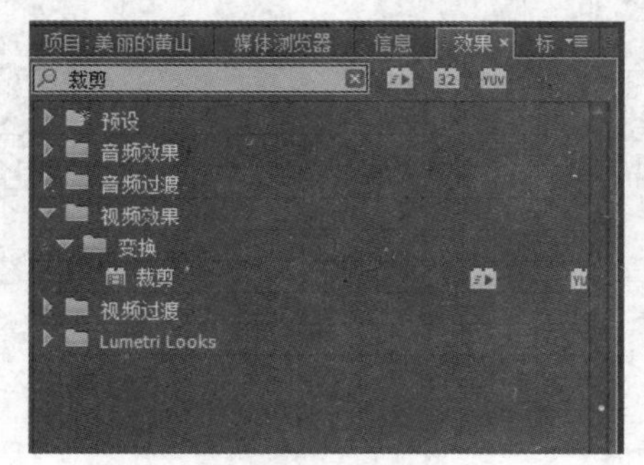

图 6-3　查找效果

6.2.2　添加视频特效

视频特效都放在【效果】面板的【视频效果】分类夹下。为素材应用特效主要采用以下两种方法。

1. 在【时间线】窗口上应用

从【效果】面板中选择特效，将其拖放到【时间线】窗口中的素材上，如图 6-4 所示。

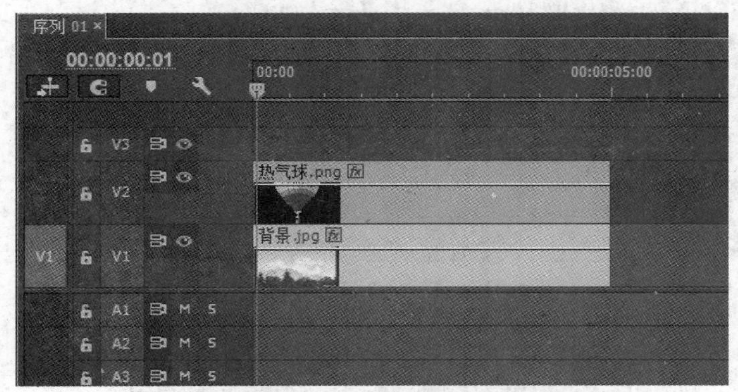

图 6-4　将特效拖放到【时间线】窗口中的素材上

可以看到，应用了特效的素材片段上的灰色的fx变成了紫色的fx。

2. 在【效果控件】面板上应用

在【时间线】窗口中选中要应用视频特效的素材后打开【效果控件】面板，然后从【效果】面板中选择特效，将其拖放到【效果控件】面板中，此被选中的素材就应用了该特效，如图 6-5 所示。

当一个素材被应用了多个特效时，还可以调整各个特效之间的位置关系。

将光标移动到要改变位置的特效名称处，按下鼠标左键并向下(向上)拖动到另一个特效名称的下方(上方)，此时光标移动到的位置会出现一条黑色横线，如图 6-6 所示。释放鼠标后，所选特效就被移动到了新位置。

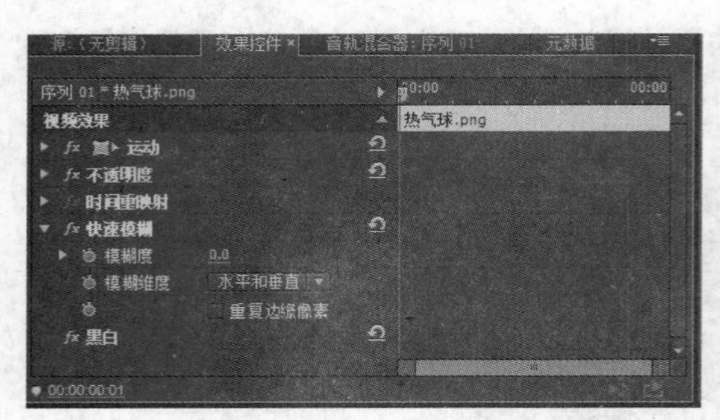

图 6-5　将特效拖放到【效果控件】面板的素材上

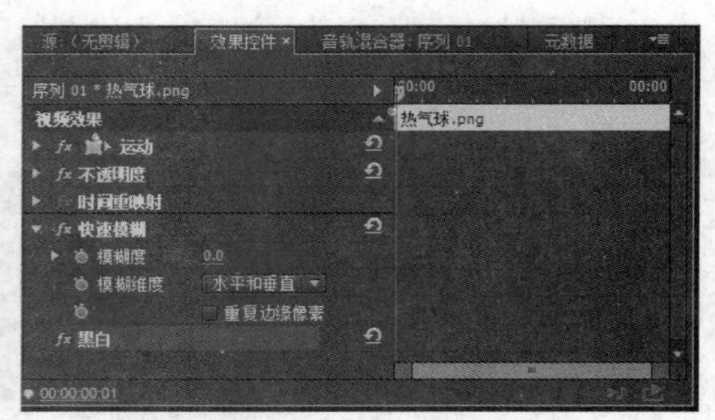

图 6-6　调整特效之间的位置关系

6.2.3　清除视频特效

用户还可以自由地删除素材上不想要的特效。

首先在【时间线】窗口中选中素材，然后在【效果控件】面板中选中要删除的效果，执行以下操作之一。

- 按下键盘上的 Delete 键或者按 Backspace 键删除。
- 在【效果控件】菜单上右击，在弹出的快捷菜单中选择【移除所选效果】命令，如图 6-7 所示。

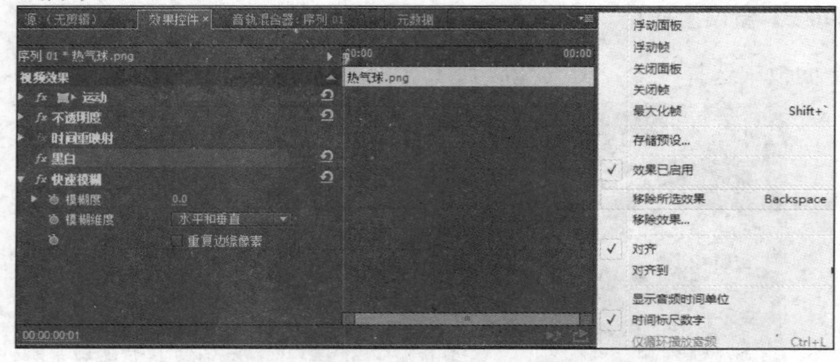

图 6-7　在【效果控件】菜单上删除素材效果

- 在所选中的效果上右击，在弹出的快捷菜单中选择【清除】命令，如图 6-8 所示。

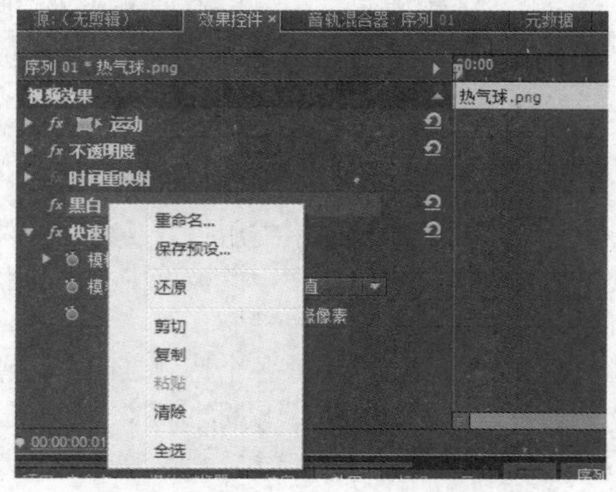

图 6-8　在选中效果上删除素材效果

如果要删除一个素材的多个效果，可以按住 Ctrl 键，单击选择多个效果，执行以下操作。

- 按下键盘上的 Delete 键或者按 Backspace 键删除。
- 在【效果控件】菜单上右击，在弹出的快捷菜单中选择【移除所选效果】命令删除。
- 如果要删除一个素材的全部效果，可以在【效果控件】菜单中选择【移除效果…】命令。

此外，用户还可以临时停用剪辑中的视频特效，以便预览尚未应用效果的影片。临时停用剪辑中的视频特效，可以进行以下操作之一。

- 单击要停用视频特效前的效果图标fx。要停用或启用剪辑中的所有效果，可以在单击图标的同时按下 Alt 键。
- 选择要停用的视频特效，在【效果控件】菜单上右击，取消选择【效果已启用】选项。要重新启用视频特效，则重新选择【效果已启用】选项。

6.2.4　复制和粘贴视频特效

在【效果控件】面板中，还可以复制粘贴一个或多个效果(包括其属性)。

1. 复制和粘贴某个特定视频特效

(1) 在【时间线】窗口中，选择要复制视频特效的素材剪辑。

(2) 在【效果控件】面板中，选择要复制的视频特效。(按 Ctrl 键，并单击可以选择多种效果。)

(3) 在该特效上右击，在弹出的快捷菜单中选择【复制】命令，或者执行【编辑】|【复制】菜单命令(快捷键为 Ctrl+C)。

(4) 在【时间线】窗口中，选择要接收其已复制视频特效的素材剪辑。

(5) 在【效果控件】面板中右击选择【粘贴】命令，或者执行【编辑】|【粘贴】菜单命令(快捷键为 Ctrl+V)。

2. 复制和粘贴素材剪辑上的所有特效

(1) 在【时间线】窗口中，选择要复制视频特效的素材剪辑。

(2) 在该素材上右击选择【复制】命令，或者执行【编辑】|【复制】菜单命令(快捷键为 Ctrl +C)。此操作将复制该素材剪辑的所有属性。

(3) 选择要接收其已复制视频特效的素材剪辑。

(4) 在选中的素材剪辑上右击选择【粘贴属性…】命令，或者执行【编辑】|【粘贴属性】菜单命令(快捷键为 Ctrl+Alt+V)。

使用【粘贴属性…】命令，可以复制一个片段的所有的效果值(包括固定效果和标准效果的关键帧)到另一个片段。如果是一个包含关键帧效果的片段，它们会从片段的起点开始，分别出现在目标片段色彩匹配相对应的位置上，如果目标片段比源片段短，粘贴时关键帧会超出目标片段的入点和出点，要查看这些关键帧，可以向后移动素材的出点。

6.2.5　设置视频特效随时间变化

在素材上应用了视频滤镜特效，可以通过时间的变化来改变视频画面。这个操作基础就是设置视频的关键帧。

当创建了一个关键帧时，可以指定某个效果在一个确切时间点上的属性值。当多个关键帧上被赋予了不同的属性值之后，Premiere 就会自动地计算出关键帧之间的属性值，即进行【插补】处理。

例如，创建一个模糊效果，想要让视频素材随着时间推移变得模糊后再变得清晰，可以设置3个关键帧。第1个开始的帧设置为无模糊，第2个中间帧设置为最大值的模糊效果，第3个结束帧设置为无模糊。这样 Premiere 就会自动进行【插补】使得第1个关键帧和第2个关键帧之间的模糊值逐渐增大，而第2个关键帧和第3个关键帧之间的模糊值是逐渐减小的。

6.2.6 视频特效预设效果

在 Premiere Pro CC 中，用户除了直接为素材添加内置的特效外，还可以使用系统自带的并且已经设置好各项参数的预置特效，预置特效被存放在【效果】面板的【预设】文件夹中，如图 6-9 所示。

通常，预设可提供良好的效果，不必调整其属性。 应用预设效果后，可以更改其属性，用户还可以创建自己的预设效果，从而节省设置参数的时间。

应用预设效果操作与应用普通视频特效类似，可按以下操作进行。

(1) 打开【效果】面板，展开【预设】文件夹。

(2) 在【预设】文件夹中找到要运用到素材剪辑上的预置效果，选中该效果后将其拖动到【时间线】窗口的素材剪辑上。

(3) 在【节目】监视器窗口中预览效果。

用户在编辑了一个素材的视频特效后，可以将设置完成的视频特效保存为预置效果，保存后该预设也会出现在【效果】面板的【预设】文件夹中。

将设置完成的视频特效保存为预置效果，可按以下操作进行。

(1) 在【时间线】窗口中，选中已经设置完成视频特效的素材剪辑。

(2) 打开【效果控件】面板，右击要保存的视频特效，在弹出的快捷菜单中选择【保存预设】命令。

(3) 在弹出的如图 6-10 所示的【保存预设】对话框中输入预置的名称，选择相应的类型，输入对该效果的简单描述。

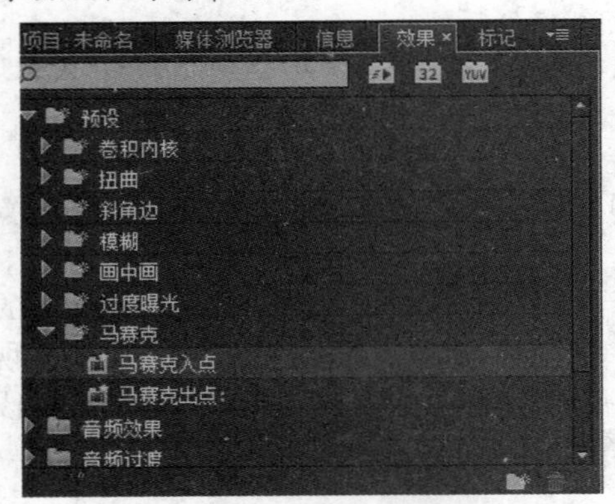

图 6-9 【效果】面板中的预设效果

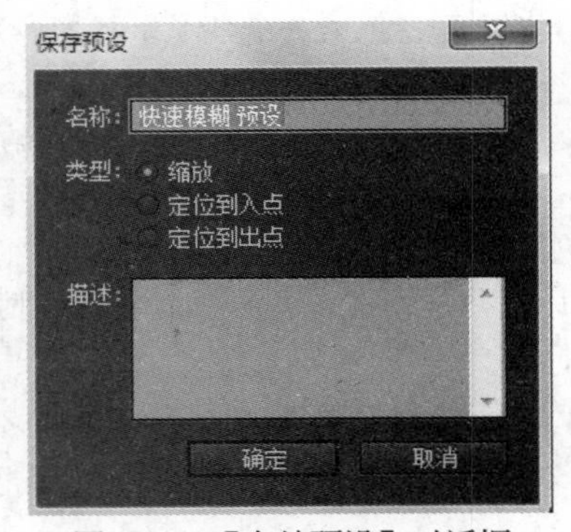

图 6-10 【存储预设】对话框

【例 6-1】 为视频素材添加特效，利用关键帧设置视频特效随时间变化，并将该设置保存为预置效果。

(1) 运行 Premiere Pro CC，打开欢迎界面，单击【新建项目】按钮，打开【新建项目】对话框，在该对话框中，采用默认设置，选择项目保存的路径及输入名称“视频特效练习”后，单击【确定】按钮后，可创建【视频特效练习】项目文件。进入主程序界面后，执行【文件】|【新建】

|【序列】命令，此时系统将弹出【新建序列】对话框。单击【设置】选项卡，设置【编辑模式】为“自定义”，画面大小设定为 320px × 240px，【像素长宽比】为“方形像素(1.0)”，显示格式为“帧”，【序列名称】默认为【序列 01】，如图 6-11 所示。

(2) 选择【文件】|【导入】命令，打开【导入】对话框，导入【视频特效练习】文件夹中的视频素材，如图 6-12 所示。

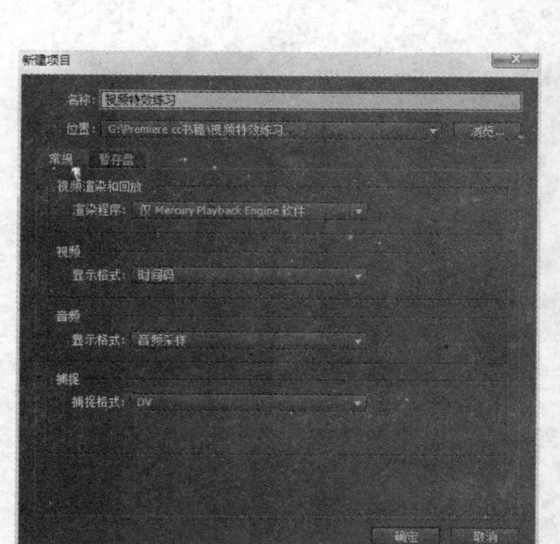

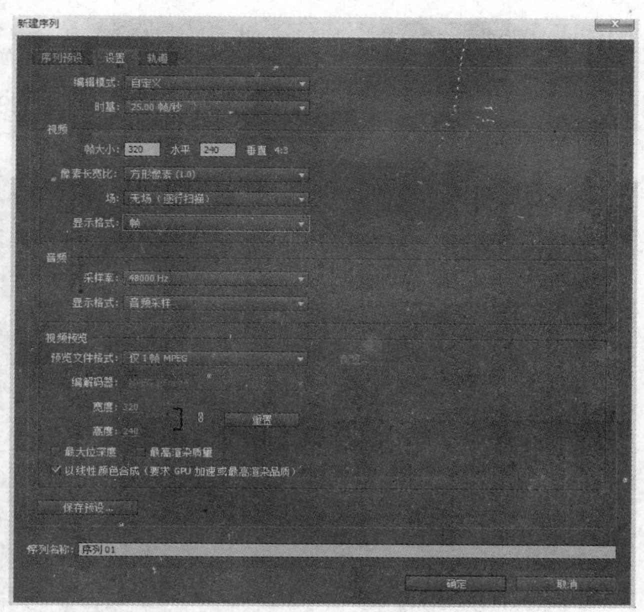

图 6-11　新建项目【视频特效练习】

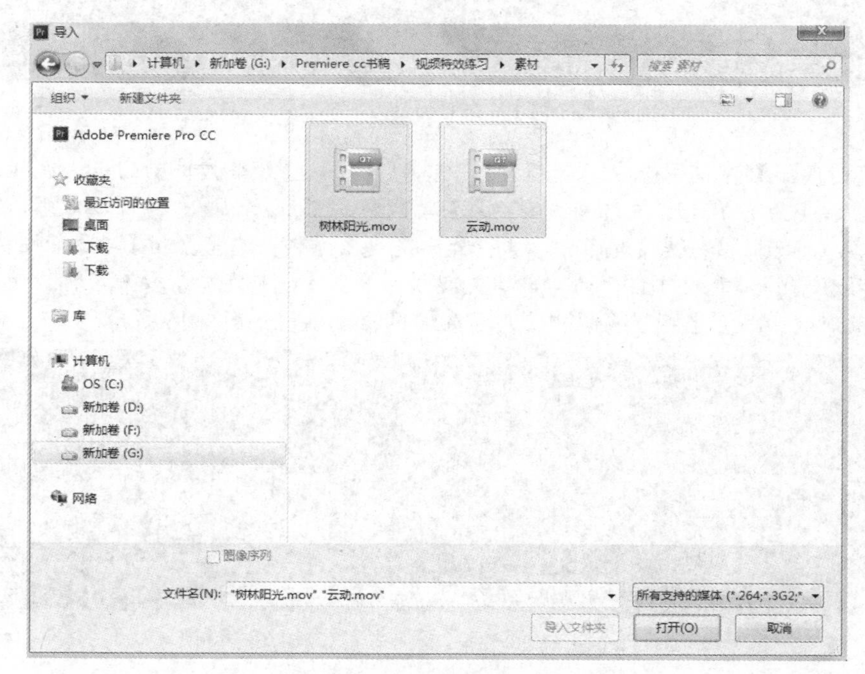

图 6-12　导入图片素材

(3) 在【项目】窗口中选择“云动.mov”和“树林阳光.mov”视频素材文件，然后将它们依次拖到【时间线】窗口的【V1】轨道上，调整窗口显示比例，如图 6-13 所示。

(4) 在【效果】面板中，打开【视频效果】下的【生成】分类夹，从中选择【镜头光晕】效果，按住鼠标左键将该效果拖放到【V1】轨道上的“云动.mov”视频文件上后释放，这样就为“云动.mov”素材片段应用了【镜头光晕】效果了，如图 6-14 所示。

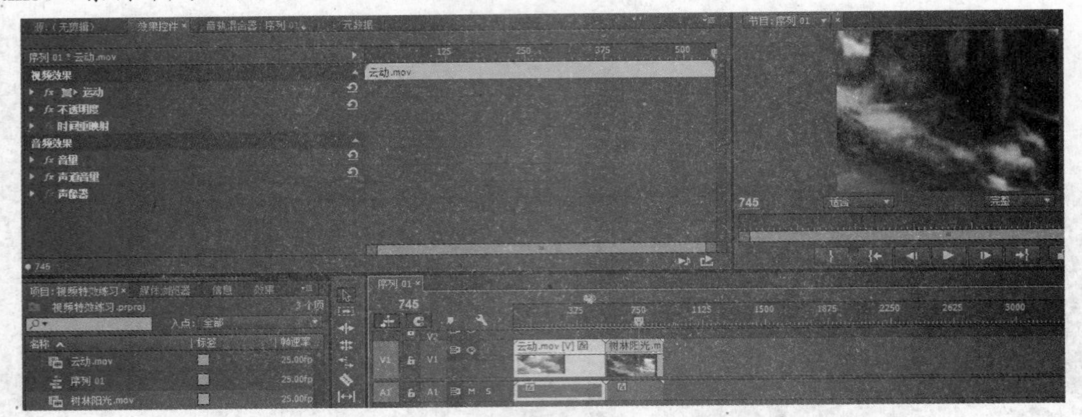

图 6-13　应用素材到【时间线】面板，调整显示比例

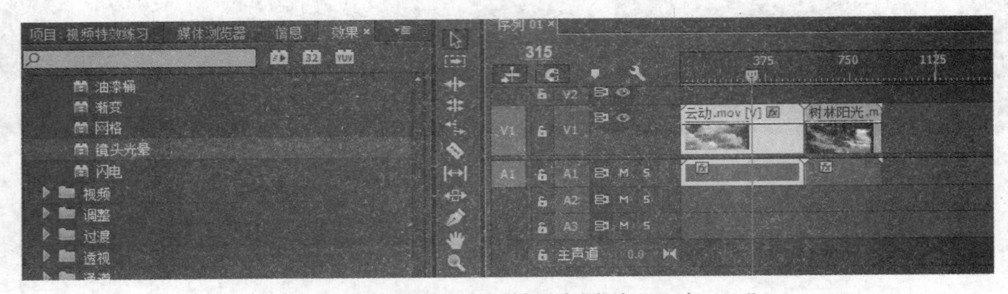

图 6-14　将【镜头光晕】效果应用到“云动.mov”

(5) 在【时间线】窗口中选中“云动.mov”素材，打开【效果控件】面板，展开【运动】属性，设置【缩放】为“46.0”，单击【镜头光晕】特效前的三角按钮▶，展开该效果，可以看到该效果包含的各项参数，分别是【光晕中心】、【光晕亮度】、【镜头类型】和【与原始图像混合】。依次按下每个参数前的码表按钮，为其创建关键帧。单击【镜头光晕】效果名称，使其底部阴影变成灰色，此时【节目】监视器窗口中出现了光晕的控制点，如图 6-15 所示。

图 6-15　为【镜头光晕】效果的第 0 帧创建关键帧

(6) 在【效果控件】面板中拖动时间线指针到 75 帧处，调整【光晕中心】、【光晕亮度】和【与

原始素材混合】的参数值，为素材创建关键帧，变化【镜头光晕】效果，如图 6-16 所示。

(7) 拖动时间线指针到 85 帧处，调整【光晕亮度】的参数值为“0%”，为素材创建关键帧，使得【镜头光晕】效果消失，如图 6-17 所示。

图 6-16　为【镜头光晕】效果的第 75 帧创建关键帧

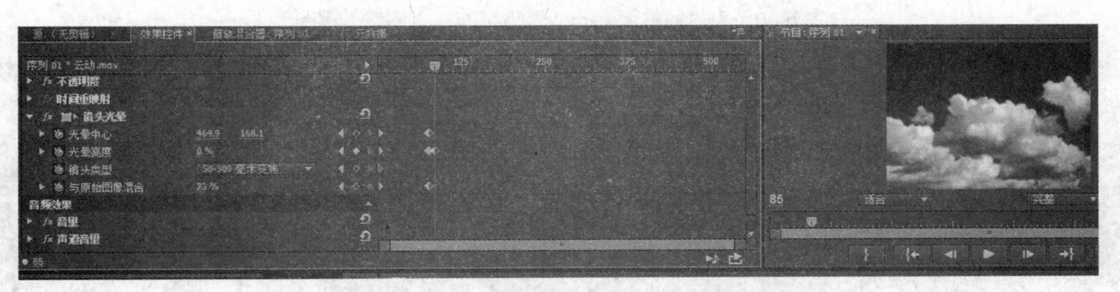

图 6-17　为【镜头光晕】效果的第 85 帧创建关键帧

(8) 拖动时间线指针到起始位置处，在【节目】监视器窗口中预览效果，如图 6-18 所示。

图 6-18　预览【镜头光晕】效果

(9) 在【效果】面板中，打开【视频效果】下的【扭曲】分类夹，从中选择【球面化】效果，按住鼠标左键将该效果拖放到【V1】轨道上的“树林阳光.mov”视频文件上后释放，这样就为“树林阳光.mov”素材片段应用了【球面化】效果了，如图 6-19 所示。在【效果控件】中展开【运动】属性，设置【缩放】为“46.0”。

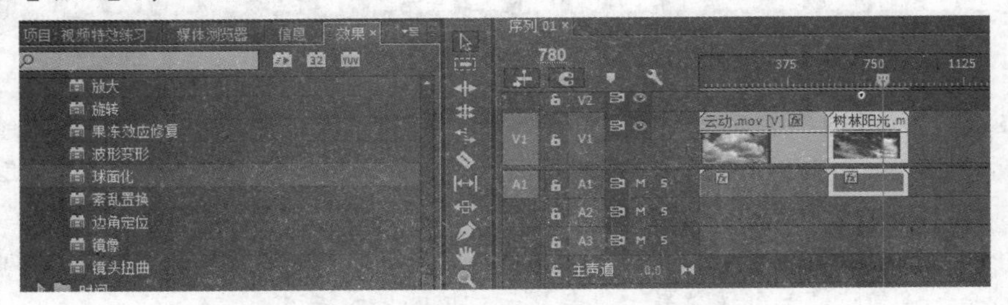

图 6-19　将【球面化】效果应用到“树林阳光.mov”

(10) 在【时间线】窗口中选中“树林阳光.mov”素材，将时间线指针移到素材的入点，打开【效果控件】面板，单击【球面化】特效前的三角按钮，展开该效果，依次按下【半径】和【球面中心】参数前的码表按钮，为其创建关键帧。调整【半径】参数，如图 6-20 所示。

图 6-20　为“树林阳光.mov”素材的入点创建关键帧

(11) 在【效果控件】面板中拖动时间线指针到 650 帧处，调整【半径】和【球面中心】参数值，为素材创建关键帧，变化【球面化】效果，如图 6-21 所示。

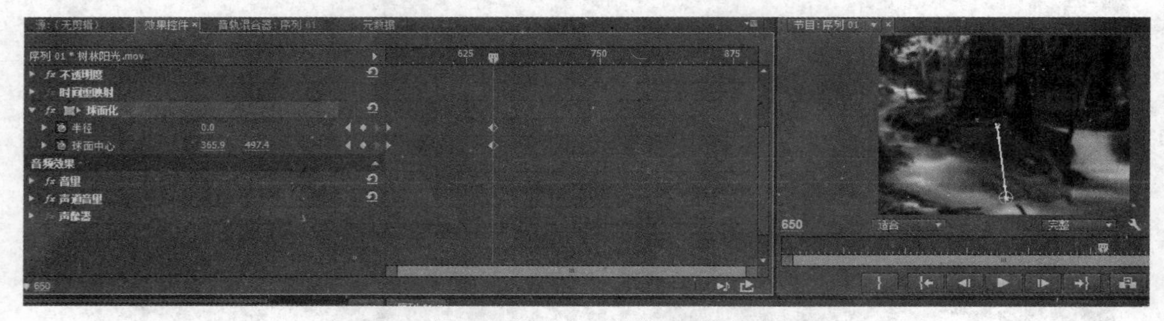

图 6-21　为【球面化】效果的第 650 帧创建关键帧

(12) 拖动时间线指针到素材入点处，在【节目】监视器窗口中预览效果，如图 6-22 所示。

图 6-22　预览【球面化】效果变化

(13) 在【效果控件】面板右击【球面化】效果，在右键菜单中选择【保存预设】命令，如图 6-23 所示。在打开的【保存预设】对话框中，输入预置效果的名称“球面化预设”，选择【类型】为【定位到入点】，输入描述内容，如图 6-24 所示。

(14) 打开【效果】面板，展开【预设】文件夹，可以看到刚刚保存的预置效果【球面化预设】，如图 6-25 所示，将鼠标移动到该效果上，会显示对该效果的描述。

图 6-23　选择【保存预设】命令

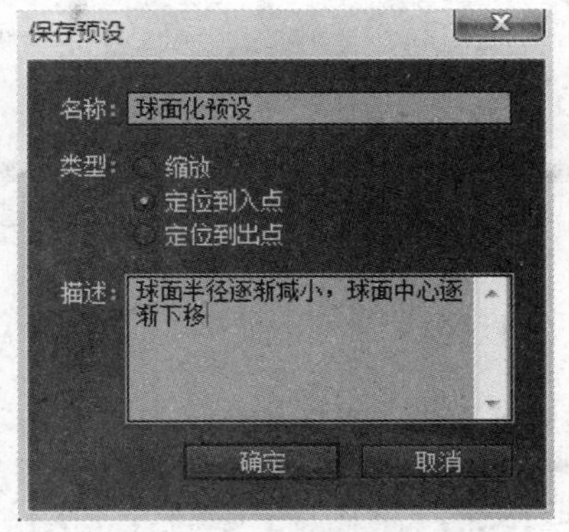

图 6-24　输入【保存预设】内容

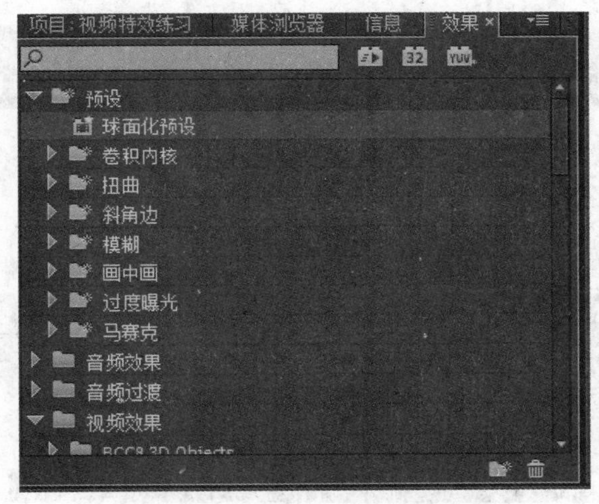

图 6-25　预置效果【球面化预设】

任务 3　视频特效分类

Premiere Pro CC 包含了许多视频特效，它们按照性质的不同分别存在 16 个分类夹中。下面将分别作介绍。

6.3.1　【变换】分类夹

应用【变换】类视频特效后可以使剪辑图像产生二维或者三维的几何变化。【变换】类视频特效分类夹中共有 7 种效果。下面简要进行介绍。

1. 垂直定格

运用该效果，可以产生画面向上滚动的效果，如图 6-26 所示。

图 6-26 【垂直定格】效果

2. 垂直翻转

运用该效果，可以产生将画面垂直翻转，类似倒影效果，如图 6-27 所示。

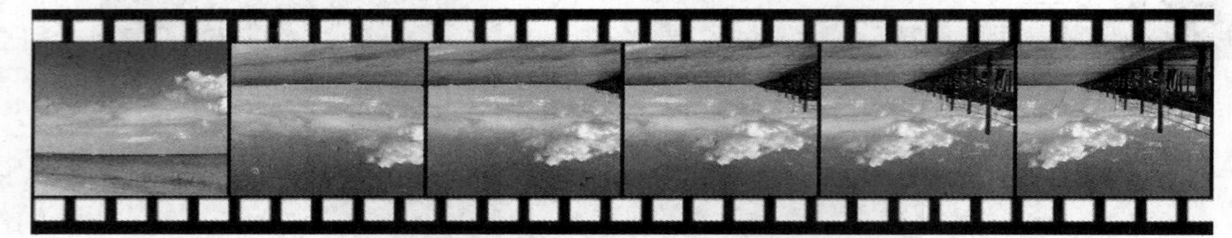

图 6-27 【垂直翻转】效果

3. 摄像机视图

运用该效果，可以模仿摄像机的视角范围，以表现从不同视角拍摄的效果，如图 6-28 所示。

图 6-28 【摄像机视图】效果

4. 羽化边缘

运用该效果，可以产生将画面四周羽化，即由背景色到画面色调过渡的效果。羽化数值设置越大则过渡范围空间越大，如图 6-29 所示。

图 6-29 【羽化边缘】效果

5. 裁剪

运用该效果，可以产生将画面裁剪的效果，如图 6-30 所示。

图 6-30　【裁剪】效果

除了以上几种特效之外，本特效分类夹还包含【水平翻转】和【水平定格】效果，这里就不再赘述，用户可根据需要自行调试。

6.3.2 【杂色与颗粒】分类夹

1. 中间值

该效果会将图像的每一个像素都用它周围的像素的 RGB 值来代替，从而平均整个画面的色值，如图 6-31 所示。参数【半径】是指每个像素和周围多大范围内的像素进行 RGB 值的平均计算。

图 6-31　【中间值】效果

2. 杂色

运用该效果，可以产生增加画面杂色的效果，如图 6-32 所示。

图 6-32　【杂色】效果

3. 蒙尘与划痕

运用该效果，可以产生修补像素来减少图像中的杂色，隐藏画面缺陷的效果，如图 6-33 所示。

图 6-33　【蒙尘与划痕】效果

除了以上几种特效之外，本特效分类夹还包含【杂色 HLS】、【杂色 Alpha】和【杂色 HLS 自动】效果，这里就不再赘述，用户可根据需要自行调试。

6.3.3 【图像控制】分类夹

此类视频特效主要用于控制对图像进行色调调整。

1. 灰度系数校正

该效果可以在不改变图像高亮区域和低亮区域的情况下，使图像变亮或者变暗，如图 6-34 所示。

图 6-34 【灰度系数校正】效果

2. 颜色过滤

运用该效果，可以将画面没有选中的颜色范围变为黑色或者白色，选中部分仍然保持原样，如图 6-35 所示。

图 6-35 【颜色过滤】效果

3. 黑白

运用该效果，可以直接将彩色图像转换成灰度图像，如图 6-36 所示。

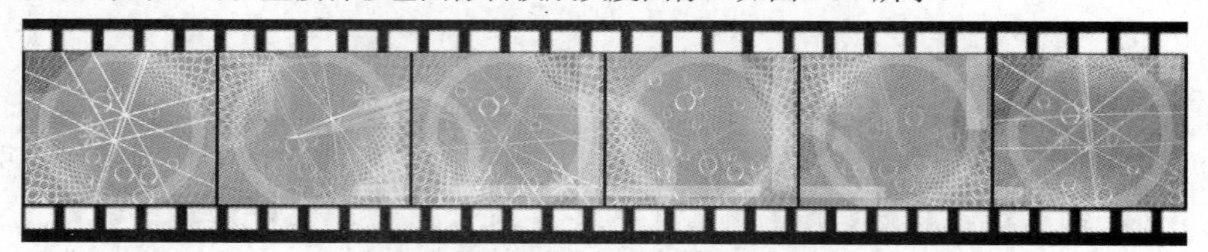

图 6-36 【黑白】效果

除了以上几种特效之外，本特效分类夹还包含【颜色平衡(RGB)】和【颜色替换】效果，这里就不再赘述，用户可根据需要自行调试。

6.3.4 【实用程序】分类夹

本特效分类夹仅有【Cineon 转换】一种特效。

运用该效果，可以将画面色彩转换成老电影效果，如图 6-37 所示。

图 6-37　【Cineon 转换】效果

6.3.5 【扭曲】分类夹

1. 位移

运用该效果，可以使图像产生水平或者垂直方向上的位置偏移，如图 6-38 所示。

图 6-38　【位移】效果

2. 变换

运用该效果，可以设置如默认的【运动】和【透明度】效果中的各个选项参数，不同之处在于该特效可以应用在其他特效之后。该效果如图 6-39 所示。

图 6-39　【变换】效果

3. 放大

运用该效果，可以使画面的某一部分产生圆形或者方形的放大效果，如图 6-40 所示。

图 6-40 【放大】效果

4. 旋转

运用该效果，可以使画面产生沿着中心轴旋转扭曲的效果，如图 6-41 所示。

图 6-41 【旋转】效果

5. 波形变形

运用该效果，可以使画面产生像水波纹似的弯曲效果，如图 6-42 所示。

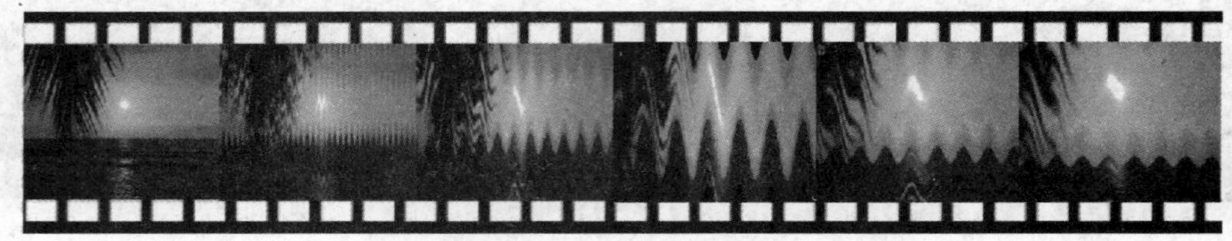

图 6-42 【波形变形】效果

6. 镜像

运用该效果，可以使画面产生镜像效果，如图 6-43 所示。

图 6-43 【镜像】效果

除了以上几种特效之外，本特效分类夹还包含【弯曲】、【球面化】、【紊乱置换】、【边角固定】和【镜头扭曲】效果，这里就不再赘述，用户可根据需要自行调试。

6.3.6 【时间】分类夹

【时间】分类夹中的效果是用于模仿时间差值得到一些特殊的视频特效。

1. 抽帧时间

运用该效果，可以改变视频素材的帧速率，用户可根据需要自行调试。

2. 残影

运用该效果，可以模仿声波和回音作用到视频片段的效果，如图 6-44 所示。

图 6-44　【残影】效果

6.3.7　【模糊和锐化】分类夹

应用【模糊和锐化】分类夹中的视频特效可以使得图像模糊或者清晰化。其原理都是对图像的相邻像素进行计算，从而产生相应的效果。应用这些效果后，可以产生摄像机的变焦和柔和阴影的效果。

1. 复合模糊

运用该效果，可以以一个指定的模糊层的亮度为基准，对当前层的像素进行模糊。模糊层可以是一个包含不同亮度值的任意层，模糊层的亮的像素部分对当前层对应的像素进行更强的模糊，暗的部分则对对应的像素进行较弱的模糊，如图 6-45 所示。

图 6-45　【复合模糊】效果

2. 方向模糊

运用该效果，可以在画面中产生模糊的方向和强度，使片段产生一种运动的效果，如图 6-46 所示。

图 6-46　【方向模糊】效果

3. 快速模糊

运用该效果，可以产生类似高斯模糊的效果，与之相比要快而且模糊范围较大，如图 6-47

所示。

图 6-47 【快速模糊】效果

4. 相机模糊

运用该效果，可以模仿在相机焦距之外的图像模糊效果，如图 6-48 所示。

图 6-48 【相机模糊】效果

5. 锐化

运用该效果，可以增加相邻像素间的对比度使图像变得更加清晰，如图 6-49 所示。

图 6-49 【锐化】效果

除了以上几种特效之外，本特效分类夹还包含【重影】、【消除锯齿】、【通道模糊】、【非锐化遮罩】和【高斯模糊】效果，这里就不再赘述，用户可根据需要自行调试。

6.3.8 【生成】分类夹

1. 四色渐变

运用该效果，可以在层上指定 4 种颜色，并且对其进行混合，产生渐变的效果。利用不同的混合模式可以创建出不同风格的彩色效果，如图 6-50 所示。

图 6-50 【四色渐变】效果

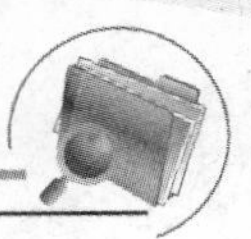

2. 油漆桶

运用该效果，可以在图像上产生根据选定区域创建卡通轮廓或者油漆桶填充，如 6-51 所示。

图 6-51　【油漆桶】效果

3. 网格

运用该效果，可以在图像上产生一个按照设置的网格的效果。利用不同的混合模式可以创建出不同风格的网格效果，如图 6-52 所示。

图 6-52　【网格】效果

4. 单元格图案

运用该效果，可以在图像上产生一个设定的各种单元格图案，如图 6-53 所示。

图 6-53　【单元格图案】效果

5. 闪电

运用该效果，可以在画面上产生一个闪电或者其他类似放电的效果，不需要利用关键帧就可以自动产生动画，如图 6-54 所示。

图 6-54　【闪电】效果

除了以上几种特效之外，本特效分类夹还包含【书写】、【吸管填充】、【圆形】、【棋盘】、

【渐变】和【镜头光晕】效果，这里就不再赘述，用户可根据需要自行调试。

6.3.9 【颜色校正】分类夹

1. RGB 曲线

该效果可以通过曲线调整主体、红色、绿色和蓝色通道中的数值，以达到改变图像色彩的目的，如图 6-55 所示。

图 6-55 【RGB 曲线】效果

2. 亮度与对比度

运用该效果可以调节图像的亮度和对比度，如图 6-56 所示。

图 6-56 【亮度与对比度】效果

3. 更改颜色

该效果可以调节色彩区域的色相、饱和度和亮度，如图 6-57 所示。参数设置中，可以调节基色和相似值，匹配颜色可以选择使用 RGB、色相或色度。

图 6-57 【更改颜色】效果

4. 着色

该效果可以改变图像的颜色信息，如图 6-58 所示。参数设置中，对于每一像素，【着色】数值指定两种颜色之间的混合程度。

图 6-58　【着色】效果

5. 颜色平衡

该效果通过调整图像的【阴影】、【中间调】和【高光】部分的 RGB 标准改变素材的颜色，如图 6-59 所示。

图 6-59　【颜色平衡】效果

除了以上几种特效之外，本特效分类夹还包含【RGB 颜色校正器】、【三向颜色校正器】、【亮度曲线】、【亮度校正器】、【广播级颜色】、【快速颜色校正器】、【均衡】、【颜色平衡(HLS)】、【视频限幅器】、【更改颜色】和【通道混合器】效果，这里就不再赘述，用户可根据需要自行调试。

6.3.10　【视频】分类夹

1. 时间码

运用该特效，可以在视频上加上当前的时间码。该特效主要用于在层素材中显示时间码信息或者关键帧上的编码信息。同时，它也可以将时间码的信息译成密码并保存于层中以供显示，如图 6-60 所示。

图 6-60　【时间码】效果

2. 剪辑名称

运用该特性，可以在视频上加上素材的名称等，用户可根据需要自行调试。

6.3.11 【调整】分类夹

1. 卷积内核

运用该效果，可以改变素材中的每一像素的亮度，通过某种指定的数学计算方法对素材中的像素颜色进行运算，从而改变像素的【亮度】值。通过设置亮度矩阵的数值可以改变当前像素及其周围 8 个方向位置上的像素亮度，如图 6-61 所示。

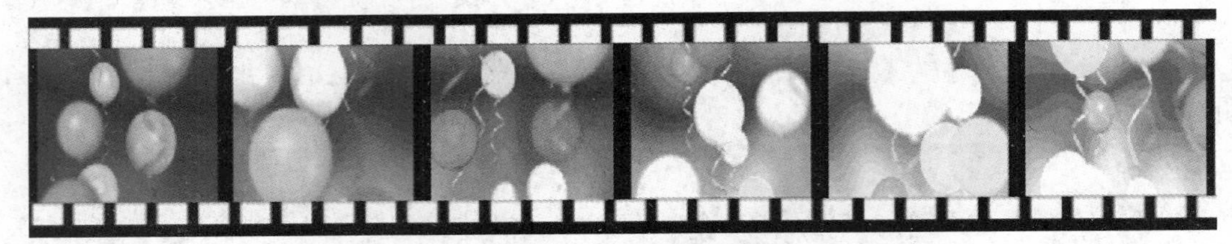

图 6-61 【卷积内核】效果

2. 提取

当想利用一张彩色图片作为蒙版时，应该先将它转换成灰度图片。运用该效果，可以改变图像的灰度范围，通过对图片颜色的控制得到黑白灰度效果，如图 6-62 所示。

图 6-62 【提取】效果

3. 光照效果

运用该效果，可以产生在素材上添加灯光照射的效果，如图 6-63 所示。

图 6-63 【光照效果】效果

4. 自动颜色

此效果用来校正色彩，它可以辨别黑与白之间的色差，然后消除这种色差，如图 6-64 所示。这项功能在处理有黑、白点的图像时效果更佳。

图 6-64　【自动颜色】效果

除了以上几种特效之外，本特效分类夹还包含【自动对比度】、【自动色阶】、【色阶】和【阴影/高光】效果，这里就不再赘述，用户可根据需要自行调试。

6.3.12　【过渡】分类夹

1. 块溶解

运用该效果，配合使用关键帧，可以制作各种自定义的【块溶解】的过渡效果，如图 6-65 所示。

图 6-65　【块溶解】效果

2. 径向擦除

运用该效果，配合使用关键帧，可以制作各种自定义的【径向擦除】的过渡效果，如图 6-66 所示。

图 6-66　【径向擦除】效果

3. 渐变擦除

运用该效果，配合使用关键帧，可以制作各种自定义的【渐变擦除】的过渡效果，如图 6-67 所示。

图 6-67　【渐变擦除】效果

4. 百叶窗

运用该效果，配合使用关键帧，可以制作各种自定义的【百叶窗】的过渡效果，如图 6-68 所示。

图 6-68　【百叶窗】效果

5. 线性擦除

运用该效果，配合使用关键帧，可以制作各种自定义的【线性擦除】的过渡效果，如图 6-69 所示。

图 6-69　【线性擦除】效果

6.3.13 【透视】分类夹

1. 基本 3D

使用该效果可以使画面在三维空间中水平或者垂直移动，也可以拉远或者靠近，如图 6-70 所示。如果选中【镜面高光】选项还可以建立一个增强亮度的镜面来反射旋转表面的光芒。

图 6-70　【基本 3D】效果

2. 斜角边

运用该效果，可以对图像的边缘产生一个立体的效果，用来模拟三维外观，如图 6-71 所示。此特效不适合在非矩形的图像上使用，也不能应用在带有 Alpha 通道的图像上。

图 6-71　【斜角边】效果

3. 投影

运用该特效可以在层的后面产生阴影，形成投影的效果，投影的形状是由 Alpha 通道决定的，如图 6-72 所示。

图 6-72　【投影】效果

除了以上几种特效之外，本特效分类夹还包含【放射阴影】和【斜面 Alpha】效果，这里就不再赘述，用户可根据需要自行调试。

6.3.14　【通道】分类夹

1. 反转

该特效用于反转图像的颜色信息，通常有很好的颜色效果，如图 6-73 所示。设置【通道】选项，可以对整个图像进行反转，也可以对单一的通道进行反转；【与原始图像混合】选项用于合成反转的图像与原图像。

图 6-73　【反转】效果

2. 纯色合成

该特效提供一种快捷的方式创建一种色彩填充合成图像在原素材层的后面，如图 6-74 所示。用户可以控制原素材层的不透明性以及填充合成图像的不透明性，还可以选择应用不同的混合模式。

图 6-74 【纯色合成】效果

3. 复合运算

该效果以数学方式合成当前层和指定层。实际上是和层模式相同的，而且比应用层模式更有效、更方便，如图 6-75 所示。

图 6-75 【复合运算】效果

4. 混合

该特效通过 5 种不同的混合模式，将两个层的图像进行混合，如图 6-76 所示。

图 6-76 【混合】效果

5. 算术

该效果提供了各种用于图像颜色通道的简单数学运算，如图 6-77 所示。

6. 计算

该效果通过通道混合一幅图像的另一个通道，如图 6-78 所示。

7. 设置遮罩

该效果同轨道蒙版类似，可以用指定的蒙版层的通道作为当前层的通道，如图 6-79 所示。

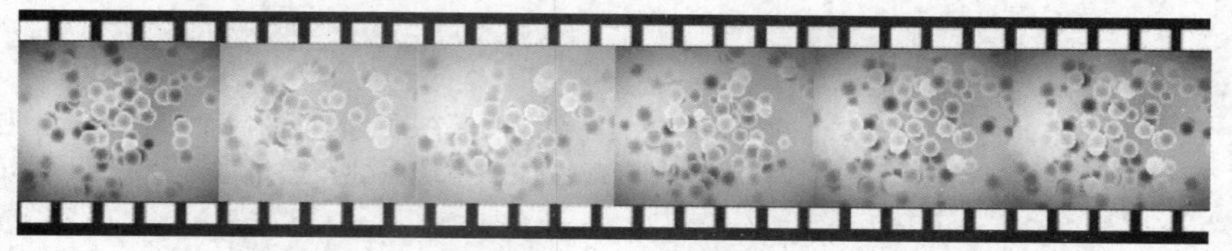

图 6-77 【算术】效果

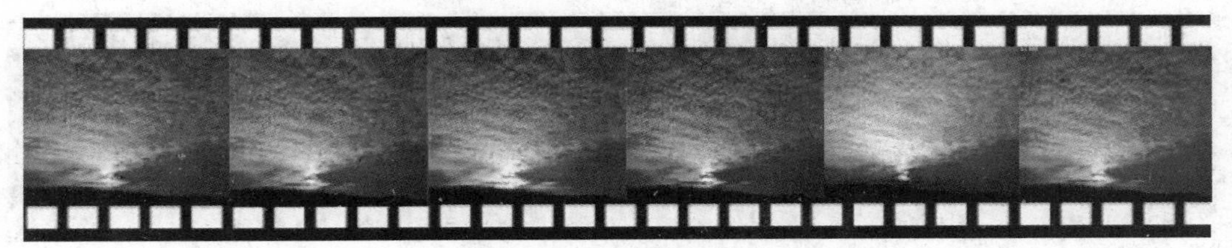

图 6-78　【计算】效果

图 6-79　【设置遮罩】效果

6.3.15　【键控】分类夹

【键控】分类夹包含了【16 点无用信号遮罩】、【4 点无用信号遮罩】、【8 点无用信号遮罩】、【Alpha 调整】、【RGB 差值键】、【亮度键】、【图像遮罩键】、【差值遮罩】、【移除遮罩】、【色度键】、【蓝屏键】等效果，将在项目 8 中详细介绍。

6.3.16　【风格化】分类夹

1. Alpha 发光

该效果仅对具有Alpha通道的片段起作用，而且只对第1个Alpha通道起作用。它可以在Alpha通道指定的区域边缘，产生一种颜色逐渐衰减或向另一种颜色过渡的效果，如图 6-80 所示。

2. 复制

应用该效果后会将原始素材变为多个数量，如图 6-81 所示。

3. 彩色浮雕

该效果与【浮雕】效果类似，不同的是【彩色浮雕】是包含颜色的，如图 6-82 所示。

图 6-80　【Alpha 发光】效果

图 6-81 【复制】效果

图 6-82 【彩色浮雕】效果

4. 曝光过度

运用该效果可以将图像的正片和负片相混合，模拟底片显影过程中的曝光效果，如图 6-83 所示。

图 6-83 【曝光过度】效果

5. 查找边缘

运用该效果，可以通过强化过渡像素产生彩色线条，用来表现铅笔勾画的效果，如图 6-84 所示。

图 6-84 【查找边缘】效果

6. 浮雕

运用该效果，可以产生单色的浮雕，如图 6-85 所示。

图 6-85　【浮雕】效果

7. 画笔描边

该效果可以产生一种画笔描绘出的粗糙外观，可以模拟水彩画一样的效果，如图 6-86 所示。

图 6-86　【画笔描边】效果

8. 粗糙边缘

应用该效果可以将图像的边缘粗糙化，用来模拟腐蚀的纹理或溶解效果，如图 6-87 所示。

图 6-87　【粗糙边缘】效果

9. 闪光灯

运用该效果可以在一些画面中不断地加入一帧闪白、其他颜色或者应用一帧层模式，然后立即恢复，使连续画面产生闪烁的效果，如图 6-88 所示。

图 6-88　【闪光灯】效果

10. 阈值

运用该效果，可以将一个灰度或者彩色图像转换为高对比度的灰白图像。它将一定的电平指定为阈值，所有比该值亮的像素都被转换为白色，所有比该值暗的像素都被转换为黑色，如图 6-89 所示。

图 6-89 【阈值】效果

11. 马赛克

运用该效果可以将一个单元内的所有像素统一为一种颜色，然后使用方形颜色块来填充整个层，从而产生马赛克效果，如图 6-90 所示。

图 6-90 【马赛克】效果

此外，Premiere Pro CC 还拥有众多的第三方外挂视频插件，这些外挂视频特效插件能扩展 Premiere Pro CC 的视频功能，制作出 Premiere Pro CC 自身不易制作或者不能实现的某些效果，从而为影片增加更多的艺术效果。例如，可以制作雨、雪效果的 Final Effects 插件、制作绚丽光斑效果的 Knoll Light Factory(光工厂)插件、制作扫光文字的 Shine(耀光)插件等，这些将在项目 7 中详细介绍。

拓展训练

本项目拓展训练通过制作【怀旧老照片效果】、【夏威夷风光】、【底片效果】、【马赛克效果】、【水墨画】、【幻影效果】及【书法效果】，熟悉视频特效的综合应用。

1. 制作【怀旧老照片效果】

利用视频特效制作怀旧老照片效果，其效果如图 6-91 所示。

图 6-91 怀旧老照片效果图

(1) 运行 Premiere Pro CC，打开欢迎界面，单击【新建项目】按钮，打开【新建项目】对话框，如图 6-92 所示，在该对话框中，采用默认设置，选择项目保存的路径及输入名称“怀旧老照片效果”后，单击【确定】按钮，即可创建【怀旧老照片效果】项目文件。进入主程序界面后，执行【文件】|【新建】|【序列】命令，此时系统将弹出【新建序列】对话框。

(2) 切换到【设置】选项卡，设置【编辑模式】为【自定义】，画面大小设定为 480px × 461px，【像素长宽比】为【方形像素(1.0)】，【序列名称】默认为“序列 01”，如图 6-93 所示。

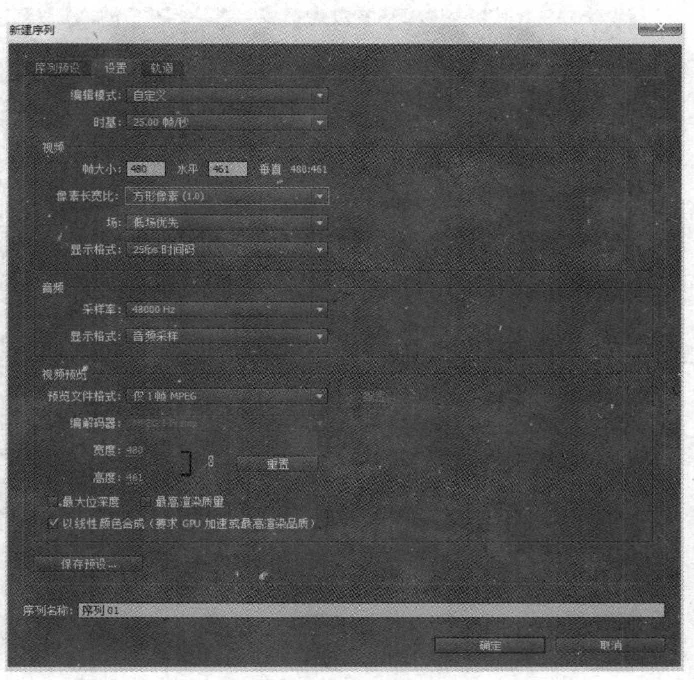

图 6-92　新建项目

图 6-93　新建序列

(3) 在【项目】面板中导入素材“奥黛丽·赫本.jpg”，并将之拖到【V1】轨道上；在【效果】面板中展开【视频效果】文件夹，展开【图像控制】文件夹，将特效【灰度系数校正】拖至素材图片上，设置【灰度系数】为“8”；再将特效【黑白】拖至素材图片上，将图片变成黑白图像，如图 6-94 所示。

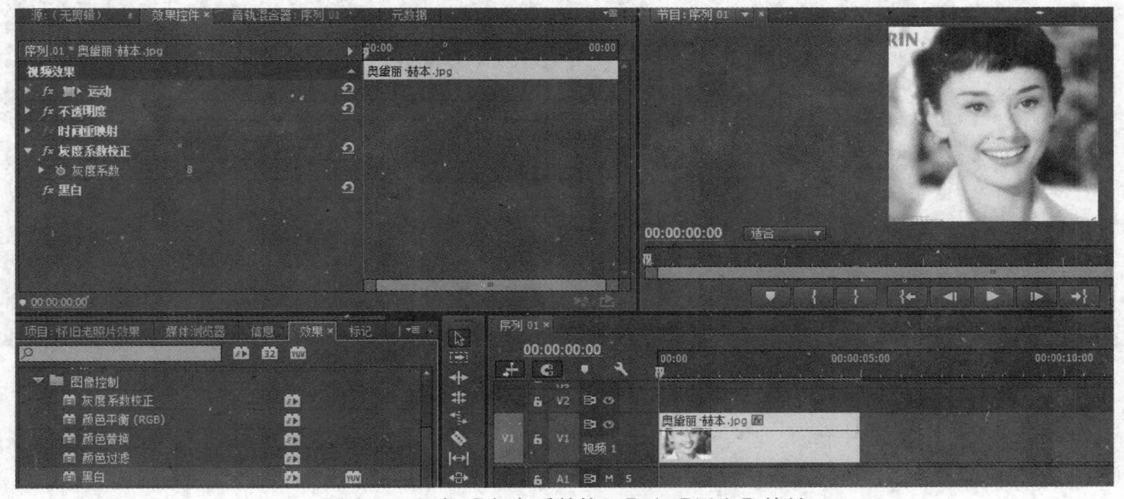

图 6-94　添加【灰度系数校正】和【黑白】特效

(4) 展开【颜色校正】文件夹，将特效【RGB 曲线】拖至素材图片上，在【效果控件】中设置【主要】、【红色】及【绿色】曲线，如图 6-95 所示。

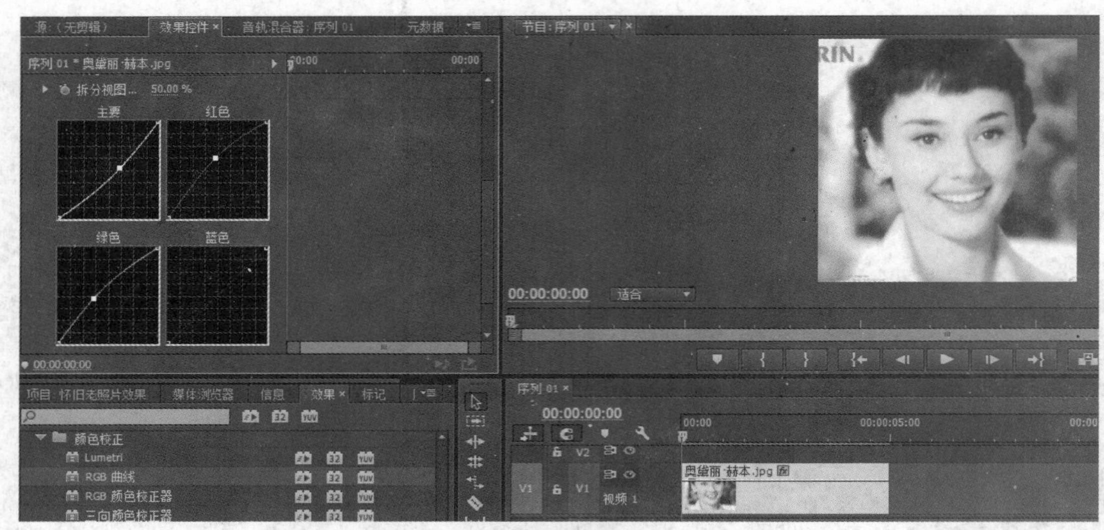
图 6-95 【RGB 曲线】特效参数设置

(5) 展开【杂色与颗粒】文件夹，将特效【杂色 HLS 自动】拖至素材图片上，在【效果控件】中展开【杂色 HLS 自动】特效，设置【杂色】为"均匀"，【色相】为"0.0%"，【亮度】为"0.0%"，【饱和度】为"20.0%"，【杂色动画速度】为"24.0"，如图 6-96 所示。

图 6-96 【杂色 HLS 自动】特效参数设置

(6) 单击【时间线】面板，按空格键或 Enter 键浏览效果，最后执行【文件】|【保存】命令，保存项目文件。

2. 制作【夏威夷风光】

利用视频特效制作图文转场效果，其效果如图 6-97 所示。

图 6-97　夏威夷风光效果图

(1) 运行 Premiere Pro CC，打开欢迎界面，单击【新建项目】按钮，打开【新建项目】对话框，如图 6-98 所示，在该对话框中，采用默认设置，选择项目保存的路径及输入名称“夏威夷风光”后，单击【确定】按钮，即可创建【夏威夷风光】项目文件。进入主程序界面后，执行【文件】|【新建】|【序列】命令，此时系统将弹出【新建序列】对话框。

(2) 切换到【序列预设】选项卡，在其中选择国内电视制式通用的 DV-PAL |【标准 48 kHz】，【序列名称】默认为“序列 01”，如图 6-99 所示。

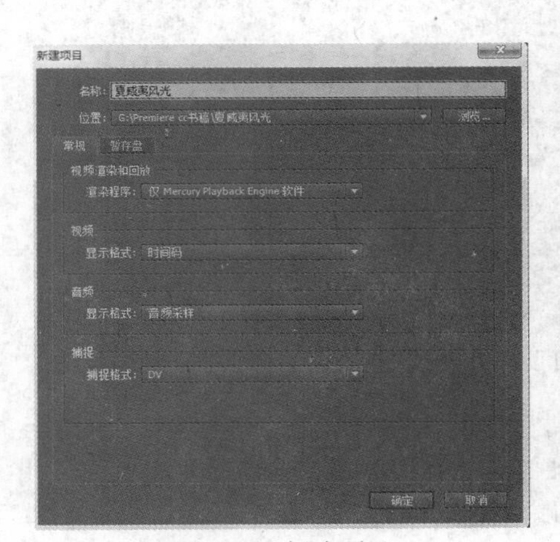

图 6-98　新建项目

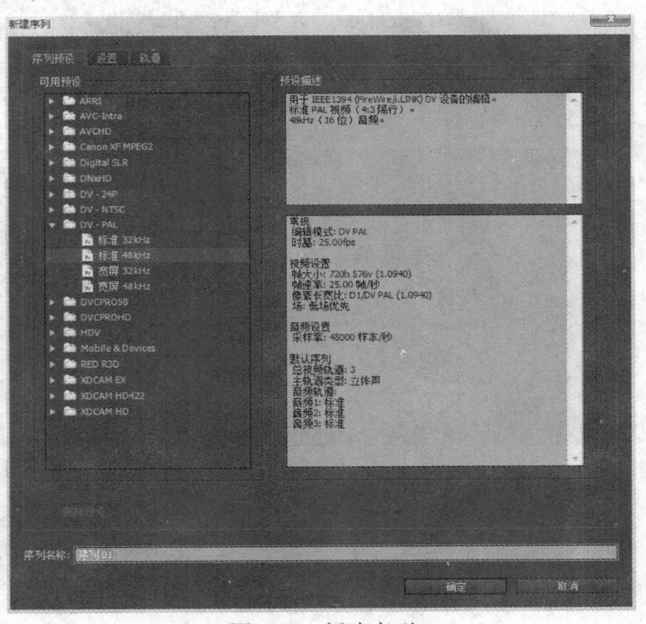

图 6-99　新建序列

(3) 导入素材 1.jpg~10.jpg，单击【项目】面板下方的【新建项】按钮，选择【字幕】选项，取名为“1”，单击【确定】按钮后打开字幕编辑器，输入数字“1”，【字体系列】设为“Impact”，【字体大小】为“300.0”，单击【垂直居中】按钮和【水平居中】按钮，使字幕居中于屏幕，单击【基于当前字幕新建】按钮，新建属性与字幕“1”相同的字幕文件“2”～“9”，如图 6-100 所示。

(4) 在【项目】面板中单击下方的【新建文件夹】按钮，新建【图片】和【字幕】文件夹，分别将所有的图片素材拖到【图片】文件夹中，将所有的字幕文件拖到【字幕】文件夹中。打开【图片】文件夹，将所有的图片素材拖到【V1】上，选中所有素材后，右击，在弹出的快捷菜单中选择【速度/持续时间】命令，修改【持续时间】为 200(即 2s)，并选中【波纹编辑，移动尾部剪辑】

复选框，单击【确定】按钮后，每张图片的持续时间都修改成了 2s，如图 6-101 所示。

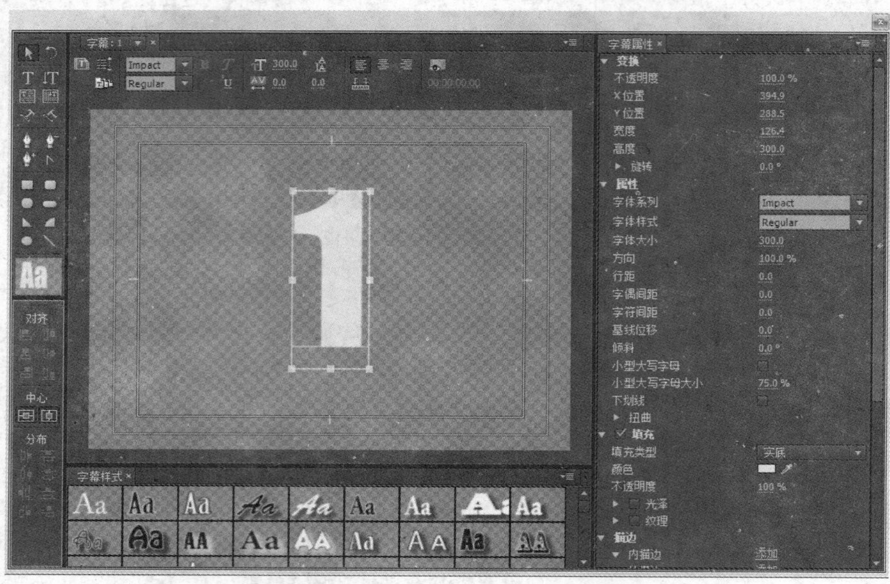

图 6-100　新建字幕

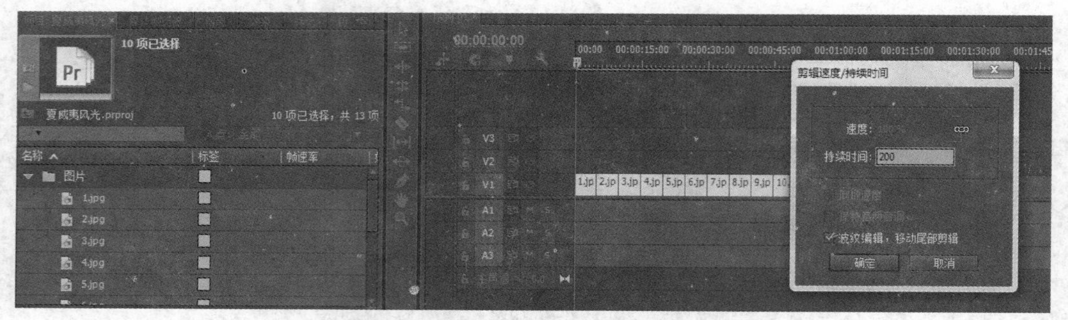

图 6-101　重置视频时间

(5) 单击【V1】上的第一张图片“1.jpg”，在【效果控件】面板中单击【运动】属性上的“运动”二字，此时，【节目】面板中就会显示图片的位置属性，用鼠标调整图片在窗口中的位置，用同样的方法调整其余 9 张图片在视频窗口中的位置，如图 6-102 所示。

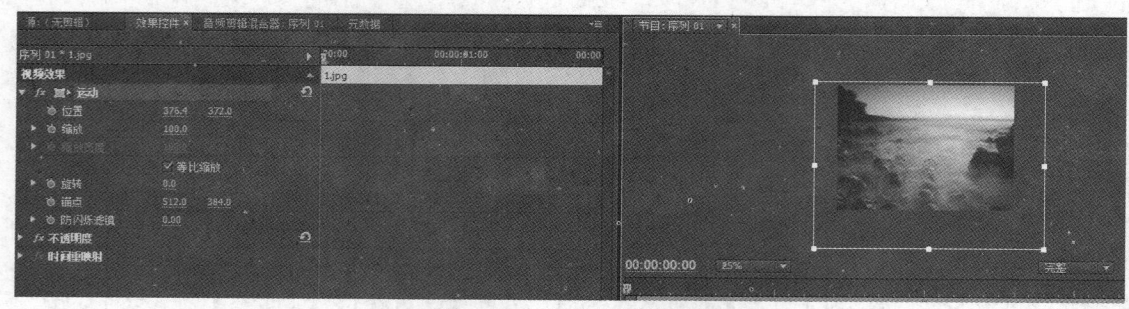

图 6-102　调整图片的位置

(6) 按住【Shift】键选中【V1】上的“2.jpg”～“10.jpg”，右击后，在弹出的快捷菜单中选择

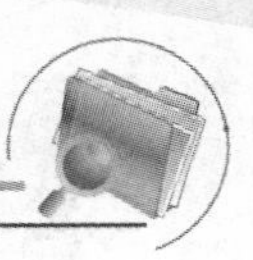

【复制】命令，选中【视频 2】，将【时间滑块】定位于 00:00:00:00 处，执行【编辑】|【粘贴】命令，将图片“2.jpg”~“10.jpg”粘贴到【视频 2】上，如图 6-103 所示。

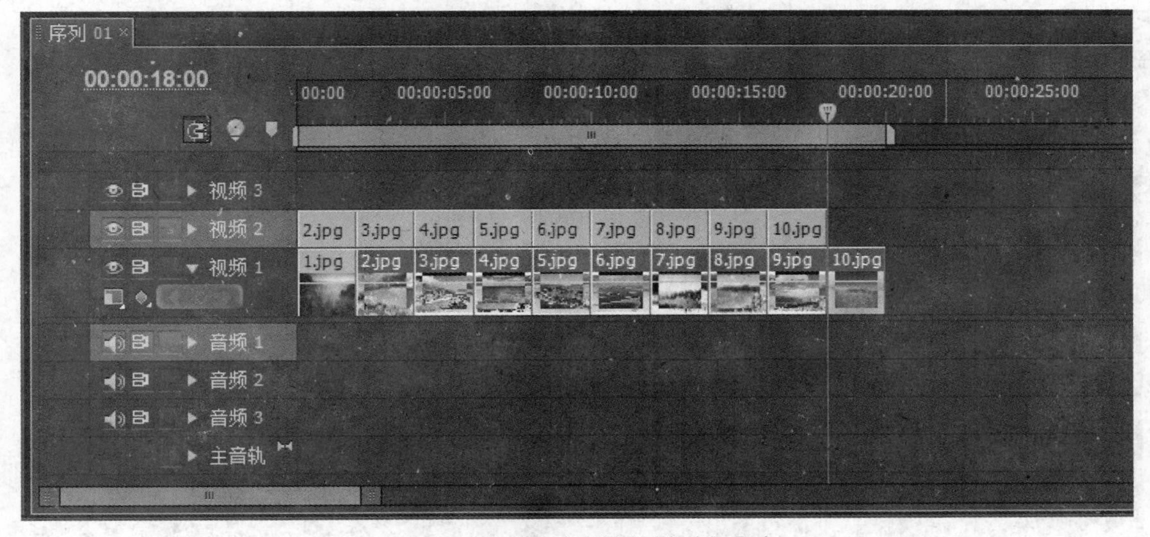

图 6-103　复制图片素材到【视频 2】中

(7) 将【时间滑块】拖到 00:00:00:00 处，拖动字幕“9”到【V3】上，缩短字幕“9”的视频持续时间为“1s10 帧”，右击【V2】上的 2.jpg，在弹出的快捷菜单中选择【嵌套】命令，将 2.jpg 嵌套在【嵌套序列 01】中；打开【视频效果】文件夹，选中【键控】中的特效【轨道遮罩键】，将之拖到【嵌套序列 01】上；打开【效果控件】面板，打开【轨道遮罩键】属性，设置【遮罩】为【视频 3】，【合成方式】为【Alpha 遮罩】，如图 6-104 所示。

图 6-104　设置遮罩

(8) 在【时间线】面板上单击字幕“9”，展开【效果控件】面板，展开【运动】面板。在 00:00:00:00 处，单击【缩放】前的码表创建关键帧，设置【缩放】为“30.0”；在 00:00:01:06 处，修改【缩放】的值为“600.0”以新建一关键帧，形成字幕由小到大的动画，按住 Shift 键选中两个关键帧点后右击，在弹出的快捷菜单中选择【贝塞尔曲线】命令，将直线关键帧点变成曲线点，单击【缩放】前的展开按钮▶，展开缩放速度图，用鼠标调整曲线，使得动画的速度越来越快，如图 6-105 所示；打开【视频效果】文件夹，单击【模糊和锐化】文件夹，选择特效【快速模糊】，将之拖到字幕文件“9”上，在 00:00:01:04 处，单击【模糊度】前的码表新建一关键帧，在 00:00:01:09 处，修改【模糊度】的值为“50.0”以新建一关键帧，形成字幕文字由清楚到模糊的动画效果。

图 6-105 设置字幕动画

(9) 右击视频轨道左边空白处，在弹出的快捷菜单中选择【添加轨道】命令，打开【添加轨道】对话框，添加“1”条视频轨道，“0”条音频轨道，“0”条音频子混合轨道，如图 6-106 所示，单击【确定】按钮后就添加了【V4】轨道。

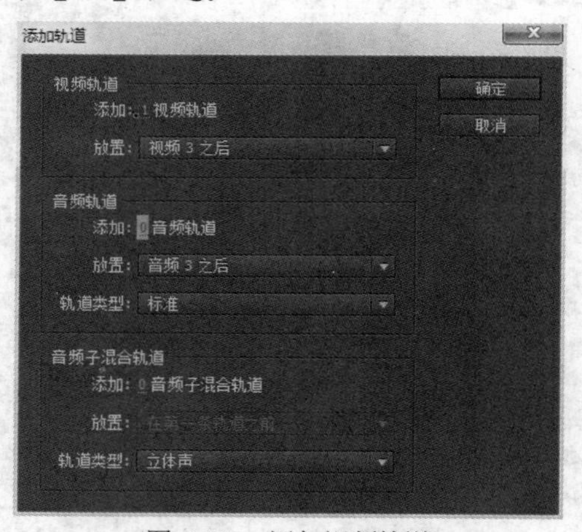

图 6-106 添加视频轨道

(10) 右击【V3】上的字幕“9”，在弹出的快捷菜单中选择【复制】命令，选中【V4】，将时间滑块拖到 00:00:00:00 处，执行【编辑】|【粘贴】命令，复制字幕“9”到【V4】上。在【效果】面板中，展开【视频过渡】文件夹，展开【溶解】文件夹，选中【交叉溶解】选项，将之拖到【V4】的字幕文件“9”的后半部分，单击【V4】上的【交叉溶解】后，在【效果控件】中调整持续时

间为“00:00:00:12”处，此时就会出现使字幕文字的填充从开始的白色过渡到下一张图片的动画效果，如图 6-107 所示。

图 6-107　设置两个视频轨道上的字幕文件的切换方式

(11) 按住 Shift 键选中【V3】和【V4】上的字幕文件“9”，右击，在弹出的快捷菜单中选择【复制】命令，将【V3】和【V4】保持选中状态，将时间滑块拖至 00:00:02:00 处，执行【编辑】|【粘贴】命令，实现字幕文件“9”的复制。在【项目】面板中将字幕文件“8”拖到【源】面板中，选中刚复制的两个字幕文件“9”，右击，在弹出的快捷菜单中选择【使用剪辑替换】|【从源监视器】命令，将素材字幕文件替换成“8”。右击【V2】中的“3.jpg”，在弹出的快捷菜单中选择【嵌套】命令，将“3.jpg”嵌套在【嵌套序列 02】中，将视频特效【轨道遮罩键】拖到【嵌套序列 02】上，打开【效果控件】面板，展开【轨道遮罩键】属性，将【遮罩】改为【视频 3】，【合成方式】为【Alpha 遮罩】，这样就实现了从“2.jpg”到“3.jpg”的转换，如图 6-108 所示。

图 6-108　设置“2.jpg”到“3.jpg”的转换

(12) 用步骤(11)的方法实现所有图片之间的转换，如图 6-109 所示。

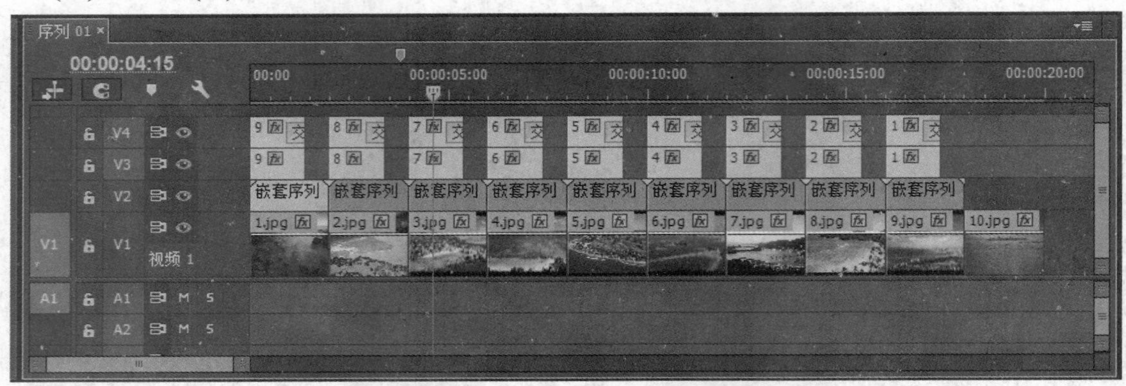

图 6-109　完成所有图片之间的转换

(13) 在【项目】面板中导入声音素材“转场音.wav”，将时间滑块移动到 00:00:00:01 处，将【转场音.wav】拖到【A1】上，利用【剃刀】工具将素材的后半部分没有声音的部分切割开来，利用 Delete 键删除后半部分，右击前半部分，在弹出的快捷菜单中选择【复制】命令，分别在“2s01”“4s01”“6s01”“8s01”“10s01”“12s01”“14s01”“16s01”“18s01”帧处，执行【编辑】|【粘贴】命令，效果如图 6-110 所示。

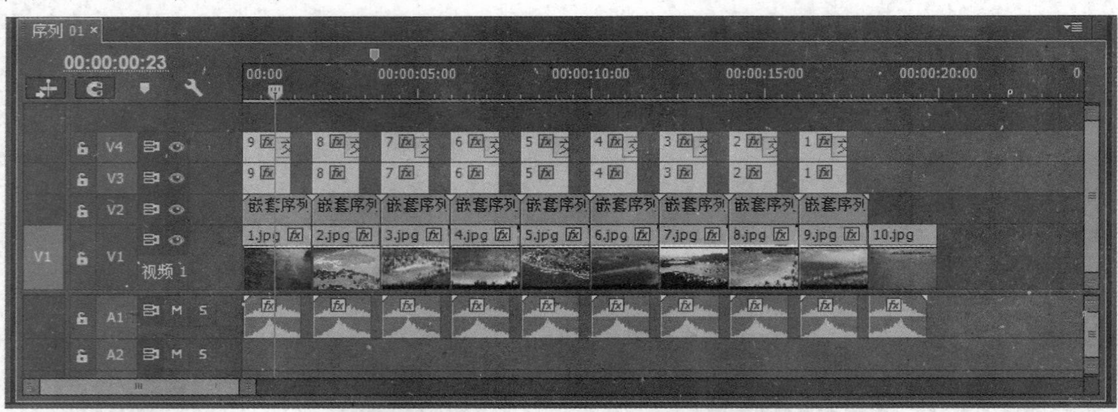

图 6-110　转场音的设置

(14) 新建字幕文件“迷人的夏威夷”，输入“迷人的夏威夷”，【字体】为“Impact”，【大小】为“60.0”，颜色为“#F6F835”，并设置【垂直居中】和【水平居中】，如图 6-111 所示，将该字幕文件拖到【字幕】文件夹中。

(15) 将字幕文件“迷人的夏威夷”拖到【V2】上 00:00:18:00 处，并将字幕文件持续时间缩短为 2s；在【效果控件】面板中展开【运动】属性，在 00:00:18:00 处，单击【缩放】前的码表创建关键帧，修改【缩放】的值为“600.0”，在 00:00:19:10 处，修改【缩放】的值为“100.0”以创建一关键帧，实现文字由大到小的动画效果；按住 Shift 键选中两个关键帧点后右击，在弹出的快捷菜单中选择【贝塞尔曲线】命令，将直线关键帧点变成曲线点，单击【缩放】前的展开按钮，展开缩放速度图，用鼠标调整曲线，使得动画的速度越来越慢。将视频特效【快速模糊】拖到该字幕文件中，在【效果控件】中展开【快速模糊】特效，在 00:00:18:00 处，单击【模糊度】前的码表新建一关键帧，修改【模糊度】的值为“20.0”，在 00:00:18:10 处修改【模糊度】的值为“0.0”，

形成由模糊到清晰的动画效果，如图 6-112 所示。

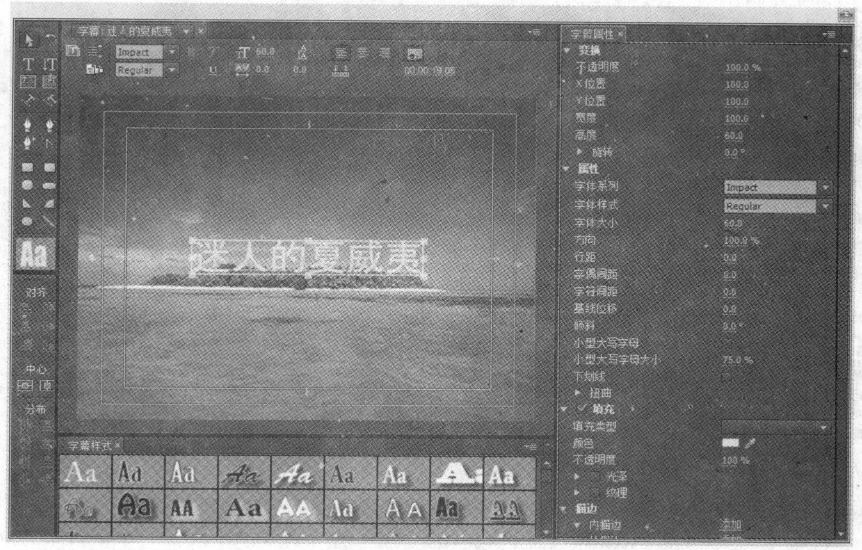

图 6-111　新建字幕

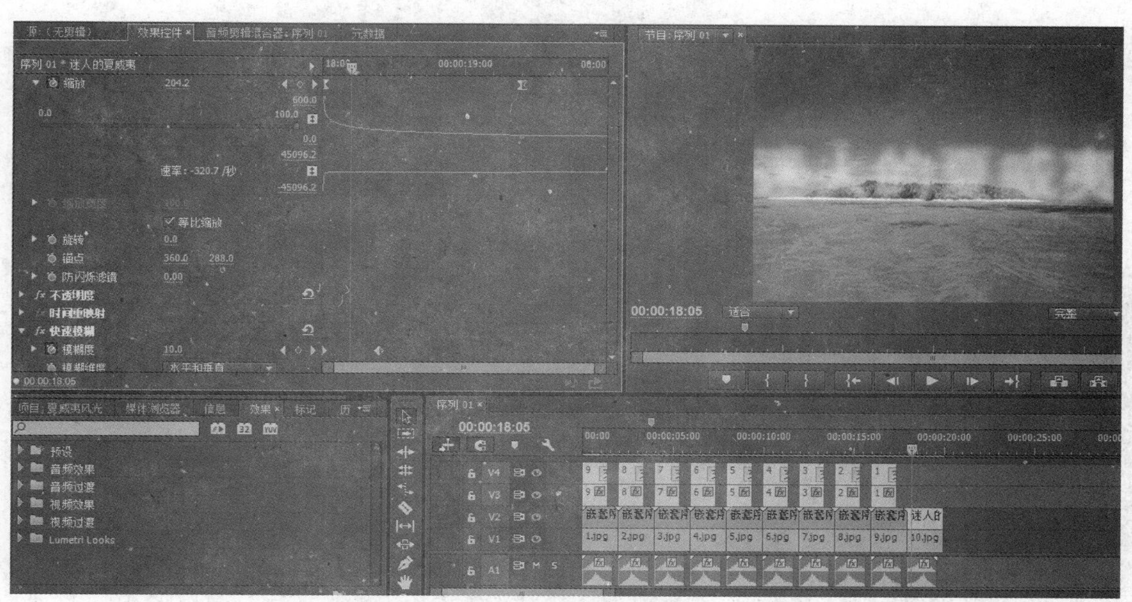

图 6-112　设置字幕动画

(16) 右击【A1】上的最后一个“转场音.wav”，在弹出的快捷菜单中选择【速度/持续时间】命令，在弹出的对话框中选中【倒放速度】复选框，实现声音倒放的效果，如图 6-113 所示。

(17) 按空格键或 Enter 键浏览效果，在【项目】面板中新建文件夹【嵌套序列】，将所有的嵌套序列文件拖入到该文件夹中，最后，执行【文件】|【保存】命令，保存项目文件。

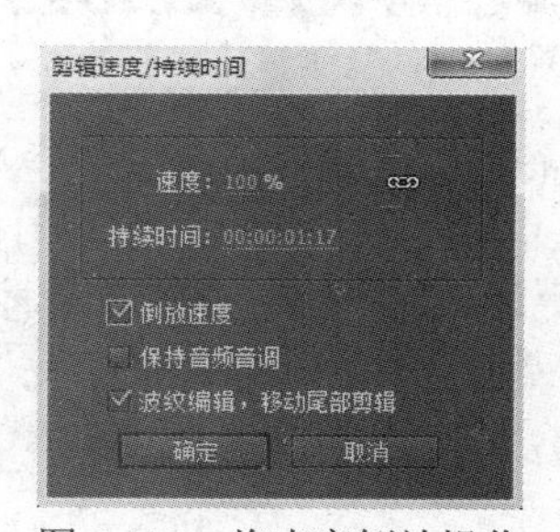

图 6-113　将声音倒放操作

3. 制作【底片效果】

利用视频特效制作底片效果，其效果如图 6-114 所示。

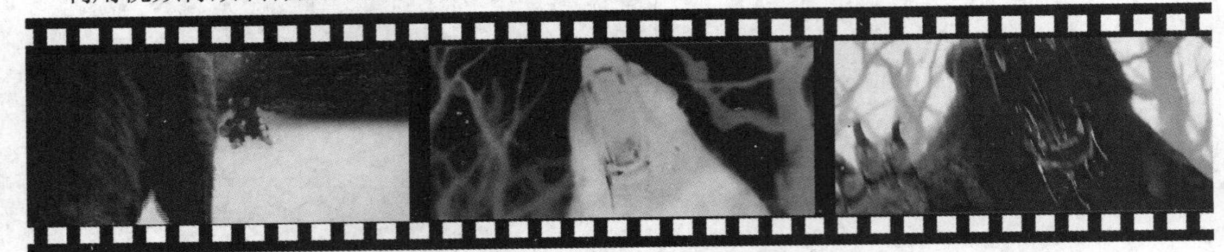

图 6-114　底片效果图

(1) 运行 Premiere Pro CC，打开欢迎界面，单击【新建项目】按钮，打开【新建项目】对话框，如图 6-115 所示，在该对话框中，采用默认设置，选择项目保存的路径及输入名称“底片效果”后，单击【确定】按钮，可创建【底片效果】项目文件。进入主程序界面后，执行【文件】|【新建】|【序列】命令，此时系统将弹出【新建序列】对话框。

(2) 切换到【设置】选项卡，设置【编辑模式】为【自定义】，画面大小设定为 656px × 280px，【像素长宽比】为【方形像素(1.0)】，【序列名称】默认为【序列 01】，如图 6-116 所示。

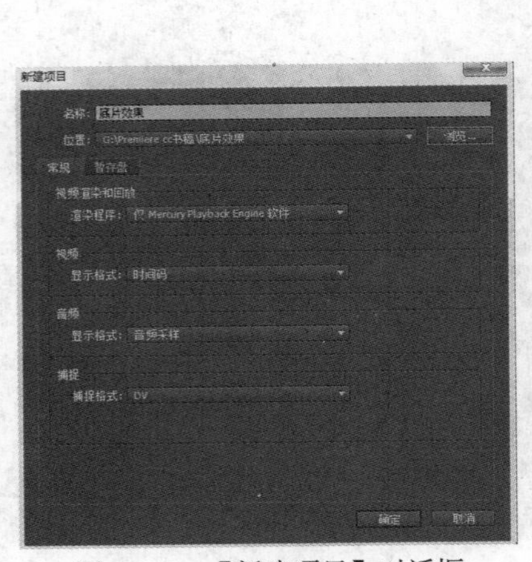

图 6-115　【新建项目】对话框

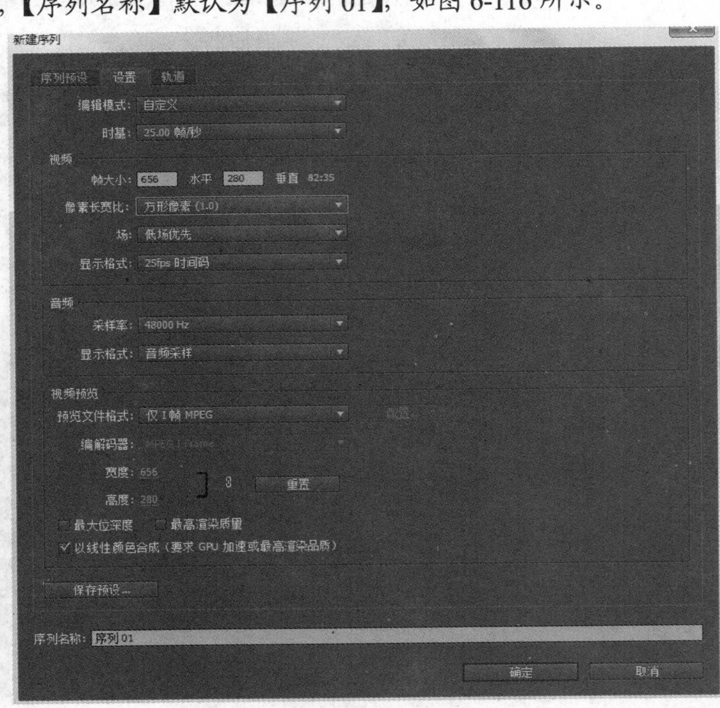

图 6-116　新建序列

(3) 在【项目】面板中导入素材“电影片段.avi”，并将之拖到【V1】轨道上；在【时间线】面板中将【时间滑块】移动到 00:00:40:02 处，用【剃刀】工具将素材切割，在 00:00:41:07 处，再用【剃刀】工具切割素材，将素材视频分成三段；在【效果】面板中展开【视频效果】文件夹，展开【通道】文件夹，将特效【反转】拖到中间的素材上，在【效果控件】中，展开【反转】特效，将【声道】设置为“RGB”，【与原始图像混合】设置为“0%”，如图 6-117 所示。

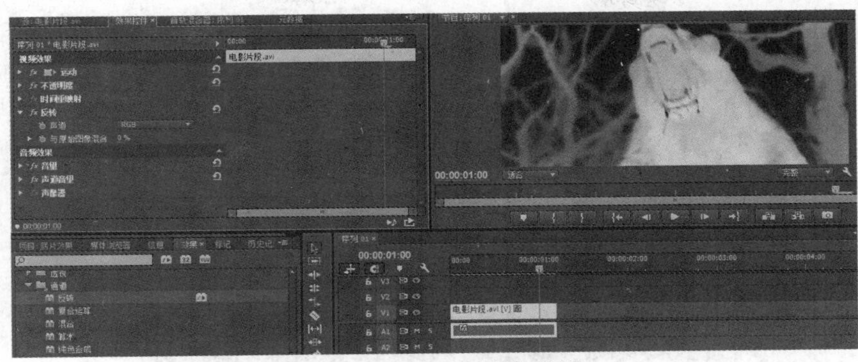

图 6-117　添加【反转】特效

(4) 单击【时间线】面板，按空格键或 Enter 键浏览效果，最后执行【文件】|【保存】命令，保存项目文件。

4. 制作【底片马赛克效果】

利用视频特效制作视频的模糊马赛克效果，其效果如图 6-118 所示。

图 6-118　底片马赛克效果图

(1) 运行 Premiere Pro CC，打开欢迎界面，单击【新建项目】按钮，打开【新建项目】对话框，如图 6-119 所示，在该对话框中，采用默认设置，选择项目保存的路径及输入名称“马赛克效果”后，单击【确定】按钮，可创建【马赛克效果】项目文件。进入主程序界面后，执行【文件】|【新建】|【序列】命令，此时系统将弹出【新建序列】对话框。

(2) 打开【序列预设】选项卡，选择国内电视制式通用的 DV-PAL |【标准 48 kHz】,【序列名称】默认为【序列 01】，如图 6-120 所示。

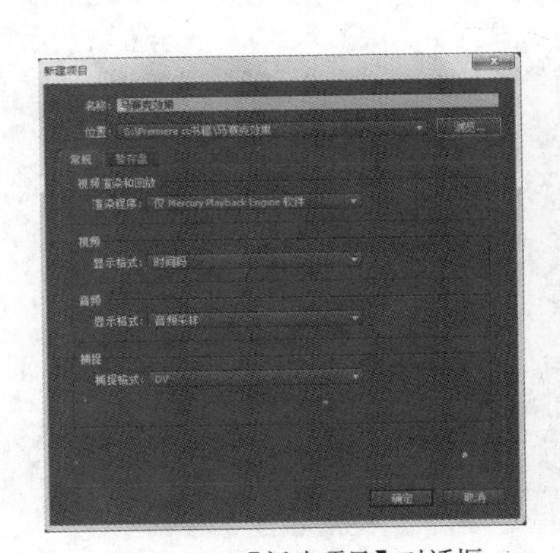

图 6-119　【新建项目】对话框

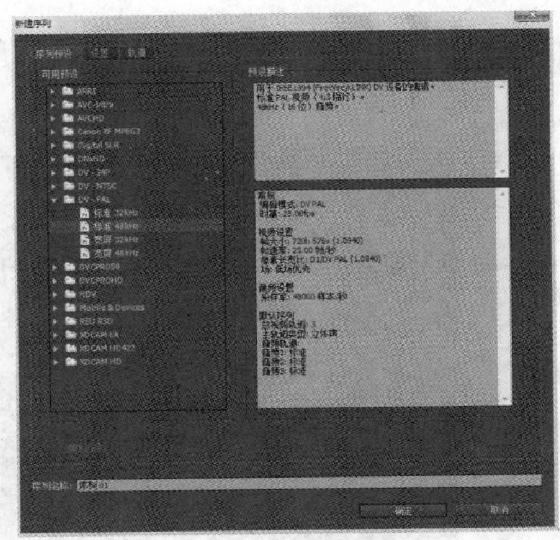

图 6-120　新建序列

(3) 导入视频素材“伤不起.mov”，并将之拖到【V1】上，此时该视频素材的声音自动就赋予在【A1】上了，右击【V1】上的视频素材，在弹出的快捷菜单中选择【取消链接】命令，此时就解除了【V1】和【A1】上素材的同步性，右击【V1】上的视频素材，在弹出的快捷菜单中选择【复制】命令，选中【V2】轨道，执行【编辑】|【粘贴】命令，将视频素材粘贴到【V2】轨道上，如图 6-121 所示。

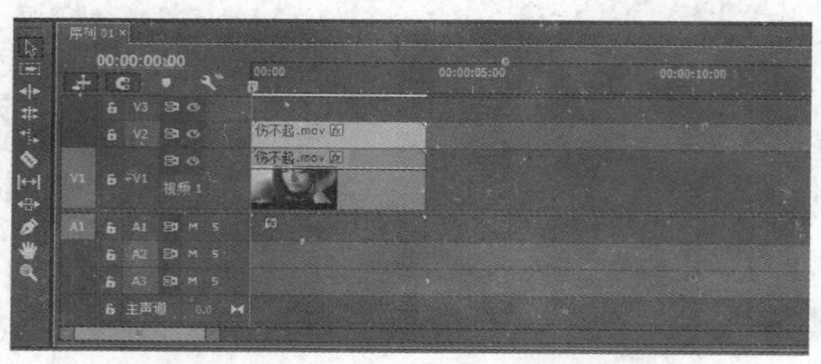

图 6-121　复制视频素材

(4) 在【时间线】面板中单击【切换轨道输出】按钮以隐藏【V1】，展开【视频效果】文件夹，展开【变换】文件夹，将【裁剪】特效拖到【V2】的“伤不起.mov”上，展开【效果控件】，展开【裁剪】特效，设置【左对齐】为“31.5%”，【顶部】为“8.3%”，【右侧】为“27.4%”，【底对齐】为“23.6%”(也可以直接用鼠标调整裁剪框的大小和位置)，如图 6-122 所示。

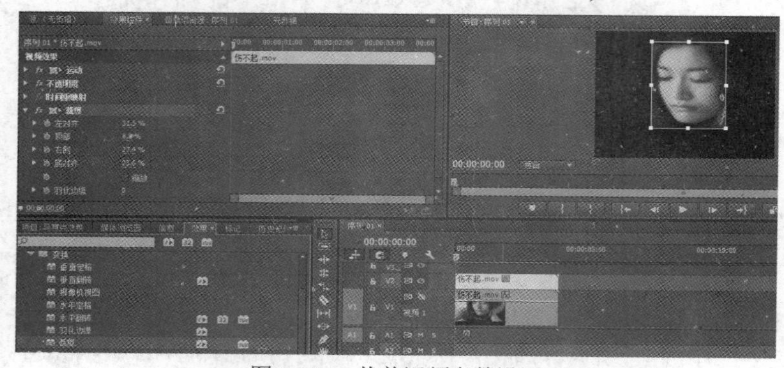

图 6-122　裁剪视频参数设置

(5) 展开【视频效果】文件夹，展开【风格化】文件夹，将特效【马赛克】拖到【V2】的“伤不起.mov”上，展开【效果控件】，展开【马赛克】特效，设置【水平块】为“30”，【垂直块】为“30”，如图 6-123 所示，在【时间线】面板中单击【切换轨道输出】按钮以显示【V1】轨道。

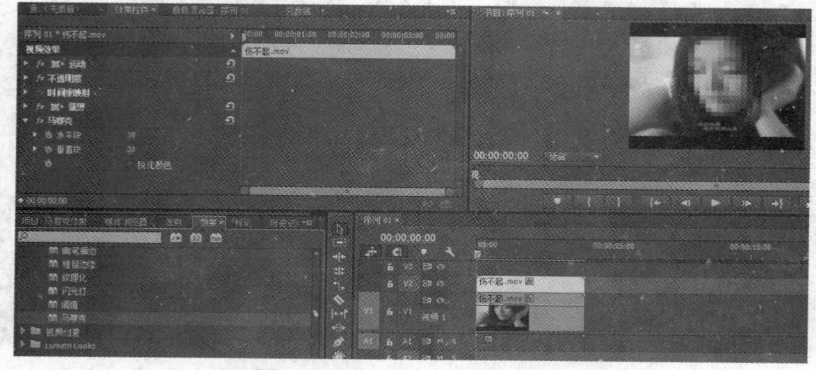

图 6-123　添加【马赛克】特效

(6) 在【效果控件】中展开【裁剪】特效，当时间滑块在00:00:00:06处时，分别单击属性【左对齐】、【顶部】、【右侧】及【底对齐】前的码表以创建新关键帧，在00:00:00:12处，修改【左对齐】为“33.0%”，【顶部】为“16.7%”，【右侧】为“25.9%”，【底对齐】为“15.3%”，分别新建四个属性上的新关键帧；在00:00:00:19处，修改【左对齐】为“31.5%”，【顶部】为“21.5%”，【右侧】为“27.4%”，【底对齐】为“10.4%”，分别新建四个属性上的新关键帧；在00:00:00:21处，修改【左对齐】为“25.4%”，【右侧】为“33.5%”，分别新建两个属性上的新关键帧；在00:00:01:06处，修改【左对齐】为“20.8%”，【顶部】为“20.8%”，【右侧】为“37.1%”，【底对齐】为“9.0%”，分别新建四个属性上的新关键帧；在00:00:01:10处，修改【左对齐】为“15.8%”，【顶部】为“20.1%”，【右侧】为“42.1%”，【底对齐】为“9.7%”，分别新建四个属性上的新关键帧；在00:00:01:14处，修改【左对齐】为“13.7%”，【顶部】为“20.8%”，【右侧】为“44.1%”，【底对齐】为“9.0%”，分别新建四个属性上的新关键帧；在00:00:01:15处，修改【左对齐】为“0.0%”，【顶部】为“13.2%”，【右侧】为“78.2%”，【底对齐】为“50.0%”，分别新建四个属性上的新关键帧；在00:00:01:23处，修改【左对齐】为“6.1%”，【顶部】为“18.8%”，【右侧】为“72.1%”，【底对齐】为“44.4%”，分别新建四个属性上的新关键帧；在00:00:02:02处，修改【左对齐】为“10.6%”，【顶部】为“20.1%”，【右侧】为“67.5%”，【底对齐】为“43.1%”，分别新建四个属性上的新关键帧；在00:00:02:07处，修改【左对齐】为“7.6%”，【顶部】为“19.5%”，【右侧】为“70.6%”，【底对齐】为“43.8%”，分别新建四个属性上的新关键帧；在00:00:02:10处，修改【左对齐】为“2.0%”，【顶部】为“16.0%”，【右侧】为“76.1%”，【底对齐】为“47.2%”，分别新建四个属性上的新关键帧；在00:00:02:14处，修改【左对齐】为“0.0%”，【右侧】为“78.2%”，分别新建两个属性上的新关键帧；在00:00:02:18处，修改【右侧】为“91.9%”，【底对齐】为“59.0%”，分别新建两个属性上的新关键帧；在00:00:03:08处，修改【右侧】为“85.3%”，【底对齐】为“51.4%”，分别新建两个属性上的新关键帧，如图6-124所示。

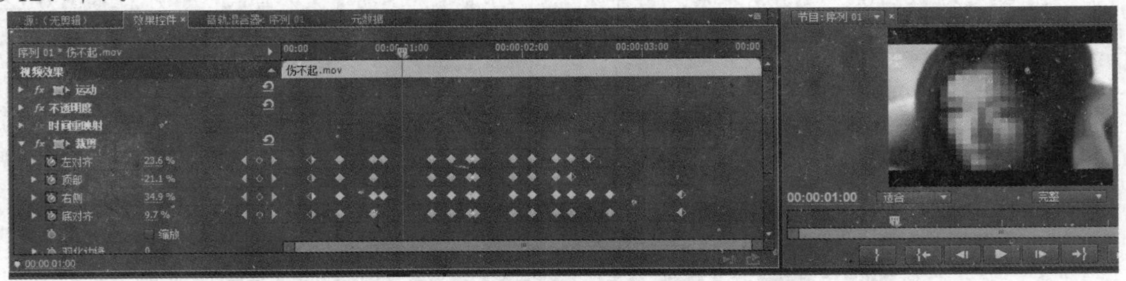

图 6-124　设置裁剪动画

注意：此步骤也可以首先单击【裁剪】属性，以获取【节目】面板中视频中的裁剪框，再通过鼠标调整裁剪框的大小和位置以新建关键帧来实现。

(7) 单击【时间线】面板，按空格键或Enter键浏览效果，最后执行【文件】|【存储】命令，保存项目文件。

提示

该实例也可以使用【模糊与锐化】中的【高斯模糊】效果。

5. 制作【水墨画】

利用视频特效制作水墨画，其效果如图 6-125 所示。

(1) 运行 Premiere Pro CC，打开欢迎界面，单击【新建项目】按钮，打开【新建项目】对话框，如图 6-126 所示，在该对话框中，采用默认设置，选择项目保存的路径及输入名称“水墨画效果”后，单击【确定】按钮，可创建【水墨画效果】项目文件。进入主程序界面后，执行【文件】|【新建】|【序列】命令，此时系统将弹出【新建序列】对话框。

图 6-125　水墨画效果图

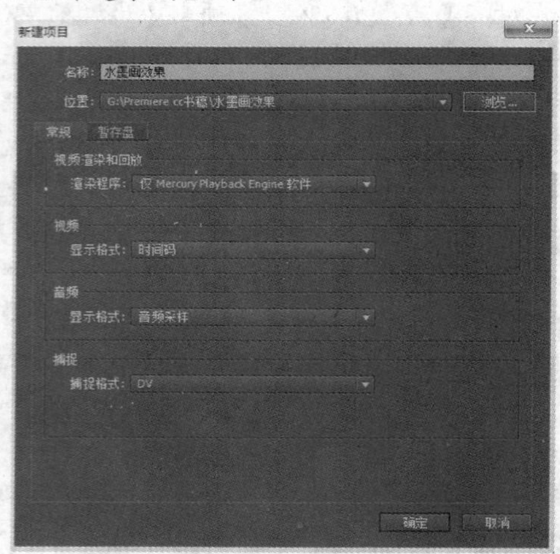

图 6-126　【新建项目】对话框

(2) 切换到【设置】选项卡，设置【编辑模式】为【自定义】，【像素长宽比】为【方形像素(1.0)】，画面大小设定为 1022px × 727px(跟素材图片大小一致)，【序列名称】默认为【序列 01】，如图 6-127 所示。

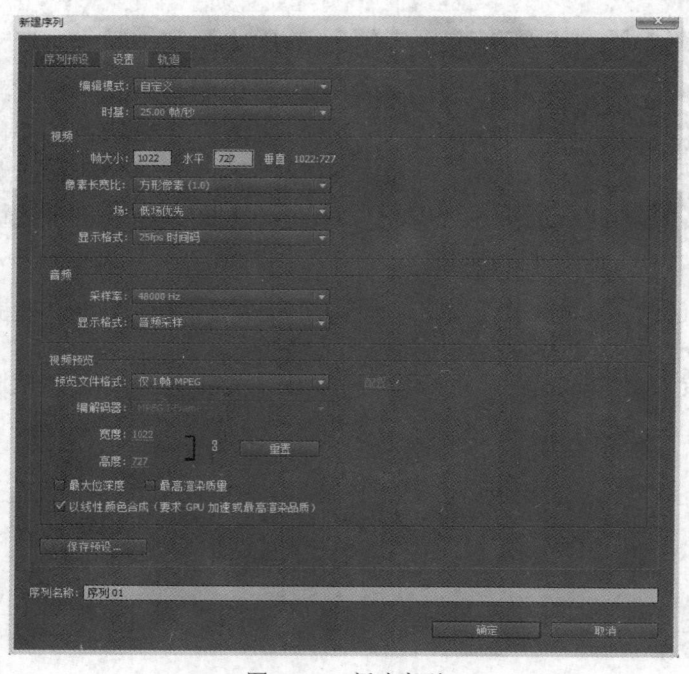

图 6-127　新建序列

(3) 在【项目】面板中导入图片素材“黄山.jpg”，并将之拖到【时间线】面板中的【V1】轨道上。在【效果控件】面板中展开【视频效果】文件夹，展开【图像控制】文件夹，将特效【黑白】拖到图片素材上，此时，该图片就由彩色图片变成了黑白图片，如图 6-128 所示。

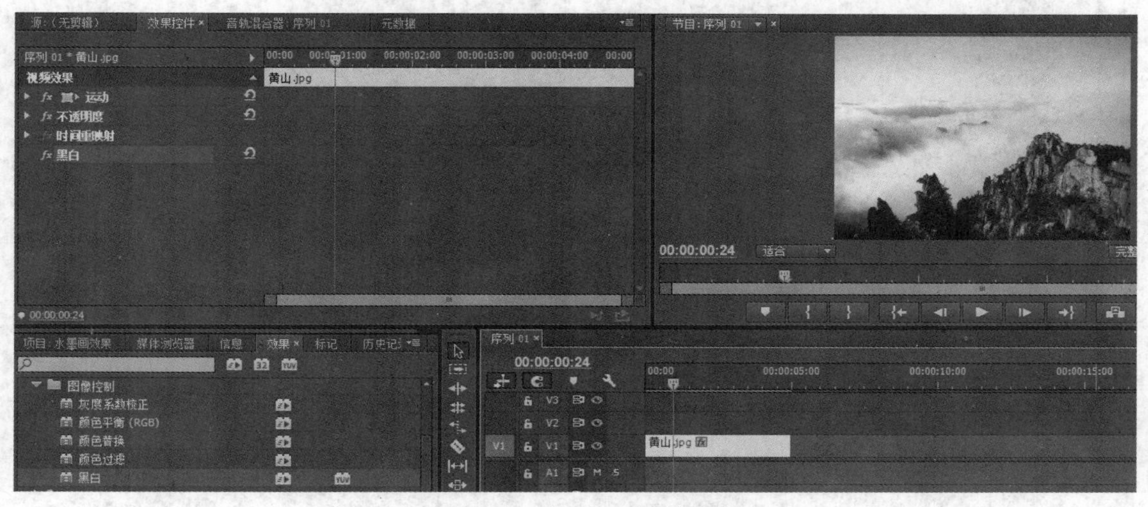

图 6-128　添加【黑白】特效

(4) 展开【风格化】文件夹，将特效【查找边缘】拖到图片素材上，在【效果控件】面板中展开【查找边缘】特效，调整参数【与原始图像混合】为“50%”，如图 6-129 所示。

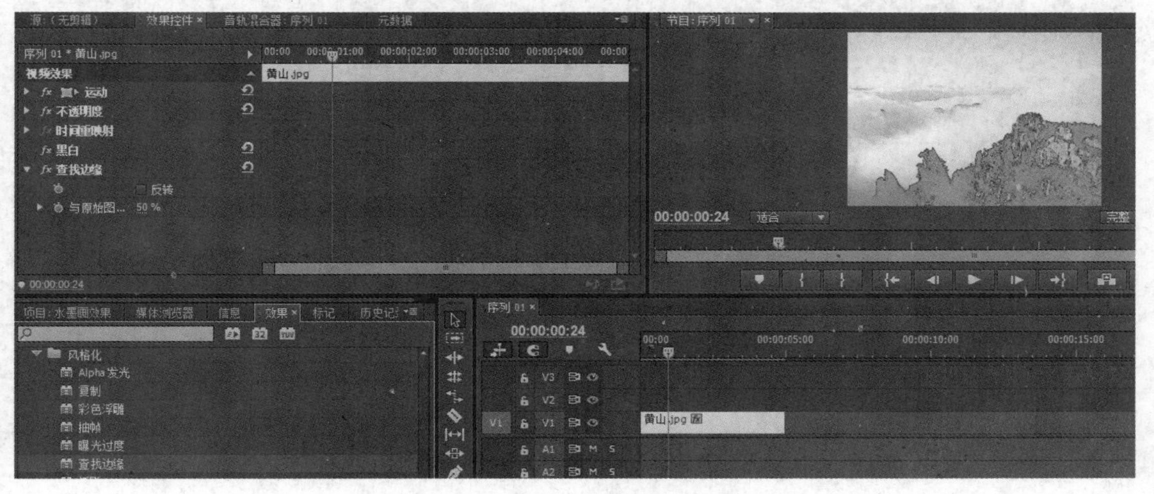

图 6-129　添加【查找边缘】特效

(5) 展开【调整】文件夹，将特效【色阶】拖到【V1】轨道的图片素材上，在【效果控件】面板中展开【色阶】特效，调整参数【(RGB)输入黑色阶】为“92”， 参数【(RGB)输入白色阶】为“203”，如图 6-130 所示。

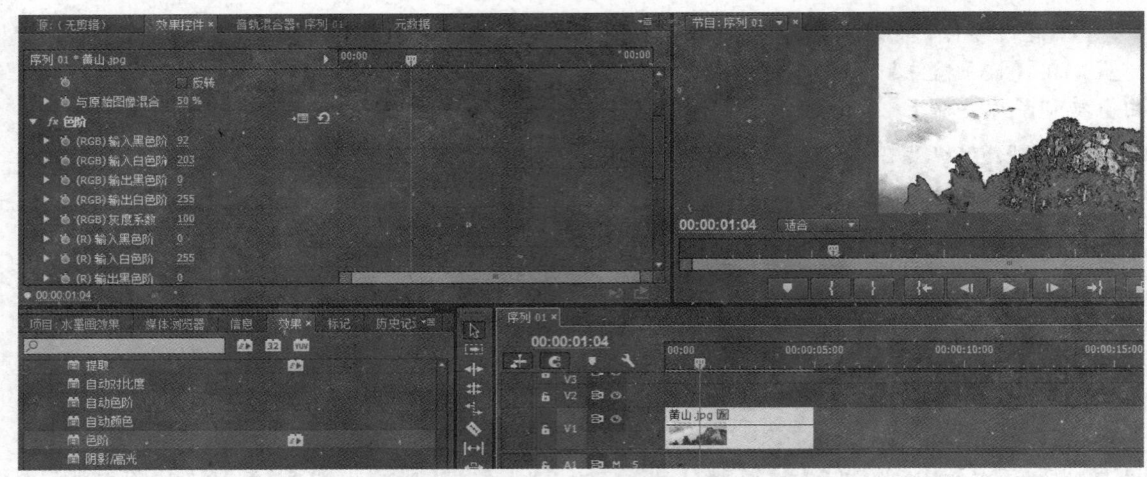

图 6-130　添加【色阶】特效

(6) 展开【模糊和锐化】文件夹，将特效【高斯模糊】拖到【V1】轨道的图片素材上，展开【效果控件】面板中的【高斯模糊】特效，调整【模糊度】参数为“8.0”，如图 6-131 所示。

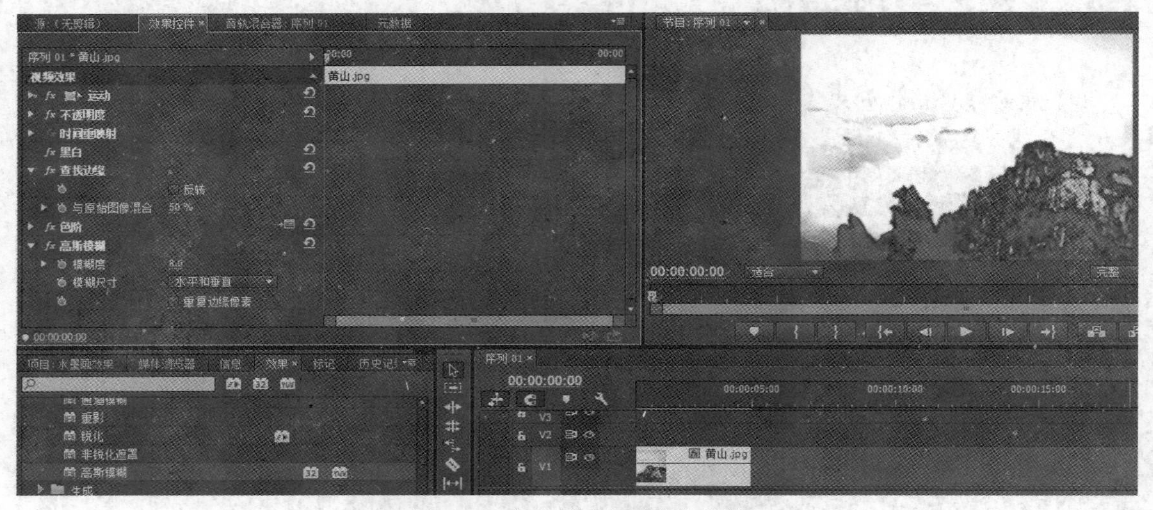

图 6-131　添加【高斯模糊】特效

(7) 在【项目】面板中导入图片素材“题词.jpg”，将之拖到【时间线】面板的【V2】中，在展开的【效果控件】面板中，展开【运动】特效，修改【缩放】为“20.0”，修改【位置】为“890.0，190.0”，如图 6-132 所示。

(8) 在【效果】面板中，展开【视频效果】文件夹，展开【键控】文件夹，将特效【亮度键】拖到【V2】轨道的题词上，在【效果控件】面板中，展开【亮度键】特效，修改【阈值】为“0%”，【屏蔽度】为“100.0%”，这样就去除了素材“题词.jpg”的背景，使之与下面的画面合为一体，如图 6-133 所示。

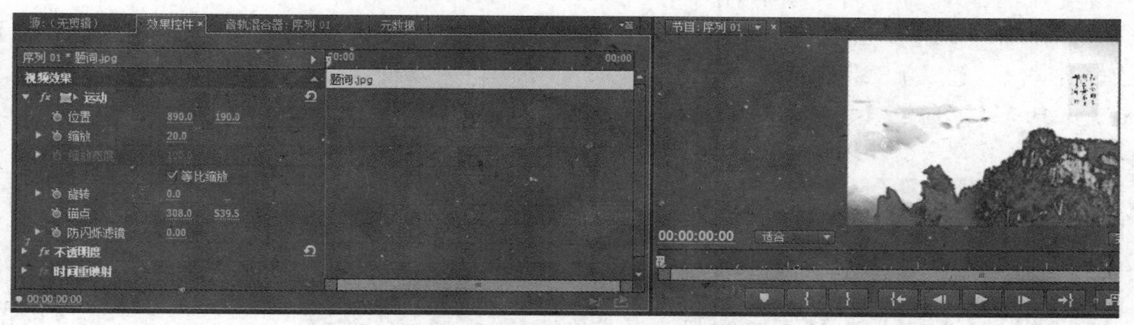

图 6-132　为图片添加题词

(9) 在【项目】面板中单击【新建项】按钮，选择【颜色遮罩】选项，新建一个颜色为"#DBDBA3"的"颜色遮罩"，如图 6-134 所示。

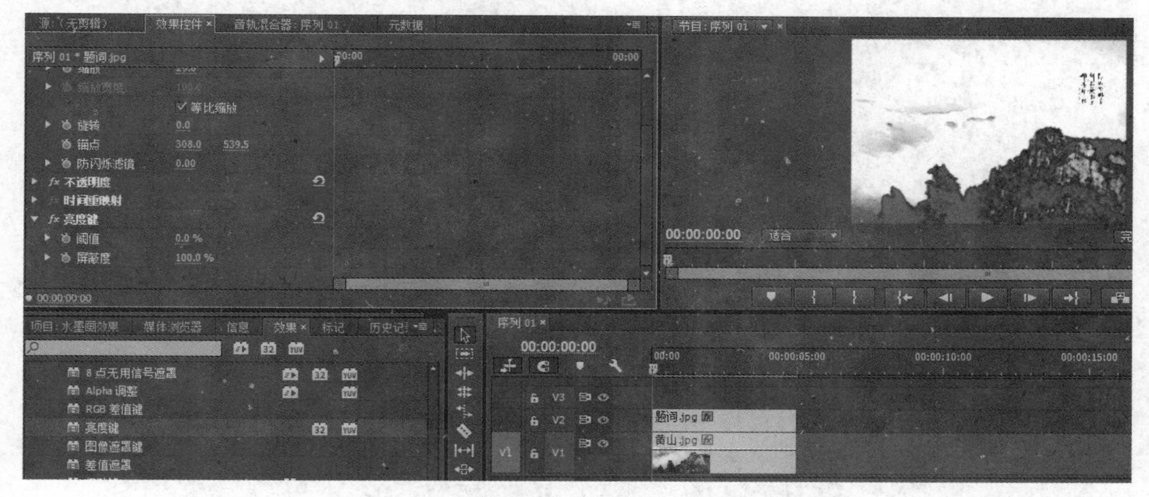

图 6-133　字画合一

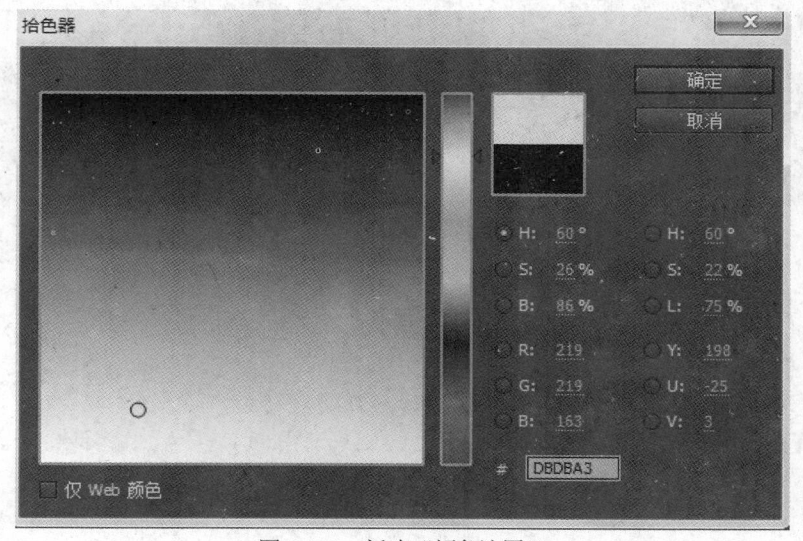

图 6-134　新建"颜色遮罩"

(10) 将原【V2】上的“题词.jpg”移动到【V3】上，将原【V1】上的“黄山.jpg”移动到【V2】上，再将“颜色遮罩”拖到【V1】上，在【效果】面板中，展开【视频效果】文件夹，展开【变换】文件夹，将特效【裁剪】拖到【V2】的“黄山.jpg”上，在【效果控件】面板中，展开【裁剪】特效，修改参数【顶部】的值为“14.0%”，【底对齐】的值为“14.0%”，如图 6-135 所示。

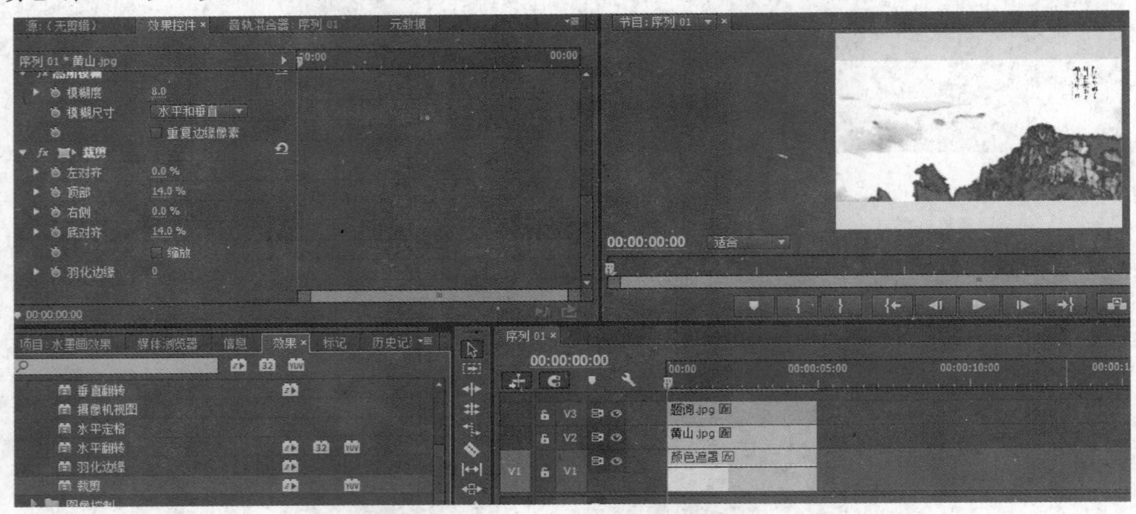

图 6-135　设置裁剪图片素材参数

(11) 单击【时间线】面板，按空格键或 Enter 键浏览效果，最后执行【文件】|【保存】命令，保存项目文件。

6. 制作【幻影效果】

利用视频特效制作幻影效果，其效果如图 6-136 所示。

图 6-136　幻影效果图

(1) 运行 Premiere Pro CC，打开欢迎界面，单击【新建项目】按钮，打开【新建项目】对话框，如图 6-137 所示，在该对话框中，采用默认设置，选择项目保存的路径及输入名称“幻影效果”后，单击【确定】按钮，可创建【幻影效果】项目文件。进入主程序界面后，执行【文件】|【新建】|【序列】命令，此时系统将弹出【新建序列】对话框。

(2) 打开【序列预设】选项卡，选择国内电视制式通用的 DV-PAL |【标准 48 kHz】，【序列名称】默认为【序列 01】，如图 6-138 所示。

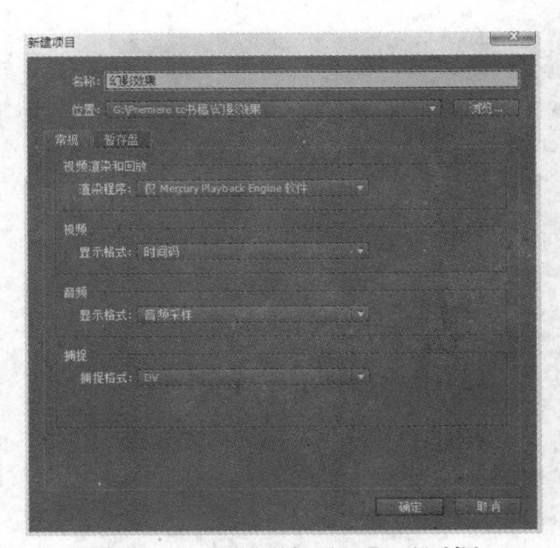

图 6-137　【新建项目】对话框

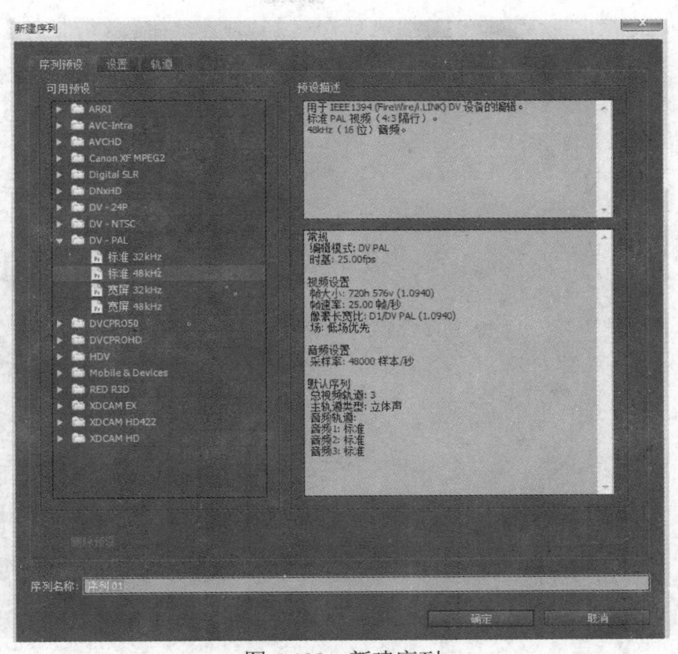

图 6-138　新建序列

(3) 在【项目】面板中单击下方的【新建项】按钮，选择【字幕】选项，新建“字幕 01”，在打开的字幕编辑器中输入“创 E 工作室”，设置字体为“华文琥珀”，大小为“70.0”，【填充类型】为【实底】，颜色为“#9865B0”，设置字符间距为“10.0”；单击【垂直居中】按钮和【水平居中】按钮，使字幕居中于屏幕；为字幕添加内描边，【类型】为“边缘”，大小为“12.0”，【填充类型】为“实底”，【颜色】为白色；为字幕添加外描边，【类型】为“深度”，【大小】为“10.0”，【角度】为“20.0”，【填充类型】为“实底”，【颜色】为白色；为字幕添加阴影效果，【颜色】为 #AE71DD，【不透明度】为“70%”，【角度】为“45.0”，【距离】为“8.0”，【扩散】为“10.0”，如图 6-139 所示。

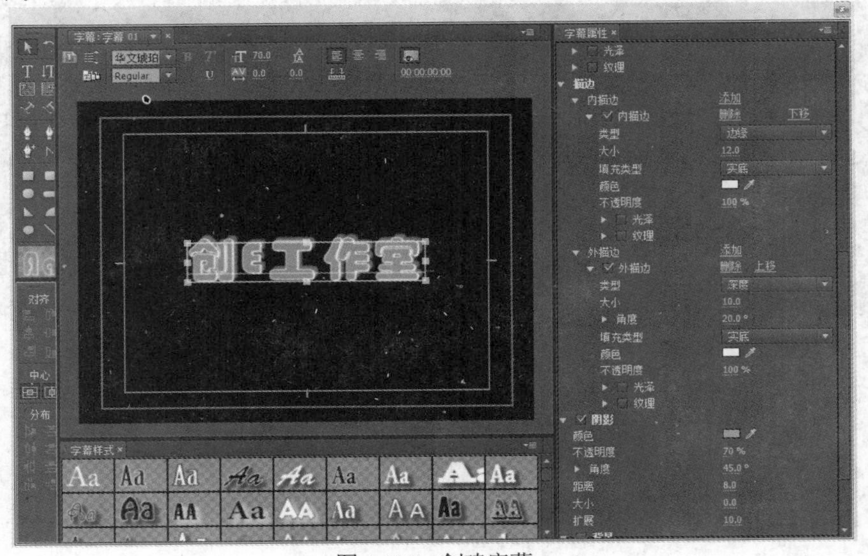

图 6-139　创建字幕

(4) 将“字幕 01”插入到【V1】轨道上，在【效果控件】面板中展开【运动】属性，在 00:00:00:00 处，单击【缩放】属性前的码表，新建一个关键帧，设置【缩放】为“600.0”，在 00:00:02:00 处，修改【缩放】的值为“100.0”，以自动新建一关键帧，形成字幕由大到小的动画效果；按住 Shift 键选中两个关键帧后右击，在弹出的快捷菜单中选择【贝塞尔曲线】命令，将直线关键帧点变成曲线点，单击【缩放】前的展开按钮，展开缩放速度图，用鼠标调整曲线，使得动画的速度越来越慢，如图 6-140 所示。

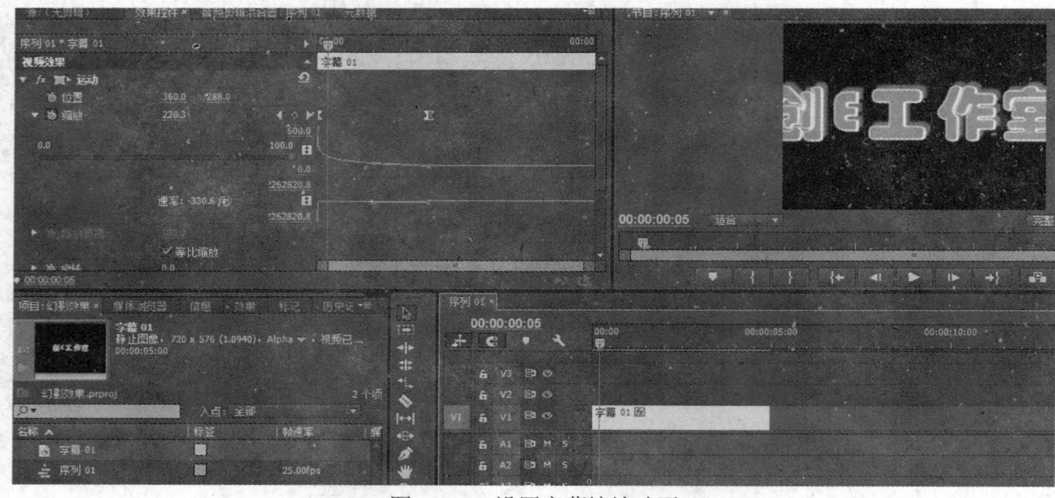

图 6-140　设置字幕缩放动画

(5) 展开【效果】面板中的【视频效果】文件夹，在【透视】文件夹中选择视频特效【基本 3D】，将之拖到【V1】轨道的“字幕 01”上；在【效果控件】面板中展开【基本 3D】特效，在 00:00:02:00 处，单击【旋转】前的码表，新建一关键帧，设置【旋转】为“0.0”，在 00:00:04:00 处，修改【旋转】的值为“115.2°”，以自动新建一关键帧，形成字幕围绕 Y 轴旋转的动画效果，如图 6-141 所示。

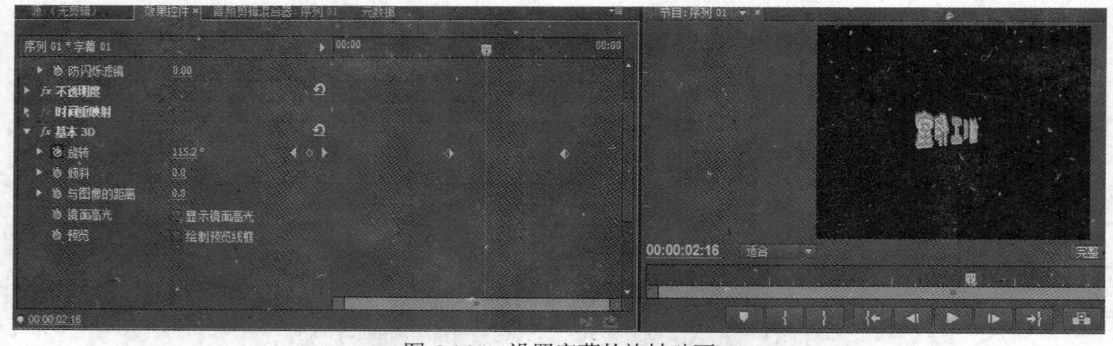

图 6-141　设置字幕的旋转动画

(6) 右击【V1】上的“字幕 01”素材，在弹出的快捷菜单中选择【嵌套】命令，以新建一个“嵌套序列 01”；在【视频效果】文件夹的【时间】文件夹中选择特效【残影】，将之拖到“嵌套序列 01”上，在【效果控件】面板中展开【残影】特效，设置【残影时间】为“-0.200”，【残影数量】为“2”，【起始强度】为“1.00”，【衰减】为“0.60”，【残影运算符】为“最大值”，如图 6-142 所示。

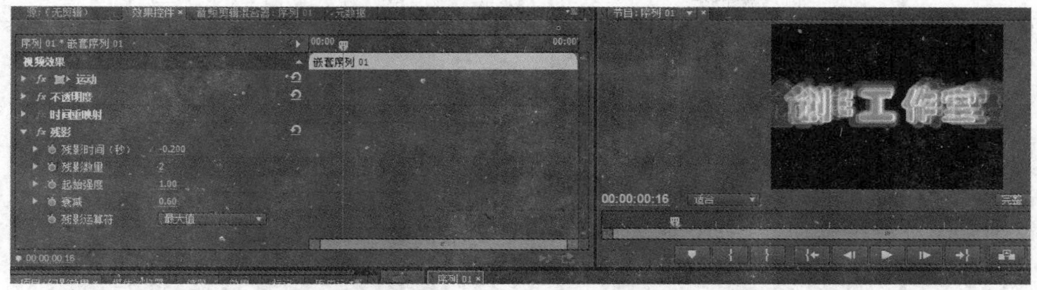

图 6-142　设置【残影】特效

(7) 按空格键或 Enter 键浏览效果，最后执行【文件】|【保存】命令，保存项目文件。

7. 制作【书法效果】

利用视频特效制作书法效果，其效果如图 6-143 所示。

图 6-143　书法效果图

(1) 运行 Premiere Pro CC，打开欢迎界面，单击【新建项目】按钮，打开【新建项目】对话框，如图 6-144 所示，在该对话框中，采用默认设置，选择项目保存的路径及输入名称“书法效果”后，单击【确定】按钮，即可创建【书法效果】项目文件。进入主程序界面后，执行【文件】|【新建】|【序列】命令，此时系统将弹出【新建序列】对话框。

(2) 打开【序列预设】选项卡，选择国内电视制式通用的 DV-PAL |【标准 48kHz】，【序列名称】默认为【序列 01】，如图 6-145 所示。

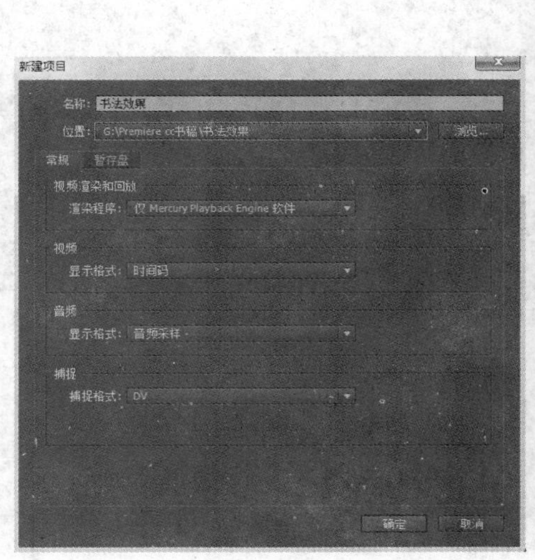

图 6-144　【新建项目】对话框

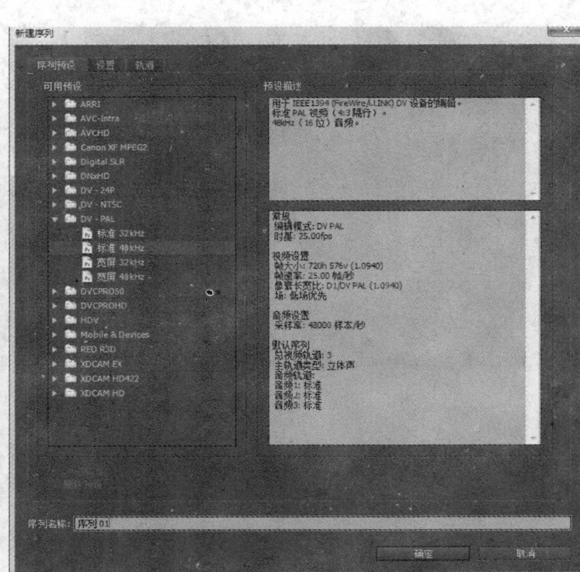

图 6-145　新建序列

(3) 在【项目】面板中分别导入【画卷.psd】文件中的左卷轴、右卷轴、卷面 3 个层，每个层作为一个单独的文件导入，如图 6-146 和图 6-147 所示。

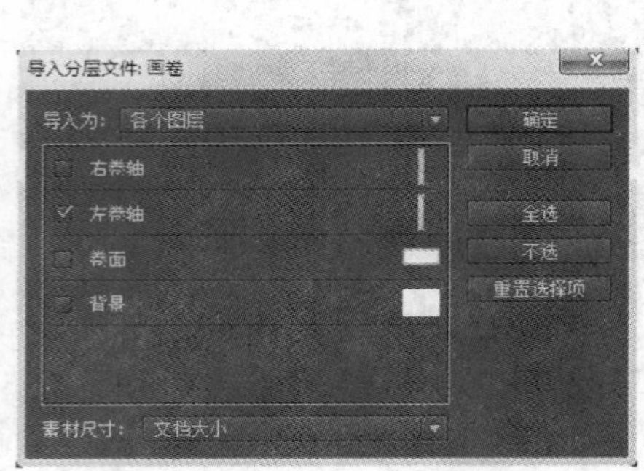

图 6-146　导入左卷轴

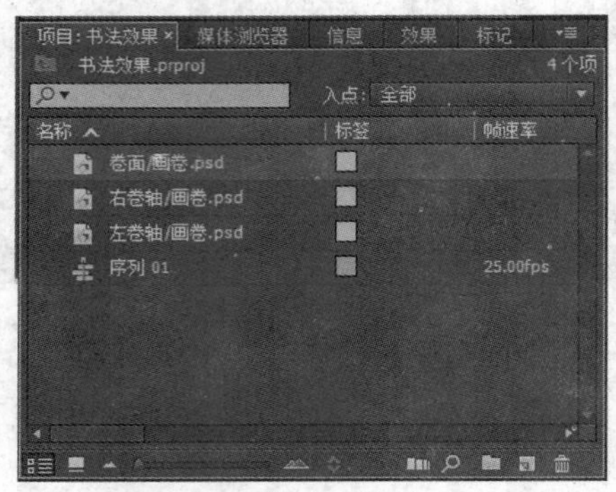

图 6-147　导入素材后的【项目】面板

(4) 在【时间线】面板中，右击面板左边空白处，在弹出的快捷菜单中选择【添加轨道】命令，在弹出的【添加视音轨】对话框中添加“2”条视频轨道，“0”条音频轨道，“0”条音频子混合轨道。单击【项目】面板下方的【新建项】按钮，在菜单中选择【颜色遮罩】命令，采用默认参数新建一个“白色”的“颜色遮罩”，并将之拖到【V1】上；将素材【左卷轴/画卷.psd】拖到【V4】上，在【效果控件】面板中展开【运动】特效，将【缩放】设置为“150.0”；将【卷面/画卷.psd】拖放到【V2】上，在【效果控件】面板中展开【运动】特效，将【缩放】设置为“150.0”；最后，放大时间线，所有素材的持续时间都延长至 10s，如图 6-148 所示。

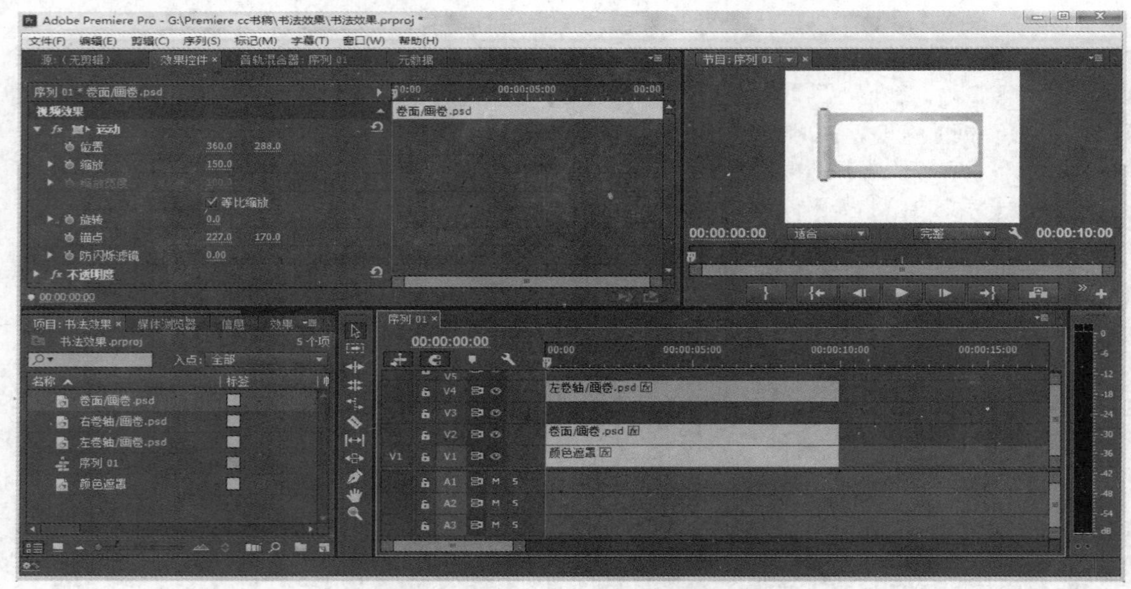

图 6-148　将素材放置到时间线上

(5) 在【效果】面板中展开【视频过渡】文件夹，展开【页面剥落】文件夹，将切换特效【卷走】拖放到【V2】轨道的素材的前半部分，单击特效，在【效果控件】面板中设置【持续时间】为“3s”，如图 6-149 所示。

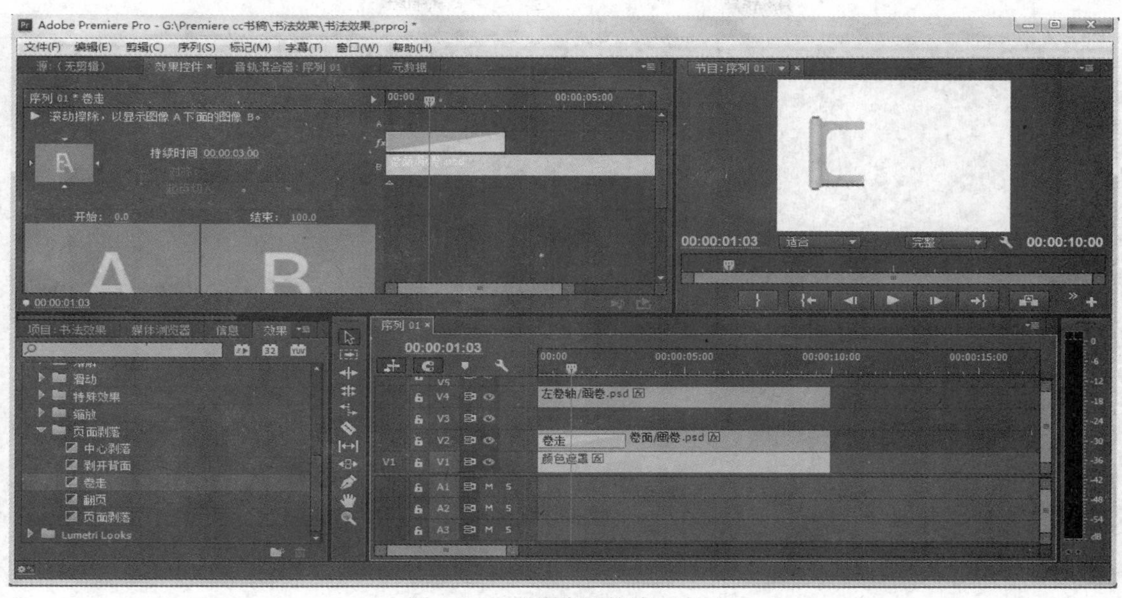

图 6-149　设置卷面的铺展动画

(6) 将【项目】面板中的图片素材【右卷轴/画卷.psd】拖放到【V3】上，并将其持续时间延长至 10s，在【效果控件】面板中展开【运动】特效，设置【缩放】为“150.0”，【位置】的值为“-110.0，288.0”，如图 6-150 所示。

(7) 选择【V3】上的【右卷轴/画卷.psd】，在【效果控件】面板中，展开【运动】特效，在 00:00:00:14 处，单击【位置】属性前的码表，新建一关键帧，将时间滑块移动到 00:00:02:10 处，修改【位置】属性的值为“329.0，288.0”，以自动新建一关键帧，这样就形成了右卷轴随着卷面的铺展而向右移动的动画效果，如图 6-151 所示。

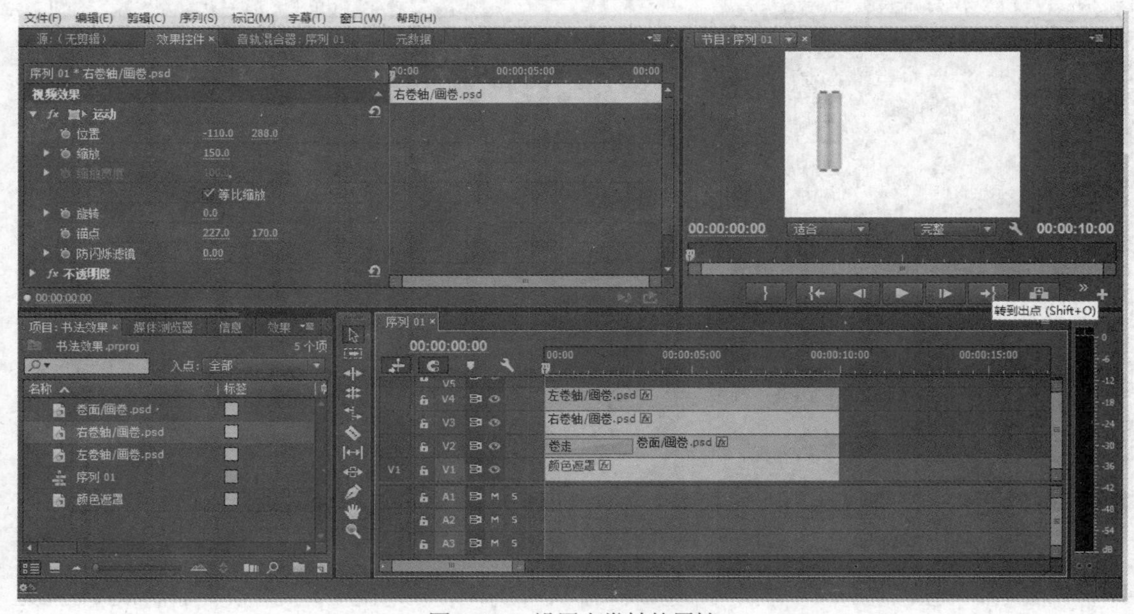

图 6-150　设置右卷轴的属性

图 6-151　设置右卷轴的动画效果

(8) 在【项目】面板中单击下方的【新建项】按钮，在菜单中选择【序列】命令，新建一个DV-PAL|【标准 48kHz】的序列文件“序列 02”；再单击【新建项】按钮，在菜单中选择【字幕】命令，打开字幕编辑器，输入文字“人口”，并设置大小为“130.0”，字体为“Rod”，填充类型为【实底】，颜色为“白色”；单击【垂直居中】按钮和【水平居中】按钮，使字幕居中于屏幕；将新建的“字幕 01”拖到“序列 02”的【V1】轨道上，将其持续时间设置为 7s，如图 6-152 所示。

图 6-152　新建序列及字幕文件

(9) 在【效果控件】面板中展开【视频效果】文件夹，展开【键控】文件夹，将特效【8 点无用信号遮罩】拖到字幕文件上，在【项目】面板中单击特效【8 点无用信号遮罩】，此时，在【节

目】窗口的视频上就会出现 8 个点，用这 8 个点将“人”字的一撇围住，将一捺遮盖，如图 6-153 所示。

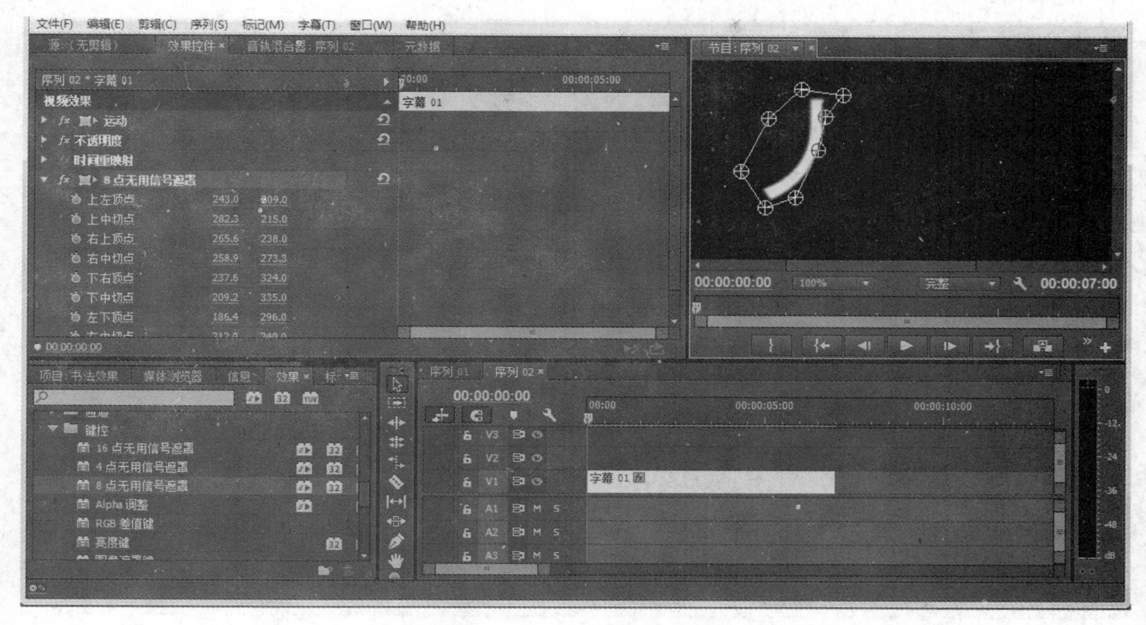

图 6-153　将“人”字的一捺遮盖

(10) 在【效果控件】面板中将【键控】文件夹中的特效【4 点无用信号遮罩】拖到字幕文件上，在【效果控件】面板中单击此特效，此时，在【节目】窗口中就会出现 4 个点，将这 4 个点围住“人”字的一撇，如图 6-154 所示。

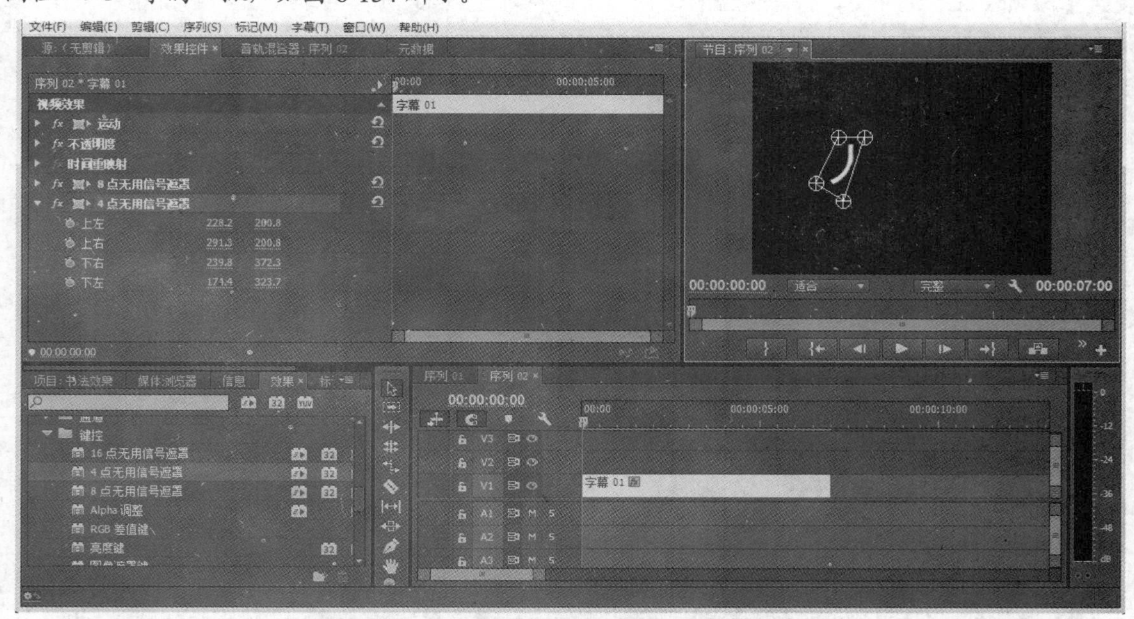

图 6-154　为字幕添加【4 点无用信号遮罩】特效

(11) 在【效果控件】面板中展开特效【4 点无用信号遮罩】，在 00:00:01:00 处，单击【上左】、

【上右】、【下右】及【下左】4 个属性前的码表，分别新建各个属性上的关键帧，在 00:00:00:00 处，用鼠标在【节目】窗口中将下方两点分别移动到上方，并与上方两点重合，由此，就自动新建了【下右】和【下左】属性的关键帧，形成了“人”字一撇书写的动画效果，如图 6-155 所示。

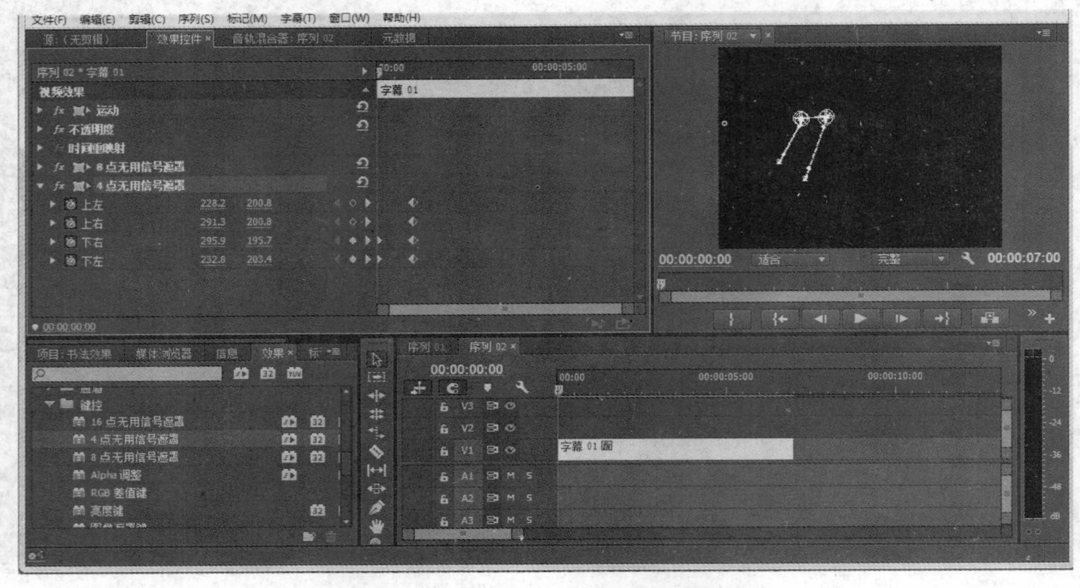

图 6-155 “人”字一撇的动画书写设置

(12) 在【时间线】面板中将时间线滑块移动到 00:00:01:00 处，将字幕文件拖到【V2】上，设置字幕文件的持续时间，使其与【V1】上字幕文件的持续时间一样长。在【效果控件】面板中展开【视频效果】文件夹，将【键控】文件夹下的特效【4 点无用信号遮罩】拖到该字幕文件上，在【效果控件】面板中单击此特效名字，在【节目】窗口中就会出现 4 个点，用鼠标调整 4 个点以围住“人”字的一捺，如图 6-156 所示。

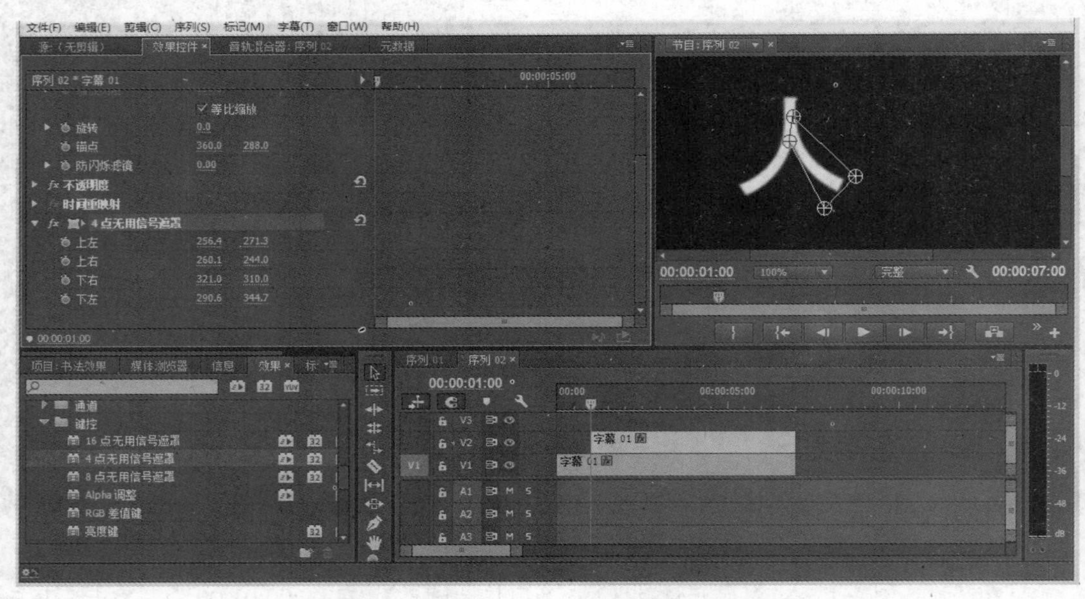

图 6-156 为字幕添加【4 点无用信号遮罩】特效

(13) 在【效果控件】面板中展开【4 点无用信号遮罩】特效，将时间滑块移动到 00:00:02:00 处，单击【上左】、【上右】、【下右】及【下左】4 个属性前的码表，分别新建各个属性上的关键帧；在 00:00:01:00 处，用鼠标在【节目】面板的视频中将下方两点分别移动到上方，并与上方两点重合，由此，就自动新建了【下右】和【下左】属性的关键帧，形成了“人”字一捺书写的动画效果，如图 6-157 所示。

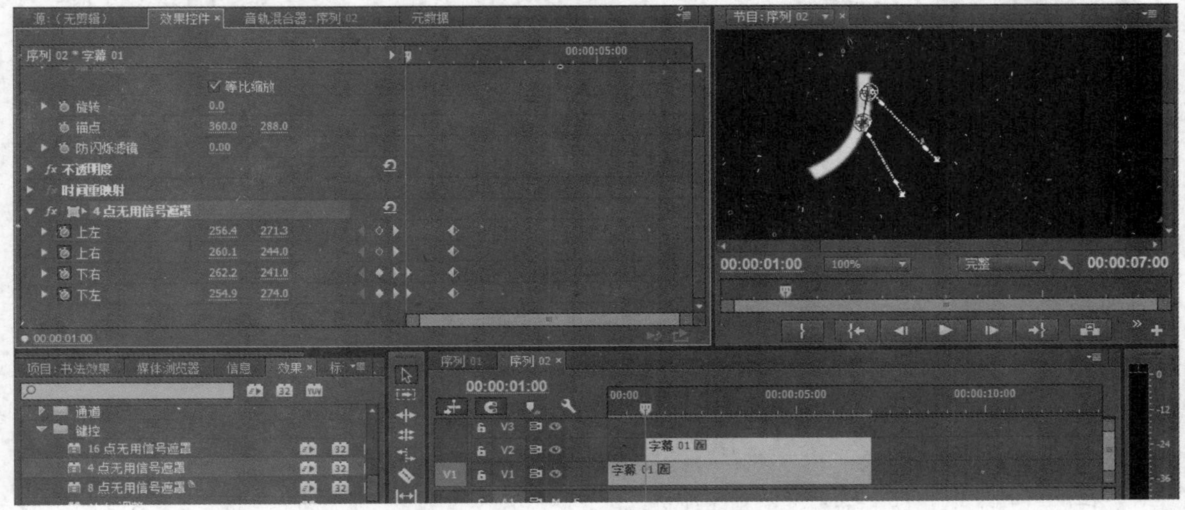

图 6-157　“人”字一捺的动画书写设置

(14) 在【时间线】面板中将时间线滑块移动到 00:00:02:00 处，将字幕文件拖到【V3】上，在【效果控件】面板中展开【视频效果】文件夹，将【键控】文件夹下的特效【4 点无用信号遮罩】拖到该字幕文件上，在【效果控件】面板中单击此特效名字，在【节目】窗口中就会出现 4 个点，用鼠标将 4 个点调整以围住“口”字的左一竖，如图 6-158 所示。

图 6-158　为字幕添加【4 点无用信号遮罩】特效

(15) 在【效果控件】面板中展开【4 点无用信号遮罩】特效，将时间滑块移动到 00:00:03:00 处，单击【上左】、【上右】、【下右】及【下左】4 个属性前的码表，分别新建各个属性上的关键帧；在 00:00:02:00 处，用鼠标在【节目】面板的视频中将下方两点分别移动到上方，并与上方两点重合，由此，就自动新建了【下右】和【下左】属性的关键帧，形成了“口”字左一竖书写的动画效果，如图 6-159 所示。

图 6-159 “口”字左一竖的动画书写设置

(16) 在【时间线】面板中，右击面板左边空白处，在弹出的快捷菜单中选择【添加轨道】命令，在弹出的【添加视音轨】对话框中添加“3”条视频轨道，“0”条音频轨道，“0”条音频子混合轨道。将时间线滑块移动到 00:00:03:00 处，将字幕文件拖到【V4】上，设置字幕文件的持续时间，使其与【V1】上字幕文件的持续时间一样长。在【效果】面板中展开【视频效果】文件夹，将【键控】文件夹下的特效【4 点无用信号遮罩】拖到该字幕文件上，在【效果控件】面板中单击此特效名字，在【节目】窗口中就会出现 4 个点，用鼠标将 4 个点调整以围住“口”字的上一横，如图 6-160 所示。

图 6-160 为字幕添加【4 点无用信号遮罩】特效

(17) 在【效果控件】面板中展开【4 点无用信号遮罩】特效，将时间滑块移动到 00:00:04:00 处，单击【上左】、【上右】、【下右】及【下左】4 个属性前的码表，分别新建各个属性上的关

键帧；在 00:00:03:00 处，用鼠标在【节目】面板的视频中将右方两点分别移动到左边，并与左边两点重合，由此，就自动新建了【上右】和【下右】属性的关键帧，形成了“口”字上一横书写的动画效果，如图 6-161 所示。

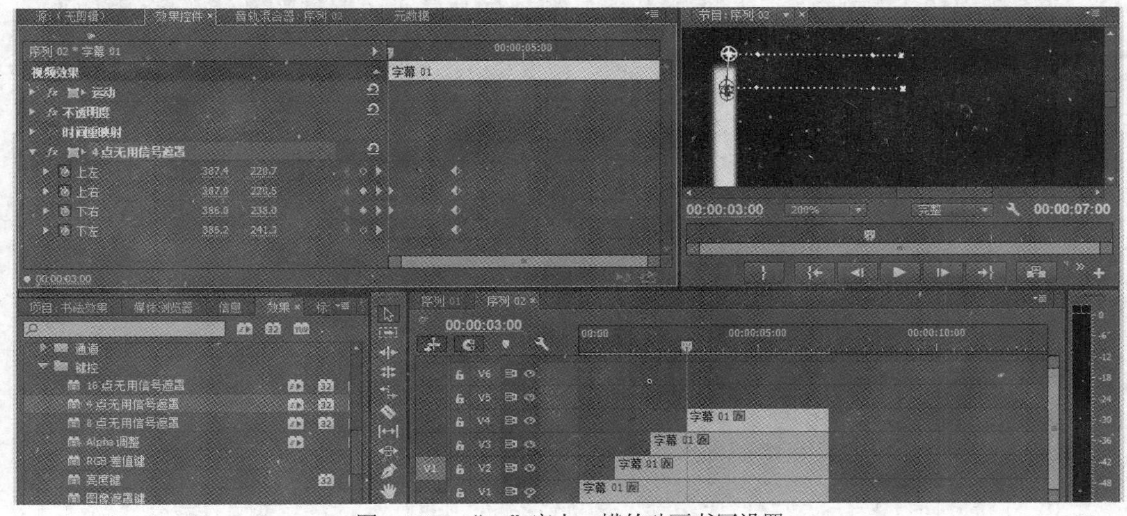

图 6-161　“口”字上一横的动画书写设置

(18) 在【时间线】面板中将时间线滑块移动到 00:00:04:00 处，将字幕文件拖到【V5】上，设置字幕文件的持续时间，使其与【V1】上字幕文件的持续时间一样长。在【效果控件】面板中展开【视频效果】文件夹，将【键控】文件夹下的特效【4 点无用信号遮罩】拖到该字幕文件上，在【效果控件】面板中单击此特效名字，在【节目】窗口中就会出现 4 个点，用鼠标将 4 个点调整以围住“口”字的右一竖，如图 6-162 所示。

图 6-162　为字幕添加【4 点无用信号遮罩】特效

(19) 在【效果控件】面板中展开【4 点无用信号遮罩】特效，将时间滑块移动到 00:00:05:00 处，单击【上左】、【上右】、【下右】及【下左】4 个属性前的码表，分别新建各个属性上的关键帧；在 00:00:04:00 处，用鼠标在【节目】面板的视频中将下方两点分别移动到上方，并与上方两点重合，由此，就自动新建了【下右】和【下左】属性的关键帧，形成了“口”字右一竖书写的动画效果，如图 6-163 所示。

图 6-163 “口”字右一竖的动画书写设置

(20) 在【时间线】面板中将时间线滑块移动到 00:00:05:00 处，将字幕文件拖到【V6】上，设置字幕文件的持续时间，使其与【V1】上字幕文件的持续时间一样长。在【效果控件】面板中展开【视频效果】文件夹，将【键控】文件夹下的特效【4 点无用信号遮罩】拖到该字幕文件上，在【效果控件】面板中单击此特效名字，在【节目】窗口中就会出现 4 个点，用鼠标将 4 个点调整以围住“口”字的下一横，如图 6-164 所示。

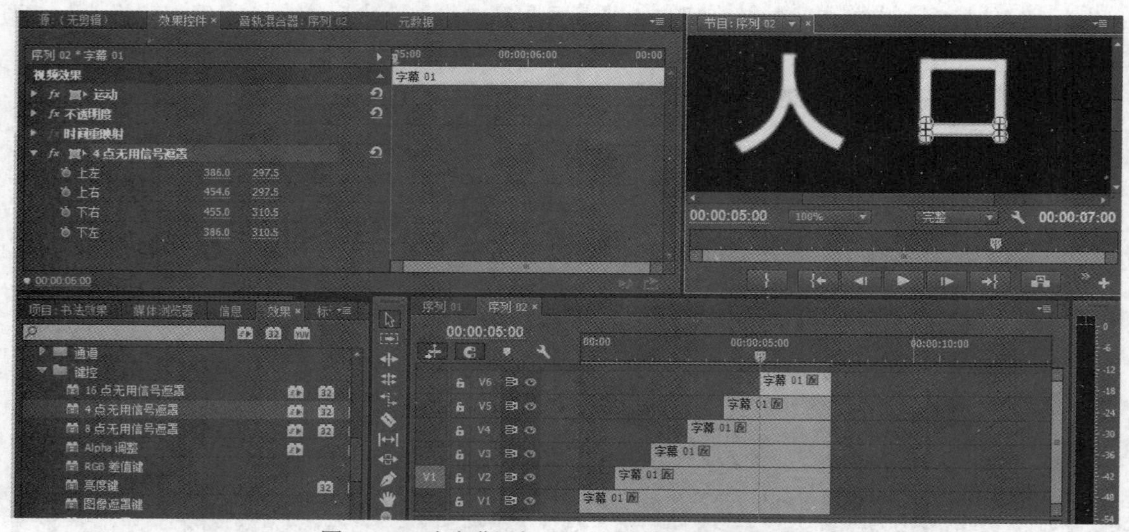

图 6-164 为字幕添加【4 点无用信号遮罩】特效

(21) 在【效果控件】面板中展开【4 点无用信号遮罩】特效，将时间滑块移动到 00:00:06:00 处，单击【上左】、【上右】、【下右】及【下左】4 个属性前的码表，分别新建各个属性上的关键帧；在 00:00:05:00 处，用鼠标在【节目】面板的视频中将右方两点分别移动到左边，并与左方边两点重合，由此，就自动新建了【上右】和【下右】属性的关键帧，形成了“口”字下一横书写的动画效果，如图 6-165 所示。

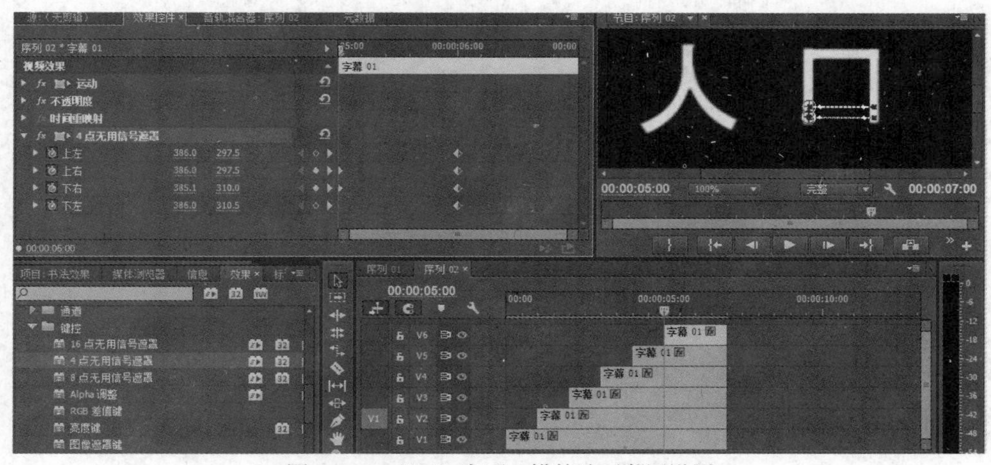

图 6-165　“口”字下一横的动画书写设置

(22) 在【时间线】面板中单击“序列 01”选项卡，此时就进入到“序列 01”的编辑窗口，将时间滑块移动到 00:00:03:00 处，将“序列 02”拖到【V5】上，在【效果控件】面板中展开【运动】属性，设置【位置】为“383.0,288.0”，修改字幕文件中文字的颜色为“黑色”，如图 6-166 所示。按空格键或 Enter 键浏览效果，最后执行【文件】|【保存】命令，保存项目文件。

图 6-166　结合两序列文件

习　题

1. Premiere Pro CC 中视频特效有哪些分类？
2. 如何方便查找视频特效？
3. 简述应用视频特效的步骤。
4. 删除视频特效有哪些方法？
5. 如何临时停用素材中已应用的视频特效？
6. 如何复制一个素材片段的所有的效果值到另一个片段？简述其步骤。
7. 哪种效果可以将画面没有选中的颜色范围变为黑色或者白色，选中部分仍然保持原样？

使用外挂滤镜

学习目标

Premiere Pro CC 中的滤镜是一种后期处理技术。作品编辑时外挂滤镜的应用能使制作出的作品具有十分独特而精彩的效果，因此深受影视制作人员的青睐。Premiere Pro CC 的外挂滤镜众多，本章将详细介绍 Premiere Pro CC 中几个最典型外挂滤镜的应用：Shine 光效、3D Stroke、Boris 系列和 Knoll Light Factory 系列，通过向用户展示外挂滤镜应用实例的制作，带领用户了解外挂滤镜的基础知识，使用户在掌握应用外挂滤镜制作特效的同时，进一步领略 Premiere Pro CC 的强大功能。

本章重点

- 外挂滤镜的基础知识
- 常用外挂滤镜的应用：Shine 光效、3D Stroke、Boris 系列和 Knoll Light Factory 系列

任务 1　认识外挂滤镜

一般来说，一个大型软件在开发的过程中，常会只着眼于大的功能方面，而将一些人性化和细节化的东西忽略。于是，外挂程序文件就诞生了，它们往往是由一些小公司开发出来的程序，有的可以单独运行，有的必须挂靠在大型软件上面，类似一种寄生程序。由于它们能实现的功能恰巧是大型软件所缺少的，从某种意义上说，是增加了大型软件的功能，所以一般公司对这样的程序也比较欢迎。

Premiere 中的外挂滤镜就是一种挂靠在 Premiere 上的寄生程序，提供了各式各样的滤镜效果，丰富了 Premiere 中的视频特效。随着影视制作技术的不断发展，Premiere 中的外挂滤镜也如雨后春笋般涌现。要想在影视编辑中应用外挂滤镜来制作特效，需要先下载相关插件，复制或安装到相应文件夹中才可以使用。

任务 2　应用外挂滤镜

Premiere Pro CC 中外挂滤镜众多，由于篇幅关系，本章将重点介绍 Premiere Pro CC 中 4 个最典型外挂滤镜的应用：Shine 光效、3D Stroke、Boris 系列和 Knoll Light Factory 系列，使用户在学

习应用外挂滤镜制作特效的基础上，对 Premiere Pro CC 中外挂滤镜的应用有个初步了解，并使其掌握外挂滤镜的应用技巧。

7.2.1　Shine 光效

Shine 是使用频率较高的外挂滤镜之一，它操作简单，效果显著。利用 Shine 特效可制作多种光效，如光芒的放射效果、光芒的扫动效果、光芒的位置动画以及不同颜色的光效等。

【例 7-1】　利用 Shine 插件制作光芒四射的文字效果。

Shine 效果图如图 7-1 所示。

图 7-1　Shine 效果图

(1) 运行 Premiere Pro CC，打开欢迎界面，单击【新建项目】按钮，打开【新建项目】对话框，如图 7-2 所示，在该对话框中，采用默认设置，选择项目保存的路径及输入名称“Shine 光效”后，单击【确定】按钮后，可创建【Shine 光效】项目文件。进入主程序界面后，执行【文件】|【新建】|【序列】命令，此时系统将弹出【新建序列】对话框。

图 7-2　【新建项目】对话框

(2) 切换到【序列预设】选项卡，选择国内电视制式通用的 DV-PAL |【标准 48 kHz】，序列名称默认为“序列 01”，如图 7-3 所示。

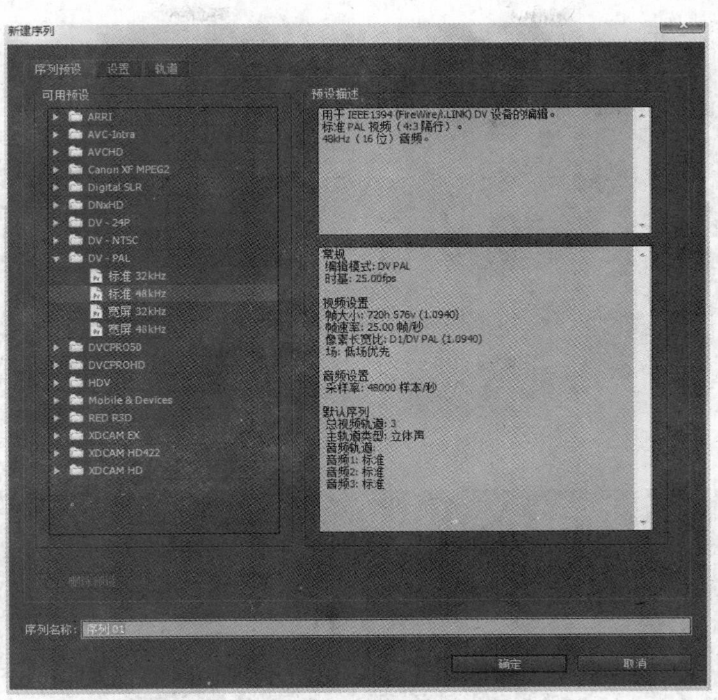

图 7-3　新建序列

(3) 选择【字幕】|【新建字幕】|【默认静态字幕】命令，打开【新建字幕】对话框，采用默认设置，字幕文件名为“字幕 01”，如图 7-4 所示，确定后进入字幕编辑窗口，选择输入工具(T)输入文字“创 E 工作室”，设置【字体】为“方正大黑简体”，设置【字体大小】为“44.0”，【字符间距】为“10.0”，选择工具(V)，在【居中】面板中设置文字【水平居中】和【垂直居中】，【填充类型】为“实底”，颜色为“白色”，如图 7-5 所示。

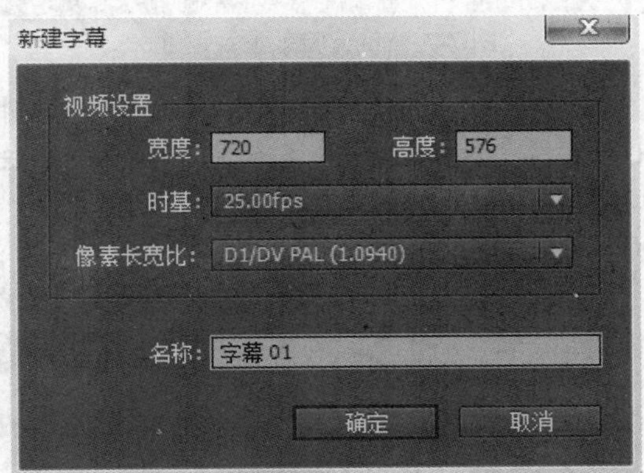

图 7-4　新建字幕

(4) 在【项目】选项卡中将【字幕 01】文件拖到【V1】轨道上，设置字幕文件的持续时间为 5s。

(5) 在【效果】选项卡中展开【视频效果】文件夹，再展开 Trapcode 文件夹，如图 7-6 所示；将 Shine 特效拖至【V1】的【字幕 01】上；切换到【效果控件】，展开 Shine 特效，展开 Pre-Process，勾选 Use Mask 复选框，设置 Mask Radius 为“75.0”，设置 Mask Feather 为“100.0”；设置 Ray Length 为 5.0，设置 Boost Light 为“10.0”；展开 Colorize，设置 Colorize…为“One Color”，并设置颜色

为“#D17CF5”，设置 Transfer Mode 为“Add”，如图 7-7 所示。

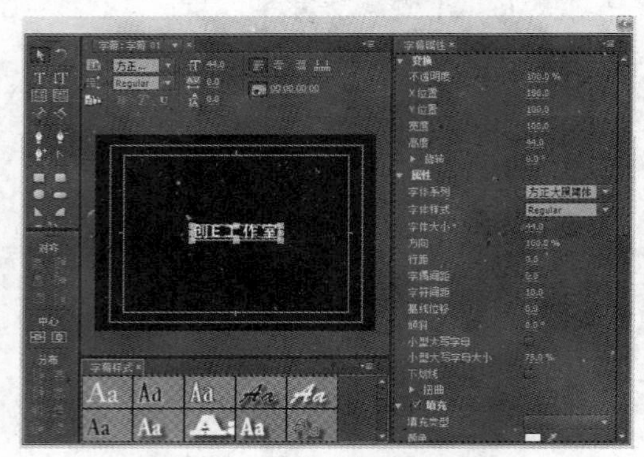

图 7-5　编辑字幕

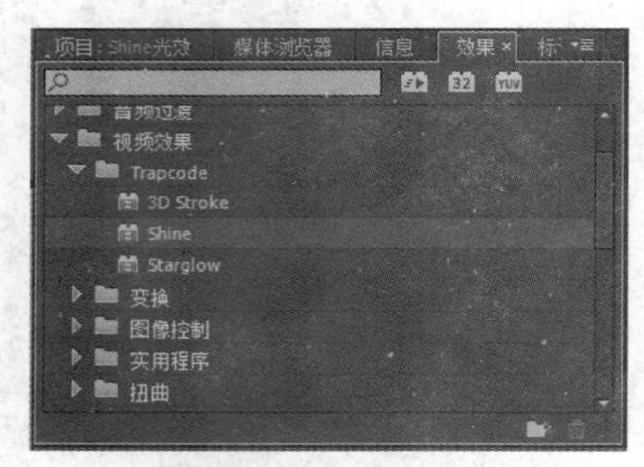

图 7-6 展开 Shine 特效

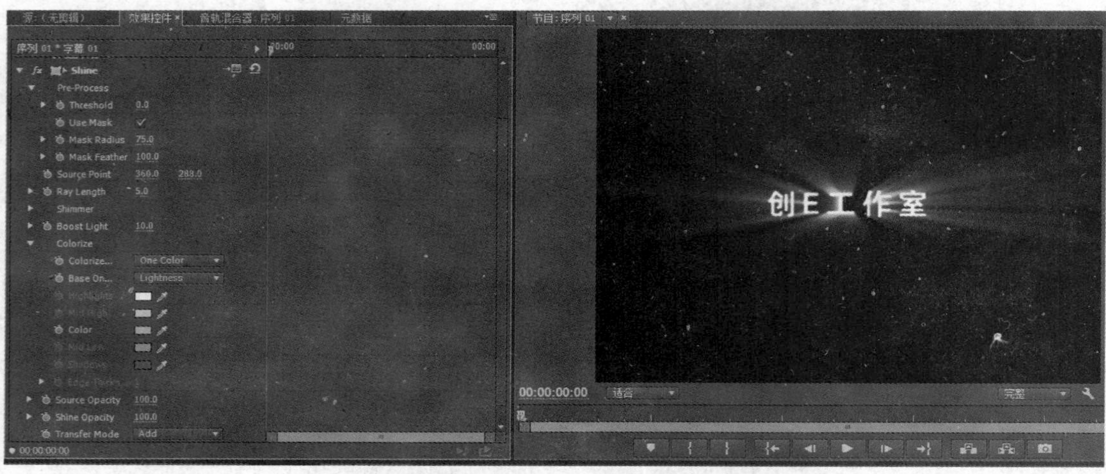

图 7-7　Shine 特效参数设置

(6) 在【效果控件】选项卡中单击 shine 特效的名字“shine”，此时，在【节目】窗口中可以看到光源点，在 00:00:01:00 处，单击 Source Point 前的码表创建一关键帧，将光源点拖到文字的左边(位置为“220.0, 288.0”)，在 00:00:04:00 处再新建一关键帧，将光源点拖到文字的右边(位置为“495, 288.0”)，在 00:00:02:12 处新建一关键帧，将光源点拖到文字中间的下方(位置为“360.0, 320.0”)，如图 7-8 所示，完成光线扫动的动画效果，按空格键可浏览动画效果。

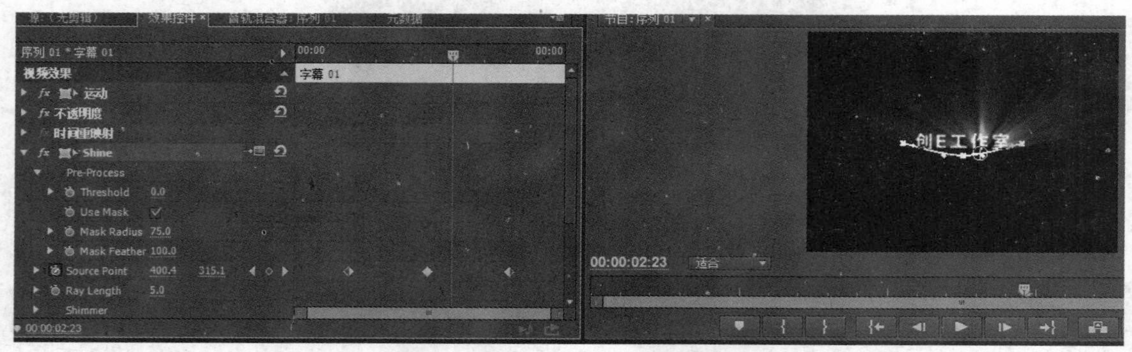

图 7-8　源点动画设置

(7) 在 00:00:01:00 处，单击 Shine Opacity 前的码表新建一关键帧，设置透明度为“0.0”，在 00:00:01:05 处新建一关键帧，设置透明度为“100.0”；在 00:00:03:20 处新建一关键帧，设置透明度为“100.0”；在 00:00:04:00 处，再新建一关键帧，设置透明度为“0.0”，完成透明度的动画制作，如图 7-9 所示。

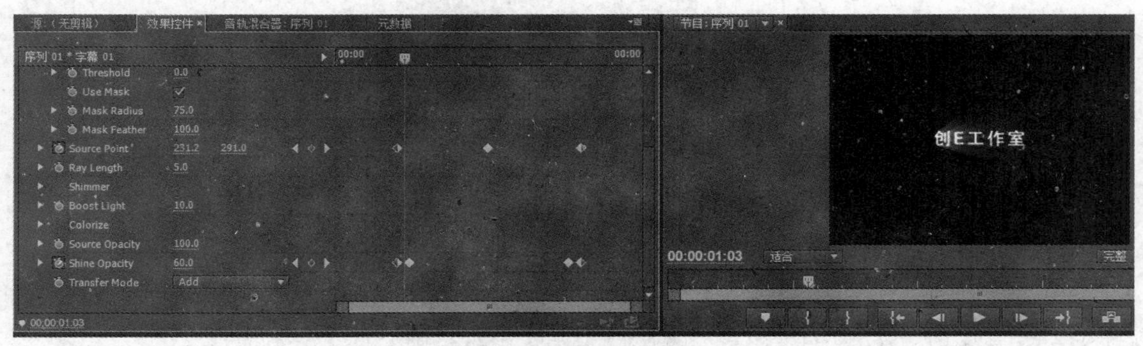

图 7-9　透明度动画设置

(8) 单击【时间线】面板，按空格键或 Enter 键浏览效果，最后执行【文件】|【保存】命令，保存项目文件。

利用 Shine 特效还可以制作出多种光效，如光芒的扫动效果、光芒的位置动画以及不同颜色的光效等，用户可自行尝试制作。

7.2.2　3D Stroke

【例 7-2】　利用 3D Stroke 特效制作绚丽特效视频。

3D stroke 特效效果图如图 7-10 所示。

图 7-10　3D stroke 特效效果图

(1) 运行 Premiere Pro CC，打开欢迎界面，单击【新建项目...】按钮，打开【新建项目】对话框，如图 7-11 所示，在该对话框中，采用默认设置，选择项目保存的路径及输入名称“3d stroke”后，单击【确定】按钮，可创建【3D stroke】项目文件。进入主程序界面后，执行【文件】|【新建】|【序列】命令，此时系统将弹出【新建序列】对话框。

(2) 切换到【序列预设】选项卡，选择国内电视制式通用的 DV-PAL |【标准 48 kHz】选项，序列名称默认为“序列 01”，如图 7-12 所示。

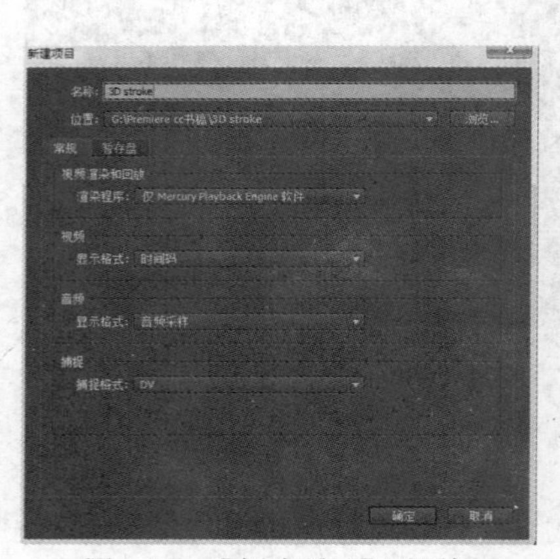

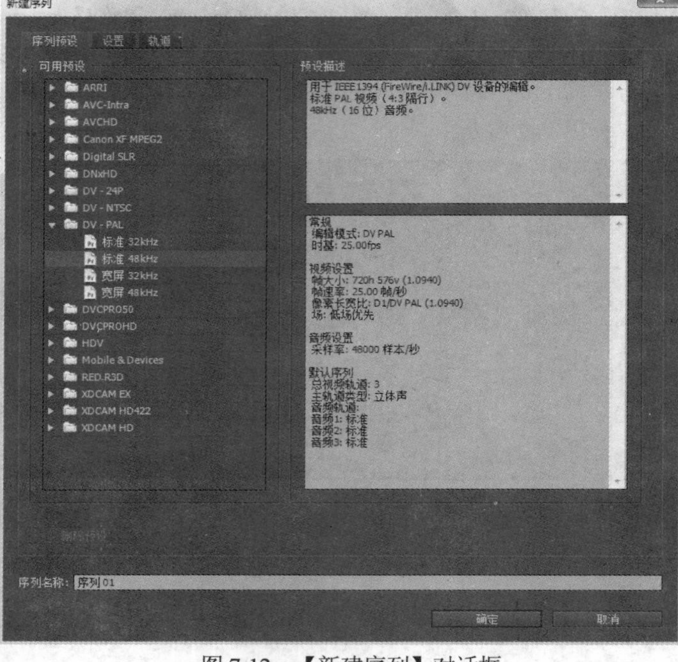

图 7-11 【新建项目】对话框　　　　图 7-12 【新建序列】对话框

(3) 单击【编辑】菜单中的【首选项】菜单，在子菜单中选择【常规】选项，在打开的窗口中，设置【静帧图像默认持续时间】为“125 帧”，如图 7-13 所示；单击在【项目】面板的右下角的【新建项】按钮，在弹出的菜单中选择【黑场视频】选项，新建一个“黑视场频”，并将之拖到【V1】轨道上，如图 7-14 和图 7-15 所示。

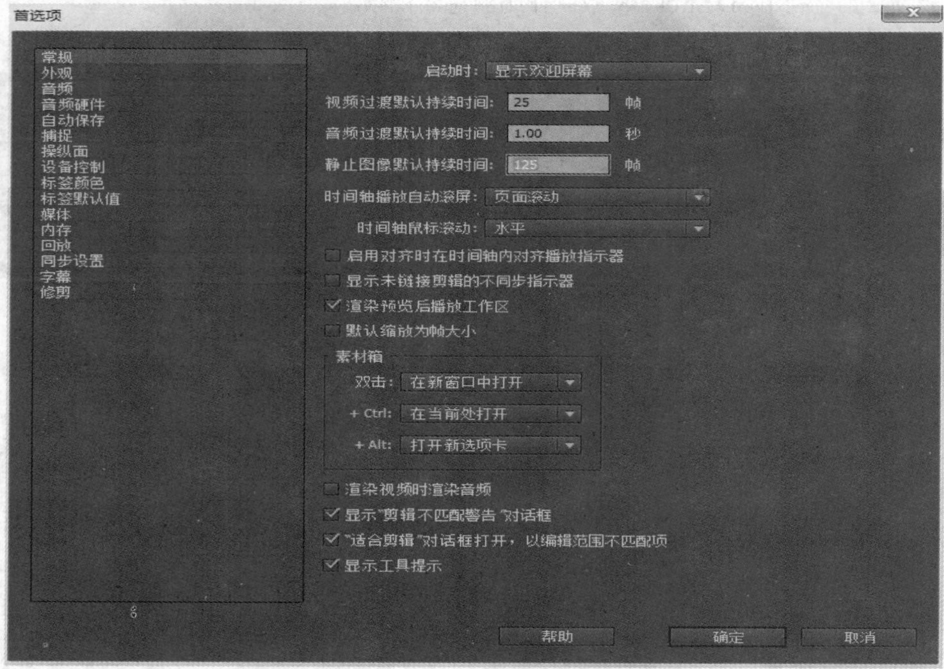

图 7-13 设置静帧图像持续时间

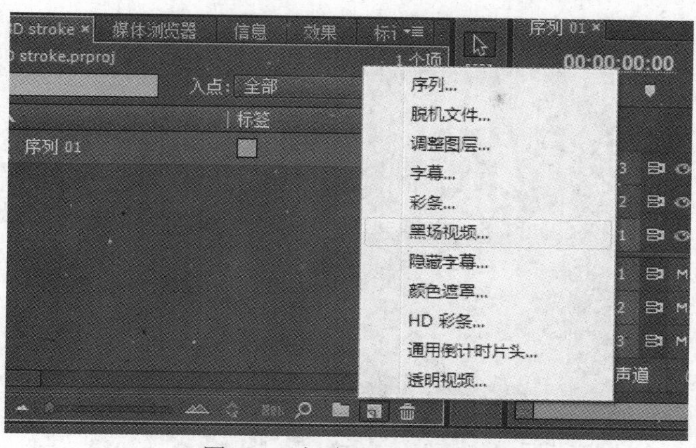

图 7-14　新建黑场视频文件

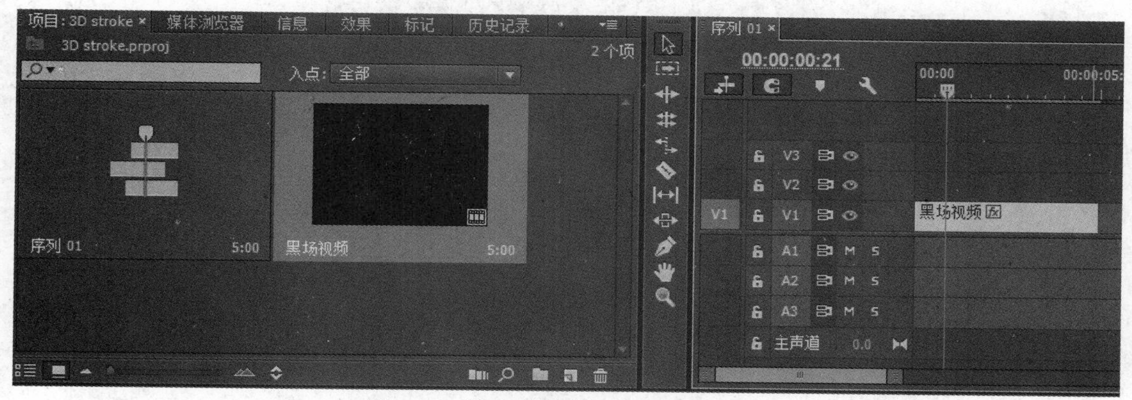

图 7-15　将黑场视频拖到【V1】轨道上

(4) 在【效果】面板中展开【视频效果】文件夹，展开【Trapcode】文件夹，如图 7-16 所示，将 3D Stroke 特效拖到【V1】轨道的“黑场视频”上，展开【效果控件】面板，展开 3D Stroke 特效，设置 Presets 为 Basic Square，ScaleX 为“0.8”，【ScaleY】为“0.8”，Thickness 为“5.0”，展开 Repeater 属性，勾选 Enable 及【Symmetric Doub…】复选框，设置 Instances 为“4”，Factor 为“1.2”，如图 7-17 所示。

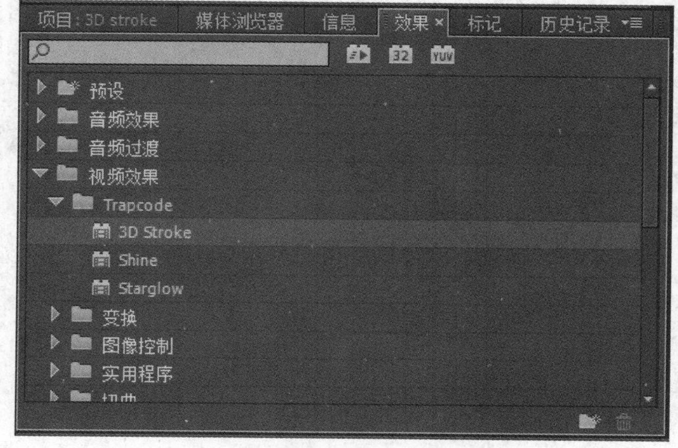

图 7-16　找到 3D Stroke 特效

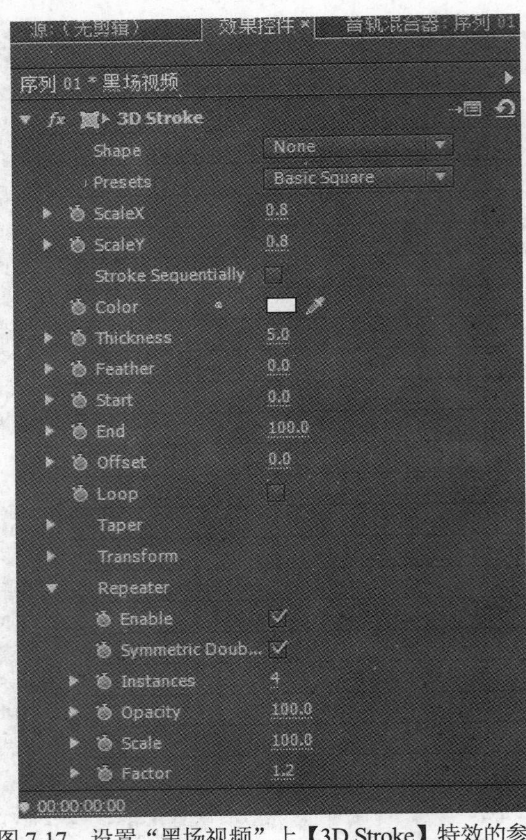

图 7-17　设置“黑场视频”上【3D Stroke】特效的参数

(5) 展开 Repeater 属性，在 00:00:00:00 处单击 Y Rotation 前的码表新建一个关键帧，修改 Y Rotation 的值为“45.0”；在 00:00:01:00 处，单击【添加/移除关键帧】按钮再新建一个关键帧，更改 Y Rotation 的值为“0.0”，形成每个矩形副本围绕 Y 轴进行旋转的动画，如图 7-18 所示。

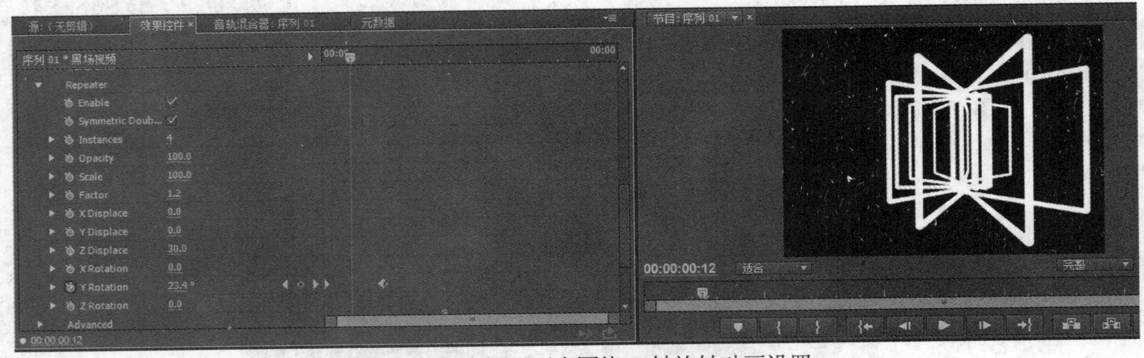

图 7-18　各个矩形副本围绕 Y 轴旋转动画设置

(6) 展开 Transform 属性，在 00:00:00:00 处单击 Y Rotation 前的码表新建一个关键帧，修改 Y Rotation 的值为“180.0”；在 00:00:01:00 处，单击【添加/移除关键帧】按钮再新建一个关键帧，更改 Y Rotation 的值为“0.0”，形成矩形群整体围绕 Y 轴进行旋转的动画，如图 7-19 所示。

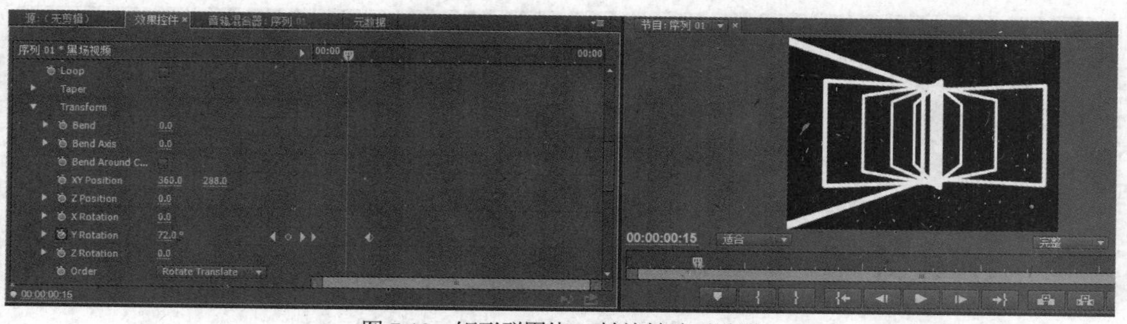

图 7-19　矩形群围绕 Y 轴旋转动画设置

(7) 展开 Repeater 属性，单击 Instances 前的码表新建一个关键帧，修改 Instances 的值为“10”；在 00:00:00:20 处，更改 Instances 的值为“6”以新建一关键帧；在 00:00:01:00 处，更改 Instances 的值为“0”　以新建一关键帧；在 00:00:01:05 处，更改 Instances 的值为“5”　以新建一关键帧，形成矩形副本由多到少，再由少到多的动画，如图 7-20 所示。

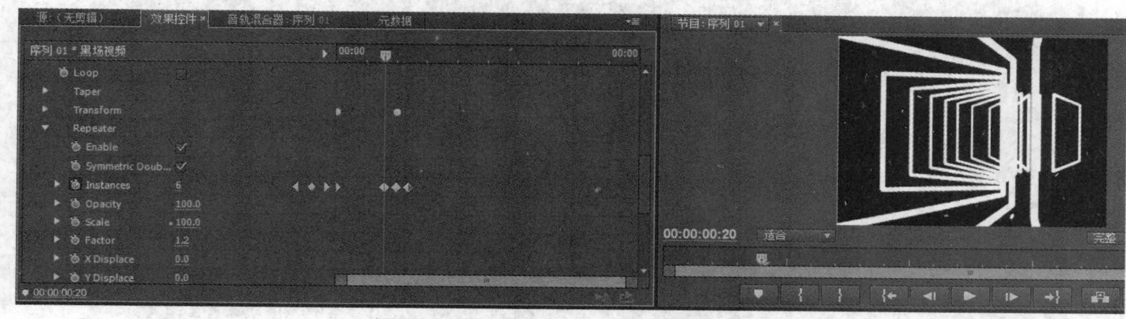

图 7-20　矩形副本数目变化的动画设置

(8) 展开 Repeater 属性，在 00:00:01:00 处单击 Scale 前的码表新建一个关键帧；在 00:00:02:00 处，更改 Scale 的值为“380.0”以新建一关键帧，形成矩形由远及近的动画，如图 7-21 所示。

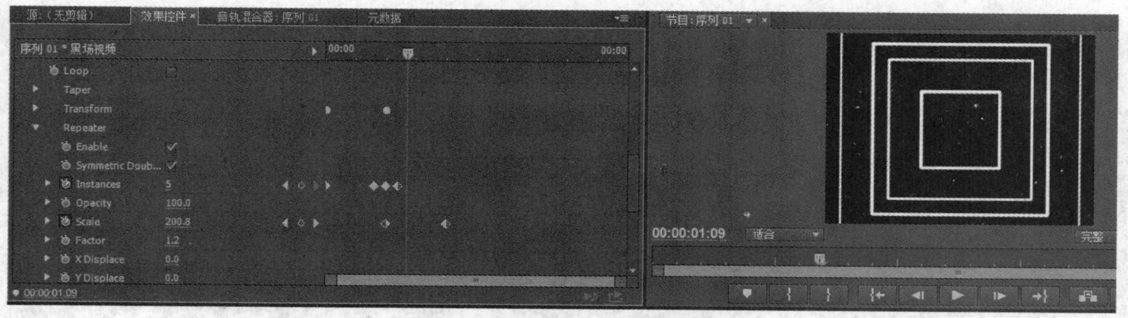

图 7-21　矩形由远及近动画设置

(9) 展开 Repeater 属性，修改 Z Displace 的值为“0.0”，在 00:00:00:00 处单击 X Displace 前的码表以新建一关键帧，修改 X Displace 的值为“50.0”，在 00:00:01:00 处，修改 X Displace 的值为“0.0”，以新建一关键帧，形成各个矩形在 X 方向上偏移的动画；修改【Factor】的值为“2.0”以保证各矩形间的间距更加适当，如图 7-22 所示。

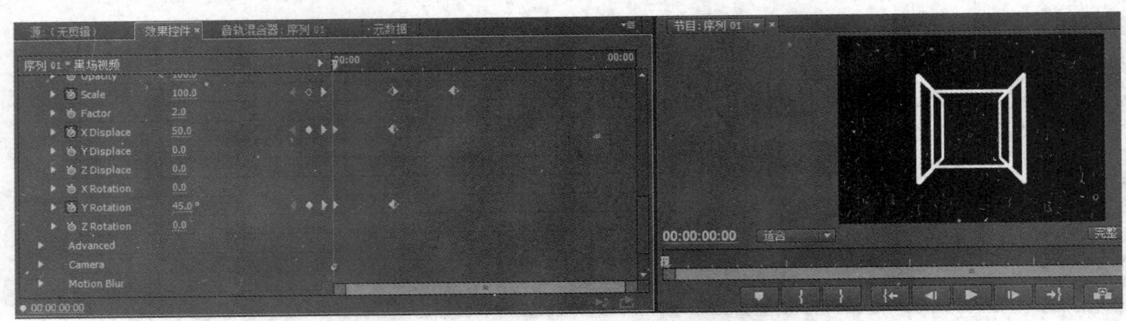

图 7-22　各矩形在 X 方向上偏移动画设置

(10) 在【项目】面板中导入素材“logo.jpg”，在【时间线】面板中将时间滑块移动到 00:00:01:00 处，将“logo.jpg”拖动到【V2】上的时间滑块处，右击该素材，在弹出的快捷菜单中选择【速度/持续时间...】，在打开的对话框中设置时间持续为 4s(00:00:04:00)，如图 7-23 所示。

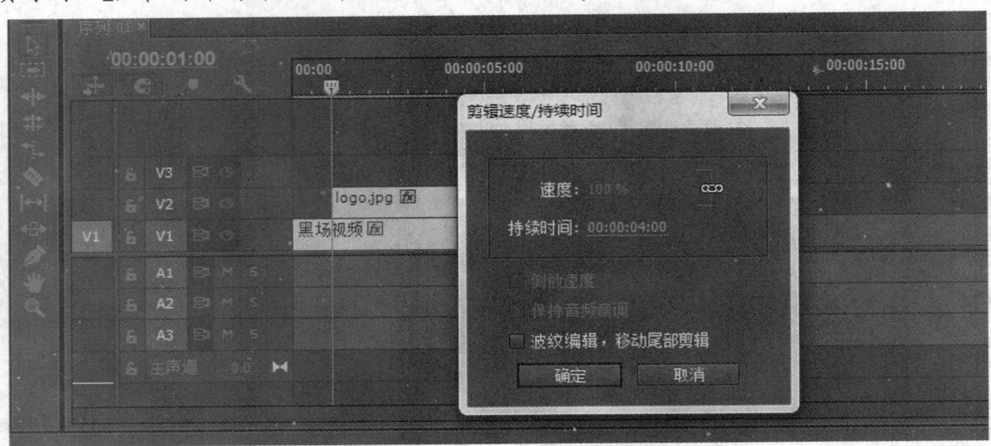

图 7-23　设置【V2】素材的持续时间

(11) 选择【V2】上的“logo.jpg”文件，在【效果控件】面板中，展开【运动】属性，设置【缩放】为“150.0”，以保证图片素材与矩形等大，如图 7-24 所示。

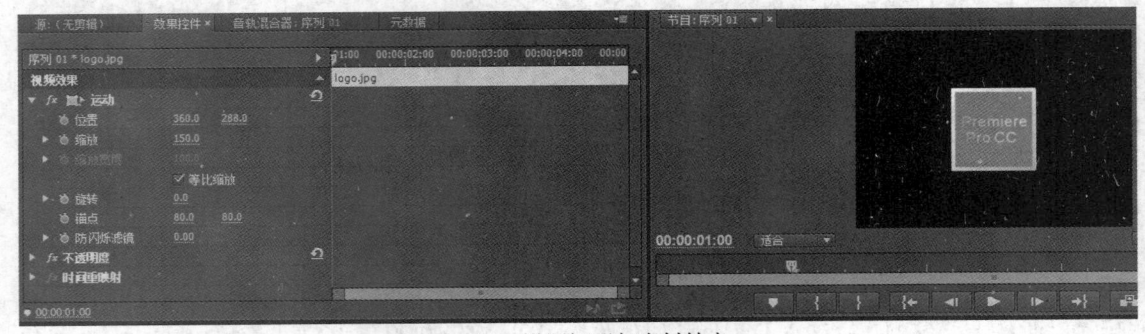

图 7-24　设置矩形与素材等大

(12) 在【效果控件】面板中展开【视频效果】文件夹，展开【生成】文件夹，将特效【渐变】拖到【V1】上的“黑场视频”上，在【效果控件】面板中展开【渐变】特效，选择【起始颜色】后的吸管按钮，用鼠标在【项目】窗口中单击“logo.jpg”的左上角白色区域，使起始颜色为白色；再单击【结束颜色】后的吸管按钮，用鼠标在【节目】窗口中单击“logo.jpg”的右下角浅

红色区域，使结束颜色为浅红色；单击【渐变】属性，在【节目】窗口会出现渐变色的起点和终点，用鼠标将起点拖到“logo.jpg”的左上角，将终点拖到“logo.jpg”的右下角，如图 7-25 所示。

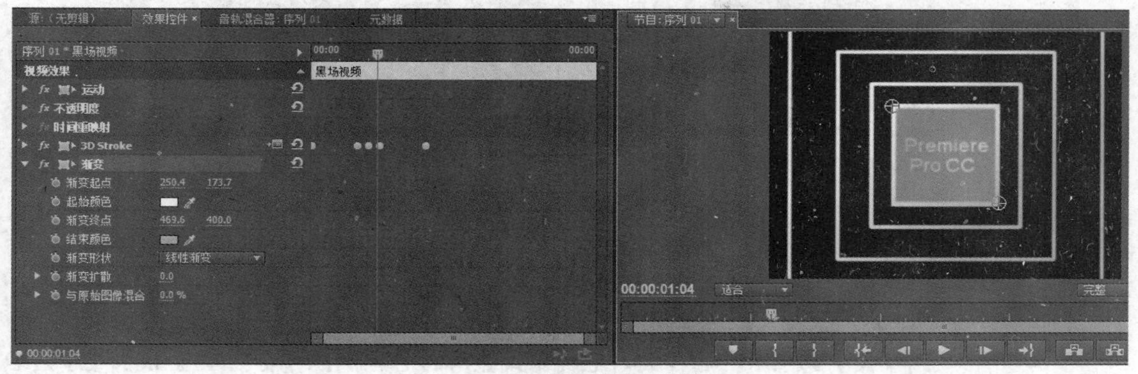

图 7-25　【渐变】特效参数设置

(13) 选择【V1】上的“黑场视频”，在【效果控件】面板中展开【运动】属性，在 00:00:00:00 处，单击【位置】前的码表以新建一关键帧，修改【位置】的值为“870.0，288.0”，在 00:00:00:10 处，修改【位置】的值为“360.0，288.0”以新建一关键帧，形成矩形框从右到窗口中间移动的动画效果，如图 7-26 所示。

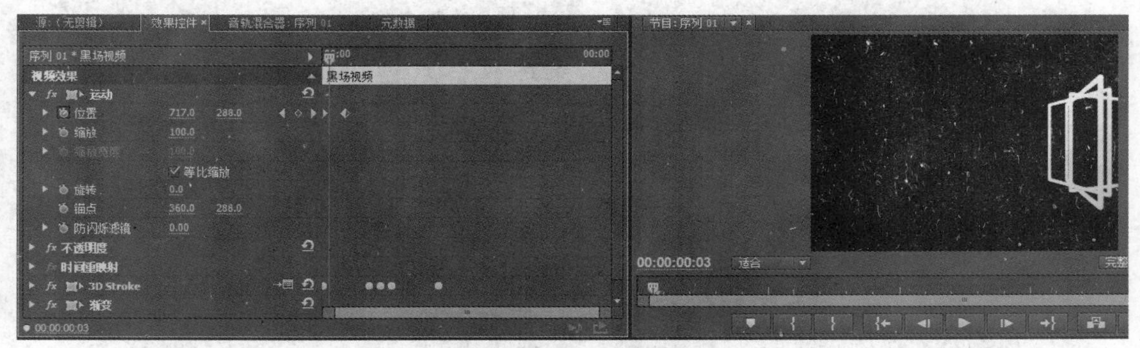

图 7-26　矩形框位置动画设置

(14) 单击【时间线】面板，按空格键或回车键浏览效果，最后执行【文件】|【保存】命令，保存项目文件。

7.2.3　Boris 系列

Boris 滤镜是 Boris 公司开发的部分插件。Boris 系列外挂滤镜中有多种效果，如 Boris AlphaSpotlight、Boris Blu、Boris Page Turn、Boris RevSpotlight、Boris RipplePro、Boris DirectionalBlur、Boris DVE、Boris GaussianBlur 和 Boris LightSweep 等。由于推出时间较早，其中不少滤镜已不太常用，但其中一些简单而实用的效果一直被影视制作人员所看好，如三维空间效果插件 Boris Sphere、Boris Cube 和 Boris Cylinder 的应用十分广泛。

【例 7-3】　利用 Boris 插件中的 Sphere 特效制作球体旋转视频。

效果如图 7-27 所示。

图 7-27　Boris 效果图

(1) 运行 Premiere Pro CC，打开欢迎界面，单击【新建项目】按钮，打开【新建项目】对话框，如图 7-28 所示，在该对话框中，采用默认设置，选择项目保存的路径及输入名称“节目预告”后，单击【确定】按钮后，可创建【节目预告】项目文件。进入主程序界面后，执行【文件】|【新建】|【序列】命令，此时系统将弹出【新建序列】对话框。

(2) 打开【序列预设】选项卡，选择国内电视制式通用的 DV-PAL |【标准 48 kHZ】，【序列名称】默认为“序列 01”，如图 7-29 所示。

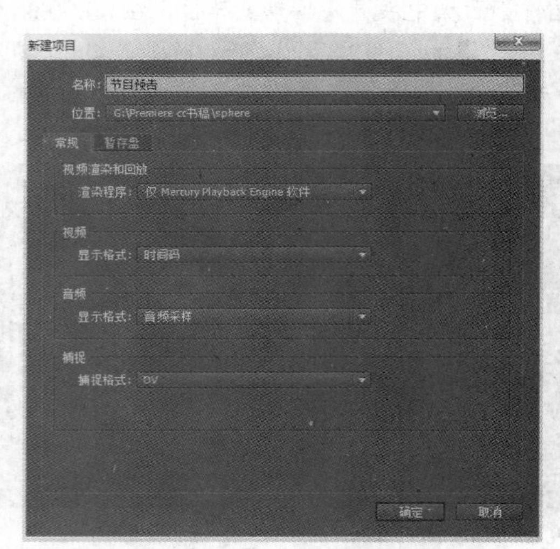

图 7-28　【新建项目】对话框

图 7-29　【新建序列】对话框

(3) 在【项目】面板中单击右下角的【新建项】按钮，选择【颜色遮罩...】，新建一个颜色为“#DCCC1B”的颜色遮罩，如图 7-30 所示，将颜色遮罩拖到【V1】轨道上；在【项目】面板中导入视频素材“动物世界片头片段.avi”，并将之拖到【V2】轨道上，将“颜色遮罩”的时间延长至与“动物世界片头片段.avi”时间相同，如图 7-31 所示。

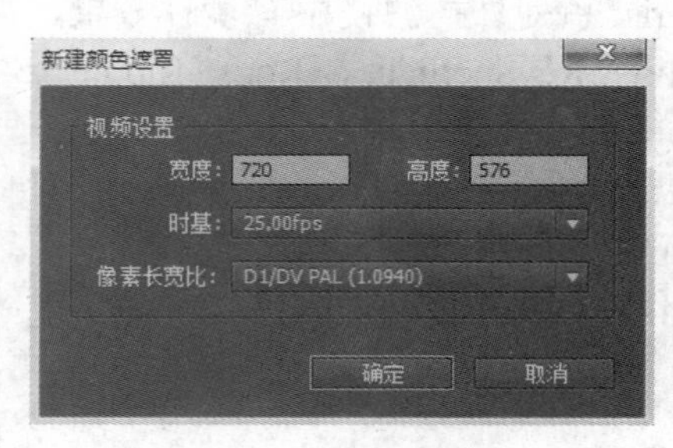

图 7-30　新建颜色遮罩

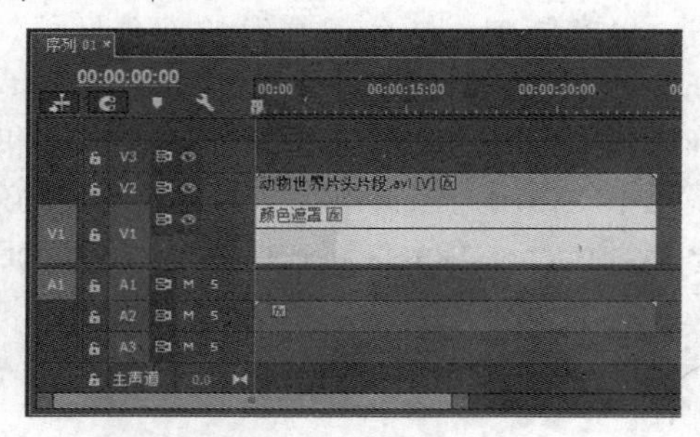

图 7-31　延长“颜色遮罩”时间

(4) 选中【V2】上的“动物世界片头片段.avi”，在【效果控件】面板中展开【运动】属性，设置【缩放】为“60.0”，【位置】为“450.0，354.0”；在【效果】面板中展开【视频效果】文件夹，展开【BCC8 Perspective】，如图 7-32 所示，将特效【BCC Sphere】拖到【V2】上的“动物世界片头片段.avi”，在【效果控件】中展开【BCC Sphere】特效，展开【Geometry】属性，设置【Wrap Percentage】为“51.0”，【Scale】为“135.0”，如图 7-33 所示。

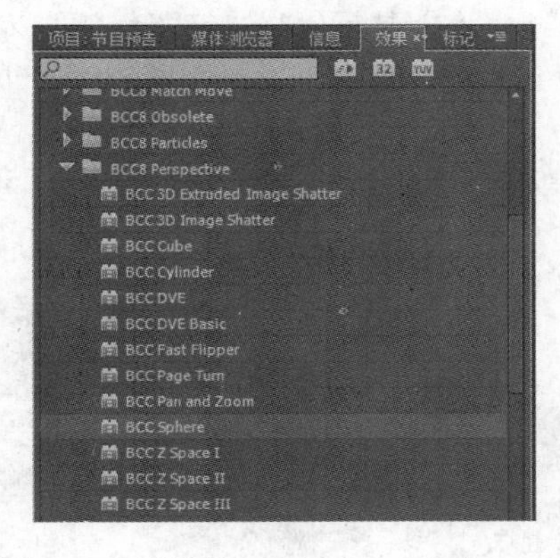

图 7-32　展开【BCC8 Perspective】

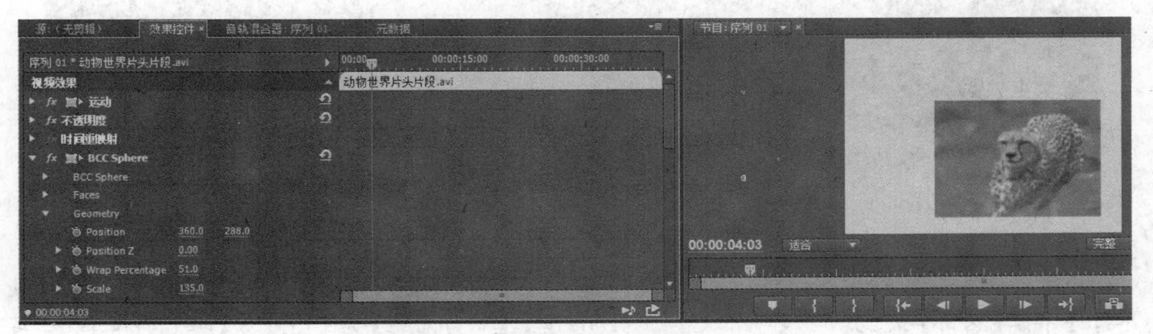

图 7-33　Sphere 特效参数设置

(5) 在 00:00:20:00 处，分别单击【Wrap Percentage】和【Scale】前的码表新建相应属性上的关键帧；在 00:00:20:05 处，分别修改【Wrap Percentage 】为“100.0”，【Scale】为“170.0”，以形成视频由平面到球面的动画效果；在 00:00:20:05 处，再单击【Spin】前的码表新建一关键帧，【Spin】的值为“0.0”，在 00:00:35:00 处，修改【Spin】的值为“2x”后自动新建一关键帧，形成球体旋转的动画效果，如图 7-34 所示。

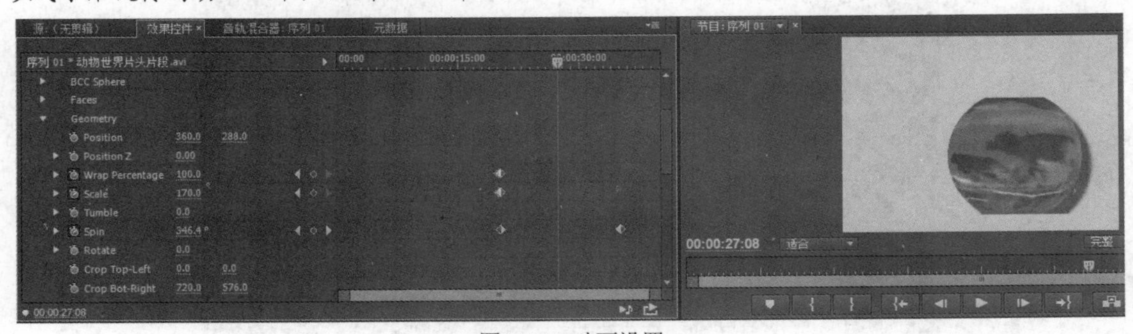

图 7-34　动画设置

(6) 在【项目】面板中，单击右下角的【新建项】按钮，选择【字幕...】选项，在【新建字幕】对话框中，给字幕取名为“节目预告”，如图 7-35 所示。在【字幕编辑器】中先选择【直线【工具】绘制一条横直线和一条竖直线，【填充类型】为“实底”，【颜色】为“白色”，勾选【阴影】复选框；用【垂直文字】工具，输入“节目预告”，【字体】为“方正大黑简体”，【字符间距】为“15.0”，【字体大小】为“70.0”，【填充类型】为“实底”，【颜色】为“白色”；用【输入】工具输入“今晚”，【字体】为“方正大黑简体”，【字符间距】为“10.0”，【字体大小】为“40.0”，【填充类型】为“实底”，【颜色】为“白色”；再用【输入】工具输入“20:05”，【字体】为“方正大黑简体”，【字符间距】为“5.0”，【字体大小】为“30.0”，【填充类型】为“实底”，【颜色】为“白色”；分别为 3 种文字都添加【阴影】，添加【外侧边】，参数采用默认设置，并调整 3 种文字的位置，如图 7-36 所示。

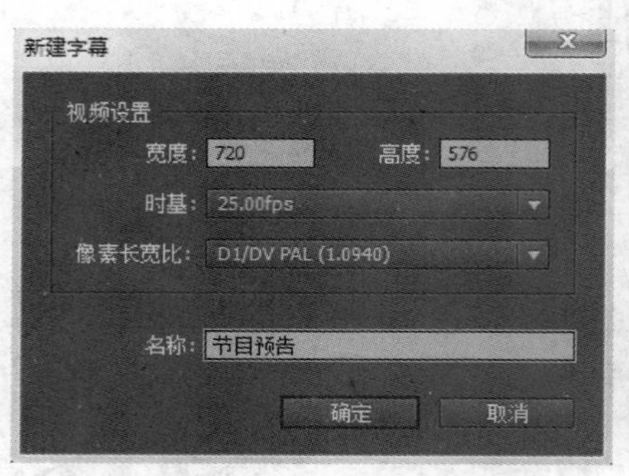

图 7-35 【新建字幕】对话框

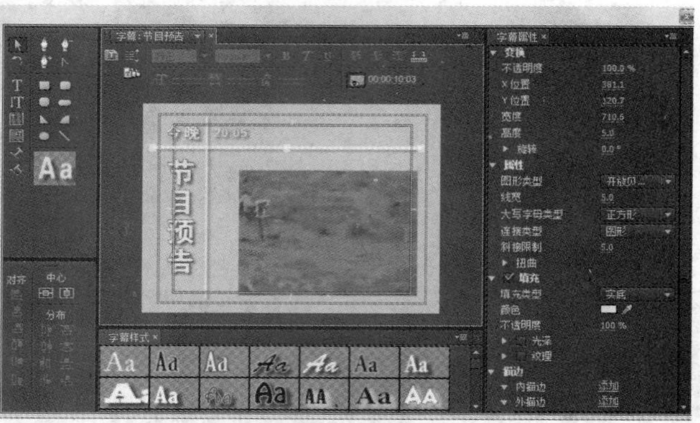

图 7-36 在【字幕编辑器】中设计字幕

(7) 将字幕文件“节目预告”拖到【V3】轨道上，将其持续时间设置为 40s。

(8) 单击【项目】面板右下角的【新建项】按钮，选择【字幕...】选项，在【新建字幕】对话框中，给字幕取名为“动物世界”；在打开的【字幕编辑器】中用【输入】工具输入“动物世界”，【字体】为“华文琥珀”，【字体大小】为“68.0”，【字符间距】为“12.0”，【填充类型】为“实底”，【颜色】为“#E89504”，如图 7-37 所示；添加外描边，【类型】为“边缘”，【大小】为“25.0”，【填充类型】为“实底”，【颜色】为“白色”，添加内描边，【类型】为“边缘”，【大小】为“10.0”，【填充类型】为“实底”，【颜色】为“白色”，将字幕居中于屏幕。

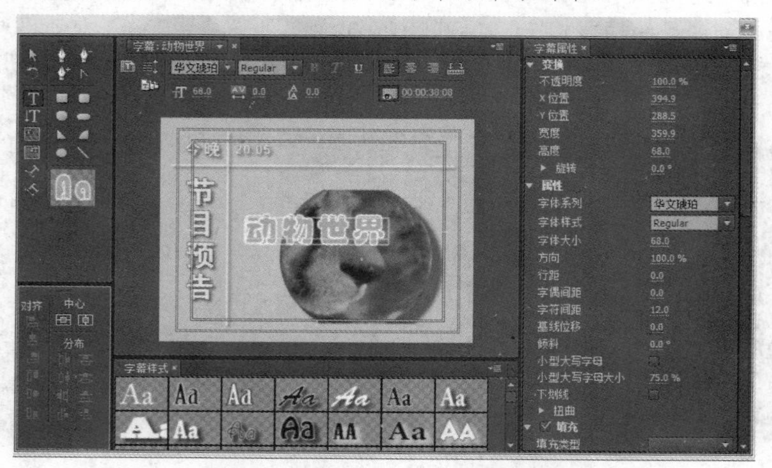

图 7-37 新建“动物世界”字幕

(9) 在【时间线】面板中，右击面板左边空白处，在弹出的快捷菜单中选择【添加轨道...】选项，在打开的【添加轨道】对话框中添加“1”条视频轨道，“0”条音频轨道，“0”条音频子混合轨道，如图 7-38 所示。

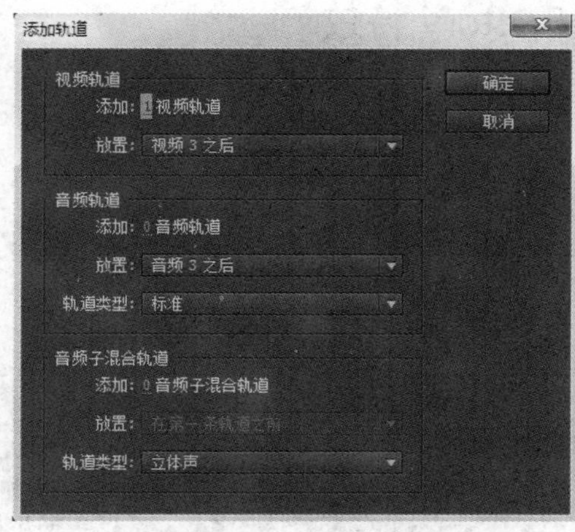

图 7-38　添加轨道

(10) 将时间滑块移动到 00:00:35:00 处，将“动物世界”字幕文件拖到【V4】轨道上时间滑块处，设置其持续时间为 5s；在【效果控件】面板中，展开【运动】属性，设置【位置】为“450.0,366.0”，在 00:00:35:00 处，单击【缩放】属性前的码表以新建一个关键帧，设置【缩放】为“0.0”，在 00:00:37:00 处，修改【缩放】的值为“100.0”，以新建一个关键帧，形成字幕由小到大的动画效果；在【效果】面板中展开【视频效果】文件夹，展开【透视】文件夹，将特效【基本 3D】拖到【V4】上的字幕文件“动物世界”上，在【效果控件】面板中展开【基本 3D】特效，在 00:00:35:00 处，单击【旋转】属性前的码表以新建一个关键帧，【旋转】的值为“0.0”，在 00:00:37:00 处，修改【旋转】的值为“1x”，以新建一个关键帧，形成字幕旋转一周的动画效果，如图 7-39 所示。

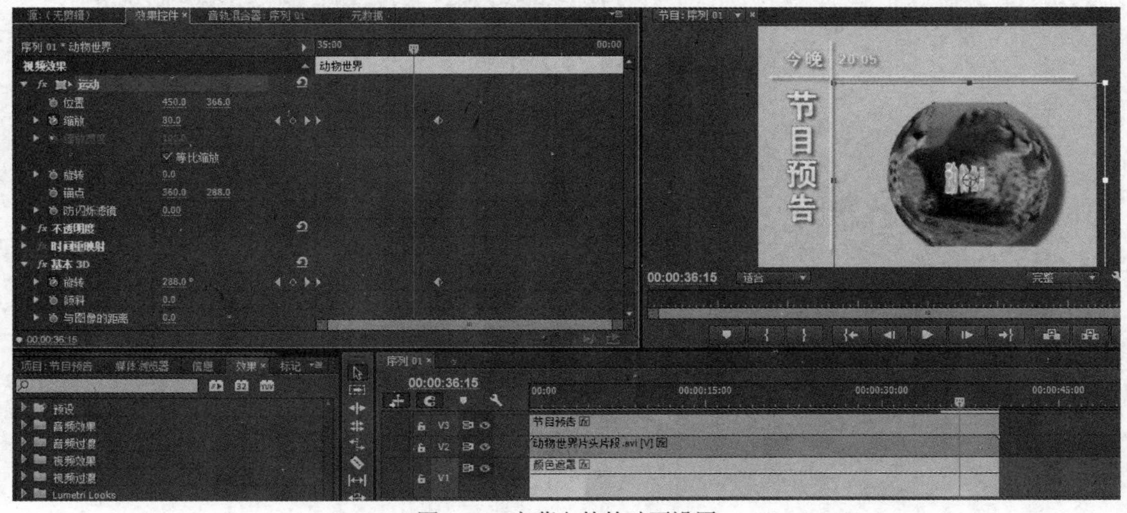

图 7-39　字幕文件的动画设置

(11) 单击【时间线】面板，按空格键或 Enter 键浏览效果，最后执行【文件】|【保存】命令，保存项目文件。

当然 Boris 系列中的特效还有很多，其中三维空间效果的特效也很多，用户可自行尝试其他特效的应用。

7.2.4 Knoll Light Factory 特效

Knoll Light Factory 特效是 After Effects 中的镜头光斑工厂插件，它为 Premiere Pro CC 提供了众多类型的点光效果。该特效的应用可为视频添加非常出色的点缀作用，而且适当的点光效果会使画面增色很多。

本节将介绍如何应用 Knoll Light Factory 特效制作点光闪耀的效果。

【例 7-4】 利用 Knoll Light Factory 插件实现点光闪耀的效果。

效果如图 7-40 所示。

图 7-40 效果图

(1) 运行 Premiere Pro CC，打开欢迎界面，单击【新建项目】按钮，打开【新建项目】对话框，如图 7-41 所示，在该对话框中，采用默认设置，选择项目保存的路径及输入名称“Knoll Light Factory”后，单击【确定】按钮，可创建 Knoll Light Factory 项目文件。进入主程序界面后，执行【文件】|【新建】|【序列】命令，此时系统将弹出【新建序列】对话框。

(2) 选择【序列预设】选项，选择国内电视制式通用的 DV-PAL |【标准 48 kHZ】，【序列名称】默认为“序列 01”，如图 7-42 所示。

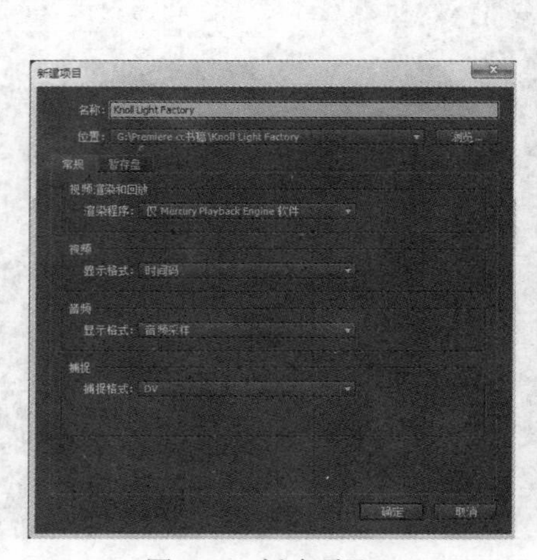

图 7-41 新建项目

图 7-42 新建序列

(3) 选择【字幕】|【新建字幕】|【默认静态字幕】命令，打开【新建字幕】窗口，采用默认设置，字幕文件名为“字幕 01”，单击【确定】按钮后进入字幕编辑窗口，选择输入工具(T)输入

文字“Adobe Premiere Pro CC”，设置字体为“Adobe Arabic”，字体样式为“Bold”，字体大小为“72.0”，选择选项工具(V)，在【居中】面板中设置文字为【水平居中】和【垂直居中】，文字【填充颜色】为“#F2FB06”，如图 7-43 所示，最后关闭字幕编辑窗口。

图 7-43　新建字幕

(4) 单击【项目】窗口下方【新建项】按钮，选择【黑场视频...】选项，新建一黑场视频，参数采用默认设置，如图 7-44 所示；将字幕和黑场视频分别拖到【V1】和【V2】上。

(5) 在【效果控件】面板中展开【视频效果】文件夹，再展开 Knoll Light Factory 文件夹，如图 7-45 所示，将 Light Factory EZ 特效拖至【V2】上的黑场视频上，展开【效果控件】面板，展开【透明度】属性，将【混合模式】设置为“变亮”，再展开 Light Factory EZ 特效，设置 Flare Type 为“Six Point Star 3”，设置 Scale 为“0.30”，如图 7-46 所示。

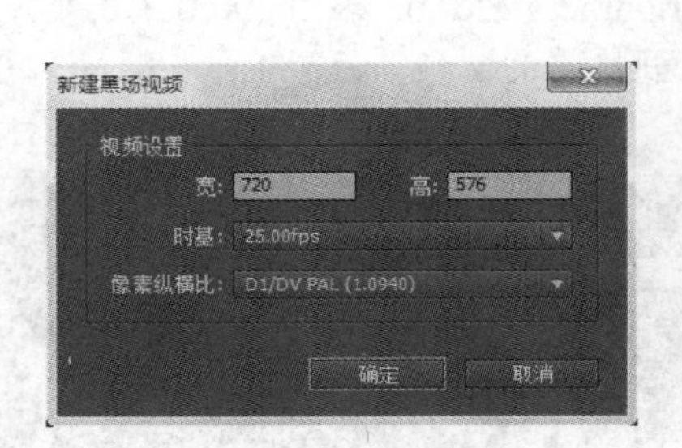

图 7-44　【新建黑场视频】对话框

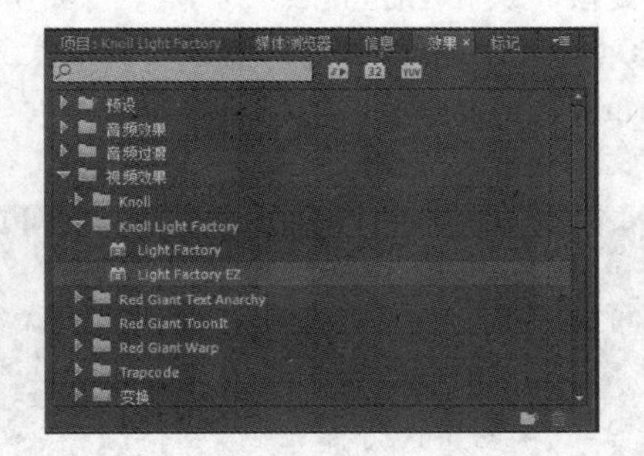

图 7-45　展开 Light Factory EZ 特效

图 7-46　特效参数设置

(6) 在 00:00:00:00 处，单击 Light Source Location 前的码表创建一关键帧，单击特效名称获得光源点，将光源点拖到“A”的上方，在 00:00:00:10 处，创建一关键帧，将光源点拖到字母“e”的下方，在 00:00:00:20 处，创建一关键帧，将光源点拖到字母“P”的上方，在 00:00:01:05 处，创建一关键帧，将光源点拖到数字“C”的右下方。选中 4 个关键帧点后右击，在弹出的快捷菜单中选择【临时插值】|【定格】命令，以保证光源在运动过程中在 4 个点上跳跃运动，如图 7-47 所示。

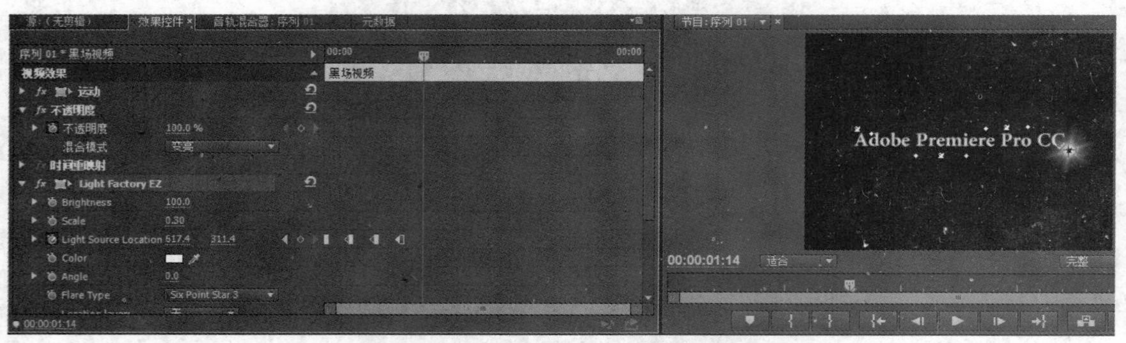

图 7-47　设置光源移动动画

(7) 在 00:00:00:00 处，单击 Brightness 前的码表创建一关键帧，设置 Brightness 为 0.0，在 00:00:00:05 处，创建一关键帧，设置 Brightness 为 100.0，在 00:00:00:10 处，创建一关键帧，设置 Brightness 为 0.0， 在 00:00:00:15 处；创建一关键帧，设置 Brightness 为 100.0；在 00:00:00:20 处，创建一关键帧，设置 Brightness 为 0.0， 在 00:00:01:00 处；创建一关键帧，设置 Brightness 为 100.0；在 00:00:01:05 处，创建一关键帧，设置 Brightness 为 0.0；在 00:00:01:10 处，创建一关键帧，设置 Brightness 为 100.0；在 00:00:01:15 处，创建一关键帧，设置 Brightness 为 0.0，以实现星光闪烁的效果，如图 7-48 所示。

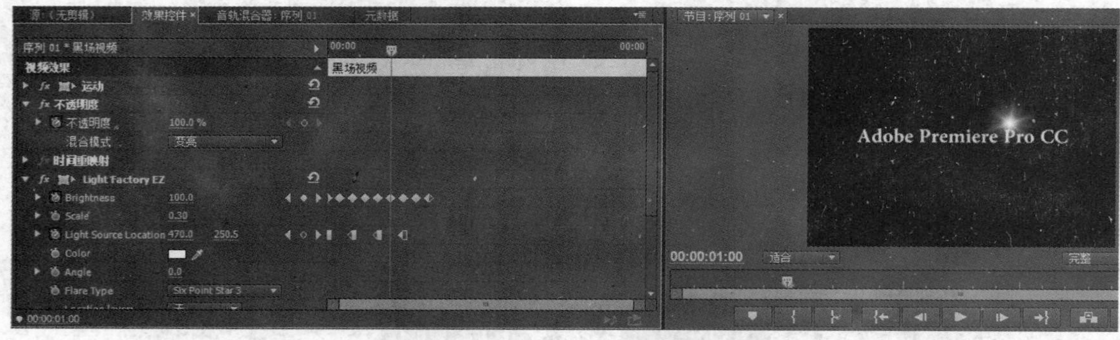

图 7-48　设置星光闪烁动画

(8) 在 00:00:01:10 处，单击 Flare Type 前的码表创建一关键帧，在 00:00:01:15 处，设置 Flare Type 的值为“Pv1”，将星光转换成蓝色线性光，并在 00:00:01:22 处将 Brightness 的值改为“100.0”以创建新的关键帧，显示蓝色光，如图 7-49 所示。

(9) 在 00:00:01:22 处，单击 Light Source Location 属性后的【添加/删除关键帧】按钮以创建新关键帧，右击该关键帧，在弹出的快捷菜单中选择【临时插值】|【线性】命令，将关键帧改为线性关键帧；在 00:00:03:06 处，再新建一关键帧，单击特效名字以获得光源点，并将光源点拖到“A”的左下方，右击该关键帧，在弹出的快捷菜单中选择【临时插值】|【线性】命令，将关键帧改为线性关键帧，如图 7-50 所示。

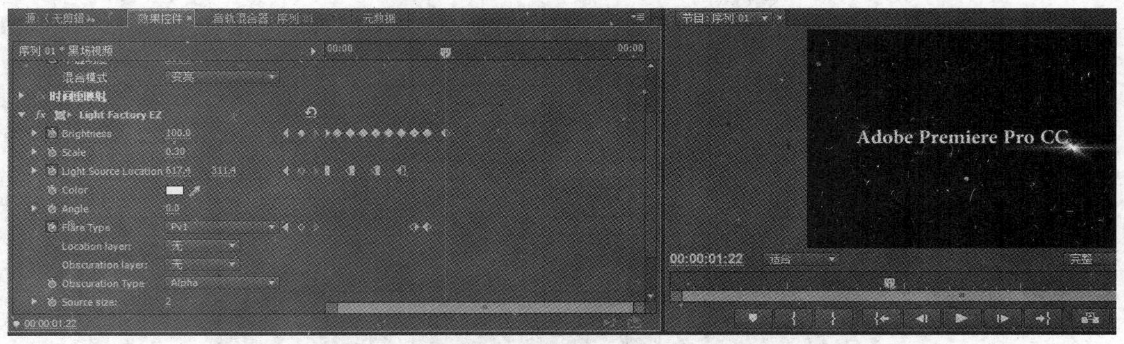

图 7-49　转换光源类型

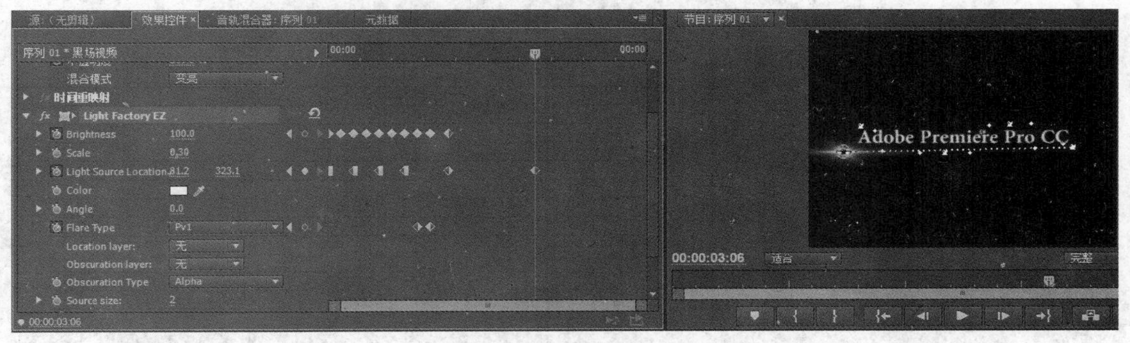

图 7-50　光线线性移动设置

(10) 在 00:00:02:24 处，单击 Brightness 属性后的【添加/删除关键帧】按钮以创建新关键帧，参数值不变，在 00:00:03:06 处，修改 Brightness 的值为 0.0 以创建关键帧，实现光线由有到无的效果，如图 7-51 所示。

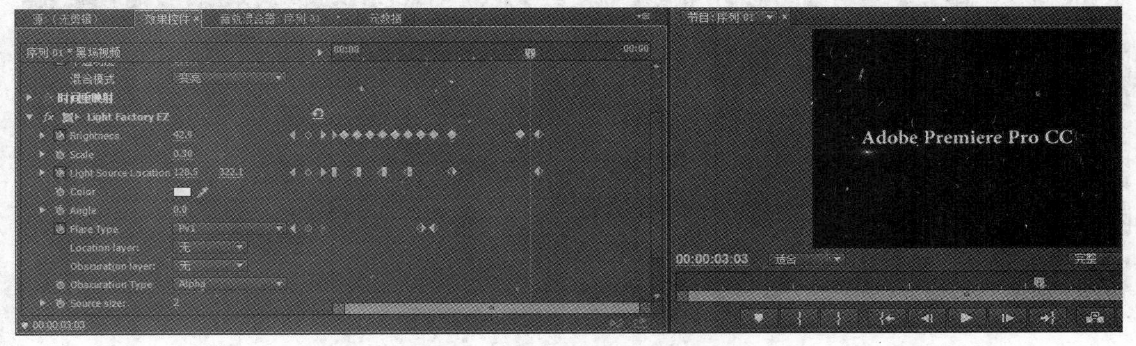

图 7-51　光线由有到无动画设置

(11) 选择【字幕】|【新建字幕】|【默认静态字幕】命令，打开【新建字幕】窗口，采用默认设置，字幕文件名为“直线”，单击【确定】按钮后进入字幕编辑窗口，用【直线】工具绘制一条直线，【填充类型】为“实底”，【颜色】为“#F2FB06”，单击【显示背景视频】按钮，以调整直线与文字之间的位置关系，如图 7-52 所示。

图 7-52　直线字幕的设置

(12) 在 00:00:01:20 处将“直线”字幕放置在【V3】上，设置其结束时间与其余轨道中的素材的结束时间相等。在【效果】面板中展开【视频过渡】文件夹，展开【擦除】文件夹，将视频切换特效【划出】拖至“直线”头部，在【效果控件】面板中，设置持续时间为 1s 14 帧，选中【显示实际源】和【反向】复选框，如图 7-53 所示。

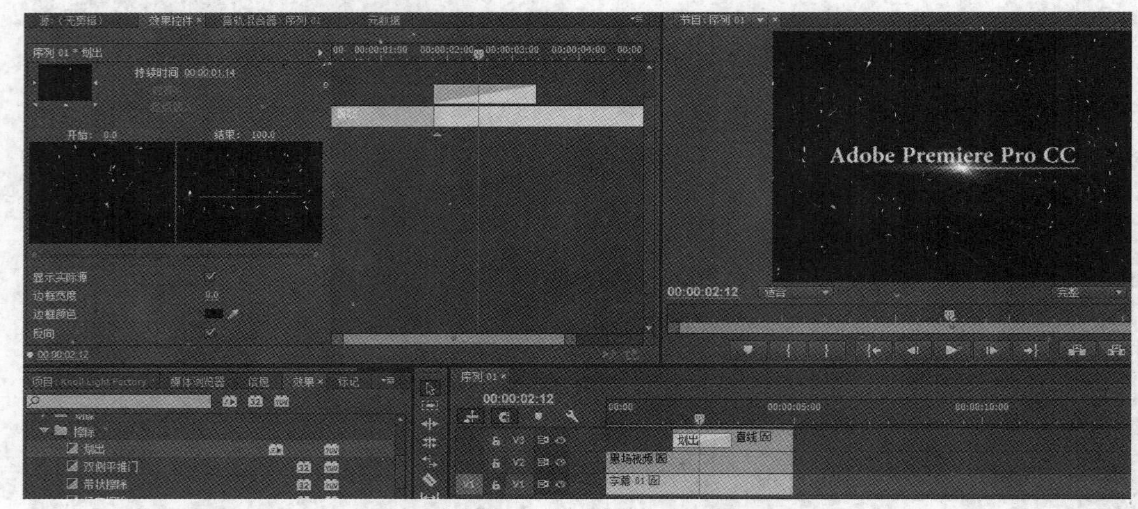

图 7-53　直线字幕的动画设置

(13) 按空格键或 Enter 键浏览效果，最后执行【文件】|【保存】命令，保存项目文件。

应用 Knoll Light Factory 特效，还可以制作出光芒、光芒动画和划光效果等，用户可自行尝试。

拓展训练

本项目拓展训练通过制作“立体旋转相册”，了解 Boris 插件中的 Cube 特效的应用。

效果如图 7-54 所示。

图 7-54　立体旋转相册效果图

(1) 运行 Premiere Pro CC，打开欢迎界面，单击【新建项目 ...】按钮，打开【新建项目】对话框，如图 7-55 所示，在该对话框中，采用默认设置，选择项目保存的路径及输入名称“立体旋转相册”后，单击【确定】按钮，可创建【立体旋转相册】项目文件。进入主程序界面后，执行【文件】|【新建】|【序列】命令，此时系统将弹出【新建序列】对话框，如图 7-56 所示。

(2) 在【新建序列】的【设置】选项卡中，设置【编辑模式】为【自定义】，画面大小设定为 680px × 453px，【像素长宽比】为【方形像素(1.0)】，【序列名称】默认为“序列 01”，如图 7-56 所示。

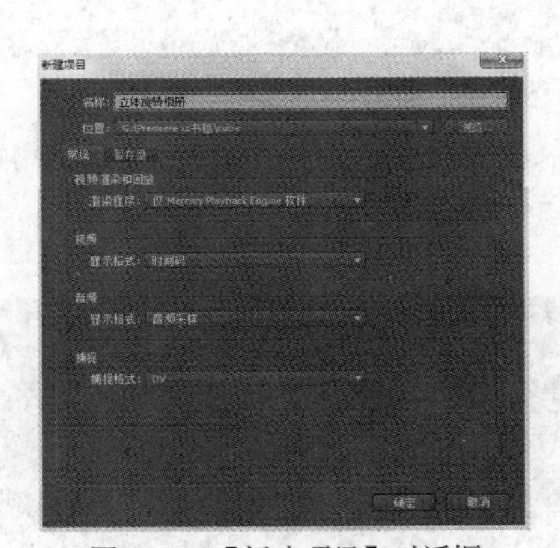

图 7-55　【新建项目】对话框

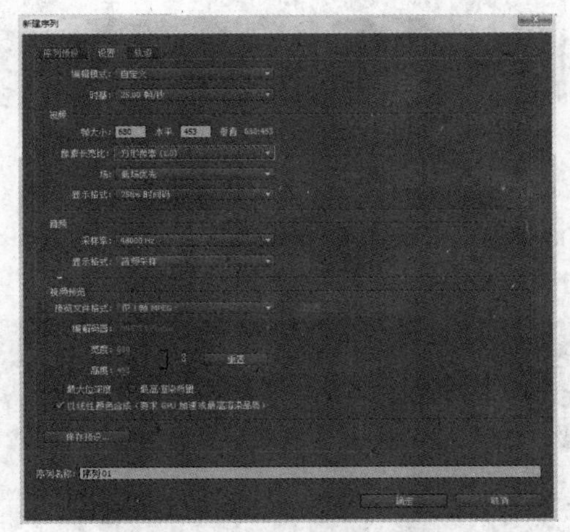

图 7-56　【新建序列】对话框

计算机基础与实训教材系列

(3) 导入图片素材“1.jpg”～“6.jpg”，在“序列 01”被选中的情况下，右击【时间线】面板轨道名称左侧，在弹出的快捷菜单中选择【添加轨道 ...】命令，在弹出的【添加轨道】对话框中添加 3 条视频轨道，0 条音频轨道，0 条音频子混合轨道，如图 7-57 所示，单击【确定】按钮后就会自动在【V3】的上方建立【V4】、【V5】及【V6】。将素材图片一一对应地拖到各个视频轨道上，可观察到持续时间默认为 5s，按住 Shift 键将素材全部选中后右击，在弹出的快捷菜单中选择【速度/持续时间 ...】命令，设置持续时间为“1000”(即 10s)，单击【确定】按钮后素材的持续时间可持续至 10s，如图 7-58 所示。

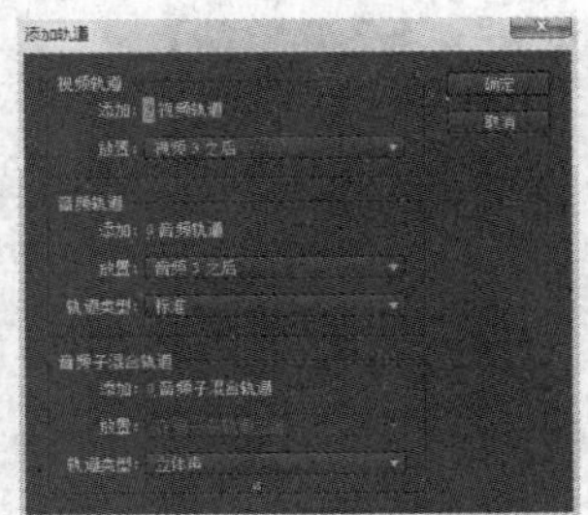

图 7-57　添加轨道

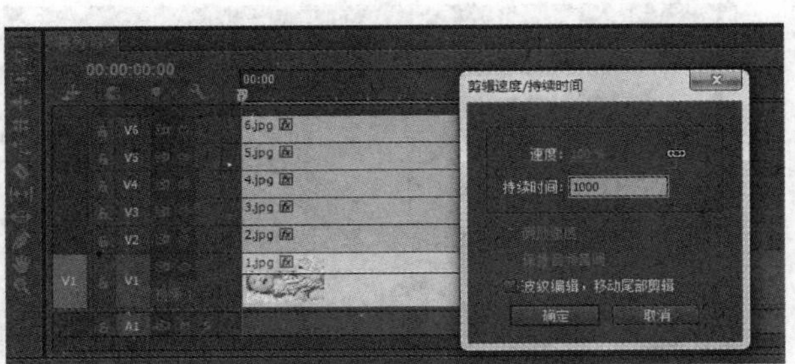

图 7-58　修改素材持续时间

(4) 在【效果】面板中展开【视频效果】文件夹，展开 BCC8 Perspective，选择 BCC Cube 特效，如图 7-59 所示，将之拖到【V1】的素材上，并隐藏【V2】~【V6】，选中【V1】的图片素材，展开【效果控件】，展开 BCC Cube 特效，展开 Faces 属性，将 Faces 设为“Independent”，将立方体的 6 个面分别设置为“视频 1”～“视频 6”，Cube Displacement 设为“1.0”，将 Lock to Scale X 后的复选框选中，并设置 Scale X 为“20.0”，tumble 为“45.0”，spin 为“35.0”，Rotate 为“15.0”，如图 7-60 所示。

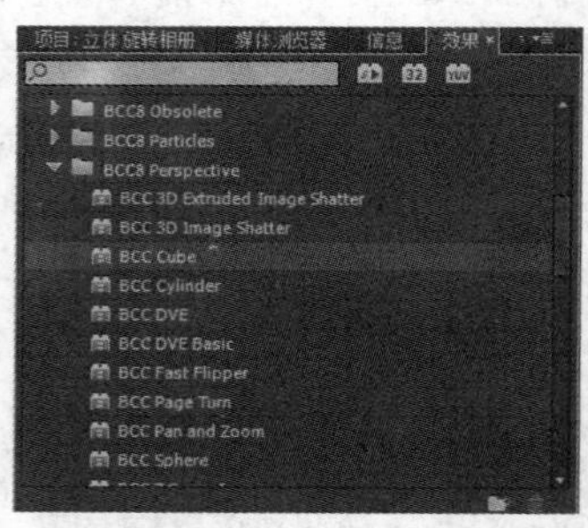

图 7-59　选择 BCC Cube 特效

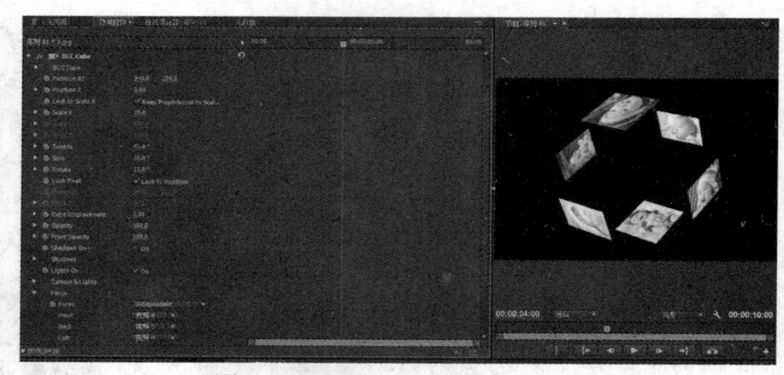
图 7-60　BCC Cube 特效参数设置

(5) 在 00:00:00:00 处，单击 Position Z 前的码表新建一关键帧，设置 Position Z 为“30.00”，在 00:00:02:00 处新建一关键帧，设置 Position Z 为“0.00”，形成图片由远及近的动画效果，如图 7-61 所示。

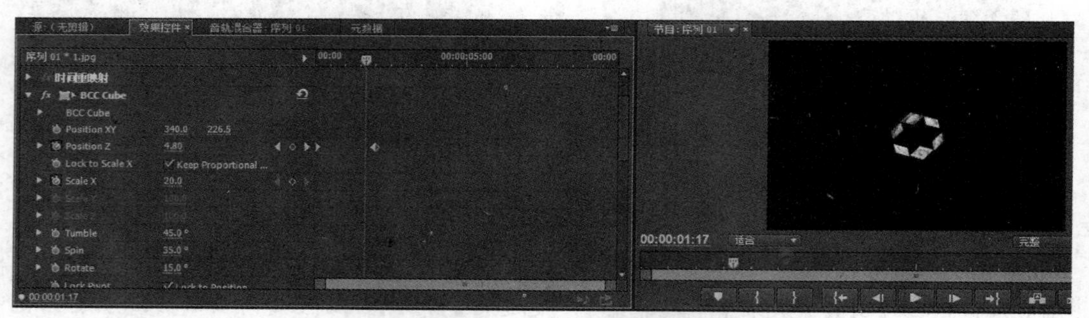

图 7-61　由远及近动画设置

(6) 在 00:00:02:00 处，单击 Cube Displacement 前的码表新建一关键帧，在 00:00:04:00 处新建一关键帧，设置 Cube Displacement 为“0.00”，形成 6 个图片组合成 1 个立方体的动画效果，如图 7-62 所示。

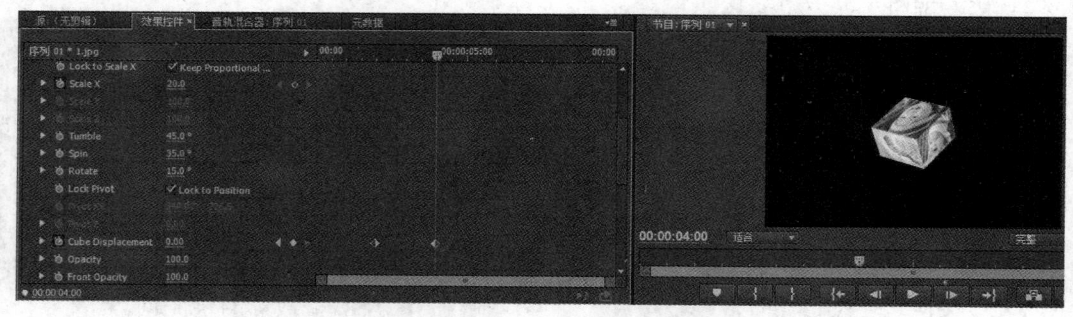

图 7-62　组合成立方体动画设置

(7) 在 00:00:04:00 处，单击 Scale X 前的码表新建一关键帧，在 00:00:05:00 处新建一关键帧，设置 Scale X 为“45.0”，形成立方体由小变大的动画效果，如图 7-63 所示。

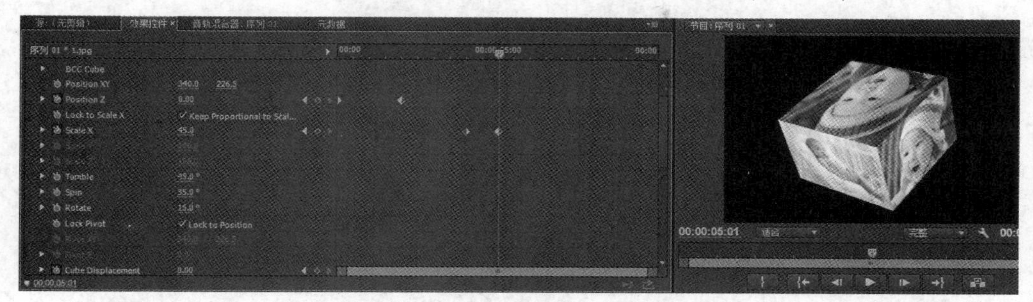

图 7-63　立方体由小到大动画设置

(8) 在 00:00:05:00 处，分别单击 tumble、spin 及 Rotate 前的码表新建关键帧，在 00:00:09:24 处为 tumble 新建一关键帧，设置【tumble】为“1x”，为 spin 新建一关键帧，设置 spin 为“2x”，为 Rotate 新建一关键帧，设置 Rotate 为“1x”形成立方体绕 *X* 轴、*Y* 轴及 *Z* 轴旋转的动画效果，如图 7-64 所示。

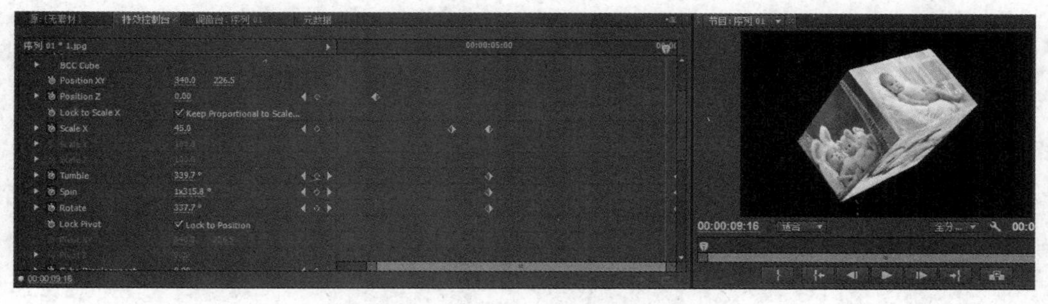

图 7-64　立方体旋转动画设置

(9) 单击【时间线】面板，按空格键或 Enter 键浏览效果，最后执行【文件】|【保存】命令，保存项目文件。

习　题

1. Premiere 中什么是外挂滤镜？
2. 如何在 Premiere Pro CC 中，查看和调用 Boris 系列滤镜？
3. 如何利用 Shine 滤镜制作光芒放射效果？简述制作步骤。
4. Boris 系列滤镜包含哪些滤镜？
5. Premiere Pro CC 中，如何制作点光闪耀效果？简述制作步骤。

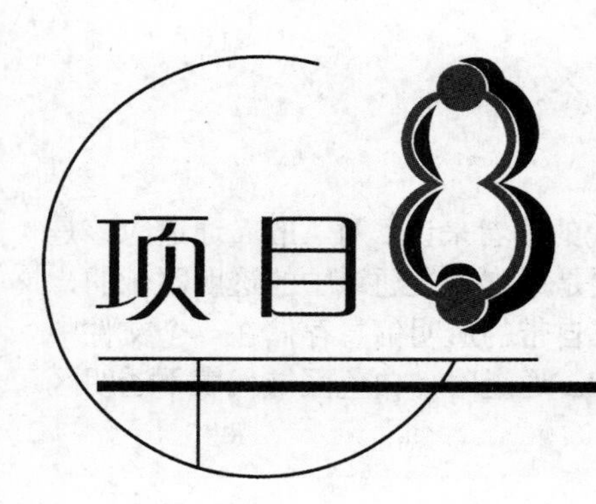

项目8 视频合成

学习目标

影视制作中，为了增强影片的可观赏性，往往需要将多个剪辑进行叠加处理，这样就能制作出变幻莫测、目不暇接的效果。Premiere Pro CC 具有强大的视频处理能力，可以通过视频透明叠加以及键控技术进行视频合成。本章将详细地介绍 Premiere Pro CC 中的各种叠加效果，并说明在使用 Premiere Pro CC 进行影视制作的过程中，如何根据需要选择恰当的叠加处理效果。

本章重点

- 透明度和叠加
- 设置透明度
- 键控技术
- 遮罩透明
- 应用遮罩

任务1　认识视频合成

视频合成是指通过使用多个图像处理成一个合成图像的过程。因为视频帧在默认状态下都是完全不透明的，要进行视频合成就需要使视频帧在某些部分或区域变成透明。用户还可以通过亮度或者色彩的叠加方式来获得合成效果。

8.1.1　透明度

如果一个剪辑素材部分是透明的，则一定有一部分表示这种透明的信息，在 Premiere 中，剪辑素材的透明信息是保存在 Alpha 通道中的。

如果剪辑素材的 Alpha 通道不能完全符合用户的需要，则用户可以结合使用不透明度(Opacity)、遮罩(Mask)、遮片(Mattes)和键控(Keying)技术来调整图像的 Alpha 通道，以隐藏剪辑素材的全部或者部分画面。

通过组合叠加素材来产生特殊效果，每个素材的某些部分都必须是透明的，透明效果可以通过介质和软件来产生，在 Premiere 中相关的透明术语有以下几个。

1. Alpha 通道

对于一些经常使用图形图像处理软件(如 Adobe Photoshop)的读者来说，对 Alpha 通道应该是相当熟悉的。在 Premiere 中，Alpha 通道不可见，因为它主要是用来定义通道中的透明区域的，对于一些导入的素材，Alpha 通道提供了一条途径把素材和其自带的透明信息存储在一个文件中而不干扰电影胶片自身的色彩通道。在监视器窗口中查看 Alpha 通道时，白色区域代表不透明区域，黑色部分代表透明区域，灰色部分代表部分透明区域。

2. 遮罩(Mask)

Alpha 通道的别称。

3. 遮片(Matte)

遮片是用来定义或修改它的层或其他层的透明区域的文件或通道。在为素材或通道中某部分定义透明或没有 Alpha 通道时，使用遮片要比 Alpha 通道方便。

4. 键控(Keying)

键控用来在图像文件中使用特殊的色彩或亮度值来设置透明，与基调色彩相匹配的像素变成透明。利用键控效果删除具有同一色彩的背景是很方便而有效的。

8.1.2 叠加

通过将部分透明的剪辑堆放在不同轨道上，并利用较低轨道中的颜色通道进行叠加可以创建出一种特殊的效果。

使用透明叠加的原理是因为每段剪辑素材都有一定的不透明度(Opacity)，在不透明度为 0%时，图像完全透明；在不透明度为100%时，图像完全不透明；介于两者之间的图像呈半透明。

叠加是将一个剪辑部分地显示在另一个剪辑之上，它所利用的就是剪辑的不透明度。Premiere 可以通过对不透明度的设置，为对象制作透明叠加混合效果。

Premiere Pro CC 中，每个视频(或图片)素材都有一个默认的【透明度】效果。在【时间线】面板中选中一个素材，就可以看到在【效果控件】面板中的视频特效的透明度效果，如图 8-1 所示。展开该效果，就可以调节该素材的透明度百分比来得到合适的透明度效果。

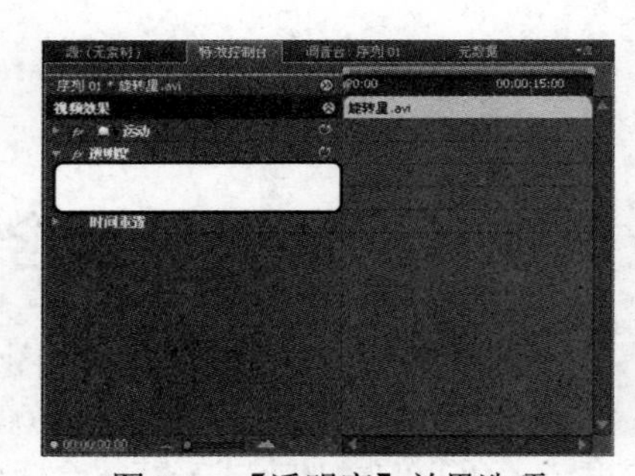

图 8-1　【透明度】效果选项

建立叠加的效果，是将叠加轨道(Superimpose Track)上的剪辑叠加到底层的剪辑上，叠加轨道编号较高的剪辑，会叠加在编号较低的叠加轨道剪辑上。叠加就是使上面的素材部分或全部变得透明，使下面的素材能够透过上面的素材显示出来，如图 8-2 所示。在节目片头、片花制作中经常采用这种方法，特别是多画面的叠加。

图 8-2　不同透明度的轨道叠加

8.1.3 利用透明度设置叠加片段

除了在【效果控件】面板中设置透明度效果外，Premiere 还可以在【时间线】窗口上直接设置素材的透明度。

将一个素材放置在【时间线】窗口的视频轨道上后，展开轨道，视频素材显示中会出现一条线，与素材的持续时间等长，右击素材上的按钮，在下拉菜单中选择【不透明度】命令，那么这条线的位置的高低表示着素材的透明度的多少，使用它就可以控制整个素材的透明度，其默认的透明度是 100%。

【例 8-1】 创建一个名为【透明叠加】的项目，导入两段视频素材，通过【时间线】窗口的关键帧设置视频的透明度变化效果。

(1) 启动 Premiere Pro CC，新建一个名为【透明叠加】的项目文件。

(2) 选择【文件】|【导入】命令，打开【导入】对话框，导入【透明叠加】文件夹中的视频素材，如图 8-3 所示。

(3) 从【项目】窗口中将 “铃.avi” 拖入到【时间线】窗口的【V1】 轨道上，如图 8-4 所示。

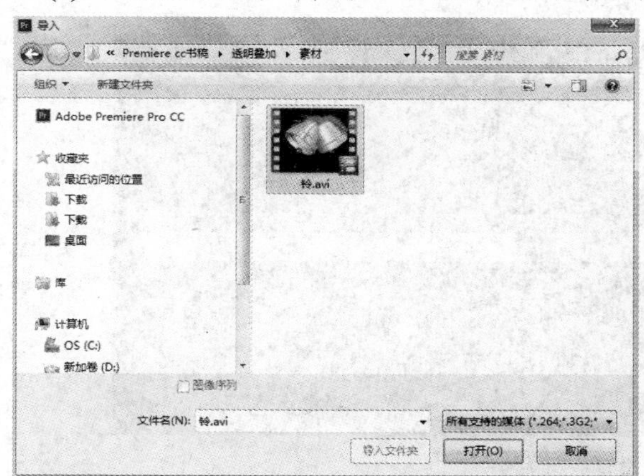

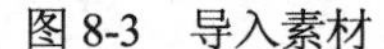

图 8-3 导入素材

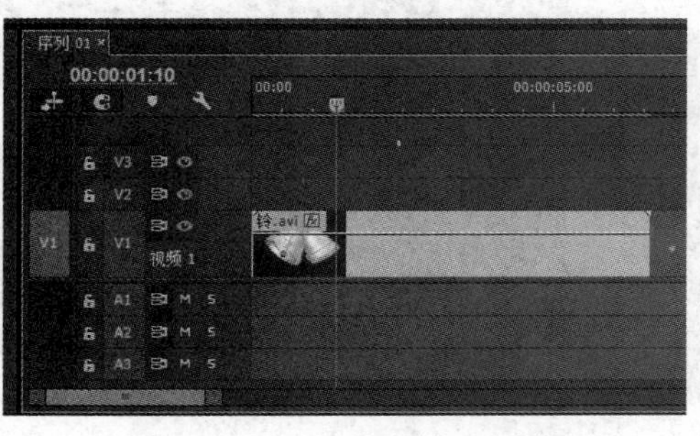

图 8-4 在【V1】上放置素材

(4) 在【时间线】窗口中展开【V1 】轨道，在素材上就可以看到一条线，右击素材上的按钮，在下拉菜单中选择【不透明度】命令，如图 8-5 所示；鼠标向下拖动，透明度将会发生变化，如图 8-6 所示；用户可以在【节目】窗口中看到变化效果，如图 8-7 所示。

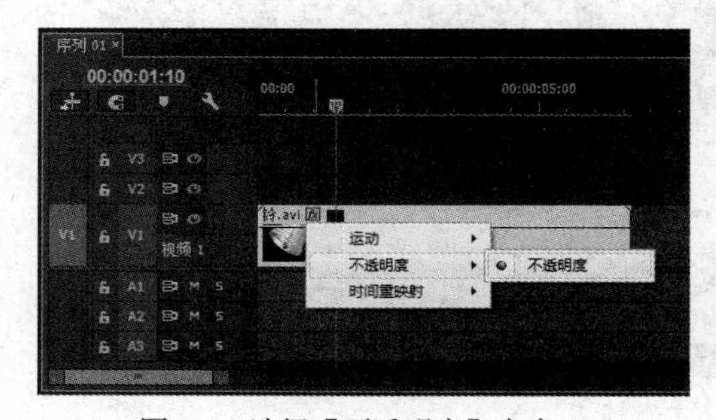

图 8-5 选择【不透明度】命令

图 8-6 拖动渐变线使透明度发生变化

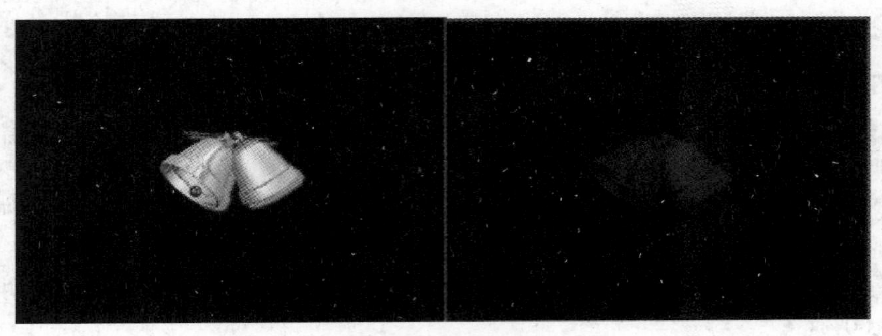

图 8-7　透明度变化前后对比

(5) 将鼠标放在透明度线的开始处，在按住 Ctrl 键的同时单击，添加一个关键帧控制点。然后将鼠标放在透明度线上 80 帧处，在按 Ctrl 键的同时单击，再添加另一个关键帧控制点，向下拖动该控制点，使其透明度为“0.0”。当然，添加关键帧控制点除了在按住 Ctrl 键的同时单击外，还可以移动时间线指针到要设置的时间点，然后单击时间线面板上的【添加/删除关键帧】按钮，就可以进行关键帧的添加或删除操作了，如图 8-8 所示。

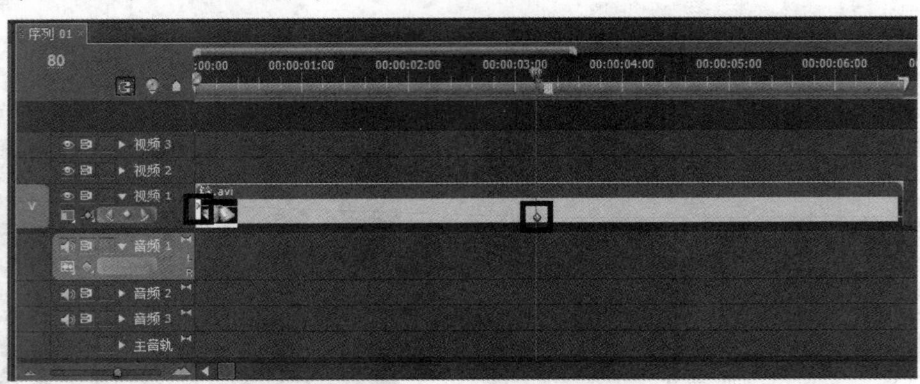

图 8-8　设置关键帧 1

(6) 在透明度线上的 110 帧处和结束处，分别添加关键帧控制点，将结束处的透明度调整为“100.0”，如图 8-9 所示。如果想去除多余的关键帧控制点可以按 Delete 键实现。

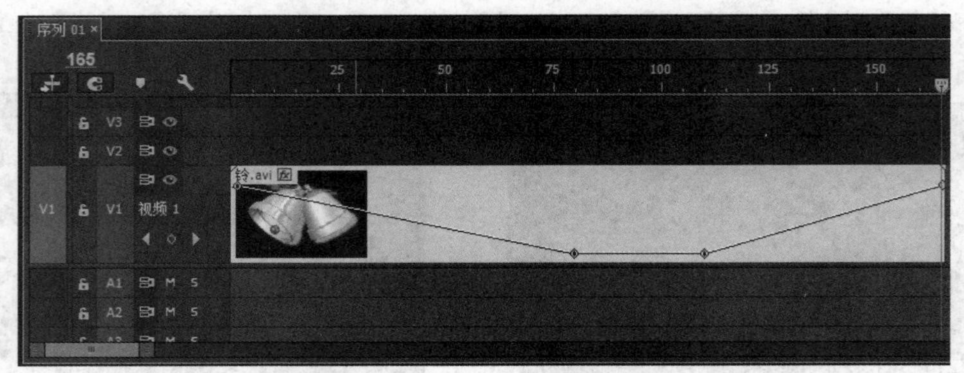

图 8-9　设置关键帧 2

(7) 在【节目】窗口中预演，就会看到使用渐变线产生的叠加效果，如图 8-10 所示。

图 8-10　使用渐变线产生叠加效果预演

任务 2　应用键控

键控就是通常所说的抠像，表现为一种分割屏幕的特技，在电视节目的制作中应用很普遍。它的本质就是【抠】和【填】。【抠】是通过运用虚拟技术，将背景进行特殊透明叠加的一种技术，抠像又是影视合成中常用的背景透明方法，它通过对指定区域的颜色进行去除，使其变得透明来完成和其他素材的合成效果；【填】就是将所要叠加的视频信号填到被抠掉的无图像区域，而最终生成前景物体与叠加背景相合成的图像。

在早期的电视制作中，键控技术需要用昂贵的硬件来支持，而且对拍摄背景要求很严，通常是在高饱和度的蓝色或绿色背景下拍摄，同时对光线的要求也很严格。目前，各种非线性编辑软件与合成软件都能做键控特技，并且对背景的颜色要求也不十分严格，如 Premiere 和 After Effects 等都提供了最优质的抠像技术。利用多种抠像特效，可以轻易剔除影片中的背景。

下面对 Premiere Pro CC 中常用的键控效果作详细的讲解。

8.2.1　色键透明

色键透明是 Premiere 中最常用的透明叠加方式，色键技术通过对在一个颜色背景上拍摄的数字化素材进行键控，指定一种颜色，系统会将图像中所有与其近似的像素键出，使其透明。运用色键透明产生的效果如图 8-11 所示。

图 8-11　运用色键透明产生的效果

Premiere Pro CC 提供了 5 种色键透明叠加方式，包括【RGB 差值键】、【色度键】、【蓝屏键】、【非红色键】和【颜色键】。

1. 【RGB 差值键】效果

【RGB 差值键】是【色度键】的简易版本，可以选择一个颜色范围，但不能混合图像和以灰度调整透明度，可以用于被灯光照亮但没有阴影的场景，或者是不需要精细调整的粗剪。运用

【RGB 差值键】的效果如图 8-12 所示。

图 8-12　运用【RGB 差值键】的效果

应用【RGB 差值键】效果的参数控制面板如图 8-13 所示，各项作用如下。

- 【颜色】：通过单击【颜色】样本或者使用颜色滴管可以选择一种颜色。
- 【相似性】：扩大或者缩小透明的颜色范围，数值越大范围越大。
- 【平滑】：控制透明与不透明区域之间边界的柔和程度。
- 【仅蒙版】：选中复选框则只显示素材的 Alpha 通道。
- 【投影】：添加 50%的灰，50%的不透明阴影，偏移原始素材图像的不透明区域右下方的 4 个像素，这个选项最好用于字幕等的简易图像。

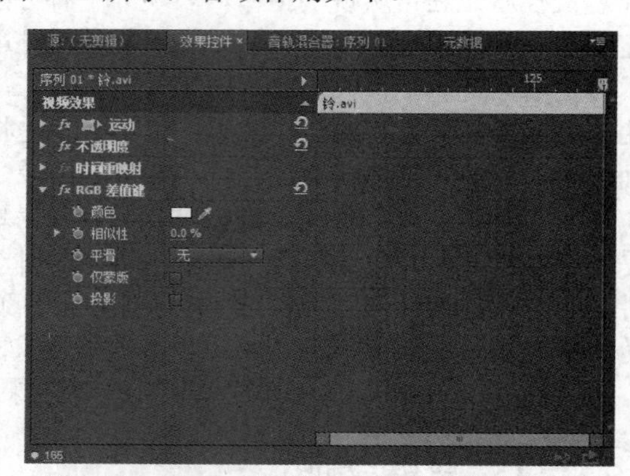

图 8-13　【RGB 差值键】效果的参数控制面板

2. 【色度键】效果

使用【色度键】效果可以使得在素材中选择的一种颜色或者一定的颜色范围变得透明。这种键控可以用于包含一定颜色范围的屏幕为背景的场景，如图 8-14 所示。

图 8-14　运用【色度键】的效果

应用【色度键】效果的参数控制面板如图 8-15 所示，各选项作用如下。

- 【颜色】：通过单击【颜色】按钮，打开【拾色器】对话框，选择合适的颜色样本，如图 8-16 所示。或者使用颜色滴管在屏幕上选择一种颜色。
- 【相似性】：扩大或者缩小透明的颜色范围，数值越大范围越大。
- 【混合】：键出的素材与下层素材的混合，数值越大混合越多。
- 【阈值】：控制键出颜色范围的阴影，数值越大保留的阴影越多。

- 【屏蔽度】：使阴影变暗或者变亮，数值在【阈值】值的范围内增大将使阴影变暗，超过【阈值】的值后会将灰度和透明像素颠倒。
- 【平滑】：控制透明与不透明区域之间边界的柔和程度。
- 【仅蒙版】：选中复选框则只显示素材的 Alpha 通道。

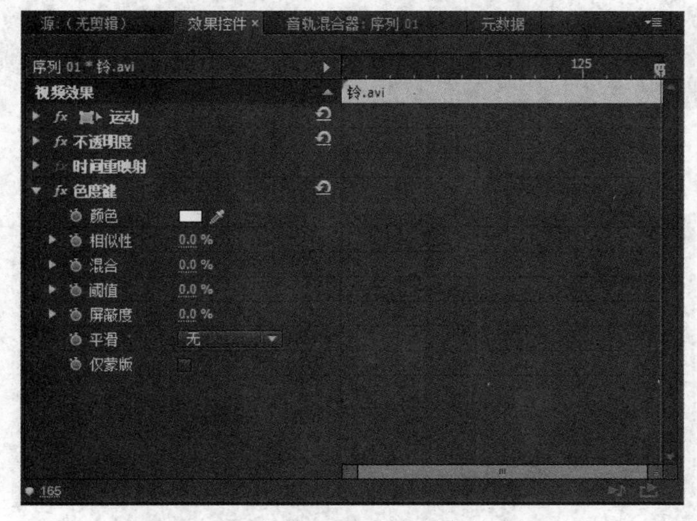

图 8-15　应用【色度键】效果的参数控制面板

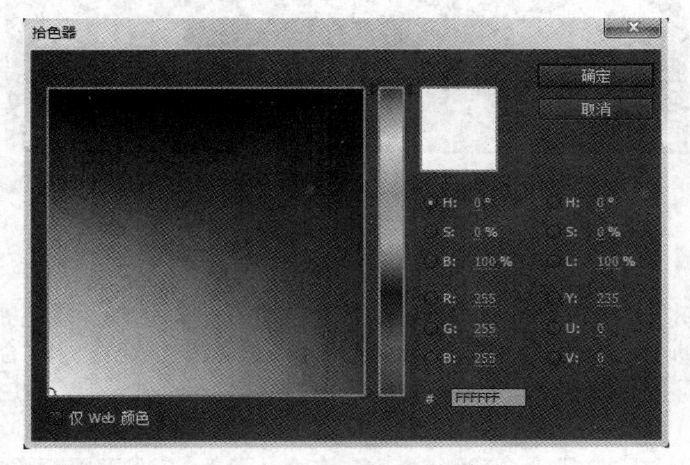

图 8-16　【拾色器】对话框

3. 【蓝屏键】效果

使用【蓝屏键】效果可以通过抠除标准的蓝色产生透明。合成时使用这个键控效果可以键出灯光均匀的蓝色屏幕，如图 8-17 所示。【蓝屏键】适合用在以纯蓝色为背景的画面上，创建透明度时，屏幕上的蓝色变为透明，此处所谓的纯蓝是指不含有任何的红色和绿色。

应用【蓝屏键】效果的参数控制面板如图 8-18 所示，各选项作用如下。

- 【阈值】：调整蓝色背景的透明度，可以减小数值使得蓝屏变成透明。
- 【屏蔽度】：调节前景图像的对比度，可以增大数值以达到想要的效果。
- 【平滑】：控制透明与不透明区域之间边界的柔和程度。

图 8-17　运用【蓝屏键】的效果

◉　【仅蒙版】：选中复选框则只显示素材的 Alpha 通道。

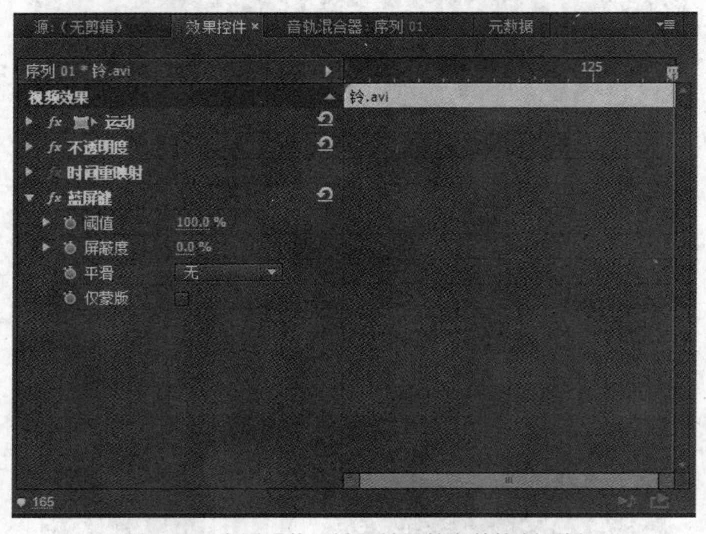

图 8-18　应用【蓝屏键】效果的参数控制面板

4. 【非红色键】效果

使用【非红色键】效果可以从蓝色或者绿色背景产生透明。类似于【蓝屏键】，但它允许混合两个素材，还有助于消除较小不透明对象边缘周围的须边。当需要控制混合时，可以使用键出绿色，或者当【蓝屏键】键出的效果不太满意时，也可以使用这种键控。运用【非红色键】的效果如图 8-19 所示。

图 8-19　运用【非红色键】的效果

应用【非红色键】效果的参数控制面板如图 8-20 所示，各选项作用如下。

- 【阈值】：调整蓝色或者绿色背景的透明度，可以减小数值使得蓝屏或绿屏变成透明。
- 【屏蔽度】：调节前景图像的对比度，可以增大数值以达到想要的效果。
- 【去边】：指定消除素材不透明区域边缘残留的蓝色或绿色，选择【无】则不消除须边，选择【绿色】或【蓝色】则分别消除绿屏或蓝屏素材残留的须边。
- 【平滑】：控制透明与不透明区域之间边界的柔和程度。
- 【仅蒙版】：选中复选框则只显示素材的 Alpha 通道。

5. 【颜色键】效果

使用【颜色键】效果是被选择的一种颜色或颜色范围变成透明。通过控制键控的色彩宽容度可以调节透明的效果。通过对键控边缘的羽化，可以消除毛边区域。

应用【颜色键】效果的参数控制面板如图 8-21 所示，各选项作用如下。

- 【主要颜色】：指定要设置为透明的颜色。
- 【颜色容差】：指定键控颜色的宽容度，数值越大则表示有更多的与指定颜色相近的颜色被处理成透明。
- 【边缘细化】：调节键控区域的边缘，数值为正则扩大屏蔽范围，反之则缩小屏蔽范围。
- 【羽化边缘】：用于羽化键控区域的边缘。

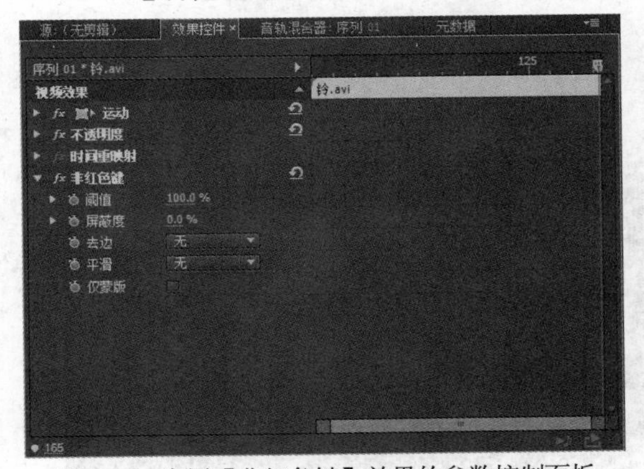

图 8-20 应用【非红色键】效果的参数控制面板

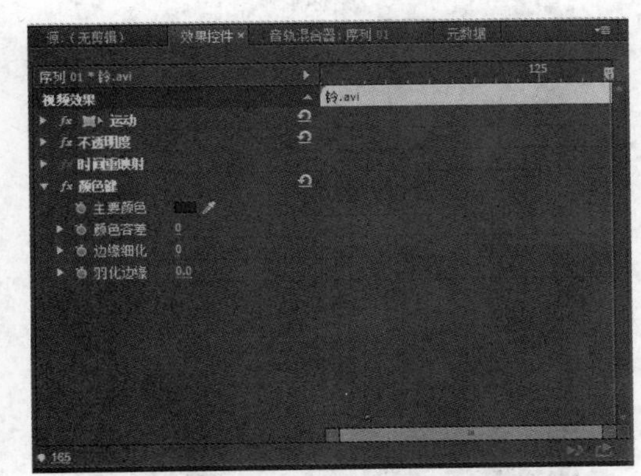

图 8-21 应用【颜色键】效果的参数控制面板

运用【颜色键】的效果如图 8-22 所示。

图 8-22 运用【颜色键】的效果

8.2.2 遮罩透明

遮罩是一个轮廓，为对象定义遮罩后，将建立一个透明区域，该区域显示其下层图像。使用遮罩透明方式需要为透明对象指定一个遮罩对象。

Premiere Pro CC 提供了 7 种遮罩键效果，分别为【16 点无用信号遮罩】、【4 点无用信号遮罩】、【8 点无用信号遮罩】、【图像遮罩键】、【差值遮罩】、【移除遮罩】和【轨道遮罩键】。

1. 【16 点无用信号遮罩】、【4 点无用信号遮罩】和【8 点无用信号遮罩】

有时候由于实拍场景的条件限制，当主要对象完全键出时，还剩余一些不需要的对象，这时可以使用【多点无用信号遮罩】将这些对象抠掉。Premiere Pro CC 提供了 4 点、8 点和 16 点的无用信号遮罩键控效果，可以针对不同的情况具体应用，还可以通过叠加多个【多点无用信号遮罩】创建更多的点。控制遮罩的角控制点，甚至可以调整遮罩形状的切线句柄，以创建复杂的形状。

运用【16 点无用信号遮罩】的效果如图 8-23 所示，其效果的参数控制面板如图 8-24 所示，各个坐标点可以输入数值，或者手动调节。

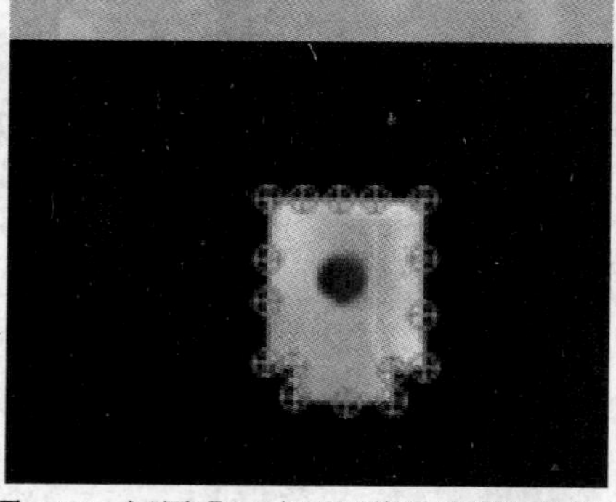

图 8-23 运用【16 点无用信号遮罩】的效果

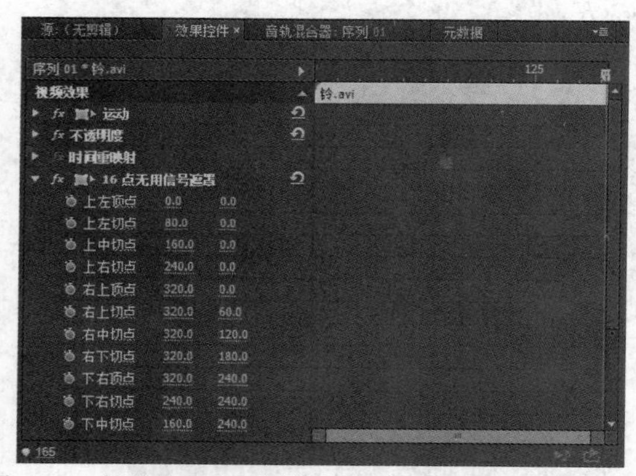

图 8-24 应用【16 点无用信号遮罩】效果的参数控制面板

2. 【图像遮罩键】效果

【图像遮罩键】效果可以使用一个遮罩图像的 Alpha 通道或者亮度值来确定素材的透明区域。为了得到可预测的结果，可以选择一个灰度图像作为图像遮罩。这样画面中的白色区域部分会保持不透明的状态，而黑色则是全透明的，其他介于黑白之间的部分将呈现出不同程度的透明状态。选择有颜色的图像作为遮罩，会改变素材的颜色，图像遮罩中的任意颜色都会消除键控素材中相同级别的颜色，例如与图像遮罩中的红色区域相对应的素材中的白色区域将显示为蓝绿色，因为素材中的红色变成透明，而蓝色和绿色仍保留了源素材的值。

运用【图像遮罩键】的效果如图 8-25 所示，而图 8-26 所示的是用到的遮罩图像。

应用【图像遮罩键】效果的参数控制面板如图 8-27 所示，各选项作用如下。

- 【合成使用】：选择【Alpha 遮罩】将使用图像的 Alpha 通道的值进行合成；选择【亮度遮罩】将使用图像的亮度值进行合成。
- 【反向】：选中【反向】复选框将使透明区域颠倒。

图 8-25　运用【图像遮罩键】的效果

图 8-26　用到的遮罩图像

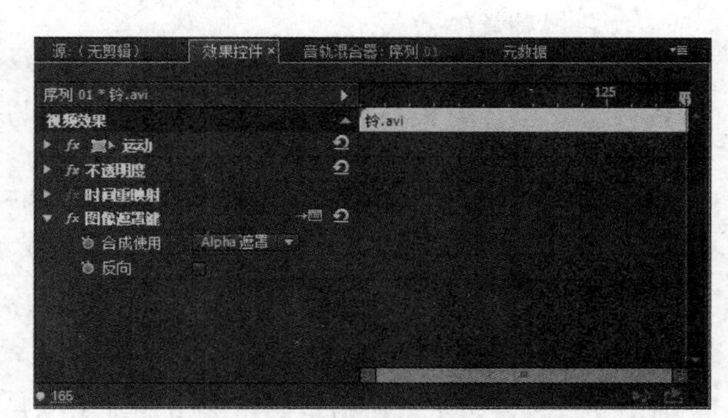

图 8-27　应用【图像遮罩键】效果的参数控制面板

3. 【差值遮罩】效果

【差值遮罩】通过素材与一个指定的图像进行对比并消除素材中与图像匹配的区域来产生透明，可以用来消除两个素材中相同的部分而保留不同的部分。

使用【差值遮罩】可以替换一个运动对象后面的静态背景，通常指定的图像就是运动对象进入场景前背景素材中的一帧图像。所以，【差值遮罩】最好用在使用固定机位拍摄的镜头。

运用【差值遮罩】的效果如图 8-28 所示，而图 8-29 所示的是用到的差值层遮罩图像。

图 8-28　运用【差值遮罩】的效果

应用【差值遮罩】效果的参数控制面板如图 8-30 所示，各选项作用如下。

图 8-29　差值层遮罩图像

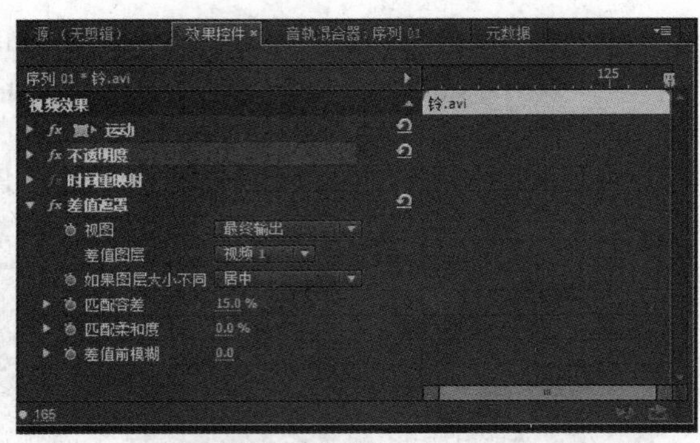

图 8-30　应用【差值遮罩】效果的参数控制面板

- 【视图】：控制显示方式。选择【最终输出】可以看到最后的键控效果，选择【仅限源】显示源素材，选择【仅限遮罩】可以查看键控范围。通过查看不同显示方式进行对照以获得满意的效果。
- 【差值图层】：选择进行差异键控的素材轨道。
- 【如果图层大小不同】：选择在键控素材与差异素材大小不同时的适配方式，有【居中】和【伸展以适合】两种方式。
- 【匹配容差】：扩大或者缩小变成透明的区域范围，数值越大则范围越大。
- 【匹配柔和度】：控制透明与不透明区域之间边界的柔和程度。
- 【差值前模糊】：为遮罩添加模糊效果。

4. 【移除遮罩】效果

使用【移除遮罩】可以取出经过颜色相乘后的片段中的杂色，这在将具有填充纹理的文件的 Alpha 通道进行结合的时候特别有用。用户可以从【遮罩类型】下拉列表中选择【黑色】或者【白色】。应用【移除遮罩】效果的参数控制面板如图 8-31 所示。

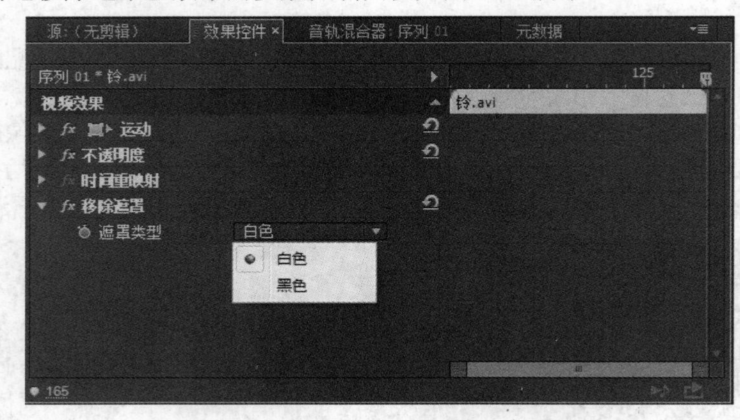

图 8-31　应用【移除遮罩】效果的参数控制面板

5. 【轨道遮罩键】效果

【轨道遮罩键】可以显示一个素材穿过另一个素材，使用第 3 个文件作为遮罩产生透明区域。这个效果需要两个素材和一个遮罩，而且每个素材都放在各自的轨道中，可以将作为遮罩的整个轨道隐藏。遮罩中的白色区域在添加素材后是不透明的，同时防止下层轨道的素材透过显示出来；

遮罩中的黑色区域是完全透明的；而灰色区域则是半透明的。

一个包含运动的遮罩称为运动遮罩。遮罩可以由运动素材组成。将静态图像应用运动效果作为遮罩，可以改变遮罩的大小，设置遮罩随时间变化。创建遮罩有多种方式，可以使用字幕编辑器创建文字或者几何图形，然后导入该字幕作为遮罩；也可以使用色键将素材键出，再选择【只有遮罩】选项，从而创建遮罩；还可以在 Adobe Illustrator 或者 Adobe Photoshop 中创建一个灰度图像作为遮罩使用。

【轨道遮罩键】效果中选择作为遮罩的素材轨道只能是位于本素材轨道的上层而不能位于本素材轨道的下层。

运用【轨道遮罩键】的效果如图 8-32 所示。用到的轨道遮罩图像如图 8-26 所示。

图 8-32 运用【轨道遮罩键】的效果

应用【轨道遮罩键】效果的参数控制面板如图 8-33 所示，各选项作用如下。

- 【遮罩】：选择作为遮罩的素材轨道。
- 【合成方式】：选择【Alpha 遮罩】将使用图像的 Alpha 通道的值进行合成；选择【亮度遮罩】将使用图像的亮度值进行合成。
- 【反向】：选中【反向】复选框将使透明区域颠倒。

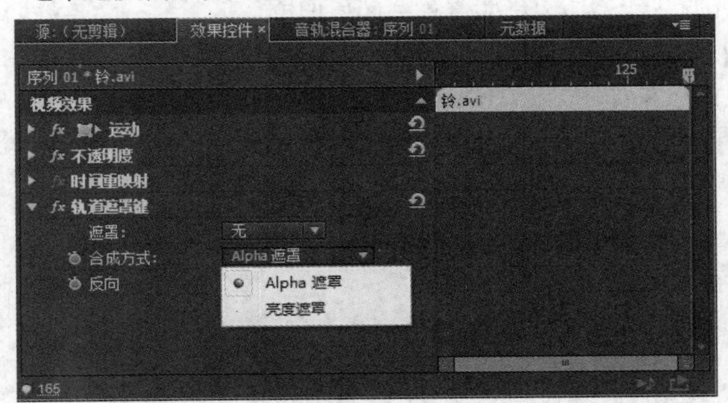

图 8-33 应用【轨道遮罩键】效果的参数控制面板

8.2.3 其他键控类型

1. 【Alpha 调整】效果

应用【Alpha 调整】效果可以按照前面画面的灰度等级来决定叠加的效果。如果用户想要改变最终渲染时不同效果的渲染次序，可以使用【Alpha 调整】效果来代替剪辑自动获得的【透明

度】效果。改变透明度的百分比可以获得不同的透明效果。

应用【Alpha 调整】效果的参数控制面板如图 8-34 所示，各选项作用如下。

- 【忽略 Alpha】：在剪辑图像的 Alpha 通道部分创建不透明的效果。
- 【反转 Alpha】：在图像的不透明部分创建透明效果，而在图像的 Alpha 通道部分创建不透明效果。
- 【仅蒙版】：只显示素材的 Alpha 通道。

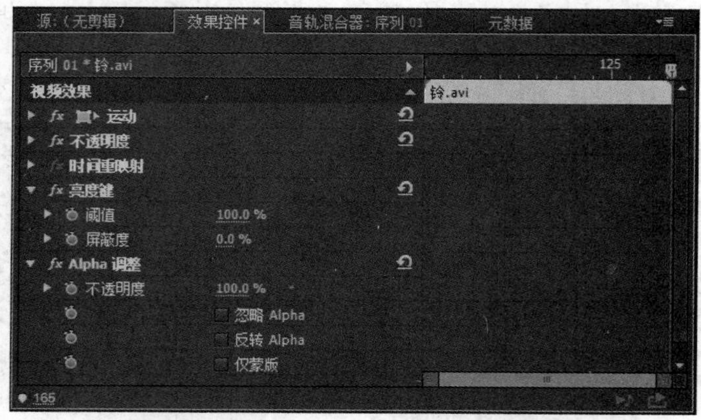

图 8-34　应用【Alpha 调整】和【亮度键】效果的参数控制面板

2. 【亮度键】效果

应用【亮度键】效果可以将被叠加的图像的灰度值设置为透明而保持色度不变。此效果对于画面明暗对比较为强烈的图像十分有用。

应用【亮度键】效果的参数控制面板如图 8-34 所示，各选项作用如下。

- 【阈值】：调节被叠加图像灰度部分的透明度。
- 【屏蔽度】：调节被叠加图像的对比度。

运用【亮度键】的效果如图 8-35 所示。

图 8-35　应用【亮度键】的效果

任务 3　应用遮罩

在进行视频合成制作中，不仅需要设置素材本身的透明度进行叠加，还需要遮罩进行辅助以得到满意的效果。

8.3.1　应用【图像遮罩键】

【图像遮罩键】使用一个遮罩图像的 Alpha 通道或者亮度值来确定素材的透明区域。可以根据需要在 Illustrator 或者 Photoshop 中创建一个灰度图像作为遮罩使用。

【例 8-2】　创建一个名为【图像遮罩键】的项目，导入两段视频素材，为【V2】轨道的素材应用【图像遮罩键】效果。

(1) 在 Photoshop 中建立一个 352px × 288px 大小的图像，使用渐变工具，制作如图 8-36 所示的图像，命名为“遮罩.jpg”，将其作为遮罩图像。

(2) 启动 Premiere Pro CC，新建一个名为【图像遮罩键】的项目文件，在【新建序列】对话框中选择【常规】标签，【编辑模式】设置为“自定义”，【时基】为“25.00 帧/秒”，【帧大小】为 352 宽，【水平】为 288 高，单击【确定】按钮，如图 8-37 所示。

图 8-36　制作遮罩图像“遮罩.jpg”

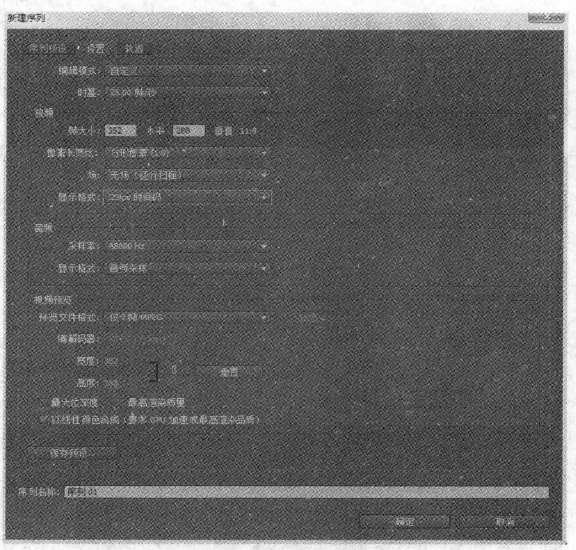

图 8-37　新建【图像遮罩键】项目

(3) 选择【文件】|【导入】命令，打开【导入】对话框，选择“荷叶.mpg”和“玫瑰花开.AVI”两段视频文件，单击【打开】按钮，将其导入【项目】窗口，如图 8-38 所示。

(4) 从【项目】窗口中将“荷叶.mpg”视频文件拖入到【时间线】窗口的【V1】轨道上，将另一段视频文件“玫瑰花开.AVI”拖入【V2】轨道上，如图 8-39 所示。

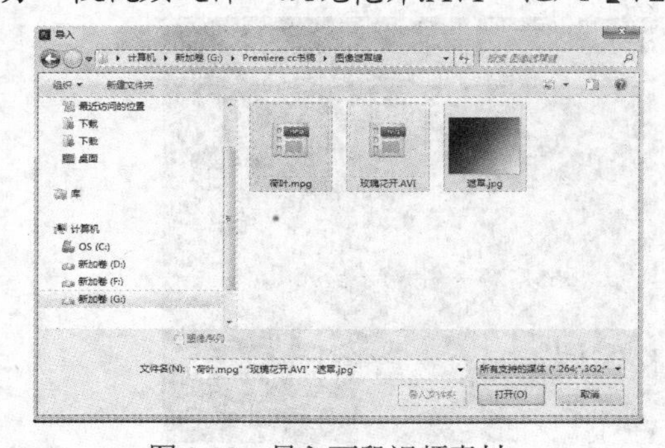

图 8-38　导入两段视频素材

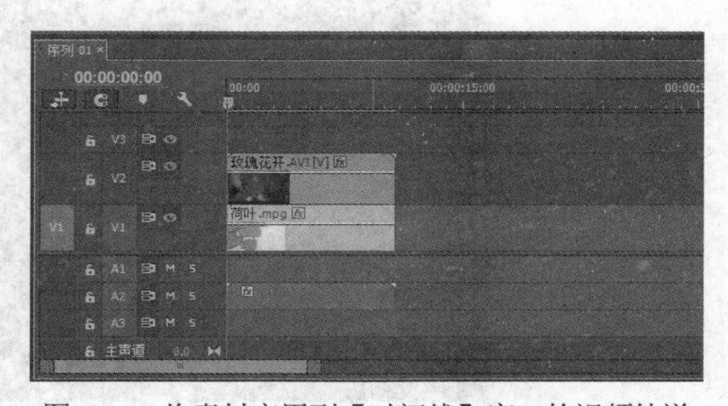

图 8-39　将素材应用到【时间线】窗口的视频轨道

(5) 在【效果】面板中展开【视频效果】下的【键控】分类夹，找到【图像遮罩键】效果，如图 8-40 所示。将该效果应用到【V2】轨道的“玫瑰花开.AVI”素材上。如图 8-41 所示。

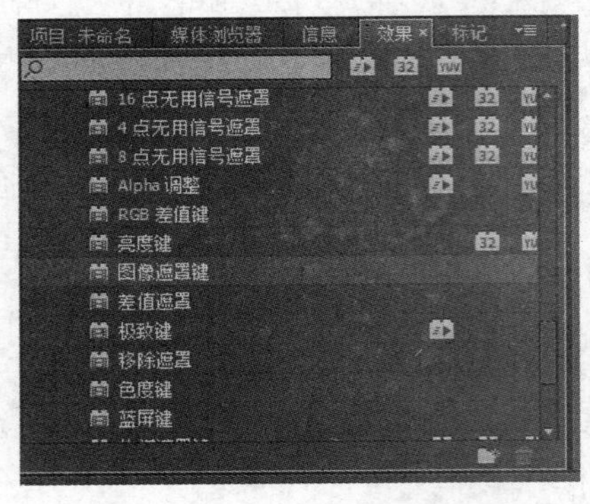
图 8-40　选择【图像遮罩键】效果

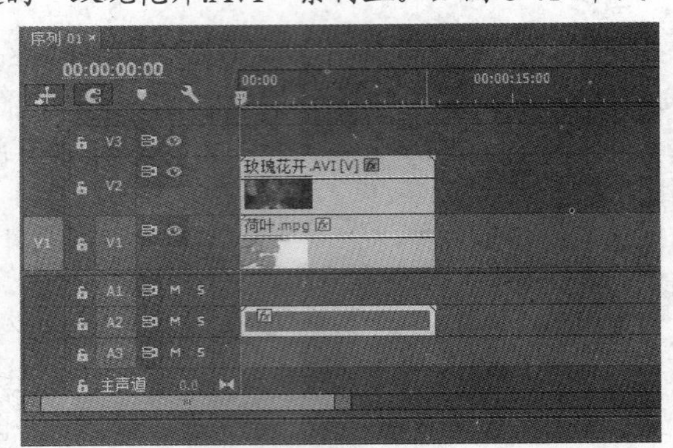
图 8-41　应用【图像遮罩键】效果到“玫瑰花开.AVI”上

(6) 打开【效果控件】面板，展开【图像遮罩键】效果，单击【图像遮罩键】参数框右上角的【设置】按钮，如图 8-42 所示。打开【选择遮罩图像】对话框，选择之前创建的图片“遮罩.jpg”作为蒙版图像，单击【打开】按钮，如图 8-43 所示。

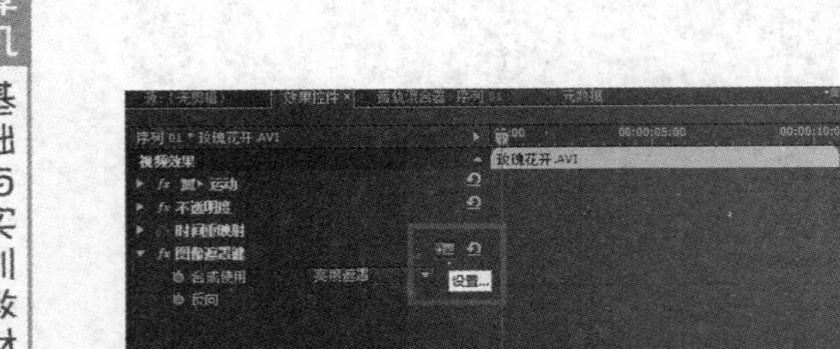
图 8-42　单击【设置】按钮

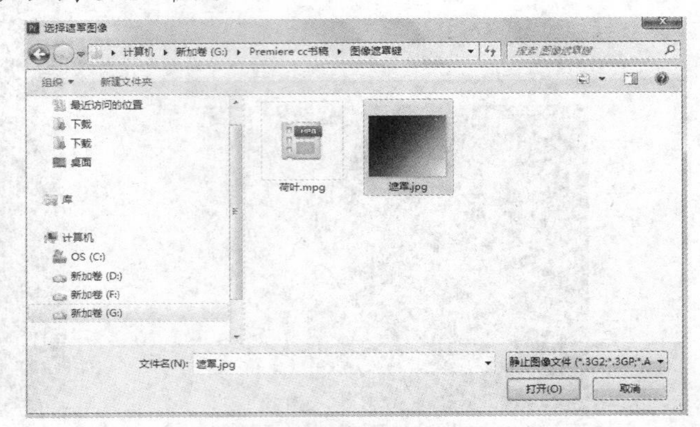
图 8-43　选择作为蒙版的图像

(7) 打开【效果控件】面板，展开【图像遮罩键】效果，在【合成使用】选项下拉菜单中选择【亮度遮罩】选项，可以在【节目】监视器窗口中看到使用后的效果，如图 8-44 所示。

(8) 选中【反向】复选框，可以在【节目】监视器窗口中看到透明区域颠倒的效果，如图 8-45 所示。

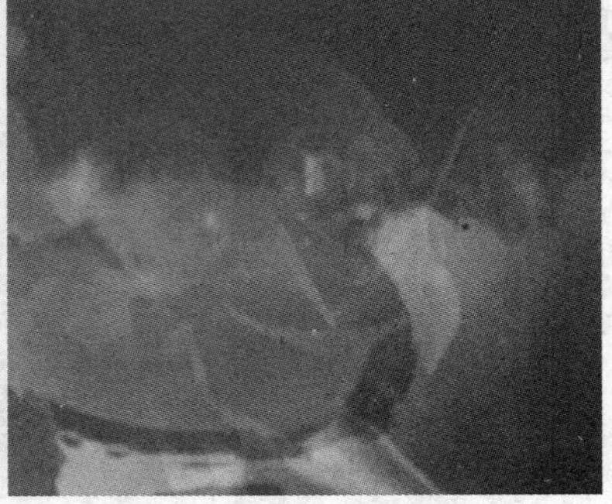
图 8-44　应用【亮度遮罩】透明效果的前后对比

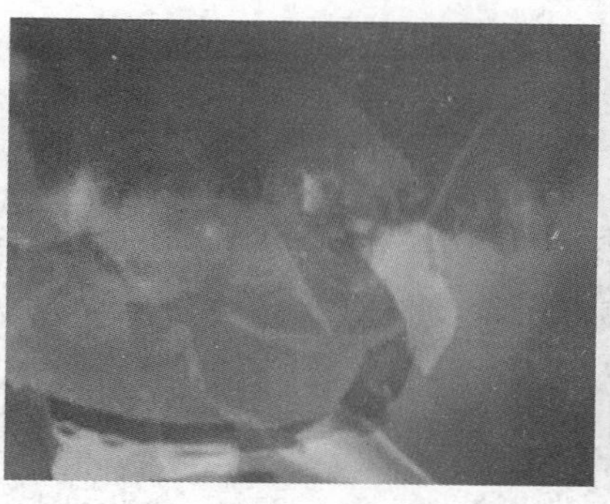

图 8-45　应用【反向】透明区域颠倒效果

8.3.2　应用【轨道遮罩键】

【图像遮罩键】只能使用一个静态遮罩图像作为遮罩使用，而如果用户想要使遮罩能够动态使用，就可以应用【轨道遮罩键】。

【例 8-3】　创建一个名为【轨道遮罩键】的项目，导入两段视频素材以及遮罩图像，为【V2】轨道的素材应用【轨道遮罩键】效果，以【V3】轨道作为遮罩轨道。

(1) 启动 Premiere Pro CC，新建一个名为【轨道遮罩键】的项目，在【新建序列】中选择【常规】标签，【编辑模式】设置为“自定义”，【时基】为“25.00 帧/秒”，【帧大小】为 352 宽，【水平】为 288 高，单击【确定】按钮，如图 8-46 所示。

(2) 选择【文件】|【导入】命令，打开【导入】对话框，选择“火车.mpg”和“花心.avi”两段视频文件和图片“遮罩.jpg”，单击【打开】按钮，将其导入【项目】窗口，如图 8-47 所示。

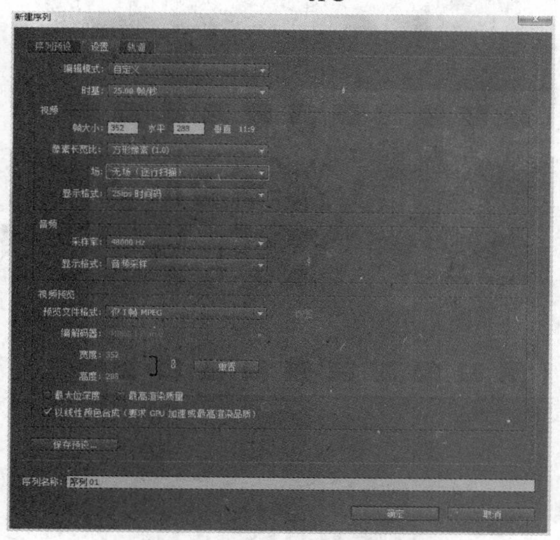

图 8-46　新建【轨道遮罩键】项目

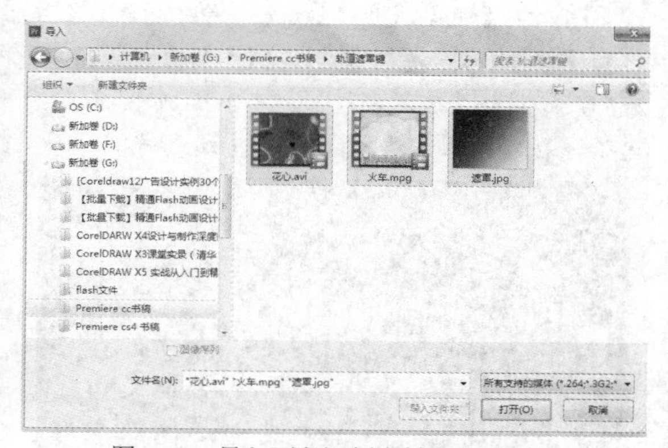

图 8-47　导入两段视频素材和遮罩图像

(3) 从【项目】窗口中将“火车.mpg”视频文件拖入到【时间线】窗口的【V1】轨道上，将另一段视频文件“花心.avi”拖入【V2】轨道上，将遮罩图像“遮罩.jpg”拖入【V3】轨道上，如图 8-48 所示。选择【V2】上素材“花心.avi”，在【效果控件】面板中展开【运动】属性，将【缩放】设置为“42.0”。

(4) 在【效果】面板中展开【视频效果】下的【键控】分类夹，找到【轨道遮罩键】效果，如图 8-49 所示。将该效果应用到【V2】轨道的“花心.avi”素材上，如图 8-50 所示。

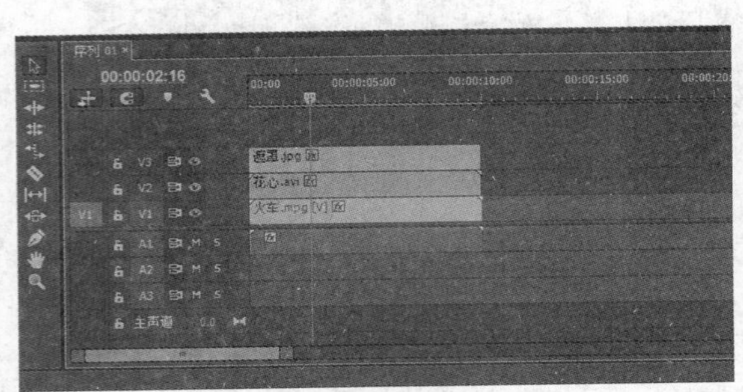

图 8-48　应用视频素材和遮罩图像到【时间线】窗口的视频轨道上

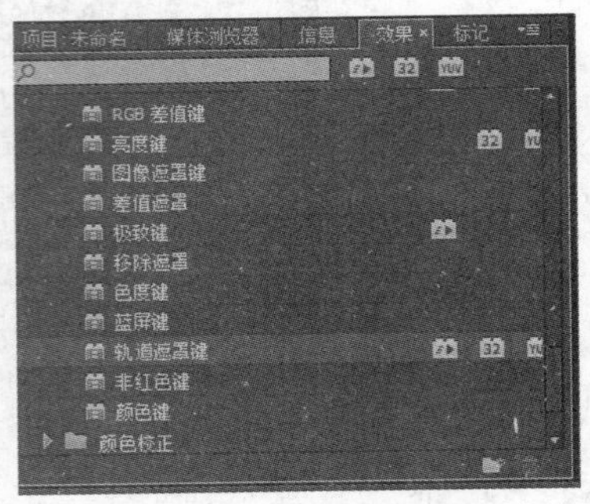

图 8-49　选择【轨道遮罩键】效果

(5) 在【时间线】窗口中选中【V3】轨道上的遮罩图像素材“遮罩.jpg”，打开【效果控件】面板，展开【运动】选项，将时间线指针拖到起始位置，单击【位置】和【缩放】选项前的【切换动画】按钮，激活【添加/移除关键帧】按钮。单击【位置】和【缩放】选项后的【添加/移除关键帧】按钮，为“遮罩.jpg”的起始位置添加关键帧控制点，如图 8-51 所示。

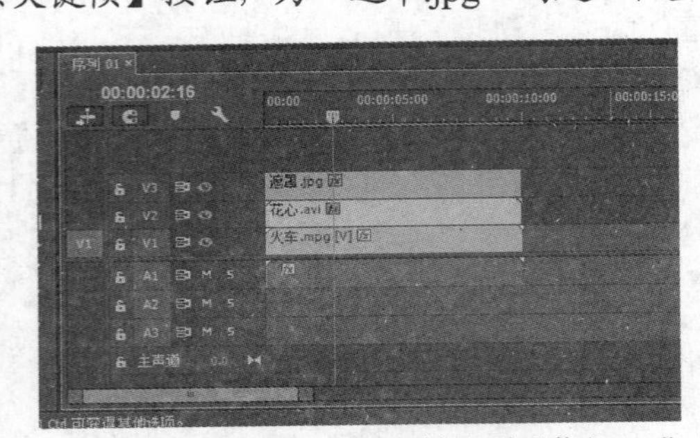

图 8-50　应用【轨道遮罩键】效果到“花心.avi”上

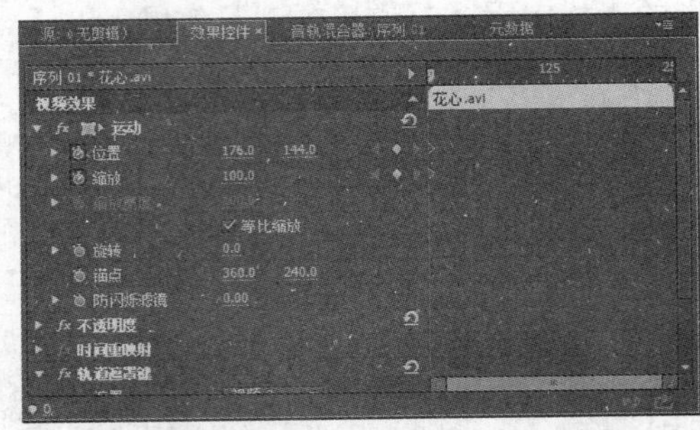

图 8-51　为“遮罩.jpg”起始位置添加关键帧控制点

(6) 在【效果控件】面板，将时间线指针拖到第 50 帧的位置，单击【位置】和【缩放】选项后的【添加/移除关键帧】按钮，为“遮罩.jpg”添加关键帧控制点，调整【位置】选项为“264.0, 218.0”，调整【缩放】选项为 50.0，如图 8-52 所示。也可以在添加关键帧控制点后，选中【运动】选项，在【节目】监视器窗口中进行手工调整，如图 8-53 所示。

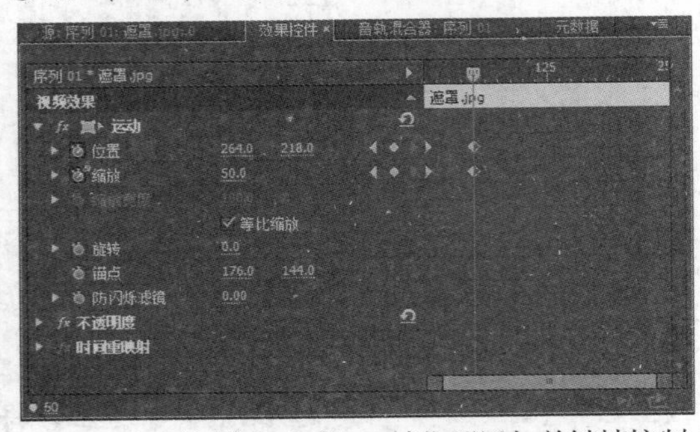

图 8-52　为“遮罩.jpg”第 50 帧位置添加关键帧控制点

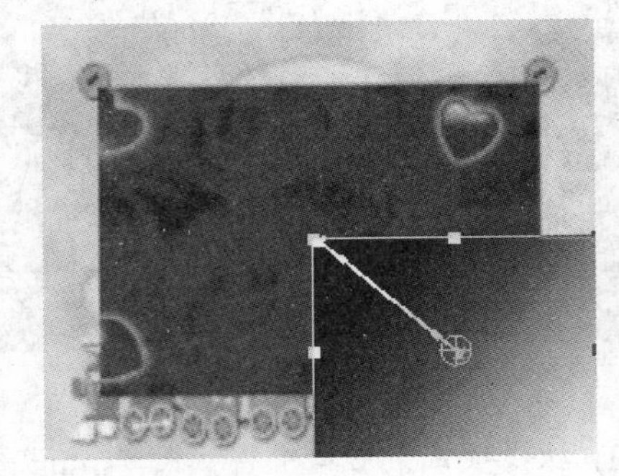

图 8-53　在【节目】监视器窗口中进行手工调整

(7) 在【效果控件】面板，将时间线指针拖到第 100 帧的位置，单击【位置】和【缩放】选项后的【添加/移除关键帧】按钮，为“遮罩.jpg”添加关键帧控制点，调整【位置】选项为“88.0,

72.0"，保持【缩放】选项为 50.0，如图 8-54 所示。在添加关键帧控制点后，选中【运动】选项，在【节目】监视器窗口中进行手工调整，改变运动的轨迹，如图 8-55 所示。

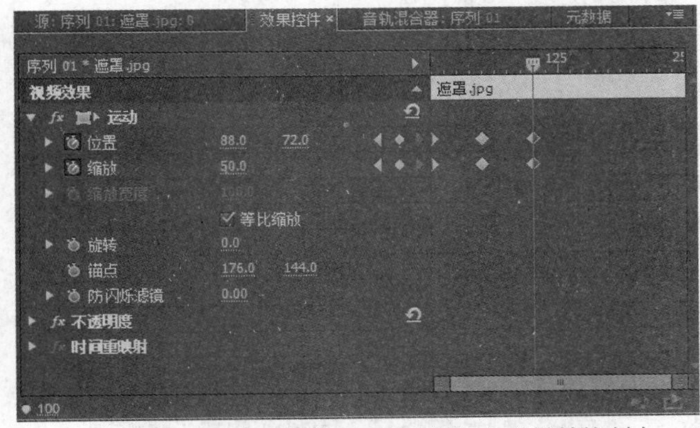

图 8-54　为"遮罩.jpg"第 100 帧位置添加关键帧控制点

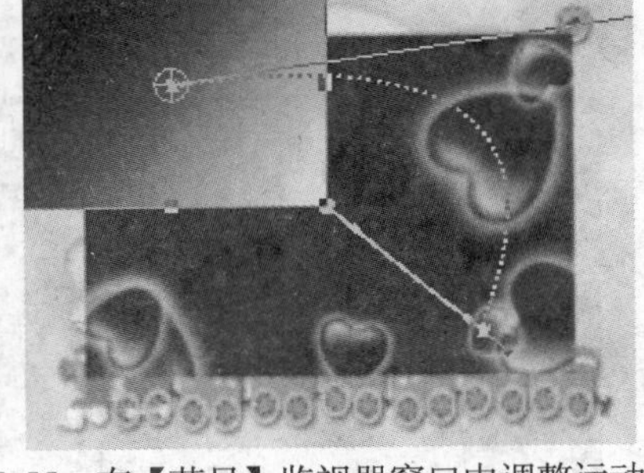

图 8-55　在【节目】监视器窗口中调整运动轨迹

(8) 在【时间线】窗口中使用【波纹编辑工具】将"遮罩.jpg"的长度与【V2】轨道的"花心.avi"素材对齐。打开【效果控件】面板，将时间线指针拖到第 150 帧的位置，单击【位置】和【缩放】选项后的【添加/移除关键帧】按钮，为"遮罩.jpg"添加关键帧控制点，调整【位置】选项为"176.0,144.0"，【缩放】选项为"100.0"，即初始时的数值，如图 8-56 所示。

(9) 在【时间线】窗口中选中【V2】轨道"花心.avi"素材，打开【效果控件】面板，展开【轨道遮罩键】选项，在【遮罩】选项的下拉菜单中选择"视频 3"，在【合成方式】选项的下拉菜单中选择"亮度遮罩"，如图 8-57 所示。

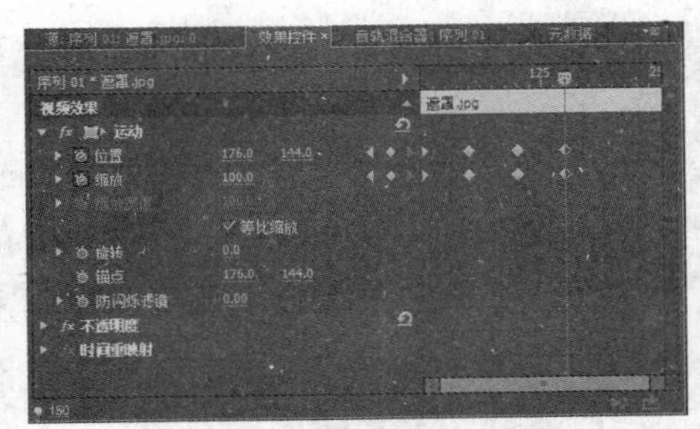

图 8-56　为"遮罩.jpg"第 150 帧位置添加关键帧控制点

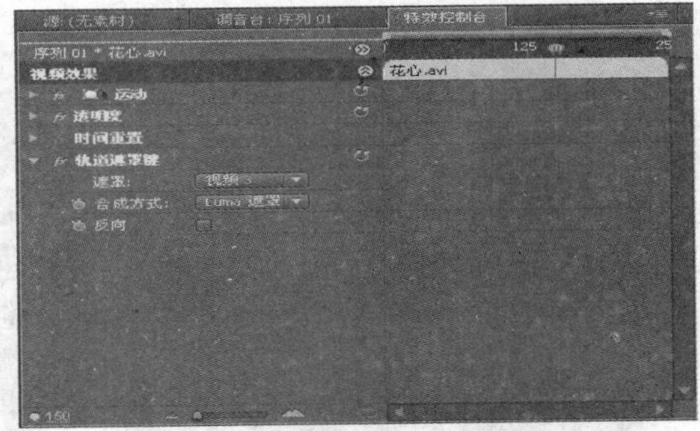

图 8-57　设置【轨道遮罩键】参数

(10) 将时间线指针拖到起始位置，单击【空格键】预演，如图 8-58 所示。

图 8-58　预演【轨道遮罩键】效果

拓展训练

本项目拓展训练通过制作【多种键控】实例，深入理解键控效果的应用，熟悉视频合成。

1. 动态遮罩视频

效果如图 8-59 所示。

图 8-59 动态遮罩视频效果图

(1) 运行 Premiere Pro CC，打开欢迎界面，单击【新建项目】按钮，打开【新建项目】对话框，如图 8-60 所示，在该对话框中，采用默认设置，选择项目保存的路径及输入名称“动态遮罩视频”后，单击【确定】按钮，可创建【动态遮罩视频】项目文件。进入主程序界面后，执行【文件】|【新建】|【序列】命令，此时系统将弹出【新建序列】对话框。

(2) 打开【序列预设】选项卡，选择国内电视制式通用的 DV-PAL |【标准 48 kHz】，序列名称默认为“序列 01”，如图 8-61 所示。

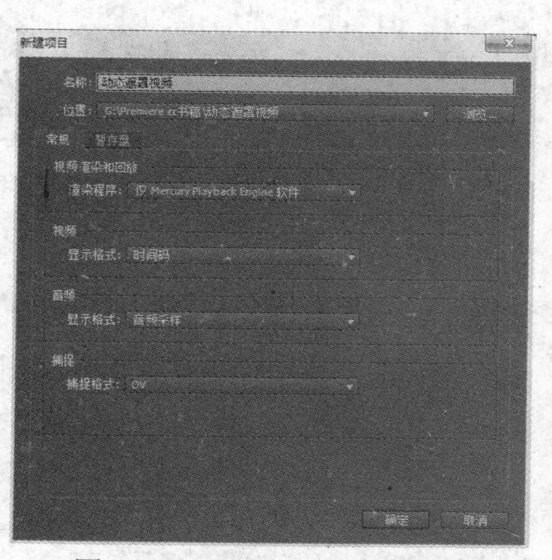

图 8-60 【新建项目】对话框

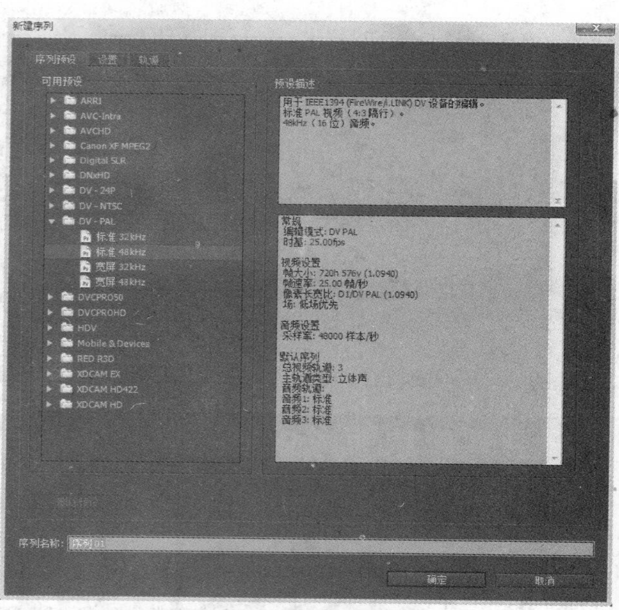

图 8-61 新建序列设置

(3) 在【项目】面板中导入素材“熊出没.avi”和“流动的云彩.avi”，分别拖到【时间线】面板的【V1】和【V2】轨道上，右击“流动的云彩.avi”，在弹出的快捷菜单中选择【取消链接】命

令，选择【A2】上的声音文件“流动的云彩.avi”，按 Delete 键删除，如图 8-62 所示。

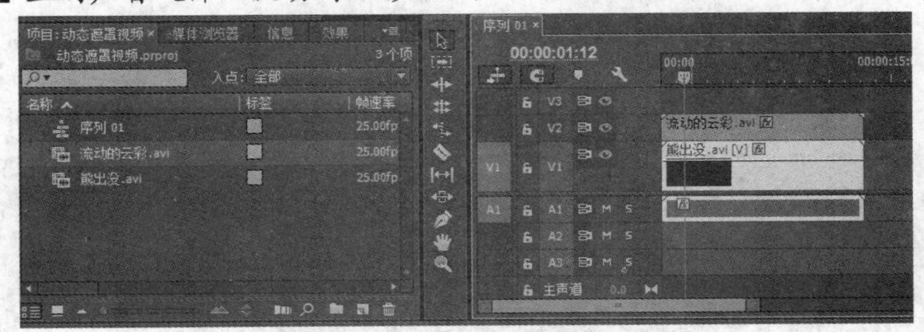

图 8-62　将素材放入视频轨道上

(4) 在【效果】面板中展开【视频效果】文件夹，展开【图像控制】和【调整】文件夹，如图 8-63 所示，分别将【黑白】特效和【色阶】特效拖到【V2】上的素材“流动的云彩.avi”上；在【效果控件】中展开【色阶】特效，设置【(RGB)输入黑色阶】为“122”，设置【(RGB)输入白色阶】为“136”，将素材变成黑白分明的视频，如图 8-64 所示。

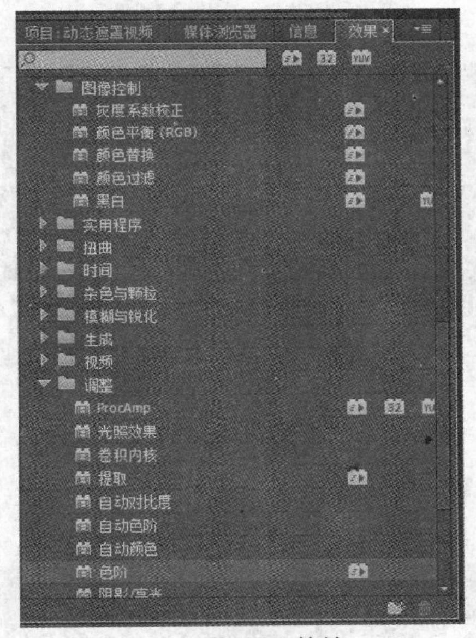

图 8-63　展开特效

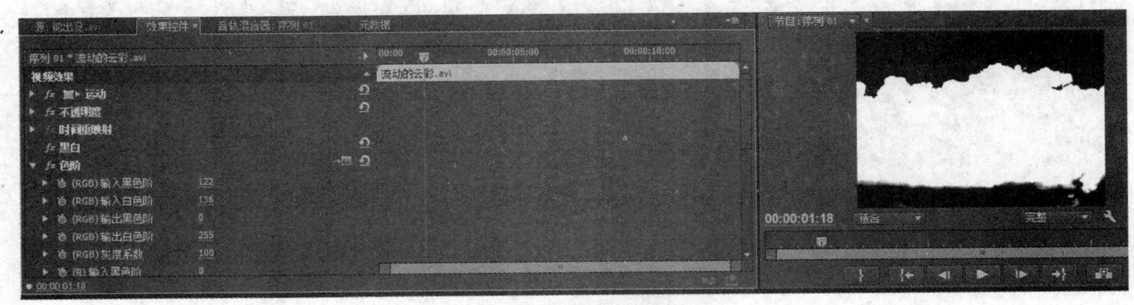

图 8-64　设置色阶参数

(5) 选择【V1】轨道上的“熊出没.avi”，在【效果控件】中展开【运动】属性，设置【缩放】

的值为“137.0”；右击该素材视频，在弹出的快捷菜单中选择【嵌套...】命令，将该视频素材嵌套在“嵌套序列 01”中，如图 8-65 所示；在【效果】面板中展开【视频效果】文件夹，展开【键控】文件夹，将【轨道遮罩键】特效拖到“嵌套序列 01”上，在【效果控件】中展开【轨道遮罩键】特效，设置【合成方式】为“亮度遮罩”，【遮罩】为“视频 2”，如图 8-66 所示。

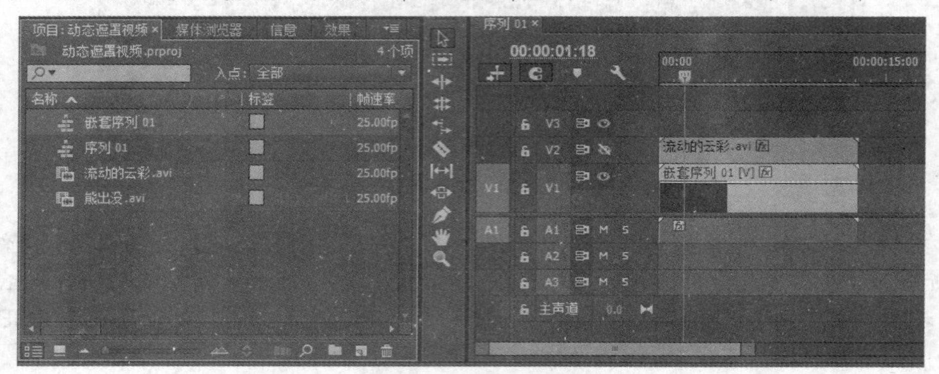

图 8-65　生成嵌套序列

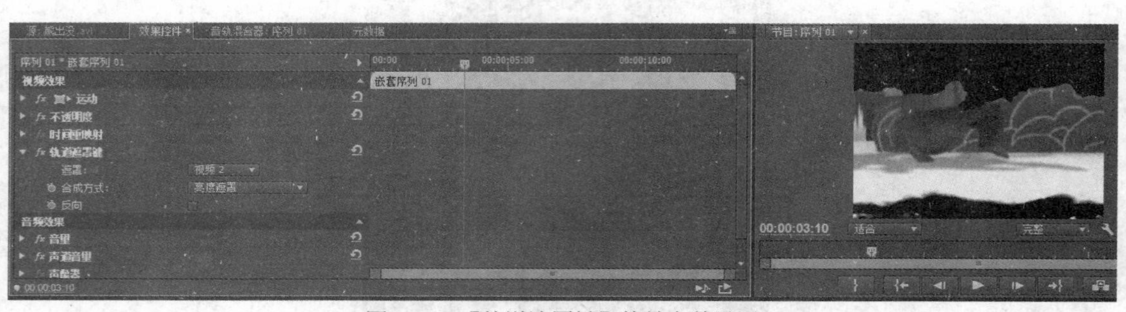

图 8-66　【轨道遮罩键】特效参数设置

(6) 在【视频效果】文件夹中展开【透视】文件夹，将特效【投影】拖到“嵌套序列 01”上，在【效果控件】中展开【投影】特效，设置【阴影颜色】为“白色”，【距离】为“6.0”，使得遮罩有投影效果，如图 8-67 所示。

图 8-67　【投影】特效参数设置

(7) 单击【时间线】面板，按空格键或 Enter 键浏览效果，最后执行【文件】/【保存】命令，保存项目文件。

2. 蓝天白云下的建筑

效果如图 8-68 所示。

图 8-68　建筑效果图

(1) 运行 Premiere Pro CC，打开欢迎界面，单击【新建项目...】按钮，打开【新建项目】对话框，如图 8-69 所示，在该对话框中，采用默认设置，选择项目保存的路径及输入名称“蓝天白云下的建筑”后，单击【确定】按钮，可创建【蓝天白云下的建筑】项目文件。进入主程序界面后，执行【文件】|【新建】|【序列】命令，此时系统将弹出【新建序列】对话框。

(2) 单击【设置】选项卡，设置【编辑模式】为【自定义】，画面大小设定为 700 px×900 px，【像素长宽比】为【方形像素(1.0)】，【序列名称】默认为“序列 01”，如图 8-70 所示。

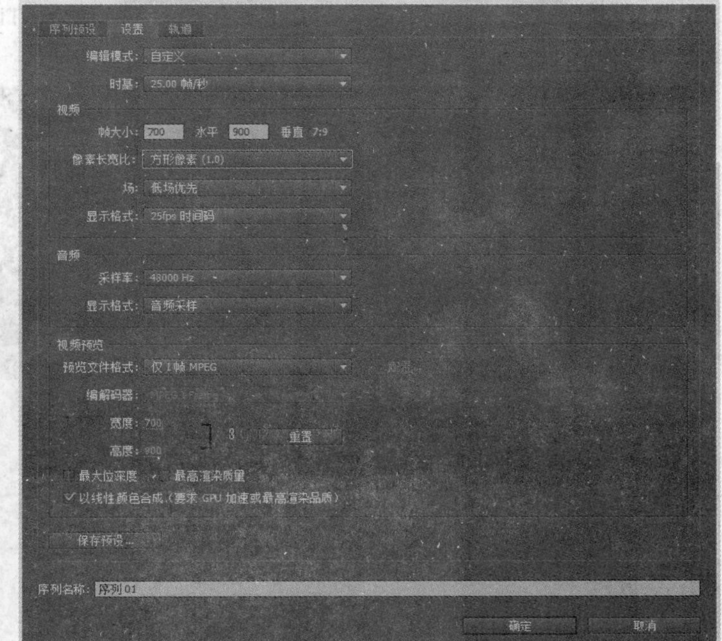

图 8-69　【新建项目】对话框　　　　图 8-70　新建序列设置

(3) 在【项目】面板中导入图片素材“建筑.jpg”和“蓝天白云.jpg”，将“蓝天白云.jpg”拖到【时间线】面板中的【V1】轨道上，将“建筑.jpg”拖到【V2】轨道上；首先选择“蓝天白云.jpg”，在【效果控件】面板中，打开【运动】特效，将【位置】的值修改为“350.0，478.0”，再选择

"建筑.jpg"，在【效果控件】面板中打开【运动】特效，将【位置】的值修改为"350.0，462.0"，如图 8-71 所示。

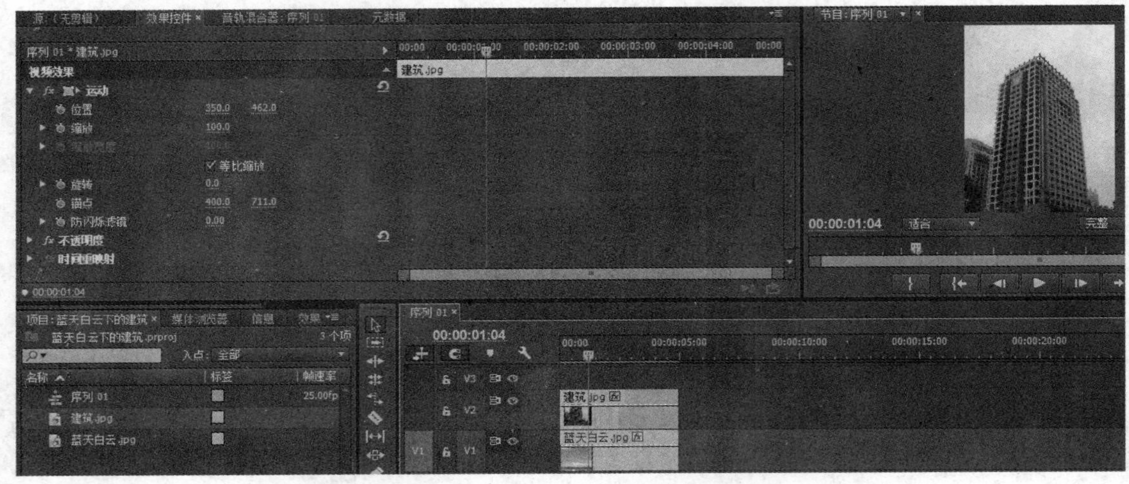

图 8-71　设置图片素材的位置属性

(4) 在【效果】面板中展开【视频效果】文件夹及【键控】文件夹，将视频特效【颜色键】拖到【V2】轨道上的"建筑.jpg"上，在【效果控件】中展开【颜色键】特效，用颜色吸管在"建筑.jpg"上吸取天空的颜色，设置【颜色容差】的值为"110"，【边缘细化】为"1"，【羽化边缘】为"1.0"，如图 8-72 所示。

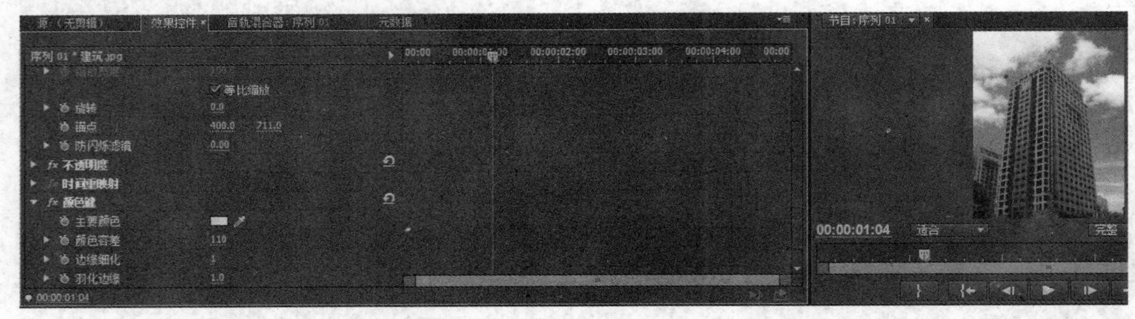

图 8-72　合成视频

(5) 单击【时间线】面板，按空格键或 Enter 键浏览效果，最后执行【文件】|【保存】命令，保存项目文件。

习　题

1. 剪辑素材的透明信息保存在哪里？
2. 怎样使视频剪辑变成半透明？
3. 简述什么是键控技术。
4. 色键透明和遮罩技术有何异同？
5. 创建遮罩有哪些方式？
6. 简要描述如何应用【差值遮罩】和【轨道遮罩键】。

制作字幕

学习目标

字幕是影视作品中重要的组成部分，在制作影片的过程中，用户经常会接触到一些制作字幕的工作。有时候需要为影片画面添加文字说明，有时候要为影片中的歌曲、对白和解说等添加字幕，有时候要为影片添加片头片尾的标题或工作人员表等。特别是在科技题材的影片中，字幕的地位尤为重要。字幕包括文字、线条和几何图像等元素，Premiere Pro CC 中的字幕不仅是静止形态的，通过对其应用视频编辑的方法，还可以制作出动态效果。本章通过对字幕制作的详细介绍，使读者熟悉 Premiere Pro CC 中的【字幕】窗口使用方法以及创建字幕的技巧。

本章重点

- 字幕设计窗口
- 设置字幕的文本属性
- 字幕样式效果
- 字幕路径
- 添加几何图形
- 字幕模板
- 常用的字幕特效制作

任务 1　熟悉字幕基本操作

在过去的影视节目制作中，字幕的叠加是通过字幕机来完成的，这种方法要依靠硬件支持。而在非线性编辑系统中，则没有这一限制。只要系统支持的字体，都能够把该字体制作成影视字幕，并叠加在影视节目中。

在 Premiere Pro CC 中，字幕制作有单独的系统——字幕设计窗口，如图 9-1 所示。可以制作出不同效果的静态字幕或动态字幕，其中涉及字幕形状、颜色、大小等，还允许创建特殊的图形，该窗口包括【字幕属性】、【字幕工具】、【字幕动作】、【字幕样式】和【字幕编辑】区五大部分。

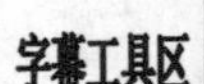

图 9-1　字幕设计窗口

9.1.1 【字幕】窗口

如果要为影片添加字幕，则可以在该项目中，单击【项目】窗口下方的【新建分类】按钮，选择【字幕】命令，即可进入【字幕】，如图 9-2 所示。

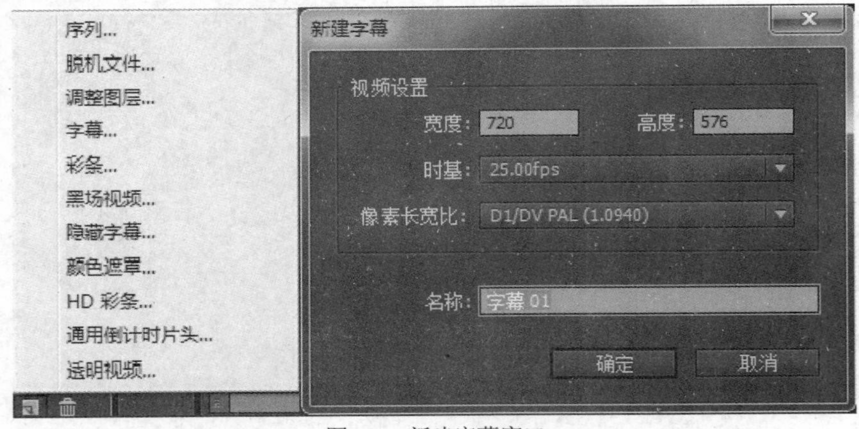

图 9-2　新建字幕窗口

另外，还可以执行【字幕】|【新建字幕】命令，在弹出的【新建字幕】对话框中选择要创建的字幕类型，也可以打开【字幕】窗口，创建字幕。

字幕窗口由多个部分组成，具体如下。

- 字幕工具：用于创建和编辑字幕和图形的工具。
- 字幕动作：用于设置字幕和图形的排列分布方式。
- 字幕工作区域：所有字幕的创建、编辑均是在该区域中完成的。

- 字幕样式　用于选择自定义文本的样式。
- 字幕属性　用于设置字幕的属性，其中包括转换、属性、填充、描边和阴影。

9.1.2 字幕工具

在 Premiere Pro CC 中，字幕工具的设计已经非常完备，通过字幕工具可以制作形式多样的字幕和图形。对 Adobe Illustrator 比较熟悉的用户应该会发现这里的工具与 Adobe Illustrator 已经几乎可以相抗衡了。

字幕工具区中有 20 个工具按钮，如图 9-3 所示。其详细介绍如下。

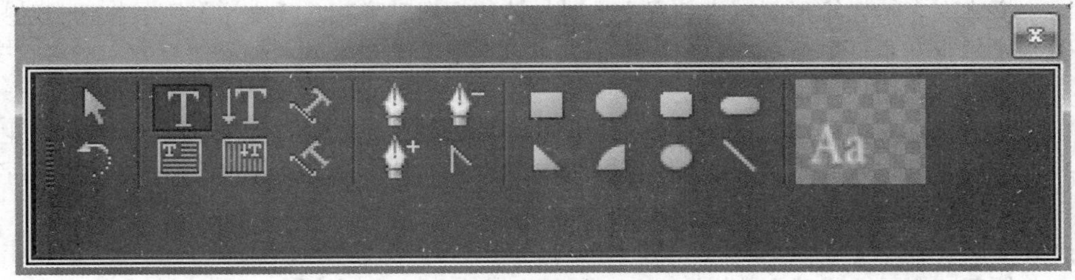

图 9-3　字幕工具窗口

- 【选择】工具：使用该工具可以选中编辑区域的文字或图形，如果配合 Shift 键使用，则可以选择多个对象。当选中一个对象时，可以使用鼠标移动该对象，或者改变对象的大小与形状，如图 9-4 所示，该工具的快捷键是 V。

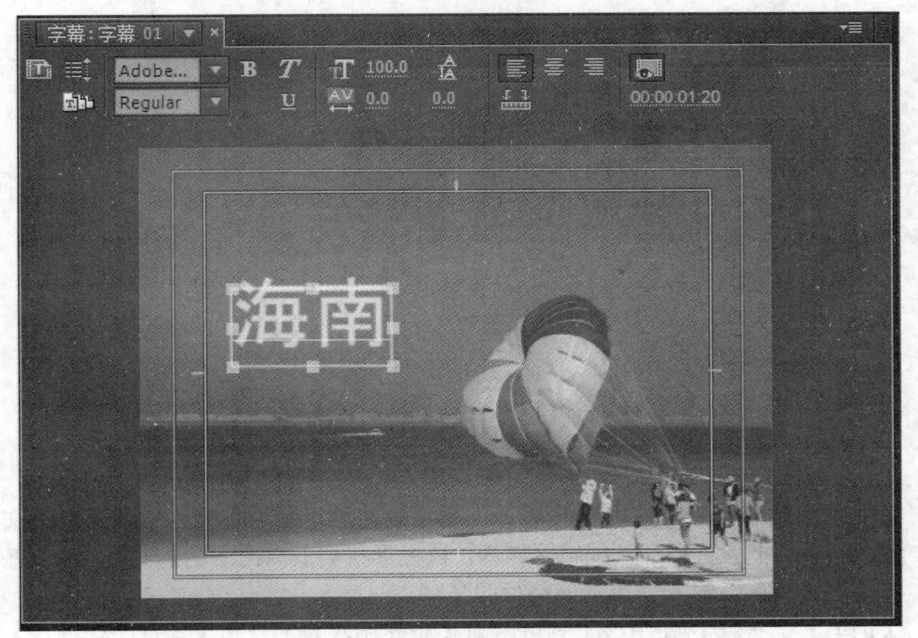

图 9-4　选择工具

- 【旋转】工具：使用该工具可以使得选中的对象能绕其中心点转动，从而改变对象的倾斜角度，该工具的快捷方式是 O。

- 【文字】工具T：使用该工具可以在字幕编辑区域内输入水平方向的文本。单击该按钮后，将鼠标移动到编辑区域的安全区内，按下鼠标左键，在按下位置会出现一个矩形框，松开鼠标左键后即可在矩形区域内输入文本。该工具的快捷键是T。
- 【垂直文字】工具：使用该工具可以在字幕编辑区域内输入垂直方向的文本。单击该按钮后，将鼠标移动到编辑区域内，按下鼠标左键，在按下位置会出现一个矩形框，松开鼠标左键后即可在矩形区域内垂直输入文本。该工具的快捷键是C。
- 【文本框】工具：使用该工具可以在字幕编辑区域内输入水平方向的多行文本。单击该按钮后，将鼠标移动到编辑区域内，按下鼠标左键，拖动鼠标到另一点，松开鼠标左键后，在编辑区域内会出现一个以此两点为对角点的矩形，然后可在矩形区域内输入文本。在输入矩形区域内单行文本时，该按钮自动弹起，【文字】工具按钮自动按下。
- 【垂直文本框】工具：使用该工具可以在字幕编辑区域内输入垂直方向的多行文本。单击该按钮后，将鼠标移动到编辑区域的安全区内，按下鼠标左键，拖动鼠标到另一点，松开鼠标左键后，在编辑区域内会出现一个以此两点为对角点的矩形，然后可在矩形区域内垂直输入文本。在输入矩形区域内单行文本时，该按钮自动弹起，【垂直文字】工具按钮自动按下。

- 【路径输入】工具：使用该工具可以在编辑区域内输入弯曲路径的文本。单击该按钮后，把鼠标移动到编辑区域内，鼠标形状会变成【钢笔】工具，可以在编辑区域内画出路径后，即可输入沿着该路径走向的文字，如图9-5所示。

图9-5 路径输入

- 【垂直路径输入】工具：使用该工具可以在编辑区域内输入弯曲路径的文本。单击该按钮后，把鼠标移动到编辑区域内，鼠标形状会变成【钢笔】工具，可以在编辑区域内画出路径后，输入垂直于该路径的文字。
- 【钢笔】工具：使用该工具可以为【路径输入】工具和【垂直路径输入】工具提供输入文字的路径，也可以修改这些路径。单击该按钮后，把鼠标移动到需修改路径的节点上，拖动鼠标即可修改调整文本路径。该工具的快捷键是【P】。
- 【添加定位点】工具：使用该工具可以增加文本路径上的定位点，该工具通常与【钢笔】工具一起使用。

- 【删除定位点】工具：使用该工具可以删除文本路径上的定位点，该工具通常与【钢笔】工具一起使用。
- 【转换定位点】工具：使用该工具可以调整路径的平滑度，使用该工具按钮单击路径上的定位点，在定位点上出现两个控制句柄，拖动控制句柄可以调整路径的平滑度。该工具常与【钢笔】工具一起使用。
- 【矩形】工具：使用该工具可以在编辑区域内绘制矩形，如图 9-6 所示。默认的填充颜色是白色，用户可以自己指定填充色以及其他属性。该工具的快捷键是 R。

图 9-6　绘制矩形

- 【切角矩形】工具：使用该工具可以在编辑区域内绘制切角矩形。默认的填充颜色是白色，用户可以自己指定填充色以及其他属性。
- 【圆角矩形】工具：使用该工具可以在编辑区域内绘制圆角矩形。默认的填充颜色是白色，用户可以自己指定填充色以及其他属性。
- 【圆矩形】工具：使用该工具可以在编辑区域内绘制圆矩形。默认的填充颜色是白色，用户可以自己指定填充色以及其他属性。
- 【三角形】工具：使用该工具可以在编辑区域内绘制三角形。默认的填充颜色是白色，用户可以自己指定填充色以及其他属性。该工具的快捷键是 W。
- 【圆弧】工具：使用该工具可以在编辑区域内绘制圆弧图形。默认的填充颜色是白色，用户可以自己指定填充色以及其他属性。该工具的快捷键是 A。
- 【椭圆】工具：利用该工具可以在编辑区域内绘制椭圆。默认的填充颜色是白色，用户可以自己指定填充色以及其他属性。该工具的快捷键是 E。
- 【直线】工具：利用该工具可以在编辑区域内绘制直线。在画直线时，按住 Shift 键，画出的直线在 0 度、45 度等，以间隔为 45 度的方向上。使用该工具画出的直线可以使用【钢笔】工具进行调整。该工具的快捷键是 L。

字幕动作区提供了【对齐】、【居中】、【分布】三栏工具，可以设置字幕或者图形的排列分布方式，如图 9-7 所示。

图 9-7　字幕分布排列方式

- 【对齐】工具区域：该区域中的工具用于在画面中按照水平-右对齐、水平居中、垂直-顶对齐、垂直居中等方式对齐排列选择的两个或两个以上的文字或图形对象。
- 【居中】工具区域：该区域中的工具用于按照画面的水平中心或垂直中心位置对齐选择的文字或图形对象。
- 【分布】工具区域：该区域中的工具用于在画面中按照水平平均间隔、垂直平均间隔等方式分布排列选择的 3 个或 3 个以上的文字或图形对象。

9.1.3　创建字幕

认识字幕工具后，下面通过创建一个简单的字幕，来熟悉创建字幕的基本流程。

(1) 首先启动 Premiere Pro CC，创建一个新项目。在【项目】窗口中，单击【新建分类】按钮，执行【字幕】命令，创建一个空白的字幕文件。在工具箱中单击【文字】工具按钮，并在工作区域单击，输入“独坐敬亭山”，如图 9-8 所示。

图 9-8　输入文本

(2) 单击【文字】工具按钮，在工作区域拖动，形成矩形文本框，输入或复制内容，如图 9-9 所示。

图 9-9　输入文字

提示

在 Premiere Pro CC 中，有些中文字体不能被识别，就会出现方块代替文字的现象，只需要更改一种系统能够识别的中文字体即可。

(3) 将工作区域中的字幕全部选中，再选择【字体】下拉列表，选择【宋体】选项，此时工作区域中的字体将全部正常显示。

(4) 在右侧的【属性】文件夹中，将【字体大小】设置为 61，【行距】设置为 20，并将“独坐敬亭山”移至文本的中央位置，如图所 9-10 所示。

图 9-10　设置字体

当创建好字幕后，一般情况下，关闭【字幕 】窗口，会自动添加到【项目】窗口中。若用户想下次再使用该字幕，则可以将该字幕保存，下次使用时可以将其导入到项目中即可。

1. 保存字幕

要保存字幕，首先应单击【字幕】窗口中的【关闭】按钮，然后在【项目】窗口中，选择该字幕，执行【导出】|【字幕】命令。在弹出的【保存字幕】对话框中，设置字幕的保存路径以及名称，即可将该字幕保存。

2. 打开字幕

如果要在其他项目中使用已保存的字幕，则需要将字幕文件导入项目将其打开使用。可执行【文件】|【导入】命令，在弹出的对话框中，双击要使用的字幕将其导入项目中，然后在【项目】窗口中选择该字幕，将其拖放到【时间线】的视频轨道相应的位置即可。

若要修改字幕中的文字内容，则可以在【项目】窗口中双击该字幕，即可在打开的【字幕】窗口中修改字幕的文字内容。

字幕编辑区由【字幕预览】窗口和文本属性面板组成。在【字幕预览】窗口可以看到文字或图形的最后效果。在文本属性面板中，可以设置文字的大小、字体、字距、行距、对齐方式等属性。单击按钮会新建一个字幕；单击按钮可以设置字幕的滚动/游动选项；单击按钮可以调用字幕模板；单击按钮可以显示/隐藏视频背景。

9.1.4 字幕样式区

当用户在字幕编辑区输入文字以后，可以在【字幕样式】区域选择字体样式，用户也可以用鼠标拖动文字边框，可以改变文字的大小及高度等。打开右上角的按钮可以在其弹出的菜单中选择新建、删除样式，或从样式库中载入样式。【字幕样式】面板中放置了系统预置的几十种字幕样式效果，如图 9-11 所示。制作字幕时，只需在该面板中选择需要的样式，然后就可以在【字幕编辑】区域的预览窗口中创建出该样式效果的字幕。

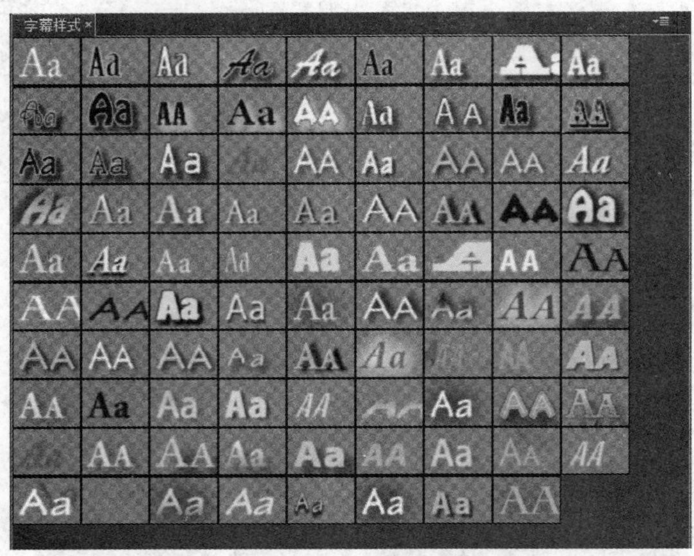

图 9-11　字幕样式

单击【字幕样式】面板右侧的小三角形按钮，可以打开该面板的控制菜单，如图 9-12 所示。通过使用该菜单中的命令，可以实现以下字幕样式设计的主要功能。

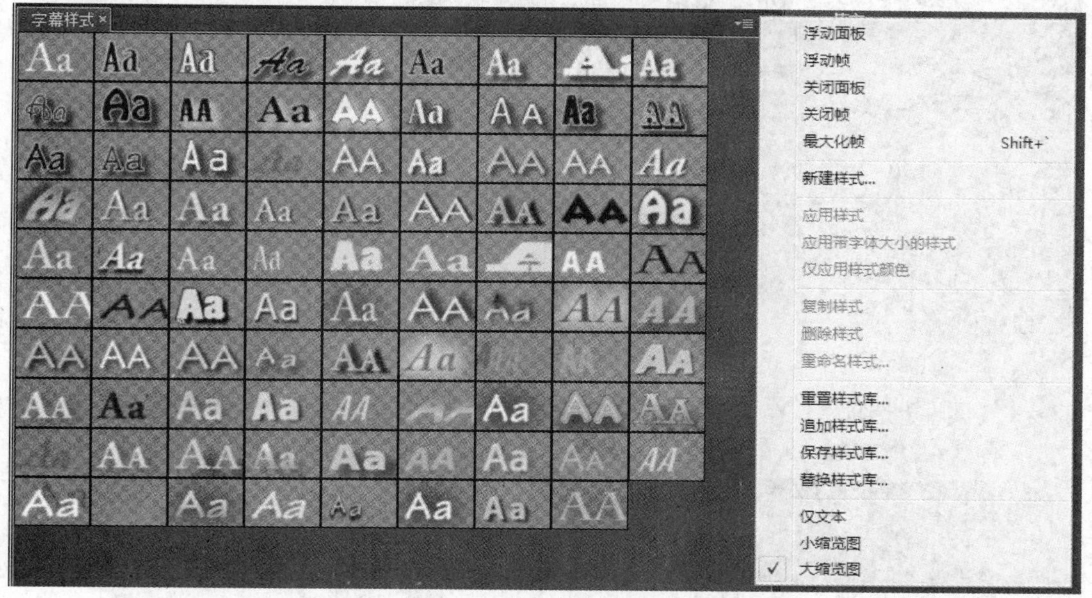

图 9-12　【字幕样式】菜单

- 将字幕编辑区域的【预览窗口】中创建的对象效果设置为【字幕样式】面板中的样式。
- 将所选字幕样式的全部字幕属性或个别属性应用到【预览窗口】中创建的对象。
- 复制、删除和重命名选择的样式效果。
- 设置选择的样式为字幕编辑区默认的创建对象样式效果。
- 恢复【字幕样式】面板当前使用的样式库的默认状态。
- 添加其他样式库中的样式至当前使用的样式库。
- 保存当前使用的样式库。
- 使用其他样式库替换当前使用的样式库。
- 在【字幕样式】面板中以字体名称方式或效果缩略图方式来显示样式。

9.1.5　字幕属性区

在实际创建字幕的过程中，字幕的设置与字幕属性是不可分割的。例如，创建字幕后就要设置字幕的字体、颜色、大小等属性，而这些设置全部需要在【字幕属性】面板中进行。本节介绍【字幕属性】面板如何编辑字幕属性。

字幕属性区主要由 5 个部分组成，分别是【变换】选项组、【属性】选项组、【填充】选项组、【描边】选项组、【阴影】选项组。

- 【变换】选项组：可以对图形或者文字进行变形设置，可以改变文字的【透明度】、【X 位置】、【Y 位置】、【宽度】、【高度】和【旋转】角度，如图 9-13 和图 9-14 所示。

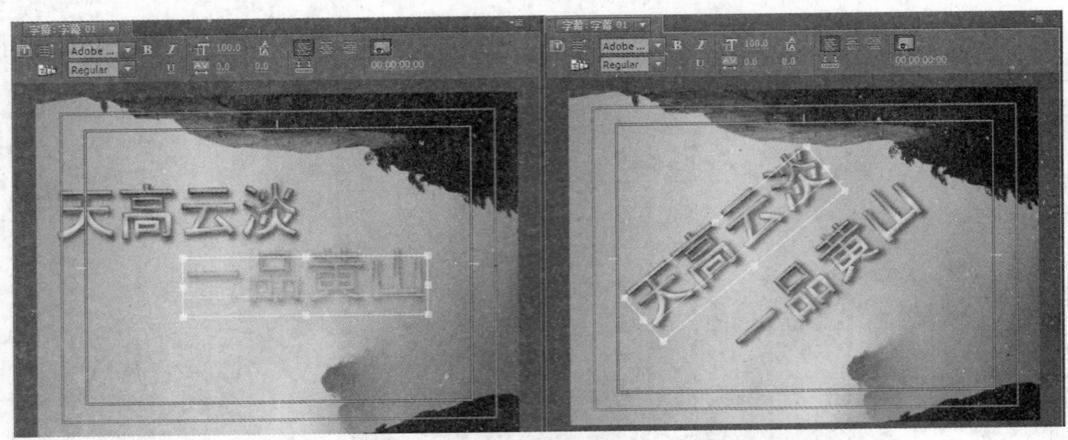

图 9-13 旋转设置

- 【属性】选项组：在【字幕编辑】区域选中图形，在该选项组下面共有两个选项，分别为【绘图类型】和【扭曲】，如图 9-15 所示。

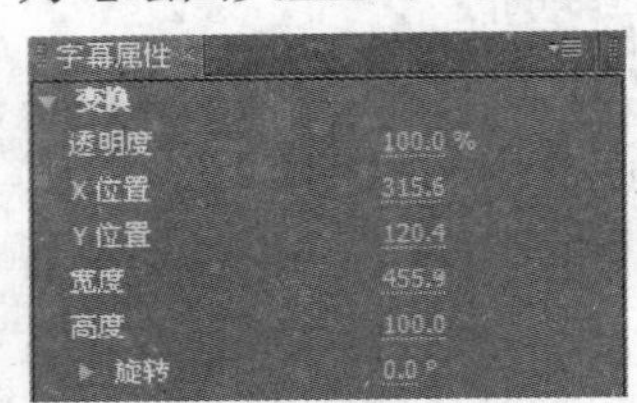

图 9-14 【变换】选项组

图 9-15 图形【属性】选项组

如果选中的是文字，【属性】选项组中会显示不同的选项，如图 9-16 所示。这些选项会在以后的制作中逐步介绍。

- 【填充】选项组：该选项组用于设置文字字幕或者图形字幕的填充属性，如图 9-17 所示。

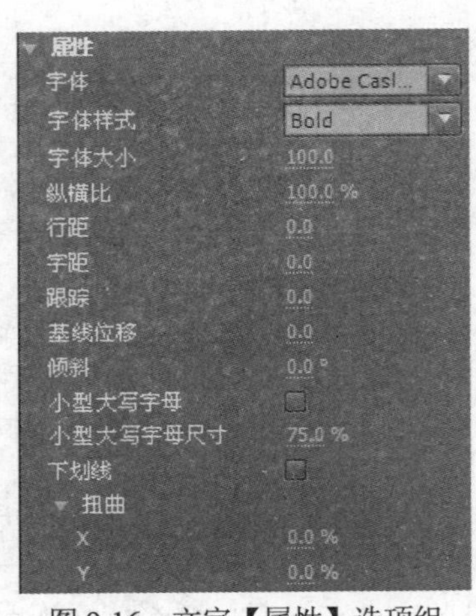

图 9-16 文字【属性】选项组

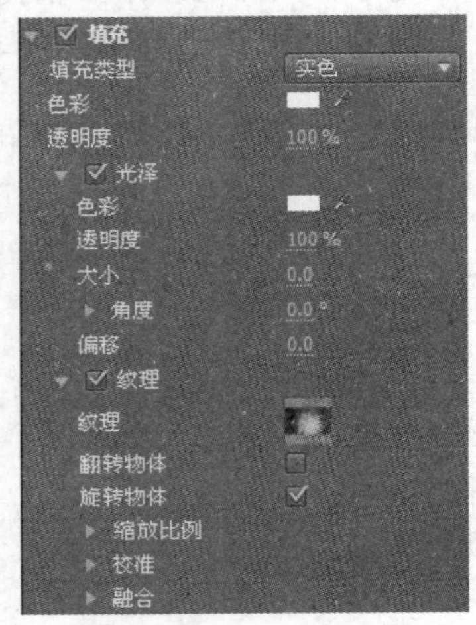

图 9-17 【填充】选项组

- 【描边】选项组：该选项组为图形或者文本描绘边缘。该选项组共有两项，分别为【内侧边】和【外侧边】，如图 9-18 所示。
- 【阴影】选项组：该选项组用于为图形或者文字添加阴影效果，如图 9-19 所示。

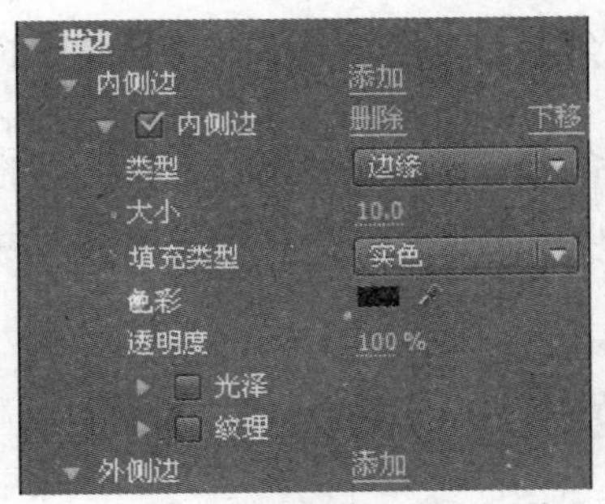

图 9-18　【描边】选项组

图 9-19　【阴影】选项组

任务 2　制作简单字幕

在 Premiere 中，建立的字幕是一个独立的文件，可以像处理其他视频、音频片段那样处理它，但最终输出的时候它会成为节目的一部分。

在 Premiere 中建立字幕还可以通过其他途径实现，这其中有些技巧用户需要了解。目前在 Premiere 中建立字幕的方法主要有以下 3 种。

- 直接在 Premiere 中利用【字幕设计窗口】建立字幕。
- 在 Photoshop 中建立含有文字的图片，当然其背景应为蓝色或者含有 Alpha 通道，然后再输入到 Premiere 中利用【蓝屏键】效果实现字幕叠加。
- 在 3dmax 等三维动画软件中生成三维动画字幕并保存为 TGA 等格式的图片序列，然后可以利用前面所讲的方法输入到 Premiere 中。

9.2.1　如何新建字幕文件

Premiere Pro CC 中，新建一个字幕文件有以下几种方式。

- 执行【文件】|【新建】|【字幕】命令。
- 执行【字幕】|【新建字幕】|【默认静态字幕】命令。
- 在【项目】窗口的空白处右击，在弹出的快捷菜单中选择【新建分项】|【字幕】命令。
- 在【项目】窗口中单击【新建分项】按钮，在弹出的菜单中选择【字幕】命令。
- 使用快捷键 Ctrl + T。

9.2.2　添加几何图形

在【字幕设计】窗口中，用户不仅可以编辑文字字幕，还可以设计出各种各样的图形字幕。所谓图形字幕，就是指在影片字幕中出现的几何图形或者线条。用户可以通过添加一些图形而使编辑出来的影片画面活泼富于动感，但是在使用的时候也应注意，不要因为图形过于花哨而破坏影片画面的观赏性。

【字幕设计】窗口为图形的编辑提供了一些工具按钮，用户可以通过综合使用这些按钮，生成自己所需的图形。可以使用【颜色拾取】来设置图形字幕的颜色，还可以像设定文字字幕颜色渐变一样设定图形字幕的颜色渐变。图形字幕还可以用作文字字幕的底色，当背景画面的颜色比较琐碎，不易直接叠加字幕文字的时候，使用字幕图形做底色往往会有很好的效果。在一个字幕

素材中可以既有图形部分又有文字部分，字幕素材是以分层的方法来对素材中各部分的关系进行组织的。

用户可以通过【字幕设计】窗口字幕工具区中提供的各种工具来绘制字幕中所需的图形，利用字幕工具区中的图形工具绘图过程并不复杂，并不比使用 Windows 中的画板更难。用户只需单击相应的工具按钮，就可以进行相应的操作。

一般情况下，用户可以按照下面的方法设计图形字幕。

(1) 选择要使用的绘图工具，选定工具后在字幕编辑区中按住鼠标左键进行拖动就可以绘制出一个图形。

(2) 在字幕属性区中设置图形字幕的属性，关于字幕图形属性各选项的意义已经在前面作了介绍，这里不再一一详述，只着重强调透明设置与调整图层位置这两种字幕设计的重要方面。

◉ 透明度设置

用户可以改变字幕素材中各部分的透明程度。就像视频素材一样。如果用户把字幕素材的强度降低，那么当字幕素材与视频素材叠加放映的时候，视频素材的画面就可以从文字或图形字幕的下面透射出来，这时的字幕就是半透明的。通过使用半透明字幕，影片制作者就可以在影片播放字幕的时候尽量给观众提供更多的影片信息。同时，对透明字幕的应用可以制作影片中的一些特别效果，例如，用户可以利用半透明的字幕来制作【幽灵效果】。影片制作中一些特技的生成往往也需要透明效果的辅助。

在【时间线】窗口中用户只能对整个字幕素材的强弱程度进行调整，整个字幕一透俱透。当用户要求素材中的各部分具有不同的强弱程度时，在不增加字幕素材的前提下，必须使用【字幕设计】窗口对字幕素材中各层的强弱进行调整，设定不同的透明度。

对图形字幕透明度的设置可以通过在【填充】选项组的【透明度】选项中进行设置，对阴影的设置可以通过在【阴影】选项组的【透明度】选项中进行设置。

◉ 调整文字字幕与图形字幕的关系

【字幕设计】窗口分层组织字幕素材中的各部分。使用过 Photoshop 的用户一定不会对【图层】陌生。

任务 3　制作活动字幕

用户除了可以通过【字幕设计】窗口建立静止的字幕外，还可以建立活动的字幕，分为上下活动的【滚动字幕】和左右活动的【游动字幕】两种。

【例 9-1】制作滚动字幕

在影视作品中，在节目的结尾都会出现演员表等信息，以滚动的方式显示出来。在 Premiere 中，通过【字幕】窗口中的滚动命令可以轻松实现该效果。本例将讲解滚动字幕的具体制作方法。

◉ 制作滚动字幕的方法

(1) 执行【字幕】|【新建字幕】|【默认滚动字幕】命令，新建一个字幕文件。

(2) 输入文件名，打开字幕编辑器。在字幕编辑区中输入文本，设置文本属性或者在字幕样式区选择一个样式后单击可应用该样式。

(3) 单击上方的按钮，打开【滚动/游动选项】对话框，在【时间】选项组中设置字幕滚动的属性，如图 9-20 所示。

◉ 制作游动字幕的方法

(1) 执行【字幕】|【新建字幕】|【默认游动字幕】命令，新建一个字幕文件。

(2) 输入文件名，打开字幕编辑器。在字幕编辑区输入文本，设置文本属性或者在字幕样式

区选择一个样式后单击可应用该样式。

(3) 单击上方的按钮，打开【滚动/游动选项】对话框。在【字幕类型】选项组中根据需要选择向左游动或者向右游动，然后在【时间】选项组中设置字幕游动的属性，如图 9-21 所示。

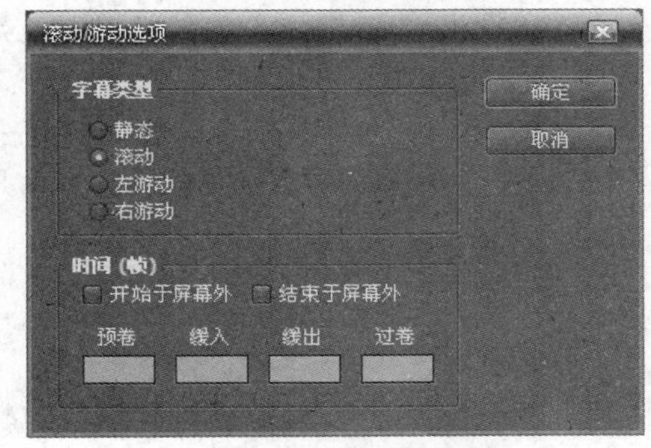

图 9-20　设置滚动字幕

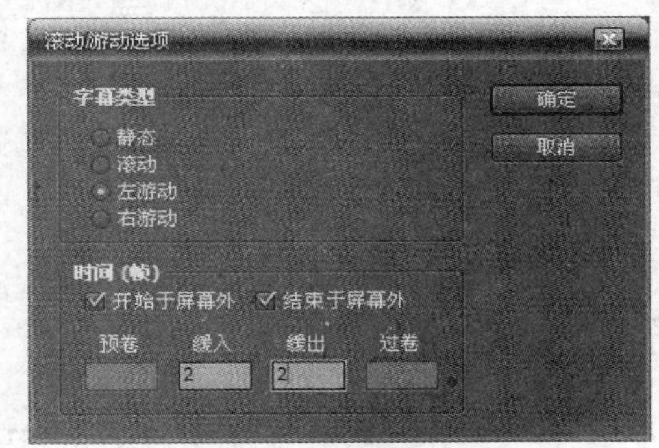

图 9-21　设置游动字幕

◉　应用活动字幕

(1) 编辑完成活动字幕后，单击【滚动/游动选项】对话框中的【确定】按钮，再关闭【字幕设计】窗口。

(2) 将编辑好的字幕文件拖到【时间线】窗口的合适位置上，调整持续时间。

(3) 在【节目】监视器窗口中预演字幕的滚动和游动效果。滚动效果如图 9-22 所示，向左游动字幕效果如图 9-23 所示，向右游动字幕效果如图 9-24 所示。

图 9-22　滚动字幕效果

图 9-23　向左游动字幕效果

图 9-24　向右游动字幕效果

任务 4　应用字幕模板

如同 Office 软件一样，Premiere Pro CC 中也提供自带的模板用于字幕制作。在模板当中，提供了相应的字幕区域结构设置，如字幕的背景、文本的字体类型和字体大小。这样就可以直接利用模板的设置来添加文字。

当打开【字幕设计】窗口时，用户可以在当前绘图区创建新的字幕文件，也可以打开 Premiere Pro CC 自带的模板来创建。【字幕设计】窗口的绘图区域尺寸与在创建项目时所设置的尺寸是一致的。

模板可以在不同的用户之间，也可以跨操作平台来使用。如果要共享模板，应确保所使用的系统中要带有所有在模板中用到的字体、材质、标志和图像。

利用模板创建字幕文件的一般过程如下。

(1) 打开【模板】对话框，在【字幕设计】窗口中可以通过单击字幕编辑区中的【字幕模板】按钮，或者执行【字幕】|【模板】命令，如图 9-25 所示。

(2) 在弹出的如图 9-26 所示的【模板】对话框中，单击【字幕设计预置】文件夹左侧的三角按钮，可以逐层展开该模板类型，然后在不同的文件夹类别中找到所需要的模板样式，此时此模板样式将在右侧预览窗口中显示。

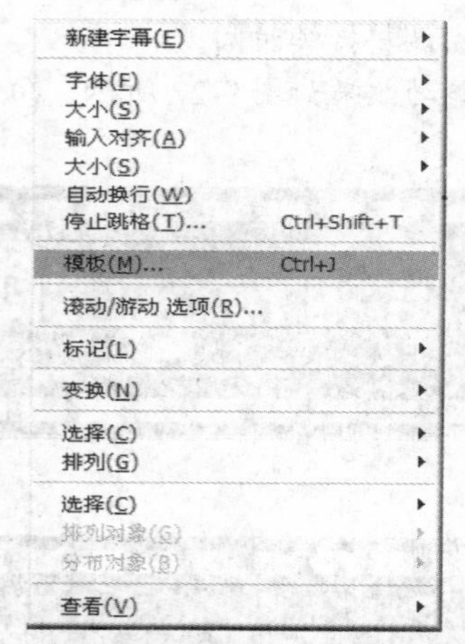

图 9-25　执行【字幕】|【模板】命令

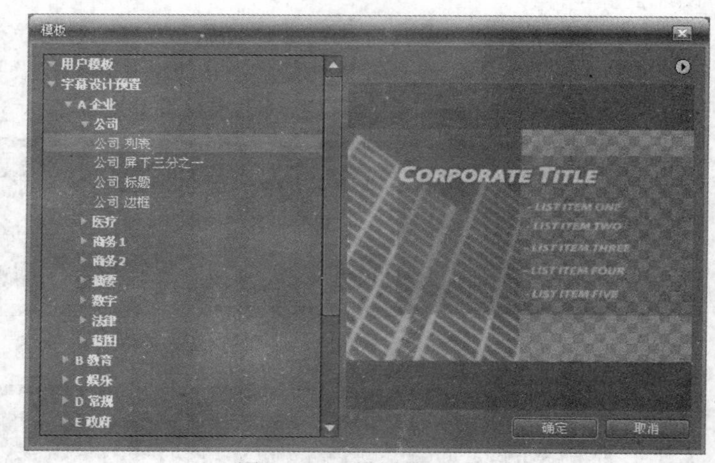

图 9-26　【模板】对话框

(3) 单击【确定】按钮，即可应用该模板。

(4) 单击预览窗口上面的三角按钮，弹出如图 9-27 所示【模板】窗口菜单。

通过此菜单，还可以对模板进行相关设置。

选择【导入当前字幕为模板】命令，可以将当前【字幕设计】窗口中的文件作为模板存储起来。

选择【导入文件为模板】命令，可以导入字幕文件作为模板来使用。执行此操作后，将弹出如图 9-28 所示的【导入字幕为模板】对话框。在该对话框中找到文件的存储路径后，单击【打开】按钮，即可将此字幕文件作为模板导入。

选择【设置模板为默认静态字幕】命令，可以将模板设置为默认静态字幕设置。

选择【重置默认模板】命令，可以将默认模板恢复为系统原来的默认设置。

选择【重命名模板】命令，可以更改所选择模板的名称。

选择【删除模板】命令，可以从硬盘删除选择的模板。

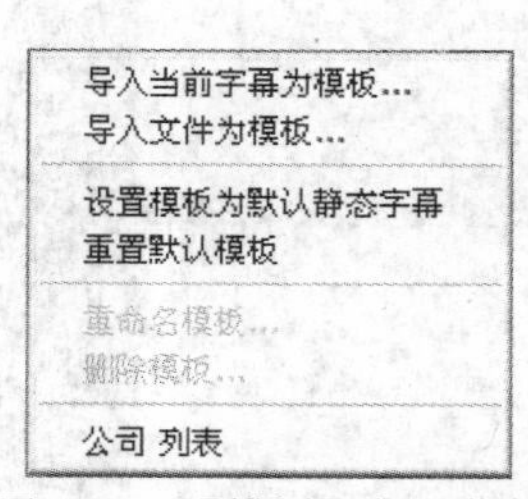

图 9-27　【模板】窗口菜单

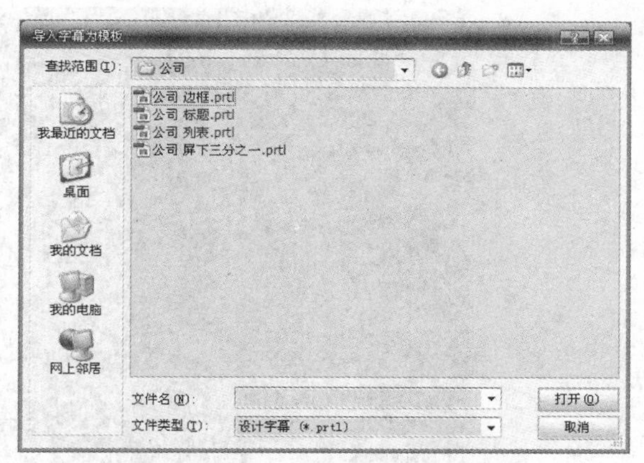

图 9-28　【导入字幕为模板】对话框

当用户选择好一个模板，在【字幕设计】窗口中可以看到刚才的模板已经调入，这时选择文字工具，可以对模板中的文字进行修改，如图 9-29 所示。

修改完成后，关闭【字幕设计】窗口，就可以保存该字幕文件了。

用户可以在【项目】窗口中找到刚才制作的字幕文件，将它从【项目】窗口中拖动到【时间线】窗口中，还可以加入一段配合字幕的视频文件，然后按 Enter 键预演并观看效果，如图 9-30 所示。

图 9-29　编辑模板

图 9-30　模板预演

拓展训练

本项目拓展训练通过制作【光晕效果的字幕】实例，深入理解字幕的应用，熟悉字幕制作技巧。

(1) 启动 Premiere Pro CC，新建一个名为【辉光特效文字】的项目文件，设置好项目名后，单击【确定】按钮，在【项目】窗口中选择【新建项】|【序列】选项，即可进入【新建序列】窗口，将序列命名为“辉光字幕”，在序列预设中选择 D-PAL|【标准 48kHz】，单击【确定】按钮，如图 9-31 所示。

(2) 选择【文件】|【导入】命令，打开【导入】对话框，选择视频素材【水墨塔】序列图片，勾选【图像序列】复选框，单击【打开】按钮，将其导入【项目】窗口，如图 9-32 所示。

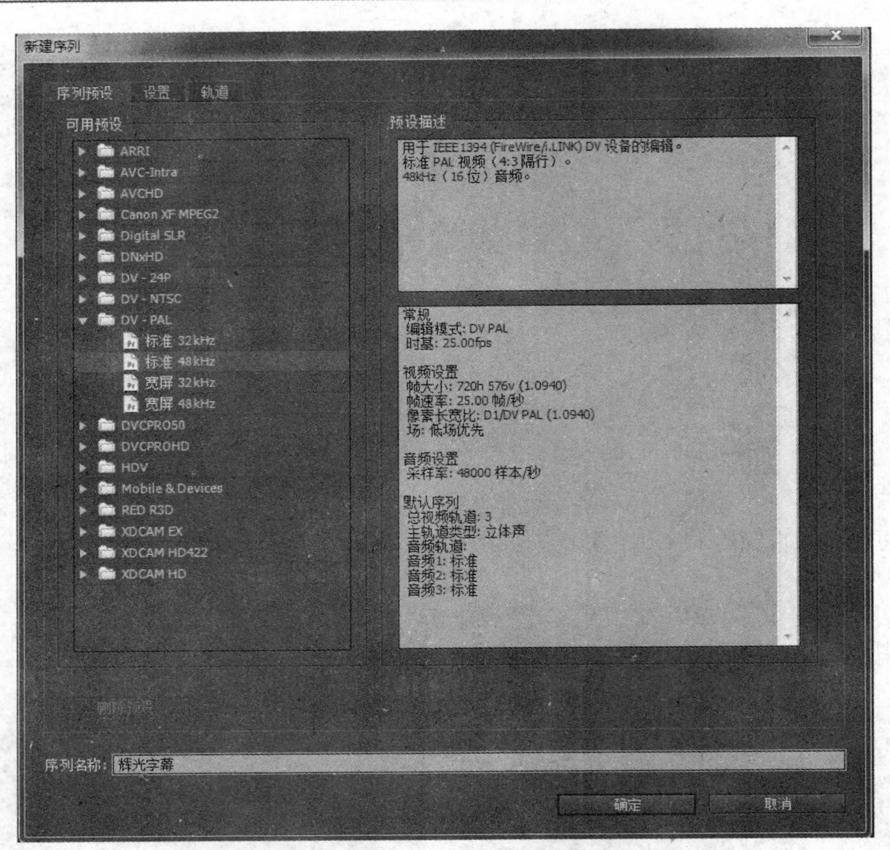

图 9-31　新建项目【辉光字幕】

图 9-32　导入素材

(3) 从【项目】窗口中将【水墨塔】文件拖到【时间线】窗口的【V1】轨道上，调整【时间线】窗口的显示比例，如图 9-33 所示。

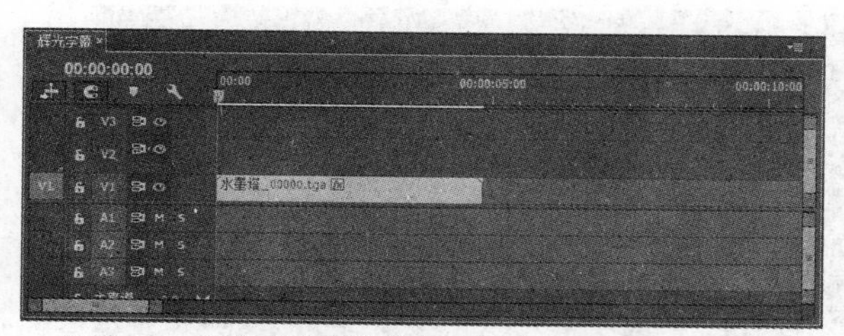

图 9-33 拖动【水墨塔】视频素材至【V1】轨道上

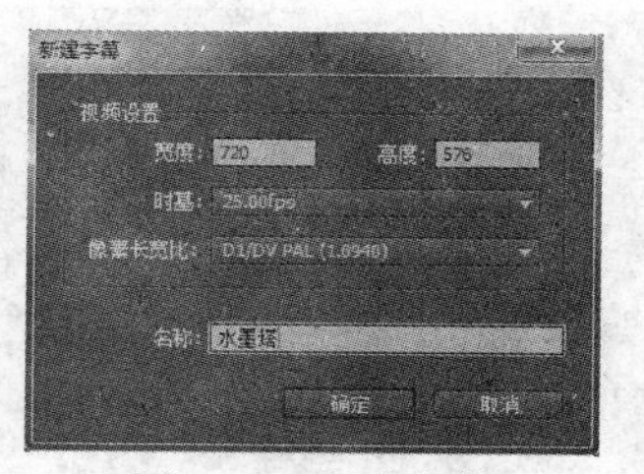

图 9-34 新建字幕

(4) 选择【文件】|【新建】|【字幕】命令，打开【新建字幕】对话框。在该对话框中，设置新建的字幕名称为“水墨塔”，如图 9-34 所示。

(5) 设置完成后单击【确定】按钮，打开【字幕设计】窗口。在该窗口的字幕预览窗口中输入“水墨塔”。

(6) 选择【字幕样式】中的 CaslonPro Slant Blue 70 样式，效果如图 9-35 所示。

图 9-35 选择字幕样式

(7) 字幕属性设置完成之后，关闭字幕，将字幕拖至【V2】轨道中，长度与【V1】中保持一致，如图 9-36 所示。

图 9-36 将字幕拖放至【V2】轨道中

(8) 选中字幕，为其添加视频特效/扭曲/波形变形，切换到【效果控件】窗口，设置波形变形特效中【波形高度】为 19，如图 9-37 所示。

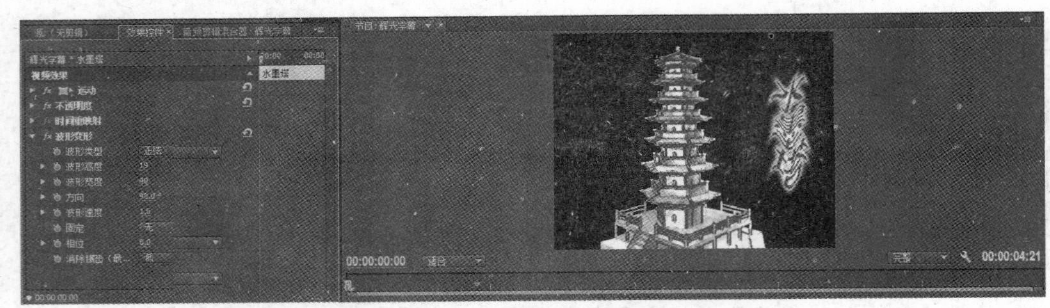

图 9-37　设置波形变形参数

(9) 将时间调至 00:00:00:00 处，在特效控制台中设置【位置】为-185、160，并启动其左侧的切换动画按钮，记录关键帧；将时间调至最后一帧，可以直接按 End 键，【位置】设为 439、438，如图 9-38 所示。

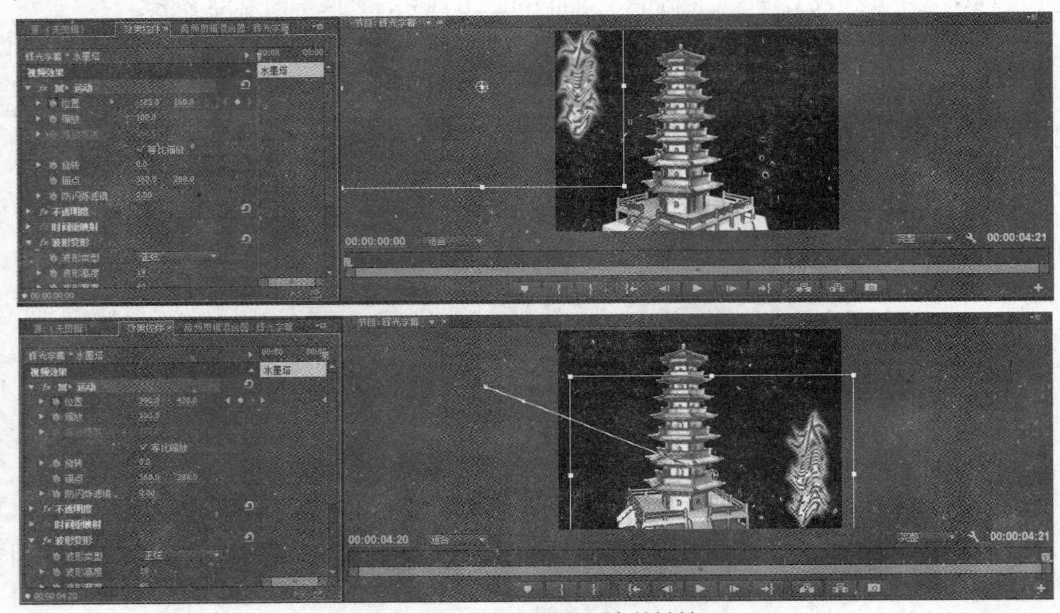

图 9-38　设置位置的两个关键帧

(10) 完成设置后，按下空格键预览【水墨字幕】效果。

(11) 选择【文件】|【导出】|【影片】命令输出影片。

习　题

1. 在 Premiere Pro CC 中，创建一个字幕文件有哪几种方式？
2. 字幕编辑窗口主要分为哪 5 个区域？其中字幕属性区由哪 5 个部分组成？
3. 编辑字幕时，如何显示视频背景？
4. 如何创建一个新的字幕样式？
5. 如何添加几何图形？
6. 简要描述制作活动字幕的一般方法。
7. 如何使用字幕模板？

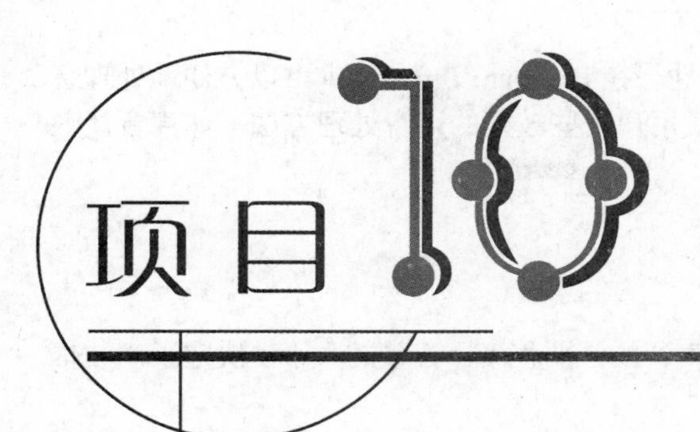

应用音频

学习目标

音频是一部完整影视作品中不可或缺的组成部分，音乐和音响效果给影像节目带来的作用是至关重要的。既然 Premiere Pro CC 是一款融音频和视频处理为一体、功能强大的编辑软件，那么音频应用也必然是本书介绍的重要内容。

一般来说，影片音频的添加和操作通常是在影片编辑完成后进行的。用户可以自如地根据制作完成的影片画面，配以所需的且合适恰当的音乐、音响效果，以制作出更具声色效果的影片。本章将向用户介绍 Premiere Pro CC 中音频的基础知识和简单的音频处理方法，希望用户对 Premiere Pro CC 中的音频基础知识有所了解，并在此基础上掌握音频的基本操作，进行音频剪辑和合成，并添加适当的特效，以制作出高水准的作品。

本章重点

- 音频类型
- 音频轨道
- 音轨混合器
- 音频的基本操作，包括音频轨道的添加与删除、音频的添加与预听、音频类型的转换、音频播放时间和速度的调整、音频增益的调节、利用关键帧技术调节音量和利用音轨混合器调节平衡与音量等
- 音频剪辑与合成
- 音频过渡和音频特效

任务 1　了解音频基础知识

音频效果是影视编辑中必不可少的重要组成部分，大部分的影视作品都是视频和音频的合成。传统的节目中音频的编辑是在后期编辑时根据剧情而配的，又叫作混合音频，生成的节目电影带叫作双带。胶片上有特定的声音轨道存储声音，当电影带在放映机上播放的时候，视频和声音以同样的速度播放，从而实现声画同步。

Premiere Pro CC 具有功能强大和专业的音频特性。在 Premiere Pro CC 中可以方便地处理音频，同时它还提供了音频特效和音频过渡效果，给予用户一些较好的声音处理方法，如声音淡入淡出等。

10.1.1 音频基本概念

- 【音量】：是声音的重要属性之一，标志声音的强弱程度。音量的大小，决定了声波幅度(振幅)的大小。
- 【音调】：在音乐中也称为音高，是声音物理特性的一个重要因素。音调的高低决定于声音频率的高低，频率越高，音调越高，反之亦然。
- 【音色】：由混入的基音决定的，泛音越高谐波越丰富，音色就越有明亮感和穿透力。不同的谐波具有不同的幅值和相位偏移，由此产生各种音色。
- 【噪音】：噪音有 3 种基本含义：一是指不同频率和不同强度的声波无规律组成所形成的声音；二是指物体无规律振动产生的声音；三是指在某种情况下对人的生活和工作有妨碍的声音。
- 【分贝】：衡量声音音量变化的单位，符号是 dB。
- 【动态范围】：指录音或放音设备在不失真和高于该设备固有声音的情况下所能承受的最大音量范围。
- 【响度】：人耳对声音强弱的一种感受，与音量、频率、早期反射声的大小和密度有关。
- 【静音】：又称无声，一种具有积极意义的表现手段。
- 【失真】：声音录制加工后产生的畸变。
- 【电平】：又可称为级别，电子系统中对电压、电流、功率等物理量强弱的通称。
- 【增益】：放大量的统称，指音频信号的声调高低。

10.1.2 音频类型

Premiere Pro CC 中，具有 3 种类型的音频：【单声道】、【立体声】和【5.1 环绕立体声】。

- 【单声道】：只包含一个声音通道，是较原始的声音复制形式。当通过两个扬声器回放单声道信息时，可以明显感觉到声音是从两个音箱中传递到听众的耳朵里的。
- 【立体声】：包含左右两个声道。立体声技术彻底改变了单声道对声音位置定位缺乏这一缺点。声音在录制的过程中，被分配到独立的两个声道，从而达到较好的声音定位效果。这种技术在音乐欣赏中显得尤为重要，听众可以清晰地分辨出各种乐器来自不同的方向，从而使音乐更富想象力，更接近于临场感受。
- 【5.1 环绕立体声】：包含 3 个前置声道(左置、中置和右置)、2 个后置声道(或称为环绕声道，左环绕和右环绕)和低音效果通道(通过低音炮放出声音)。该声道已广泛运用到各类传统影院和家庭影院中。

10.1.3 音频轨道类型

【时间线】窗口中的音频轨道，可以是【单声道】、【双声道】和【5.1 声道】的任意组合，可对各音频轨道进行任意添加或删除。值得注意的是：每个音频轨道只能对应一种音频类型，而一种类型的音频也只能加入到相同类型的音频轨道中，同时音频轨道一旦创建便不能再改变其音

频类型。

音频轨道按照用途可以分为 3 种：【主音轨】轨道、【子混合】轨道和普通的音频轨道。其中，【子混合】轨道和普通的音频轨道可以有多条(每种音频类型最多 99 条)，而【主音轨】只能有一条。只有普通的音频轨道可以用来添加音频素材；【子混合】轨道主要用于对部分音频轨道进行混合，它输出的是部分轨道混合的结果；【主音轨】轨道用于对所有的音轨进行控制，它输出的是所有音轨混合的结果。

10.1.4 音轨混合器

通过【音轨混合器】，可以以专业音轨混合器的工作方式来控制声音。它具有实时的录音，以及音频素材和音频轨道的分离处理功能。

【音轨混合器】窗口能在收听音频和观看视频的同时调整多条音频轨道的音量大小以及均衡度。Premiere Pro CC 使用自动化过程来记录这些调整，然后在播放剪辑时再应用它们。【音轨混合器】窗口就像一个音频合成控制台，为每一条音轨都提供了一套控制。每条音频轨道也根据【时间线】窗口中的相应音频轨道进行编号，使用鼠标拖动每条轨道的音量控制器可调整其音量。

一般情况下，进入 Premiere Pro CC 主程序界面，查看【源】面板中的【音轨混合器】选项，就可调出【音轨混合器】窗口，若尚未显示，也可以通过执行菜单栏中的【窗口】|【音轨混合器】命令，选择相应的序列，即可调出该序列的【音轨混合器】窗口，从而进行设置。

在【音轨混合器】窗口中，可以对音频文件实现混音效果，【音轨混合器】窗口如图 10-1 所示。下面来认识一下【音轨混合器】各个部分所表示的含义。

图 10-1　【音轨混合器】窗口

◉　【时间码】00:00:00:00：表示当前编辑线所在的位置。

- 【轨道名称】音频 1：对应着【时间线】窗口中的各个音频轨道。如果在【时间线】窗口中增加了一条音频轨道，则在【音轨混合器】窗口中就会显示出相应的轨道名称。
- 【自动模式】只读：里面包括了【关】、【只读】、【锁存】、【触动】和【写入】5 种功能，如图 10-2 所示。

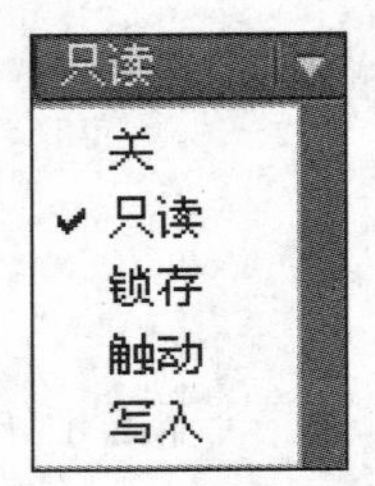

图 10-2　【自动模式】菜单

- 【显示/隐藏效果与发送】：单击自动化选项左边的三角按钮，打开【显示/隐藏效果与发送】选项。在【效果选择】区域中用户可以加入各式各样的音频效果，如图 10-3 所示。在【发送任务选择】区域下可以选择音频混合的目标轨道，如图 10-4 所示。

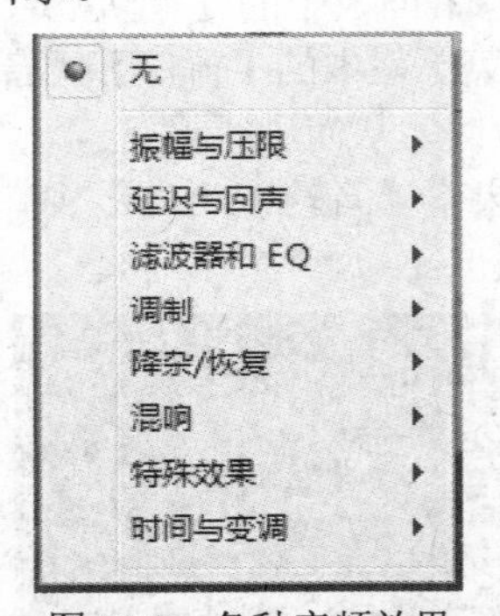

图 10-3　各种音频效果

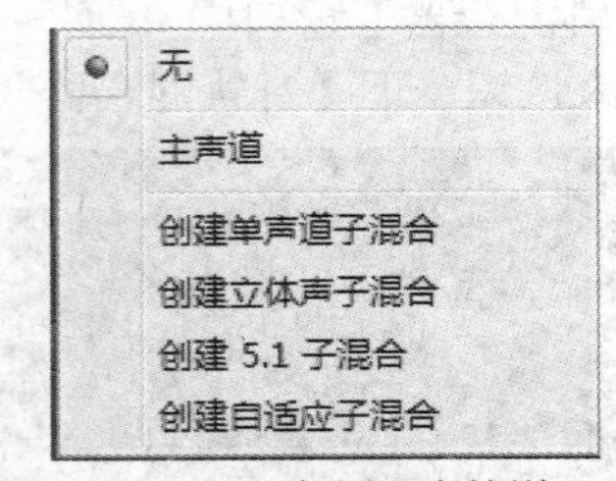

图 10-4　音频混合轨道

- 【左/右声道平衡】：该按钮用于平衡左右声道，左旋用于偏向左声道，向右旋则偏向右声道；也可以在按钮下面直接输入数值来控制左右声道的平衡(负数值偏向左声道，正数值偏向右声道)。
- 【静音轨】、【独奏轨】、【激活录制轨】：按下【静音轨】按钮可以使该轨道静音；按下【独奏轨】按钮可以使其他音轨静音，只播放该轨道的声音；【激活录音轨】按钮用于录音控制。当单击某一轨道下方的【激活录音轨】按钮，单击中的【播放】按钮，便可进行录音，再次点击播放按钮，则停止录制，同时刚刚录制的音频文件会出现在已选定的音频轨道中。
- 【音量表】和【音量控制器】：【音量表】可以实时观看该轨道的声音大小，【音量控制器】可以调节各个轨道的音量，同样可以直接在底下输入数值来调节音量。
- 【输出模式】主音轨：表示输出到哪一个轨道进行混合，可以是主音轨，也可以是子混合轨道。
- ：分别是【跳转到入点】、【跳转到出点】、【播放/停止控制】、【播放入点到出点】、【循环】和【录音】。

任务 2　音频基本操作

使用 Premiere Pro CC 进行音频处理时，需掌握音频的一些基本操作，包括音频轨道的添加与删除、音频的添加与预听、音频类型的转换、音频播放时间和速度的调整、音频增益的调节、利用关键帧技术调节音量和利用音轨混合器调节音量和平衡等。

10.2.1　音频轨道的添加与删除

在制作影片过程中要编辑音频，需先将音频导入至【项目】窗口中，再添加至【时间线】窗口的音频轨道中，音频轨道的基本操作是编辑音频的基础。一般来说，音频轨道一旦设定就不可更改其音频类型，因此添加或删除音频轨道，是编辑音频中时常需要进行的操作，同时对音频轨道进行重命名也是应掌握的基本技能。

【例 10-1】　创建一个名为【音频轨道】的项目，设置默认序列的音频轨道数目。在【时间线】窗口中进行音频轨道的添加与删除，并对音频轨道进行重命名。

(1) 运行 Premiere Pro CC，打开欢迎界面，单击【新建项目】按钮，打开【新建项目】对话框，如图 10-5 所示，在该对话框中，采用默认设置，选择项目保存的路径及名称“音频轨道”后，单击【确定】按钮，此时系统将弹出【新建序列】对话框。打开【常规】设置选项，设置【音频】选项区域的【取样值】为【48KHZ】,【显示格式】为【音频采样】。再单击【轨道】选项，进入设置:【主音轨】为【立体声】,【单声道】、【立体声】、【5.1】、【单声道子混合】、【立体声子混合】、【5.1 子混合】轨道各一条，如图 10-6 所示，【序列名称】默认为“序列 01”，单击【确定】按钮，进入程序主界面。在【时间线】窗口中可查看新建的音频轨道，如图 10-7 所示。

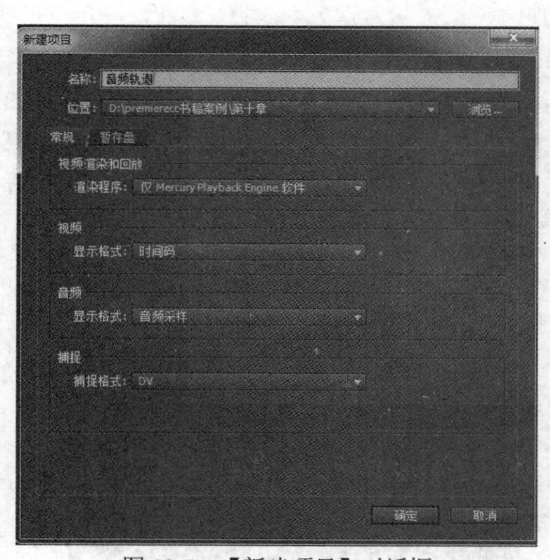

图 10-5　【新建项目】对话框

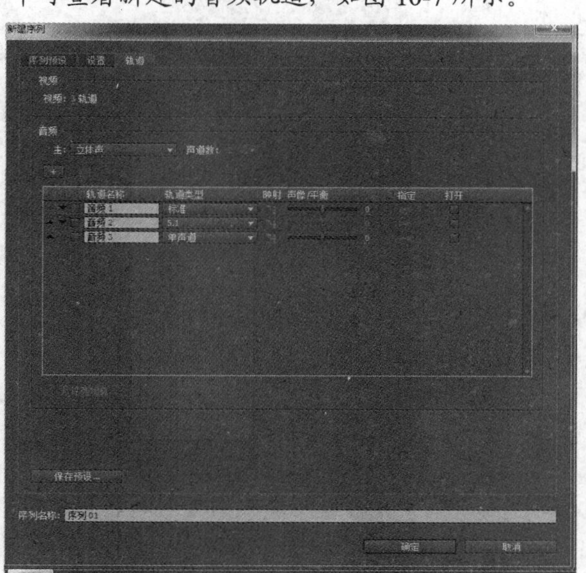

图 10-6　在【新建序列】对话框中设置音频轨道

(2) 将关注点集中到【时间线】窗口，我们发现，默认序列为“序列 01”，如图 10-8 所示。每条音频轨道名称的右上角有一图标:【单喇叭】表示该轨道为【单声道】轨道，【双喇叭】表示该轨道为【立体声】轨道，5.1 表示该轨道为【5.1 环绕立体声】轨道。

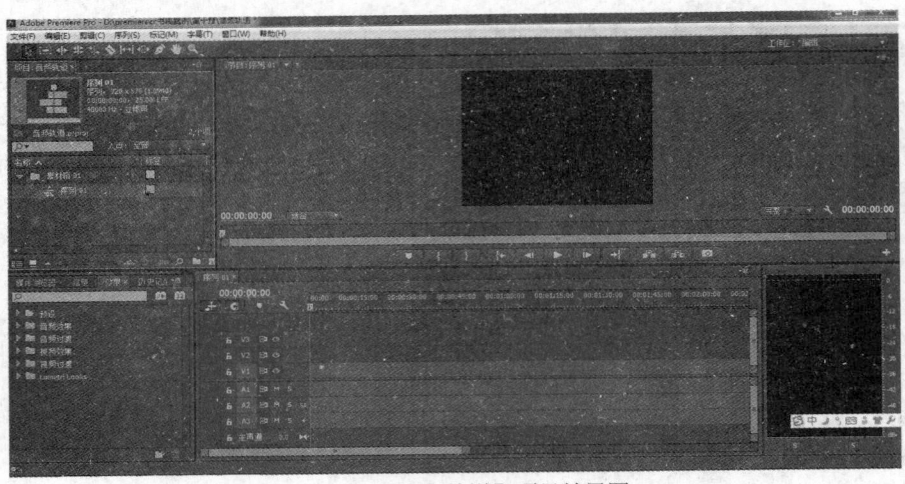

图 10-7 【音频轨道】项目效果图

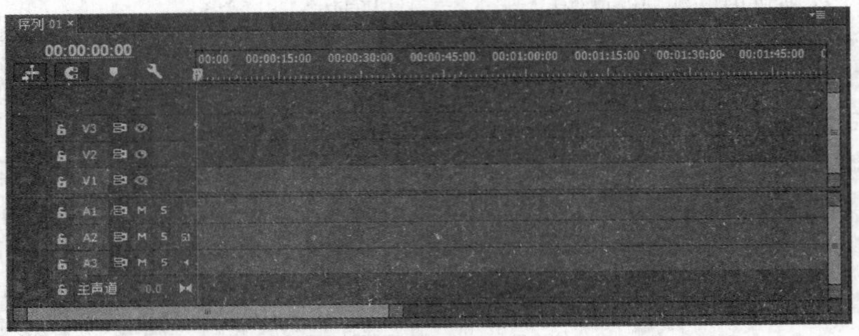

图 10-8 音频轨道查看

(3) 在【时间线】窗口中左边面板的空白处右击，执行菜单中的【添加轨道】命令或者执行菜单栏中的【序列】|【添加轨道】命令，弹出【添加轨道】对话框，如图 10-9 所示。此时在【添加轨道】对话框中可增加音频轨道。添加的音频轨道可以是普通的音频轨道，也可以是音频子混合轨道，可以指定放置的位置(在第一轨之前、跟随 音频 1、跟随 音频 2 或是跟随最后一个音轨，此处为跟随 音频 3)和设置新建轨道的类型(单声道、立体声还是 5.1 环绕立体声)。

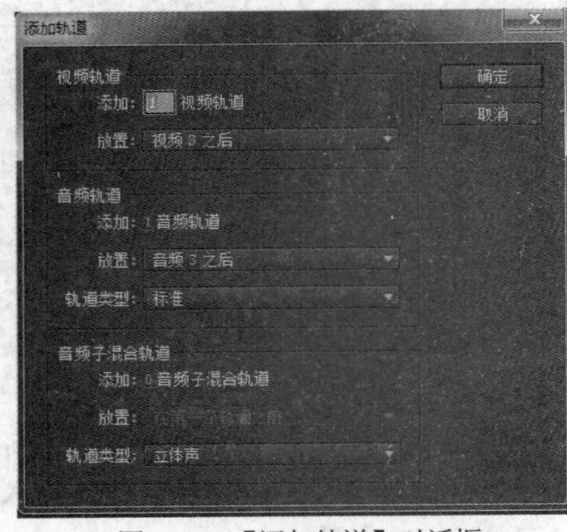

图 10-9 【添加轨道】对话框

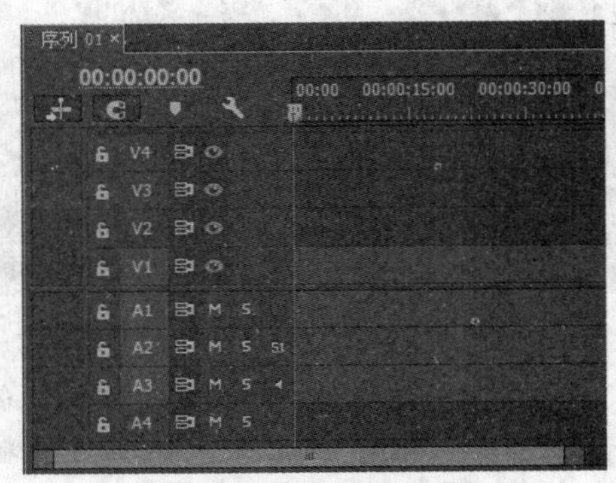

图 10-10 添加【音频 4】轨道

(4) 设置完成添加 1 条音频轨道，【放置】到【跟随 音频 3】，【轨道类型】为【标准】后，单击【确定】按钮，此时【时间线】窗口中添加了【A4】轨道，如图 10-10 所示。

(5) 在【时间线】窗口中选中【A2】轨道，右击，选择【删除轨道】命令或者执行【序列】|【删除轨道】菜单命令，则弹出【删除轨道】对话框，如图 10-11 所示。在【删除轨道】对话框中，可以删除普通的音频轨道，并选择【目标轨】是【音频 1】、【音频 2】、【音频 3】和【音频 4】，还是【所有空轨道】，也可以删除子混合轨道，并选择是【目标轨】还是【所有未分配轨道】。

(6) 在【删除轨道】对话框中，勾选【删除音频轨】复选框，在下拉菜单中选择【音频 2】轨道，单击【确定】按钮，则【时间线】面板中【音频 2】轨道已经被删除。原【A3】轨道变成【A2】轨道，【A4】轨道变成【A3】轨道，如图 10-12 所示。。

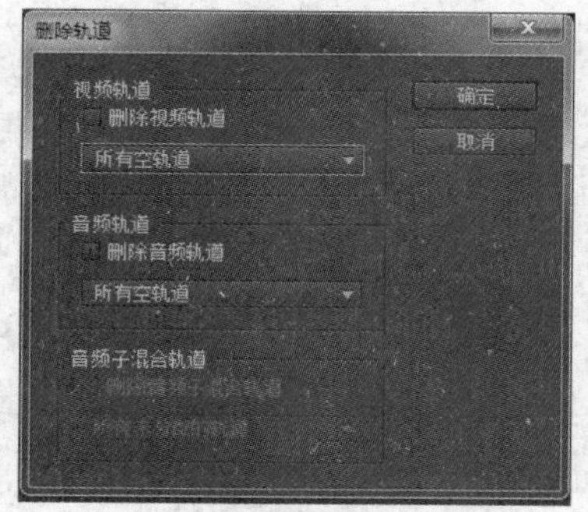

图 10-11　【删除轨道】对话框

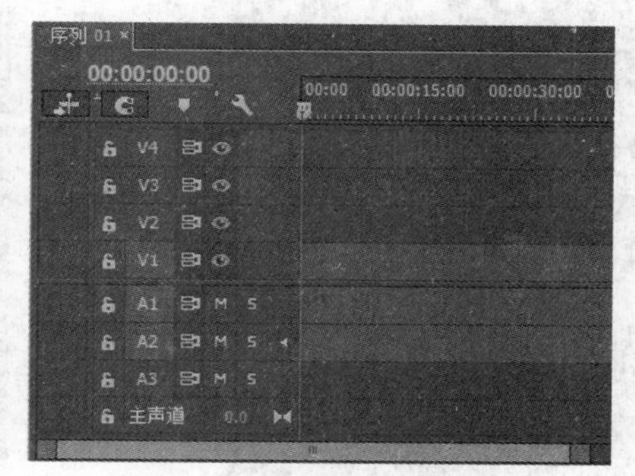

图 10-12　删除轨道后效果

10.2.2　音频类型的添加与预听

在制作影片过程中要编辑音频，需先将音频导入音频轨道中进行编辑。在编辑音频前，需对音频进行预听，以确定如何进行编辑处理，同时应注意一种类型的音频只可添加至与其类型相同的音频轨道中。

【例 10-2】　在上例制作基础上，添加音频并对音频内容进行预听。

(1) 在【项目】窗口中单击其下方的【新建文件夹】按钮，新建一个文件夹，并输入名称为“音频”，如图 10-13 所示。

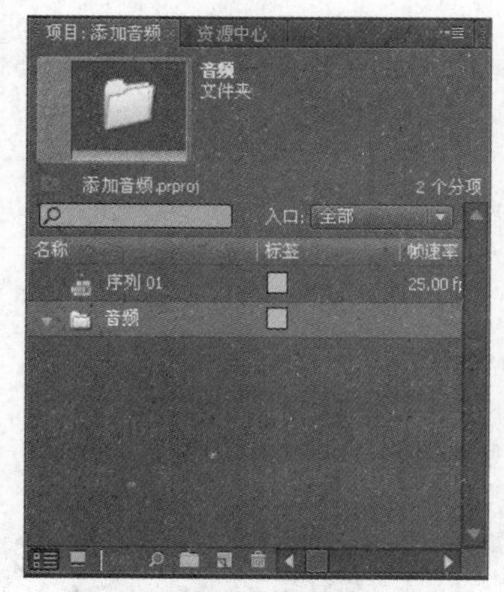

图 10-13 新建 “音频”文件夹

图 10-14 【导入】对话框

(2) 在新建的“音频” 文件夹上右击，从弹出的快捷菜单中选择【导入】命令，或者通过选中新建的文件夹“音频”，执行菜单栏中的【文件】|【导入】命令，打开【导入】对话框，如图10-14 所示。在该对话框中选择要添加的音频文件，单击【打开】按钮，即可添加音频文件至该文件夹中，如图 10-15 所示。

(3) 在【项目】窗口中选择音频素材“1.mp3”，将其拖曳至【时间线】窗口中的立体声轨道【A3】轨道上，如图 10-16 所示。

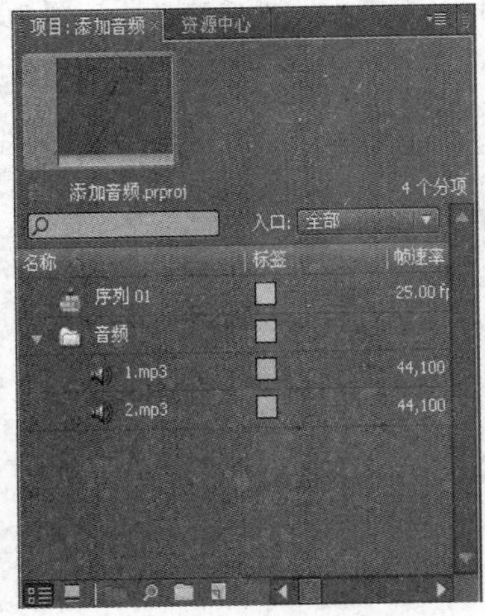

图 10-15 导入音频文件

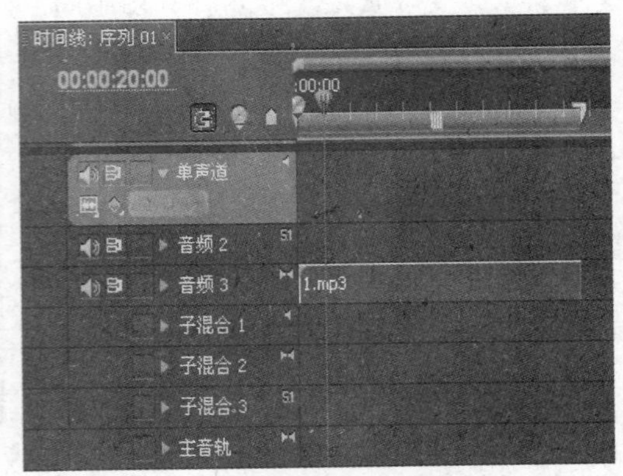

图 10-16 拖动“1.mp3”至【时间线】窗口【A3】轨道上中

注意：这里音频素材“1.mp3”是立体声文件，因此只可添加至与该音频类型相同的音频轨道【A3】中。

(4) 在【节目】窗口中单击【播放/停止切换】按钮▶，即可对添加的音频进行预听。

在 Premiere Pro CC 中想要对音频素材进行预听，还可以在【项目】窗口或【时间线】窗口中双击要预听的音频素材，即可将该音频素材自动添加至【源】窗口中，查看其音频的波形。单击该窗口中的【播放/停止切换】按钮▶，可预听该素材的音频效果，如图 10-17 所示。

另外用户也可以通过单击选中【项目】窗口中要预听的素材，然后通过【项目】窗口上方的播放按钮▶，进行预听，如图 10-18 所示。

图 10-17 在【源】窗口中预听音频素材

图 10-18 【项目】窗口中预听按钮

10.2.3 音频播放时间和速度的调整

音频播放时间是指音频的入点和出点之间素材的持续时间。因此，对于音频播放时间的调整可以通过设置入点和出点来进行。音频的播放速度是指播放音频入点和出点之间素材的音律快慢。

想要改变音频素材的播放时间，可以使用如下几种方法进行操作。

- 在【时间线】窗口中，使用【工具】面板中的【选择】工具直接向左拖动音频的边缘，缩短音频轨道上音频素材的长度，如图 10-19 所示。这种调节方法只能减少音频素材的播放时间，而不能增加音频素材的播放时间。
- 在【时间线】窗口中选中要编辑的音频素材，右击，从弹出的快捷菜单中选择【速度/持续时间】命令，或者执行菜单栏中的【素材】|【速度/持续时间】命令，打开【素材速度/持续时间】对话框，如图 10-20 所示。在该对话框中设置【持续时间】选项中的数值，即可改变音频素材的播放时间。
- 选择【工具】面板中的【比例拉伸工具】，然后使用该工具拖动音频素材的末端，即可任意拉长或者缩短音频素材的长度，如图 10-21 所示。这种调节方法同时会调整音频素材的播放速度。

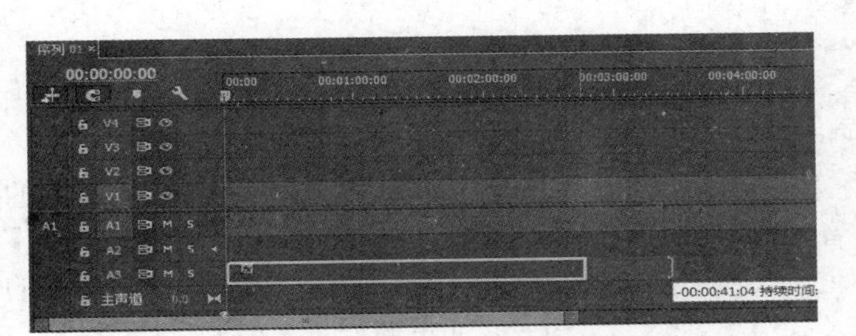

图 10-19 使用【选择】工具缩短音频素材的播放时间

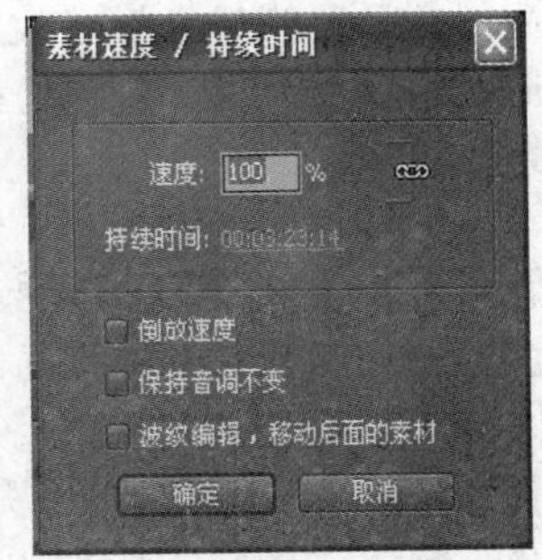

图 10-20 【素材速度/持续时间】对话框

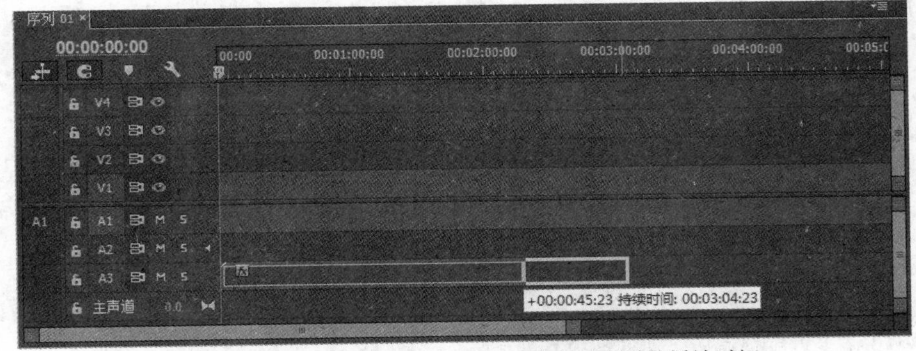

图 10-21 使用【比例拉伸工具】调整音频素材的播放时间

想要调整音频的播放速度，可采用如下几种方法。

- 选择【工具】面板中的【比例缩放工具】，然后使用该工具拖动音频素材的末端，即可任意拉长或者缩短音频素材的长度，长度调整的同时也调整了播放速度。
- 在【时间线】窗口中选中要编辑的音频素材，右击，从弹出的快捷菜单中选择【速度/持续时间】命令，或者执行菜单栏中的【素材】|【速度/持续时间】命令，打开【速度/

持续时间】对话框。在该对话框中设置【速度】选项的比例数值，即可调整音频素材的音律播放速度。单击链接标志按钮，可以使【速度】与【持续时间】选项断开。这样在改变播放速度的同时，不会改变音频素材的持续时间。

注意：改变音频的播放速度会影响音频播放的声音效果，音调会因速度提高而升高，因速度的降低而降低。同时，播放速度的变化，其播放的时间也会随之改变，但这种改变与单纯改变音频素材的出入点和改变持续时间是不一样的，主要是指其音频节奏上的速度变化。因此大多数情况下，为了保持原有的音频效果，尽量避免音频播放速度的变化。

10.2.4 音频增益的调节

音频增益指的是音频信号声调的高低。在节目编辑中经常要处理声音的声调，特别是当同一段视频同时出现几段音频素材的时候，就要平衡这几段素材的增益，否则一段素材的音频信号或低或高，将会影响整体欣赏，用户也可为一段音频剪辑设置整体增益。尽管音频增益的调整在音量、摇摆/平衡和音频效果的调整之后，但它并不会删除这些设置。增益的设置对于平衡几个剪辑的增益级别或者调节一段剪辑的过高或过低音频信号非常有用。

同时，一段音频素材在数字化的时候，由于捕获的设置不当，也常常会造成增益过低，而用 Premiere Pro CC 提高音频的增益，将有可能增大素材的噪音甚至造成失真。要使输出效果达到最好，就应按照标准步骤进行操作，以确保每次数字化音频剪辑时都有合适的增益级别。

【主音频计量器】在主轨道的音量表顶部有两个小方块，表示系统能处理的音量极限。当小方块显示为红色时，表示音频音量超过极限，音量过大，就需要调整音频增益。

调整音频增益的方法较简单，在【项目】窗口或【时间线】窗口中选中要调整音频增益的音频文件，执行菜单栏中的【素材】|【音频选项】|【音频增益】命令，如图 10-22 所示，则打开【音频增益】对话框，如图 10-23 所示。也可以通过在【时间线】窗口中，选中要调整音频增益的音频文件，右击，然后在弹出的菜单中选择【音频增益】命令，即可打开【音频增益】对话框。在该对话框中，单击【设置增益为：】后方的数字，即可弹出文本框，在该文本框中输入数值便可设置音频增益(输入正数表示放大)，当然也可通过其他选项进行设置，设置完成后单击【确定】按钮，即可完成增益的调节。

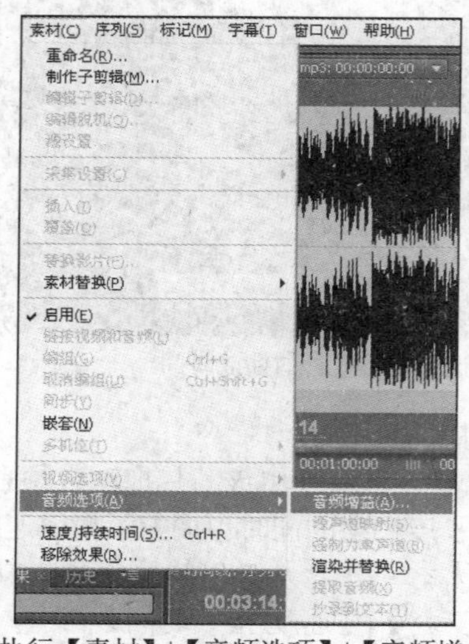

图 10-22 执行【素材】|【音频选项】|【音频增益】命令

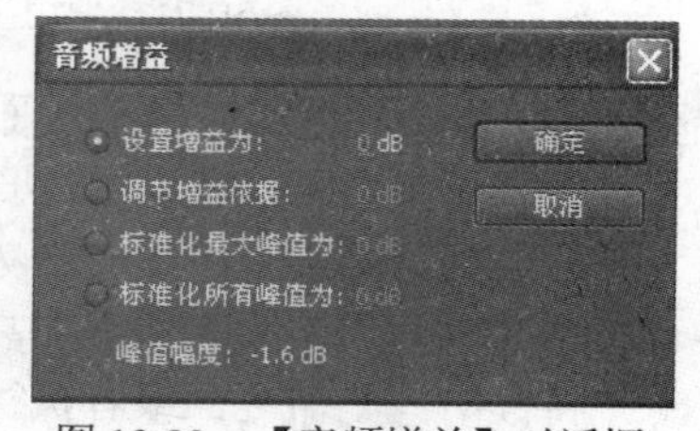

图 10-23 【音频增益】对话框

10.2.5　音频类型的转换

一种类型的音频只可添加至与其类型相同的音频轨道中，而音频轨道一旦创建便不可更改，因此在编辑音频过程中往往需要对音频的类型进行转换。

【例 10-3】　创建一个名为【音频类型转换】的项目，导入两个音频素材文件，其中一个音频类型为立体声，另一个为单声道。将导入的单声道音频素材转换为立体声文件，并设置其左声道有声音，而右声道无声音。再将导入的立体声文件分离出两个单声道文件，实现音频类型的转换。

(1) 运行 Premiere Pro CC，打开欢迎界面，单击【新建项目】按钮，打开【新建项目】对话框，如图 10-24 所示，在该对话框中，采用默认设置，然后选择项目保存的路径及名称“音频类型转换”后，单击【确定】按钮，此时系统将弹出【新建序列】对话框，切换到【轨道】，设置【主音轨】为【立体声】,【单声道】轨道数目为 1 条、【立体声】轨道为 1 条，其他音轨为 0 条，如图 10-25 所示，序列名称默认为“序列 01”，单击【确定】按钮，进入程序主界面。

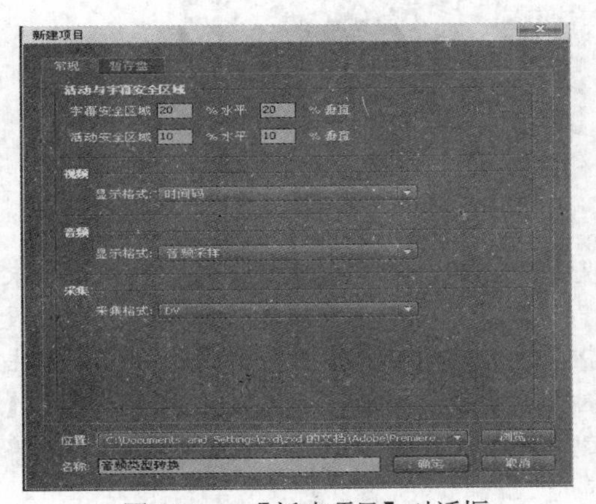

图 10-24　【新建项目】对话框

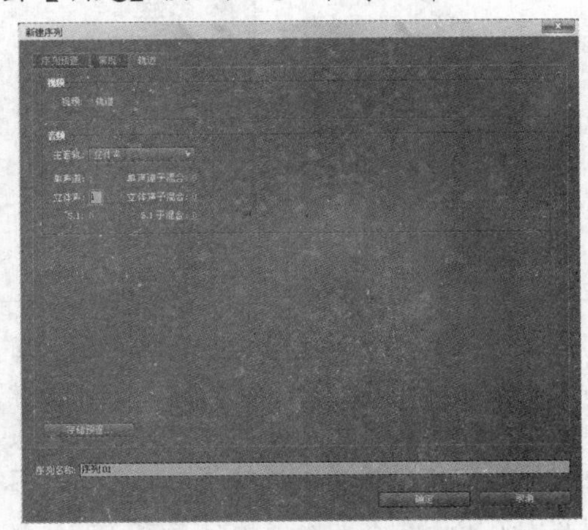

图 10-25　在【新建序列】对话框中设置音频轨道数目

(2) 执行【文件】|【导入】菜单命令，打开【导入】对话框，选中要导入的音频文件，如图 10-26 所示，单击【打开】按钮，则将选中的两段音频“鼓掌.wav”和“回忆.mp3”导入到【项目】窗口中，如图 10-27 所示。

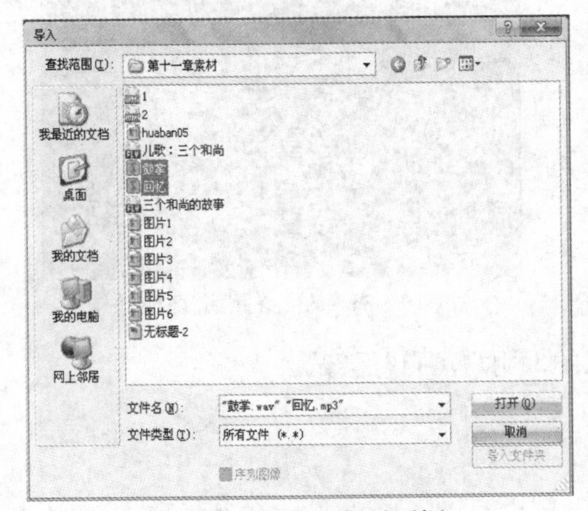

图 10-26　【导入】对话框

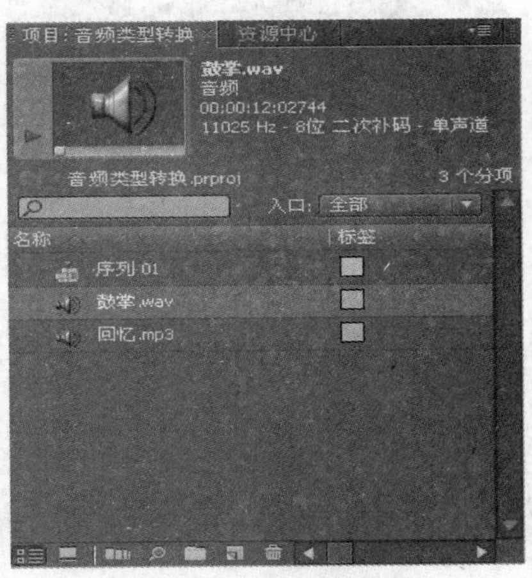

图 10-27　导入音频素材

(3) 在【项目】窗口中选中“回忆.mp3”素材文件，执行菜单栏中的【素材】|【音频选项】|【强制为单声道】命令，如图 10-28 所示。可以看到【项目】窗口中出现了“回忆.mp3 左”和“回忆.mp3 右”两个单声道的素材文件，如图 10-29 所示。

注意：将立体声文件分离出两个单声道文件，该操作不影响原立体声文件。

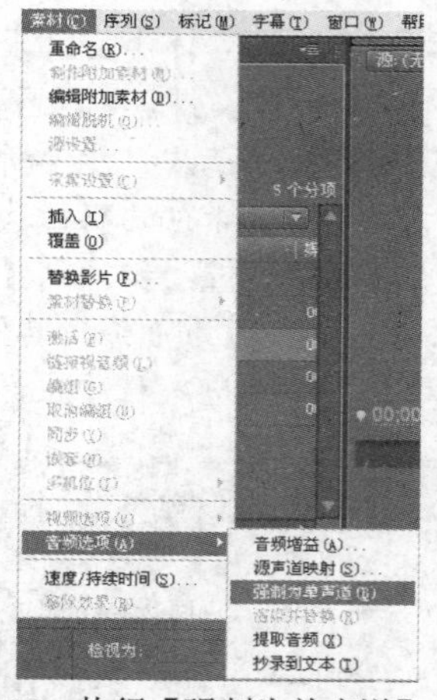

图 10-28　执行【强制为单声道】命令

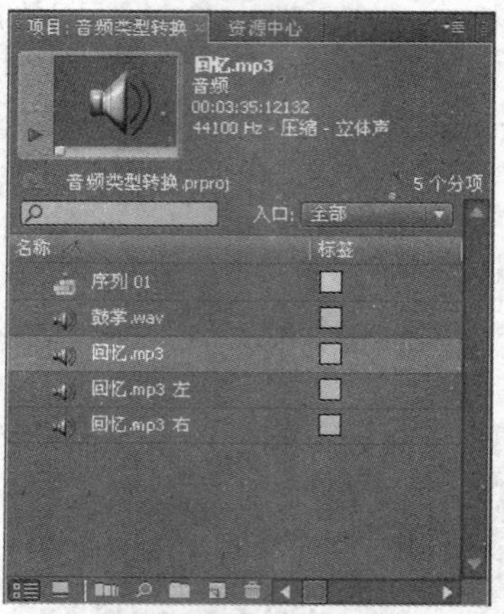

图 10-29　分离后的单声道文件

(4) 在【项目】窗口中选中要转换的音频文件“鼓掌.wav”，确保该音频文件在时间线中未被使用。执行菜单栏中的【素材】|【音频选项】|【源声道映射】命令，则出现【源声道映射】设置对话框，如图 10-30 所示。选中【立体声】单选按钮，这时可以看到右侧有两个小喇叭，单击第一个喇叭，使其被选中，如图 10-31 所示，表明此时是左声道有声音，右声道无声音，单击【确定】按钮，即将单声道文件转换为立体声，且左声道有声音，而右声道无声音。当然，如果单击后面的小喇叭，则表明右声道有声音，而左声道无声音。

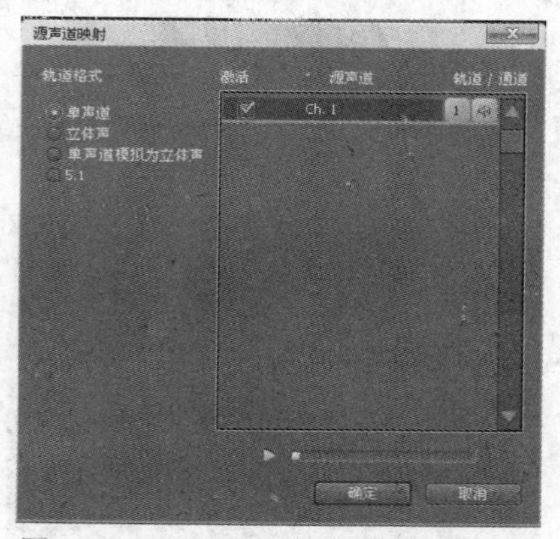

图 10-30　【源声道映射】设置对话框

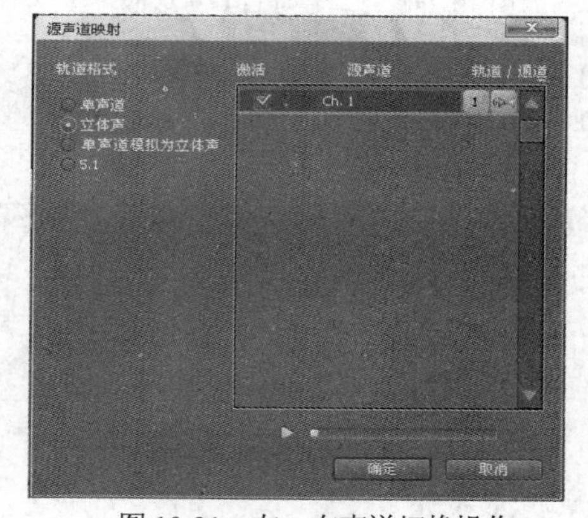

图 10-31　左、右声道切换操作

当然，其他音频文件类型间的转换也是可以的，用户可自行尝试。

10.2.6　利用关键帧技术调节音量

在 Premiere Pro CC 中，可以用【效果控件】面板来调节声音素材的各种效果，特别是音频切

换效果和滤镜特效。同时，系统还为【时间线】窗口的音频素材提供了 1 个固定效果——【音量】，如图 10-32 所示。展开【音量】效果，可以看到它包括两个选项：【旁路】和【级别】，选中【旁路】将忽略一些音频效果，【级别】用于音量大小的调节。

使用关键帧技术，可以使音频在不同时间以不同的音量播放。在【效果控件】面板中，单击【级别】选项前方的【切换动画】按钮，记录动画关键帧。移动时间线到不同时刻，修改其参数便可添加关键帧，如图 10-33 所示。也可通过【添加/移除关键帧】按钮，进行关键帧的添加与删除，再进行参数的调整，通过调节它们的【级别】值来调节音量。单击【效果控件】面板下方的按钮或单击空格键，便可进行预听，可以发现音频的音量大小发生了改变。

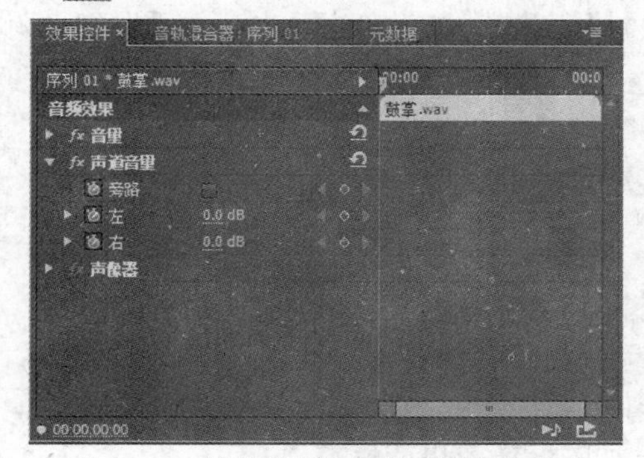

图 10-32　效果控制面板的【音量】选项

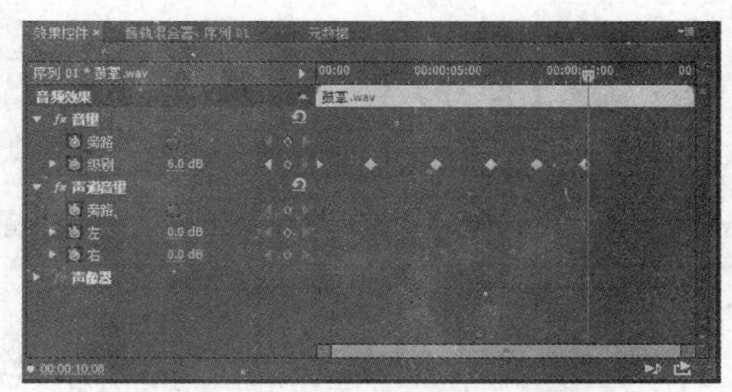

图 10-33　为音频设置关键帧

在【时间线】窗口中，可以在音频轨道中看见刚才设定的关键帧。使用鼠标拖动关键帧控制点，可以改变关键帧的音量和关键帧在时间线上的位置，如图 10-34 所示。

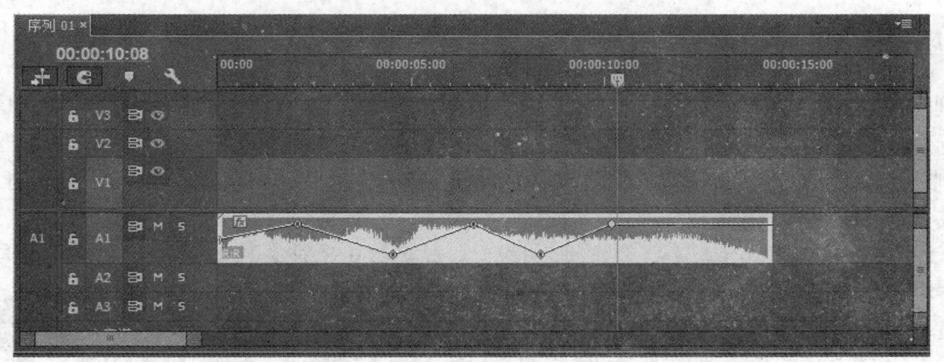

图 10-34　在【时间线】窗口修改关键帧

10.2.7　利用调音台调节平衡与音量

使用【音轨混合器】窗口，用户可以在播放音频素材的同时设定音量的大小和设置左右声道的平衡。该操作与【时间线】窗口中相应部分的调整是同步的，一旦在【音轨混合器】窗口中进行了操作，系统将自动在【时间线】窗口中为相应音频轨道中的音频素材添加属性。

使用【音轨混合器】窗口调节平衡和音量的操作步骤如下。

(1) 在【时间线】窗口中打开相应的音频轨道，然后移动时间线指针至所需的时间位置。

(2) 在【音轨混合器】窗口中选择要调整的音频轨道。

(3) 在【自动模式】的下拉列表中选择一个选项。该下拉列表中各选项的作用如下。

- 【只读】选项：在播放轨道音频素材的过程中，如果运用了自动控制功能，在该模式时会主动读取发生变化属性的自动控制设置。
- 【锁定】选项：用于记录光标拖动音量控制和平衡控制的每个控制参数，释放鼠标后，控制将保持在调整后的位置。
- 【触动】选项：用于仅当光标拖动音量控制和平衡控制停止时才开始记录混音参数，释放鼠标后，控制将返回原位置。
- 【写入】选项：用于从回放开始记录每个控制参数，而不是仅记录光标拖动时的控制参数。

(4) 单击【音轨混合器】窗口底部的【播放\停止控制】按钮，回放音频素材，并开始记录混音操作。

(5) 拖动【音量控制器】滑块，改变该轨道中音频的音量大小。

(6) 拖动【左/右声道平衡】按钮，调节声道的平衡属性。

(7) 回放编辑完的音频素材，以检查编辑的效果。

任务 3　音频的剪辑与合成

Premiere Pro CC 的音频处理需遵循一定的顺序，用户在编辑音频时需先处理音频转场效果，然后处理音频轨道中音频的速度与播放时间，再调整添加的滤镜效果或增益。

前面介绍了音频的基础知识和音频编辑的一些基本操作。本节将依托两个实例，向用户展示如何对音频素材进行简单的剪辑操作和合成。

10.3.1　音频剪辑

本例中将应用所学知识对音频素材进行剪辑操作，并将这些音频素材添加到不同轨道中制作合成声音效果，在实例中还将介绍音频单位的查看和修改以及音频过渡效果的添加和设置。

【例 10-4】　创建一个名为【音频剪辑与合成】的项目，导入几段音频素材，对其进行剪辑，制作合成声音效果。

(1) 运行 Premiere Pro CC，打开欢迎界面，单击【新建项目】按钮，打开【新建项目】对话框，在该对话框中，采用默认设置，然后选择项目保存的路径及名称“音频剪辑与合成”后，单击【确定】按钮，此时在弹出的系统主界面中单击【序列】选项，选择【DV-PAL】|【标准 48 KHZ】选项，再单击【轨道】选项进入设置：【主音轨】为【立体声】，【单声道】轨道数目为“2”条、【立体声】轨道为“2”条，【5.1】轨道为“1”条，其他音轨为“0”条，序列名称默认为“序列 01”，单击【确定】按钮，进入程序主界面。

(2) 执行【文件】|【导入】菜单命令，打开【导入】对话框，选中要导入的音频文件，单击【打开】按钮，则将选中的三段音频“思念.wma”、“狗叫声.wav”和“猫叫声.wav”导入到【项目】窗口中，如图 10-35 所示。

图 10-35　导入素材至【项目】窗口

(3) 双击【项目】窗口中的三段音频“思念.wma”、“狗叫声.wav”和“猫叫声.wav”，将其导

入到【源】窗口中，进行预听和查看，如图 10-36 所示。

(4) 将“狗叫声.wav”和“思念.wma”分别拖动到【时间线】窗口的【A1】和【A3】音频轨道上，如图 10-37 所示。

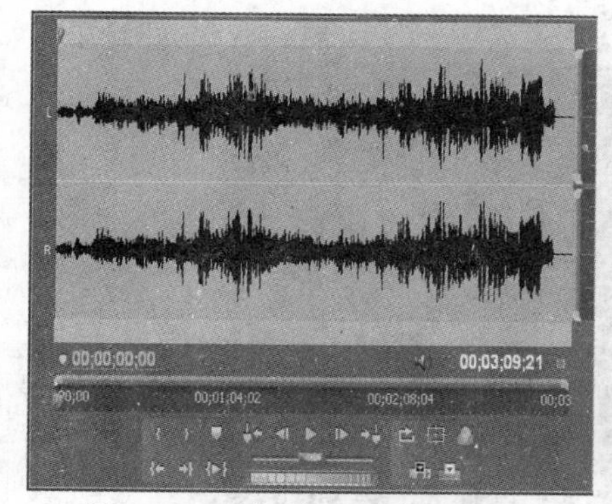

图 10-36　预听和查看音频素材

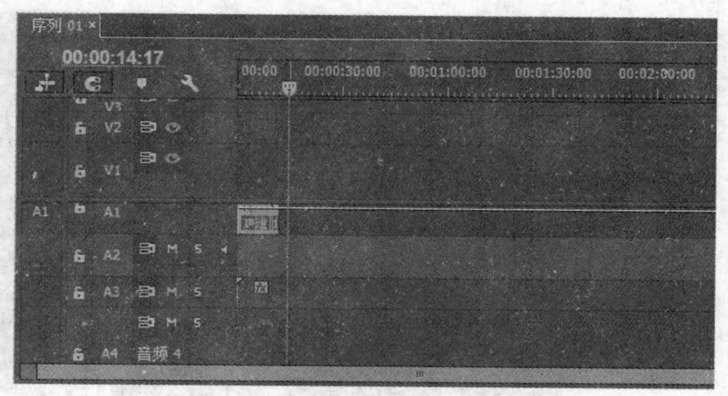

图 10-37　导入音频素材至【时间线】窗口

(5) 单击【节目】窗口中的播放按钮，可以同时对两个音频素材进行预听，可以发现两种声音重叠在一起，十分嘈杂，不利于欣赏和使用。为此，要对其进行剪辑和合成。在进行剪辑与合成之前，介绍一下音频单位的查看和修改。

在 Premiere Pro CC 中，音频时间通常是按音频单位显示，而不是用帧来表示。音频单位一般包括毫秒和音频采样率(最小的音频单位)。可以通过菜单栏中的【文件】|【项目设置】|【常规】命令，调出【项目设置】对话框，通过设置【常规】选项卡【音频】组的【显示格式】来进行音频单位的查看和修改，如图 10-38 所示。

同时，也可以通过单击【源】窗口或【时间线】窗口中的按钮，在打开的如图 10-39 所示的菜单中进行音频单位的查看和修改。

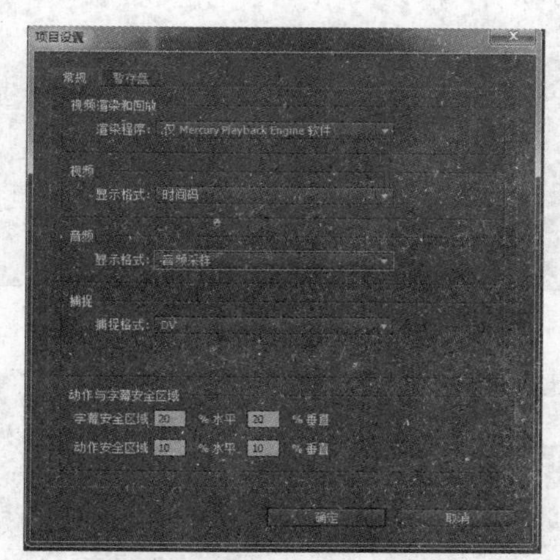

图 10-38　【项目设置】对话框

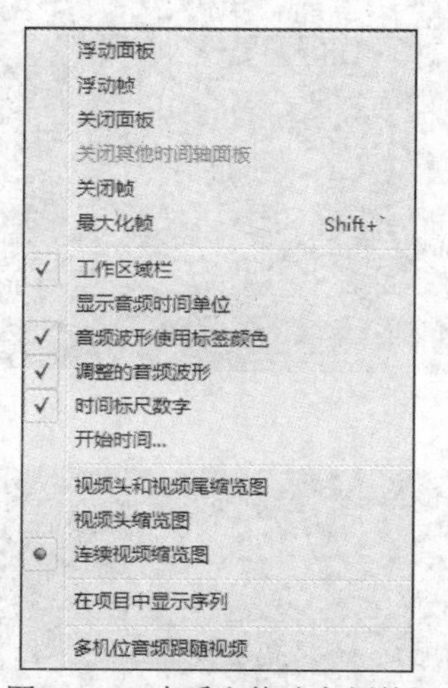

图 10-39　查看和修改音频单位

此时“思念.wma”的长度以当前音频的单位显示为 3 分 9 秒 16 帧，以音频单位显示则为 03:09:15589。通过查看音频单位，发现此时的音频单位是音频采样率。因为当前音频为 48kHz，即 1 秒由 48000 个最小单位组成，所以此音频单位中的 1 秒由 25 个最小单位组成更为精确。我们通过拖动【时间线】窗口的放大按钮，可看到时间线从 03:00:00000 向右移动一个单位，即 1 秒。

现在，通过执行【项目】|【项目设置】|【常规】命令，调出【项目设置】对话框，将【音频】|【显示格式】中的音频单位更改为毫秒，即 1 秒由 1000 个最小单位组成，效果如图 10-40 所示。

这里不需要对音频进行过于精细的剪辑，为此，通过【时间线】窗口中的按钮，取消勾选【显示音频单位】复选框，以帧为最小单位进行剪辑。

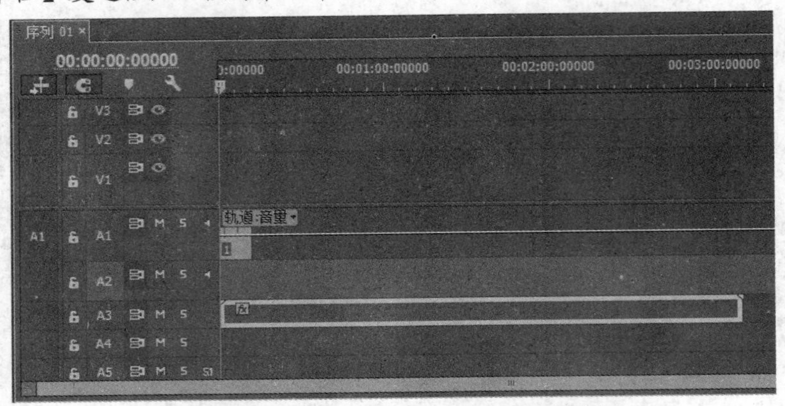

图 10-40　以毫秒为单位显示时间线中的音频

(6) 在【源】窗口监听播放声音的同时查看其音频波形，可以看到“思念.wma”的前 14 秒为安静的前奏部分，主旋律从 22 秒开始。准备对“思念.wma”的前奏部分进行剪辑，使其在“狗叫声.wav”的声音结束后立即进入主旋律，将时间移至“狗叫声.wav”的尾部，即 12 秒 3 帧处，利用剃刀工具，将“思念.wma”剪切开，如图 10-41 所示，再将时间移至 22 秒处，将“思念.wma”再次剪切，如图 10-42 所示。

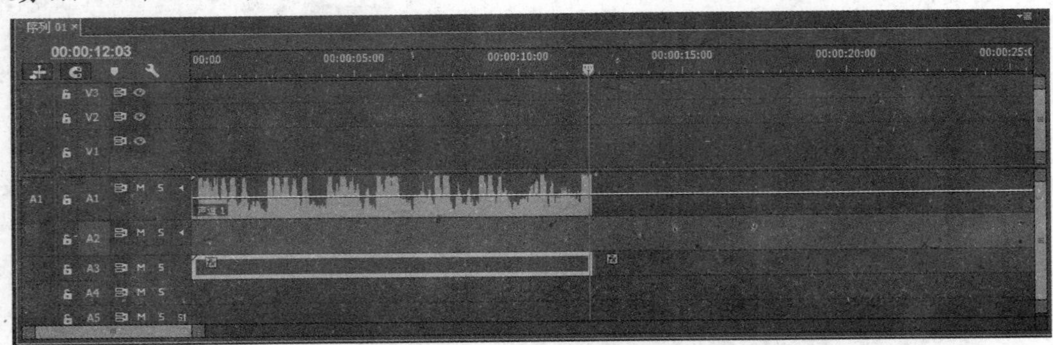

图 10-41　第一次分割音频

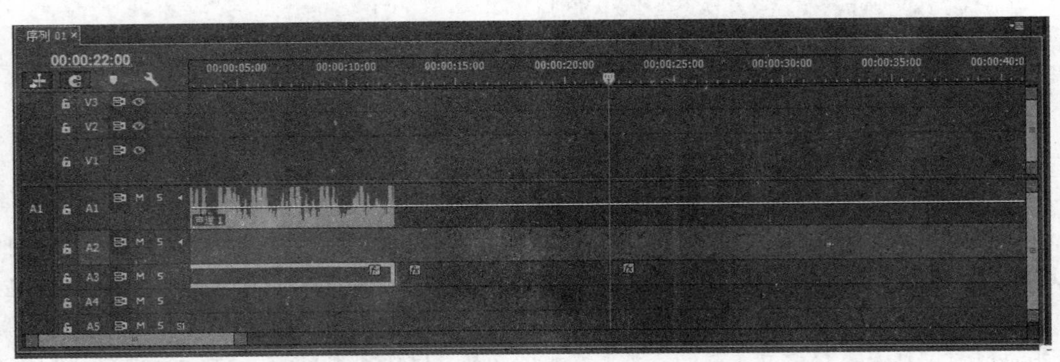

图 10-42　第二次分割音频

(7) 在 “思念.wma” 被剪切开的第二段上右击，在弹出的快捷菜单中选择【波纹删除】命令，将这部分删除掉，同时后面的部分会自动连接到第一段之后，如图 10-43 所示。

(8) 在【节目】窗口中播放 “思念.wma”，监听其音乐到 42 秒时旋律会发生变化，就在旋律变化之前的 42 秒处，将 “思念.wma” 剪切开，如图 10-44 所示。选中被剪切后的第三段素材，右击，在弹出的快捷菜单中选择【清除】命令，删除后面的部分，如图 10-45 所示。

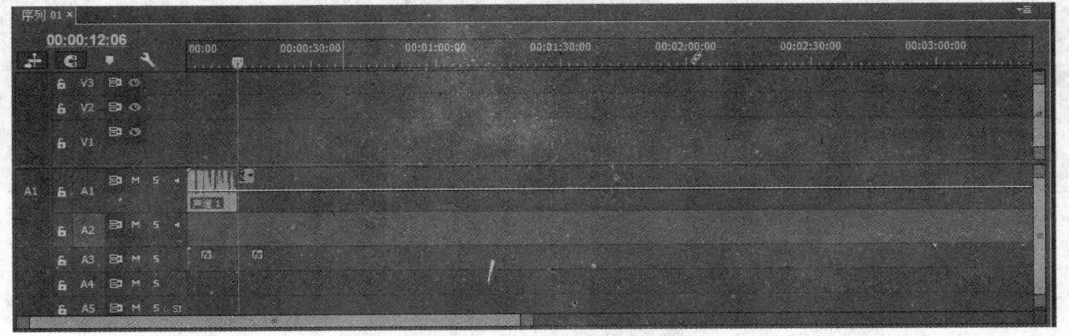

图 10-43　波纹删除素材

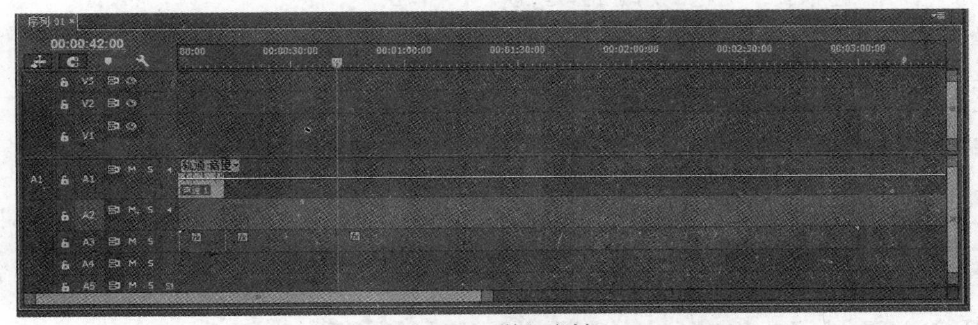

图 10-44　剪切素材

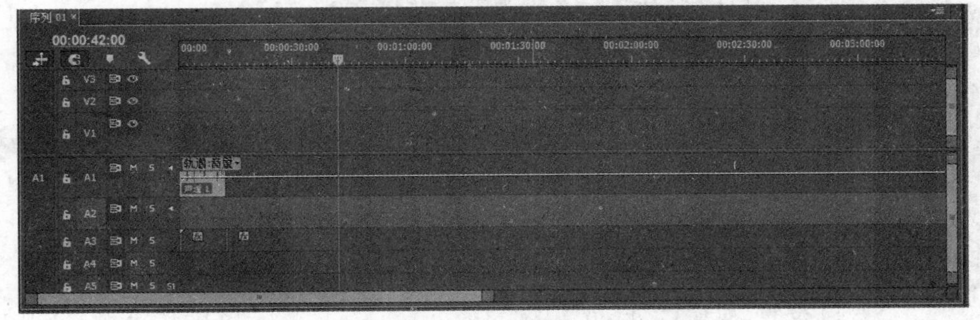

图 10-45　删除素材

(9) 由于 “思念.wma” 的前奏部分与主旋律之间因为被剪切掉一部分，所以在连接处的音频变化不太连贯，可以在它们之间添加一个音频过渡。

通过查看【效果】面板，可以看到 Premiere 中提供了 3 种常用的【音频过渡】效果，其中包括【恒定功率】、【恒定增益】和【指数淡化】，如图 10-46 所示。

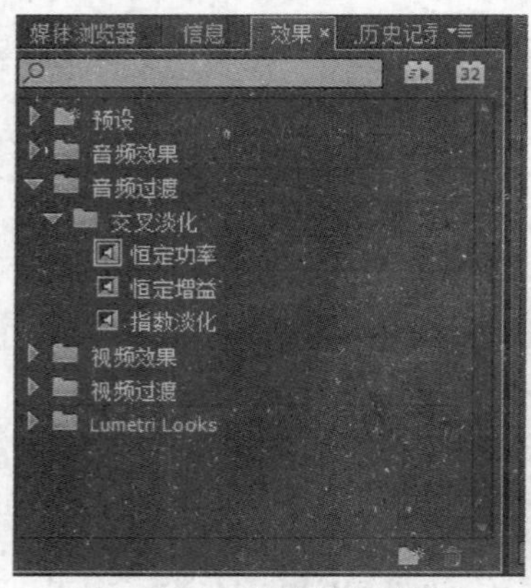

图 10-46 【效果】面板

图 10-47 添加过渡

3 种选项功能如下。

- 【恒定功率】选项：Premiere 中默认的过渡效果，即声音由远及近淡入，由近至远淡出。
- 【恒定增益】选项：用于数学公式上淡入、淡出的位置设置。
- 【指数型淡化】选项：用于指数型淡入淡出过渡效果设置。

通过【效果】面板中的【音频过渡】命令，将【恒定功率】拖至“思念.wma”的前奏部分与主旋律之间，如图 10-47 所示。

双击【音频 3】轨道上的【恒定功率】则在【源】窗口中调出【效果控件】窗口，可以看到这个音频过渡的图示为前一部分音频直线减弱，后一部分音频直线增强，播放并监听音频过渡效果，前奏和旋律变得连贯了，如图 10-48 所示。

也可以通过【效果控件】来调节过渡效果在音频素材中的位置和持续时间。位置的调节置于【对齐】选项，如图 10-49 所示，而持续时间的调节，可以通过时间显示器 持续时间 00:00:01:00 进行编辑，也可以通过拖动【效果控件】中的过渡效果进行调节。

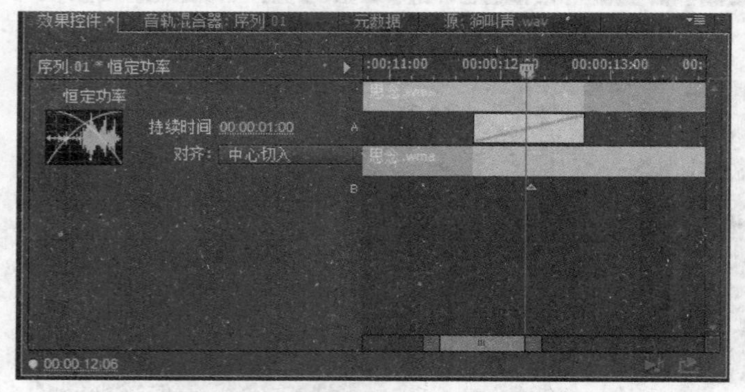

图 10-48 查看【恒定功率】过渡效果

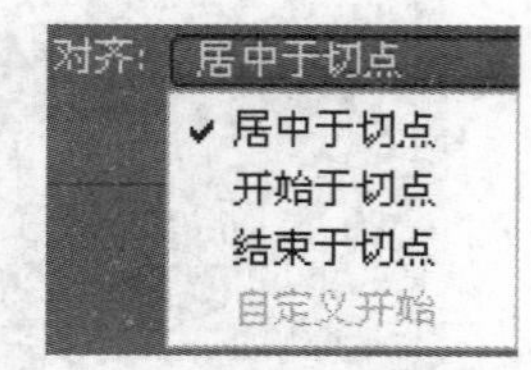

图 10-49 过渡效果位置调节

除了通过上述方法添加音频过渡效果外，也可以通过设置默认切换效果来进行过渡效果的添加。首先删除刚创建的【恒定功率】过渡效果，右击【恒定功率】命令，弹出【将所选过渡设置为默认过渡】选项，如图 10-50 所示。在【时间线】窗口选择要添加过渡效果的音频素材，将时间线移至两段音频素材的中间，如图 10-51 所示。选中两段素材，执行【序列】|【应用默认过渡到选择项】命令，则将选中的【应用默认过渡到选择项】添加到两段音频素材中，效果如图 10-52 所示。通过【效果控件】可进行持续时间和位置的调节，并进行效果预听。

另外用户也可以通过关键帧技术添加过渡效果，在此不再赘述。

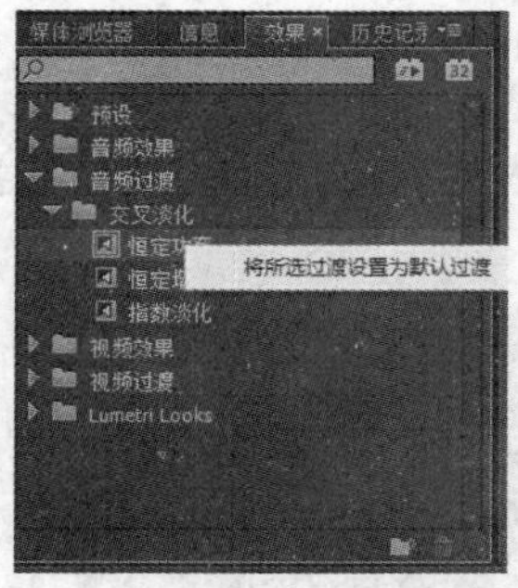

图 10-50　设置默认过渡效果

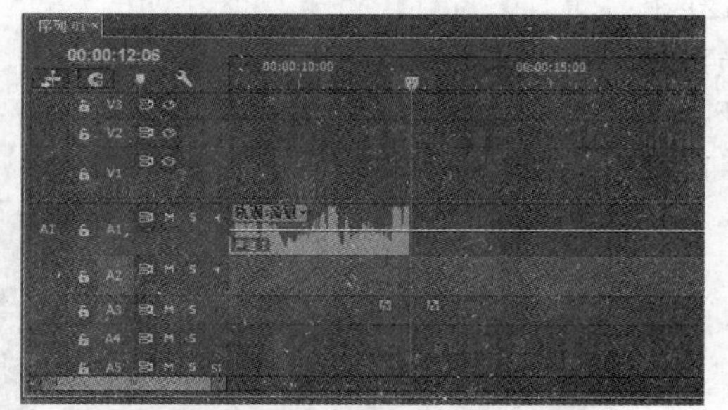

图 10-51　移动时间线至音频素材中间

图 10-52　默认切换过渡效果的添加

(10) 为剪辑后的“思念.wma”添加完音频过渡效果后，将【项目】窗口中的“猫叫声.wav”拖至【A2】轨道，并使其与【时间线】窗口中的“思念.wav”右对齐，如图 10-53 所示。

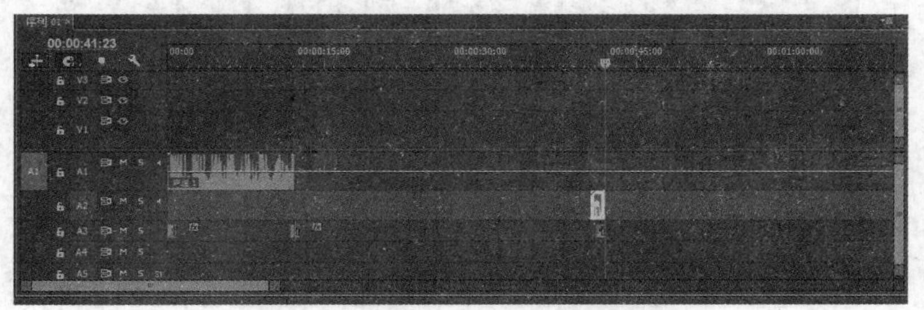

图 10-53　“猫叫声.wav”位置的调节

(11) 此时“猫叫声.wav”文件较小，可不做剪辑，若文件较大，且超过了“思念.wav”的后半部分，可以将其左端剪切掉，使其与“思念.wav”的后半部分长度一致，此处不做剪辑。将“猫叫声.wav”拖至【A1】轨道，监听播放效果。“思念.wav”旋律部分也有了猫叫声，如图 10-54 所示。

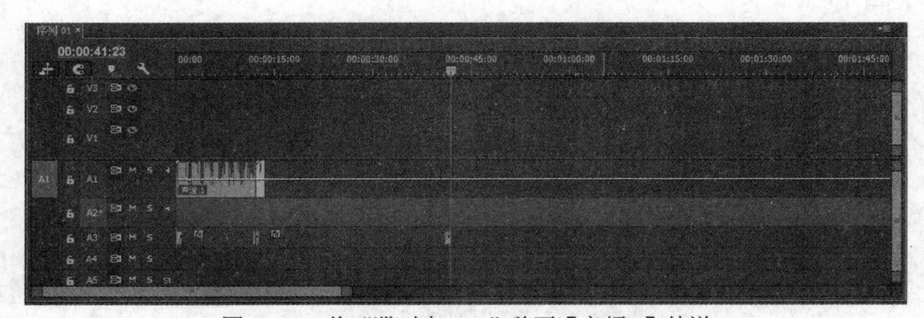

图 10-54　将“猫叫声.wav”移至【音频 1】轨道

(12) 在【节目】窗口中播放“思念.wma”的旋律部分，可以监听其大致分为多个小节。在播放到第二个小节时按下小键盘上的*号键，在时间标尺上添加一个标记点，同样在第五和第七个小节时按下小键盘上的*号键，这样在时间线上共添加了 3 个标记点，也可以使用【时间显示器】下方的【设置章节标记】按钮添加标记，如图 10-55 所示。

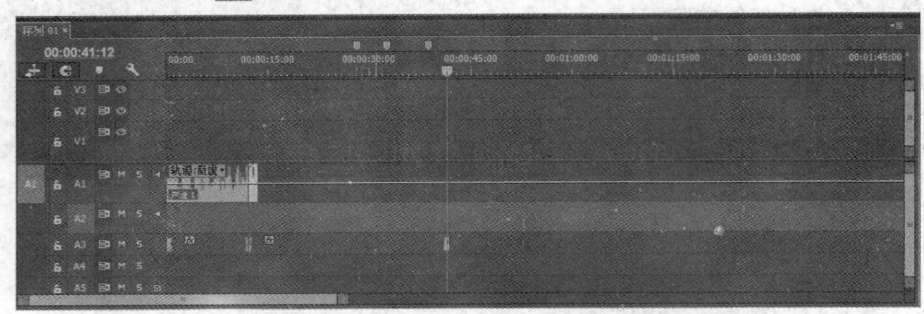

图 10-55　添加标记

(13) 导入“鸭子叫声.wav”至【项目】窗口，双击该素材，将其在【源】窗口中打开，查看其波形显示并监听其播放效果，从中寻找比较合适的两声叫声。在【源】窗口中将时间移至第 2 秒 20 帧处，单击【设置入点】按钮，设置入点，将时间移至 6 秒 02 帧处，单击【设置出点】按钮，设置出点，如图 10-56 所示。

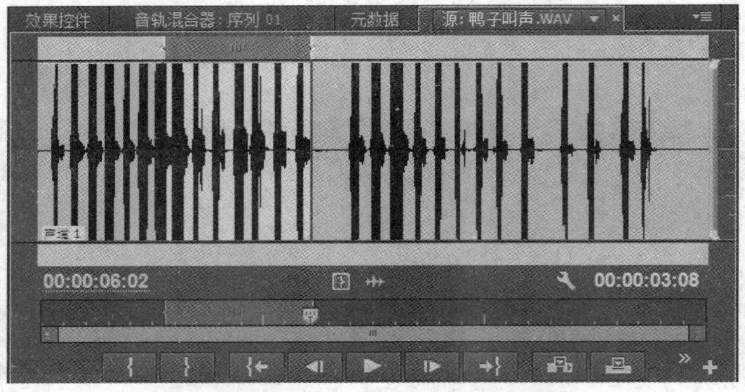

图 10-56　设置入点与出点

(14) 在【时间线】窗口选择【A2】轨道，使其处于高亮状态。将时间线移至第一个标记处，在【源】窗口中单击【覆盖】按钮，将其添加到【A2】轨道的第 29 秒 13 帧处。同样，将时间移至第二个标记处，在【源】窗口中单击【覆盖】按钮，将其添加到【A2】轨道的第 37 秒 19 帧处，如图 10-57 所示。

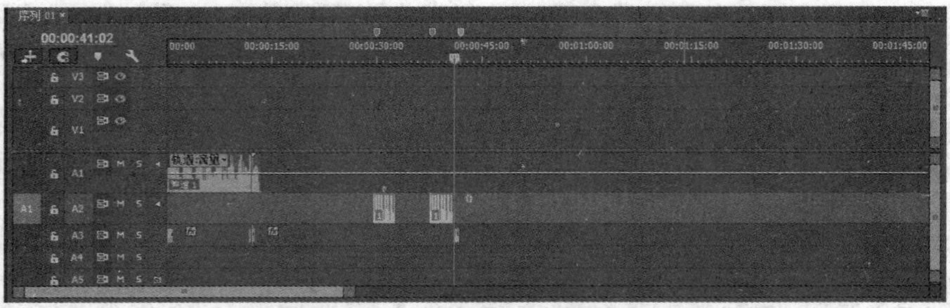

图 10-57　“鸭子叫声.wav”的放置

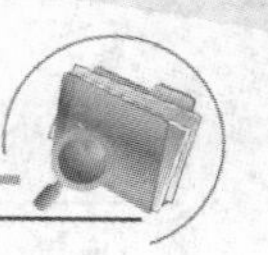

剪辑完成后，通过【节目】窗口进行预听，发现整个声音效果呈现为：狗叫声响起后，“思念.wma”缓缓响起，在“思念.wma”主旋律渐渐响起时，伴随着猫叫声，等到猫叫声结束，“思念.wma”进入高潮，在高潮中还间隔响起两声鸭叫声。这样，一个简单的音频编辑过程便告结束。

10.3.2 音频合成

在进行音频编辑操作时，时常要进行音频文件的合成。在 Premiere 中，用户可以十分轻松地对音频进行简单剪辑修正后，制作音频合成。本例中简单介绍如何进行音频合成，未对其中的音频素材进行剪辑。如用户需要可自行进行音频素材剪辑后，再进行音频合成。

【例 10-5】 创建一个名为【音频合成】的项目，导入三段音频素材，进行合成。

(1) 运行 Premiere Pro CC，打开欢迎界面，单击【新建项目】按钮，打开【新建项目】对话框，如图 10-58 所示，在该对话框中，采用默认设置，然后选择项目保存的路径及名称“音频合成”后，单击【确定】按钮，弹出【新建序列】对话框，切换到【轨道】选项卡进行设置：【主音轨】为【立体声】，【立体声】轨道为【3】条，其他音轨为【0】条，如图 10-59 所示，序列名称默认为“序列 01”，单击【确定】按钮，进入程序主界面。

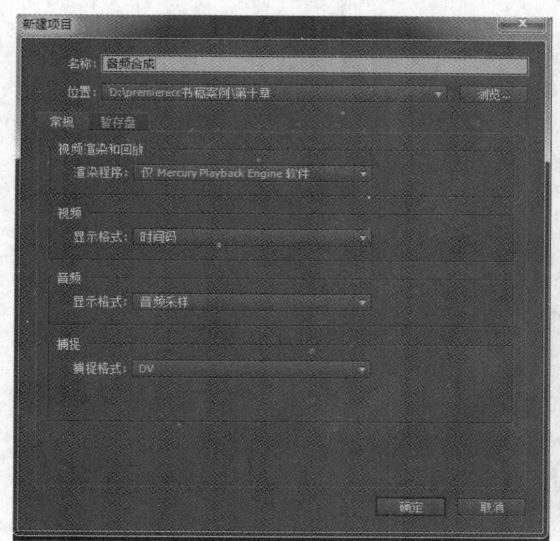

图 10-58 【新建项目】对话框

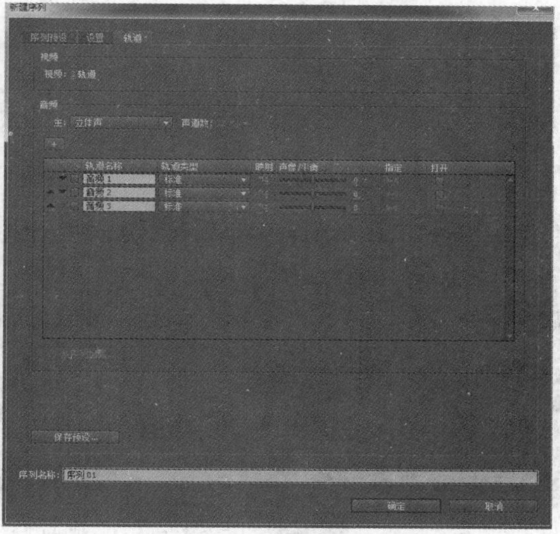

图 10-59 设置音频轨道数目

(2) 执行【文件】|【导入】菜单命令，打开【导入】对话框，选中要导入的音频文件，如图 10-60 所示，单击【打开】按钮，则将选中的三段音频“思念.wma”“阳光.wma”和“回忆.mp3”导入到【项目】窗口中，如图 10-61 所示。

(3) 分别双击【项目】窗口中的这几段音频，将其导入到【源】窗口中，进行预听。

(4) 将“思念.wma”“阳光.wma”和“回忆.mp3”分别拖动到【时间线】窗口的【A1】、【A2】和【A3】的音频轨道上，如图 10-62 所示。

(5) 按住 shift 键，单击“思念.wma”“阳光.wma”和“回忆.mp3” 3 个音频素材，执行菜单栏中的【剪辑】|【链接 】命令，如图 10-63 所示。或右击，在弹出的快捷菜单中选择【链接】命令即可将 3 个音频文件合成为一体。

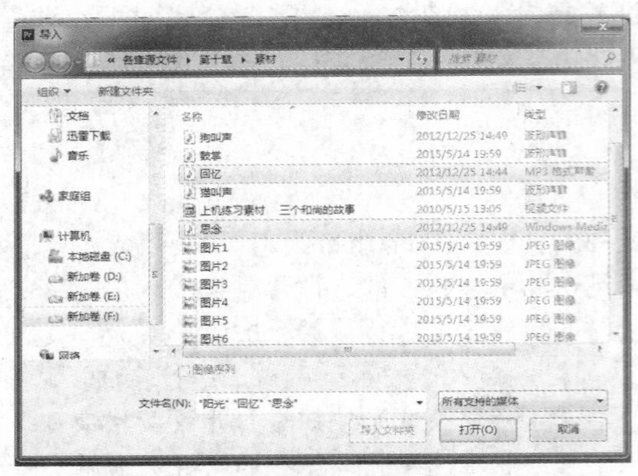

图 10-60 【导入】对话框

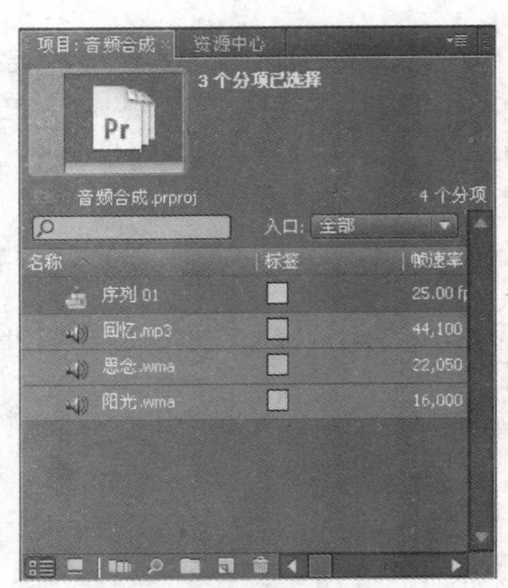

图 10-61 导入素材至【项目】窗口

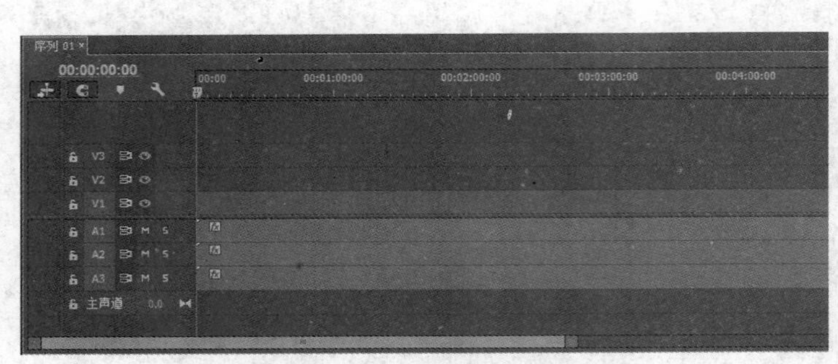

图 10-62 将素材拖至音频轨道上

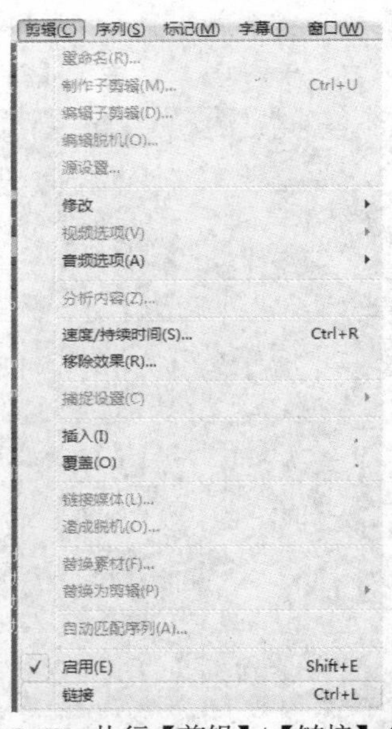

图 10-63 执行【剪辑】|【链接】命令

用户如需要分解刚合成的音频文件，可选中素材，执行菜单栏中的【剪辑】|【取消链接】命令，或右击，在弹出的快捷菜单中选择【取消链接】命令即可删除链接。

音频合成中应注意：不可链接不同类型音频轨道上的文件，如不可将单声道音频文件与立体声轨道上的音频文件进行合成。

任务 4 应用音频特效

声音处理的效果和方法很多，如音质调整、混响、延迟和变速等。音频特效有很多种，它的作用就如同图像处理软件中的滤镜，可以使声音产生千变万化的效果。

Premiere Pro CC 中，根据声音类型的不同，音频特效也分为 5.1 声道、立体声、单声道 3 大

类型，可以为音频添加多种效果，通过【效果】面板可以进行查看，如图 10-64 所示。

Premiere Pro CC 自带的大多数音频特效都适用于不同声道的素材，其使用方法是相同的。通过选中要添加特效的音频文件，单击【音频效果】中其声道下拉菜单中的特效，将其拖至【效果控件】窗口中，便可完成音频特效的添加。也可以通过单击其声道下拉菜单中的特效将其拖至【时间线】窗口中已选中的要添加特效的音频文件上，即可完成特效的添加。最后利用【效果控件】进行参数的设置。用户要想删除已添加的音频特效，可通过单击【效果控件】中已添加的音频特效名称，右键选择【清除】命令即可。

下面先介绍 3 个声道所共有的特效。每个特效都包含一个旁路选项，可以随时关闭或者取消效果。

◉　音量(Volume)

系统为【时间线】窗口的音频素材提供了一个固定的音频效果——【音量】，同时也可通过【效果】面板添加【音量】效果。当电平峰值超过系统硬件可以接纳的动态范围时，声音就会过载或失真。【音量】特效为素材建立音频包络线，可以调节素材电平不至于过载。正值表示增加音量，负值表示降低音量。【音量】特效仅对素材有效。它的特效控制面板如图 10-65 所示。

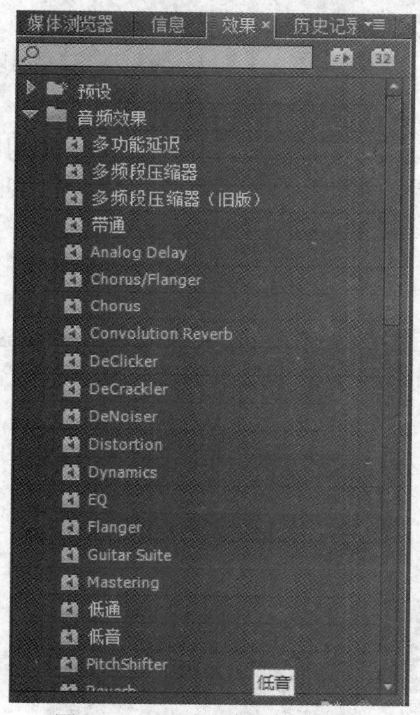

图 10-64　【音频效果】分类

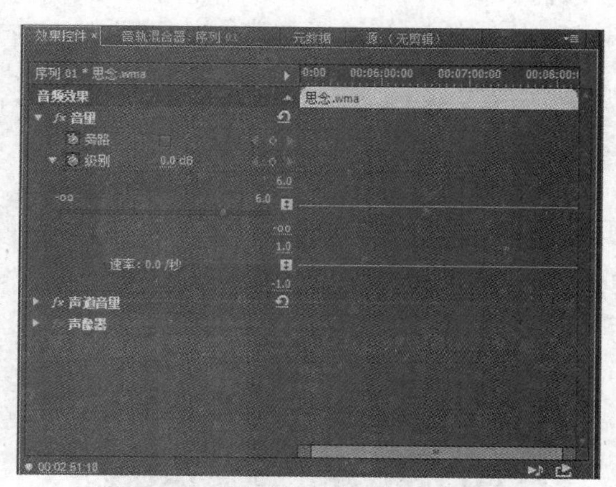

图 10-65　【音量】特效控制面板

◉　选项[原带通滤波(Bandpass)]、低通滤波(Lowpass)、高通滤波(Highpass)

使用【选项】又称【带通滤波】特效，可以将指定范围以外的声音或者波段的频率删除，它的特效面板如图 10-66 所示。【中心(Centre)】选项用于确定指定范围的中心频率；【Q】选项用于确定保留的频宽，数值小，频带宽；数值大，频宽窄。

【低通滤波】，也称为高切，低于某给定频率的信号可有效传输，而高于此频率(滤波器截止频率)的信号则受到很大的衰减。低通滤波器可以切去音响系统中不需要的高音成分。

【高通滤波】，亦称低切，高于某给定频率的信号可有效传输，而低于此频率的信号将受到

很大的衰减，这个给定频率称为滤波器的截止频率，高通滤波器可切去话筒近讲时的气息“噗噗”声及不需要的低音成分，还可以切去声音信号失真时产生的直流分量，防止烧毁低音音箱。

【低通滤波】和【高通滤波】的特效控制面板如图 10-67 所示。

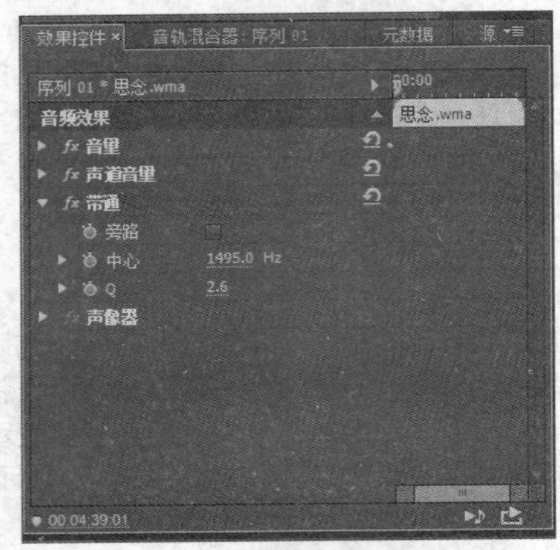

图 10-66 【带通滤波】特效控制面板

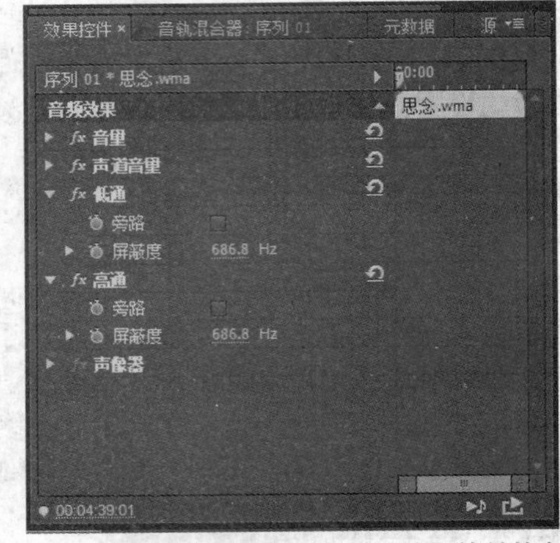

图 10-67 【低通滤波】和【高通滤波】特效控制面板

◉ 低音(Bass)、高音(Treble)

使用【低音】特效，可以增强或减少低音，200Hz 或者更低一些的频率。【放大】选项用于设置对低音提升或者降低的数值，取值范围为-24.0～24.0dB。正值为提升低音，负值为降低低音。

使用【高音】特效，可以对 4000Hz 或者更高的音量进行提升或衰减。

【低音】和【高音】的特效控制面板如图 10-68 所示。

◉ 延迟(Delay)、多功能延迟(Multitap Delay)

【延迟】特效可以为音频素材在一定范围内添加回声效果，它的特效控制面板如图 10-69 所示。【延迟】：设定延迟时间，最大值为 2 秒；【反馈】：设置延迟信号回馈的百分比；【混合】：控制回声数量。

【多功能延迟】特效可以对延迟效果进行更深层次的设置，它的特效控制面板如图 10-70 所示。【延迟 1-4】：设定原始信号和回声之间的时间，最大值为 2 秒；【反馈 1-4】：设定延迟信号返回后所占的百分比；【级别 1-4】：控制每个回声的音量；【混合】：混合调节延迟与非延迟回声的数量。

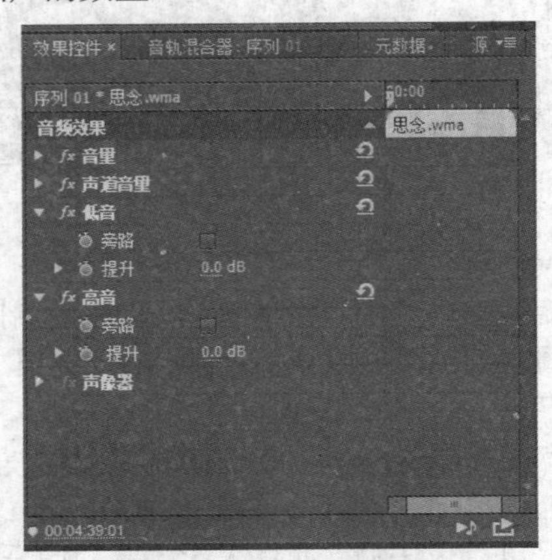

图 10-68 【低音】和【高音】特效控制面板

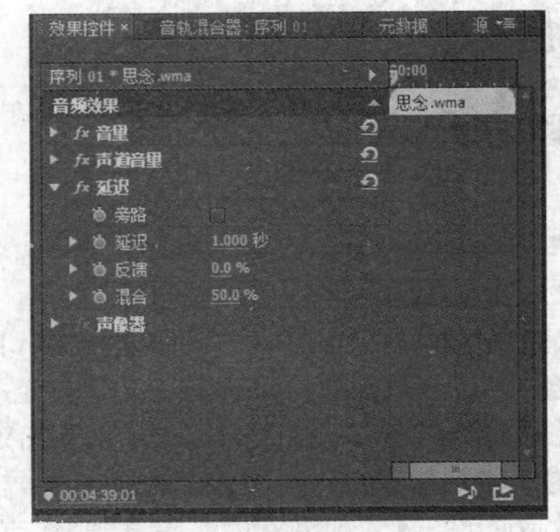

图 10-69 【延迟】特效控制面板

◉　参数均衡(Parametric EQ)

【参数均衡】特效，可以增强或衰减接近中心频率处的声音，它的特效控制面板如图 10-71 所示。

我们听到的大多数声音并不完全由一个特定的频率构成，也就是说，录入的某段音频是由很多频率段组成的(基音的频率段和泛音的频率段)。

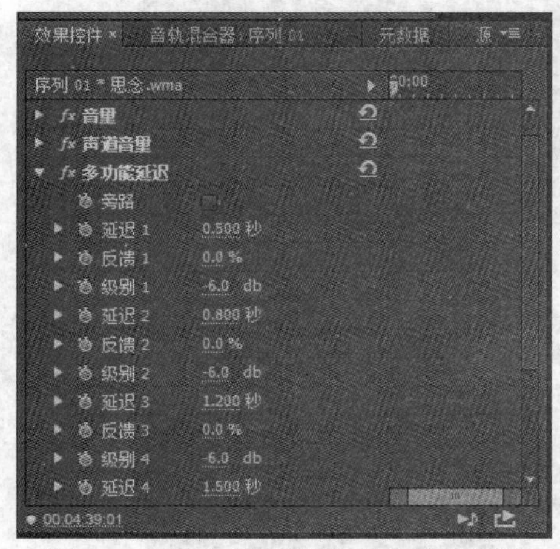

图 10-70　【多功能延迟】特效控制面板

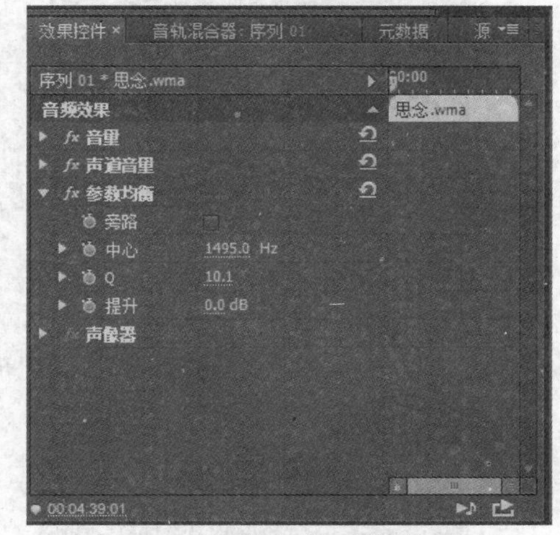

图 10-71　【参数均衡】特效控制面板

参数均衡的主要作用如下。

(1) 改善房间、厅堂建筑结构上所产生的某些缺陷，使用均衡器调节，可以使频率特性曲线变得平滑。

(2) 根据不同风格的节目源进行频率提升和衰减，使各种不同风格的音乐发挥其独特的音响艺术效果。

(3) 根据自己对音乐的某些偏爱，可以对低频、中低频、中高频和高频各频段和频点进行提升和衰减，调整某些频率的音色表现力，以达到某种特殊的艺术魅力。

◉　去除制定频率、反相

【消除嗡嗡声】特效：可以协调清除声音素材中的指定频率。

嗡嗡声、交流声，在电子学领域属于一种不希望发生的低频电流，它干扰所要求的信号，通常这种现象是由交流供电线路屏蔽不良引起的。例如，如果信号中带有交流声，可以在【中心】处设为 50Hz。

【消除嗡嗡声】特效控制面板如图 10-72 所示。

◉　声道音量(Channel Volume)

【声道音量】特效是【立体声】和【5.1 声道】所特有的，【单声道】没有。特效以分贝(DB)为计量单位，独立调整【立体声】或者【5.1 环绕声】素材或者音轨音量。它的特效控制面板如图 10-73 所示。

以下特效是立体声声道所独有的特效。

◉　平衡(Balance)

【平衡】特效，用于控制左右声道音量。正值则增加左声道音量比例，负值则增加右声道音量比例。它的特效控制面板如图 10-74 所示。

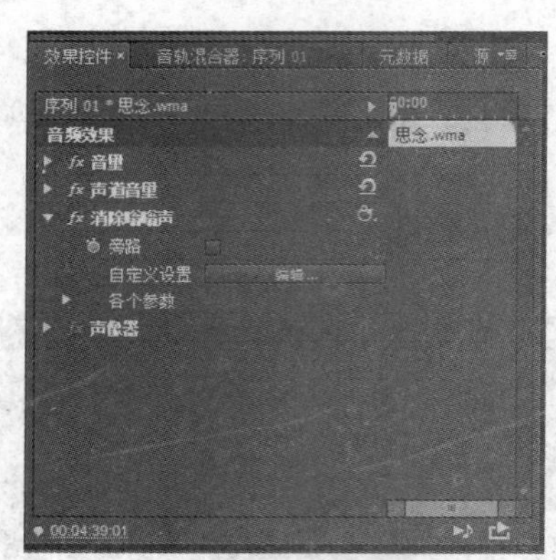

图 10-72 【消除嗡嗡声】特效控制面板

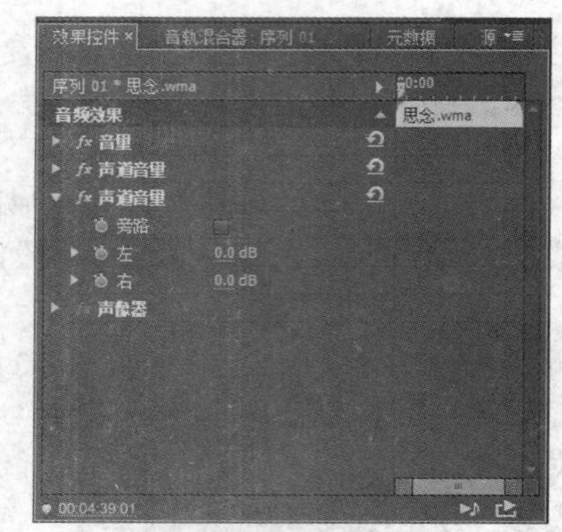

图 10-73 【声道音量】特效控制面板

◉ 使用左声道或使用右声道

【使用左声道】或【使用右声道】特效，只对立体声素材有效。它的特效控制面板如图 10-75 所示。例如，填充左声道，复制右声道内容“放入”左声道，而原来左声道的内容被覆盖。

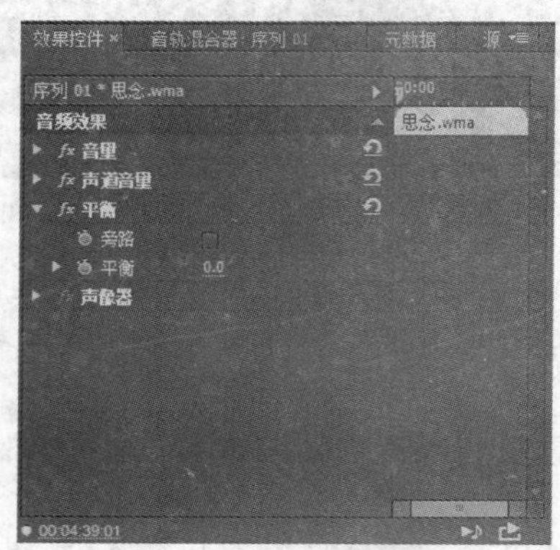

图 10-74 【平衡】特效控制面板

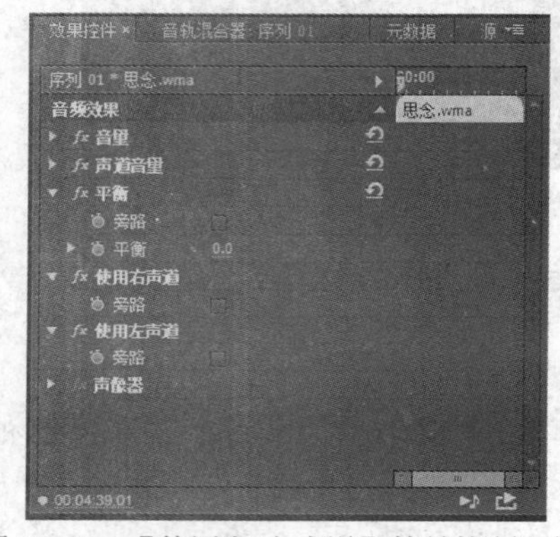

图 10-75 【使用左/右声道】特效控制面板

◉ 互换声道(Swap Channels)

【互换声道】特效使左右声道对调，仅对立体声有效。它的特效控制面板如图 10-76 所示。

除了对音频素材设置特效外，还可以直接对音频轨道添加特效。在【音轨混合器】窗口的特效设置区域中单击右边的小三角，在弹出的下拉列表中选择需要使用的音频特效即可。用户可以在同一个音频轨道上添加多个特效，并分别控制。

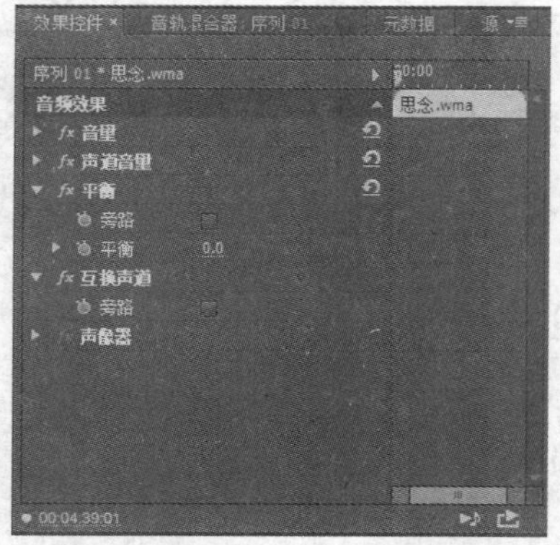

图 10-76 【互换声道】特效控制面板

拓展训练

本项目拓展训练主要通过运用 Premiere Pro CC 的音频工具，制作一部有配音的经典童话“三个和尚的故事”，使用户在上机练习完成该案例制作的同时，熟悉音频基本操作，把握音频应用的技巧。

(1) 运行 Premiere Pro CC，打开欢迎界面，单击【新建项目】按钮，打开【新建项目】对话框，在该对话框中，采用默认设置，然后选择项目保存的路径及名称“画面配音”后，单击【确定】按钮，弹出【新建序列】对话框，切换到【设置】选项卡进行相关设置：选择【编辑模式】为【DVPAL】，【时基】为【25.00 帧/秒】，设置【帧大小】为【720 宽、576 高】，【像素长宽比】为【DL|OVPAL(LO940)】，【场】为【低场优先】，【显示格式】为【音频采样】，【音频采样率】为【48000Hz】，如图 10-77 所示。单击【确定】按钮，进入程序主界面。

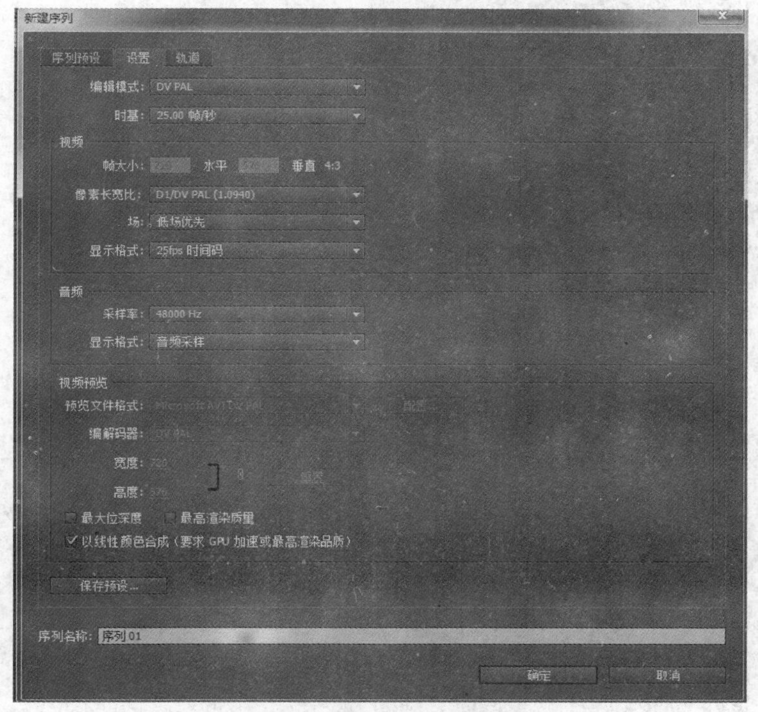

图 10-77　设置【常规】

(2) 在【时间线】窗口的【A1】轨道名字上双击鼠标，再右击鼠标，在出现的下拉菜单中选择【重命名】命令，将名字改为“配音”，如图 10-78 所示。

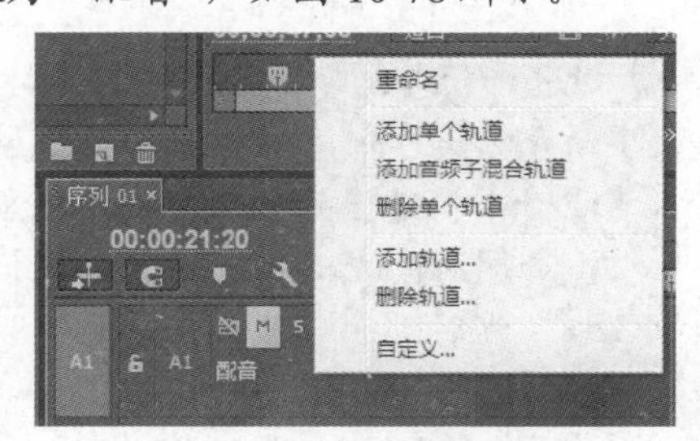

图 10-78　重命名音频轨道

(3) 按与步骤(2)同样的方法将【A2】轨道的名字改为“录音”。

(4) 在【项目】窗口空白处单击鼠标右键，在弹出的快捷菜单中选择【导入】命令，打开【导入】对话框。在对话框中，选择“三个和尚的故事.avi”素材文件，单击【打开】按钮，将该素材导入到【项目】窗口中，如图 10-79 所示。

(5) 选中“三个和尚的故事.avi”素材文件，将其拖动到【时间线】窗口的【A1】轨道上。在该文件上单击鼠标右键，在弹出的快捷菜单中选择【取消链接】命令，如图 10-80 所示。

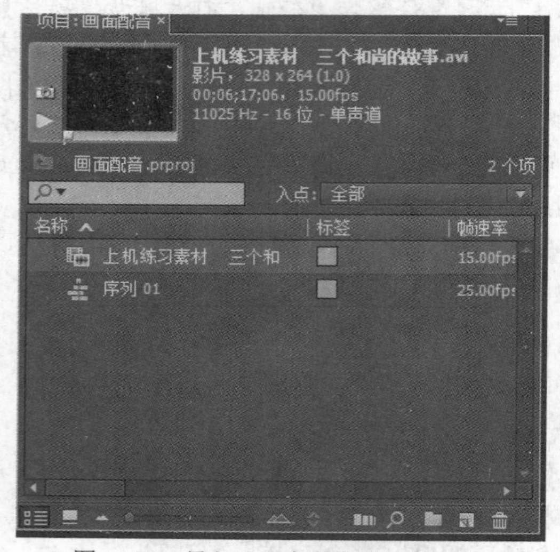

图 10-79 导入“三个和尚的故事.avi”

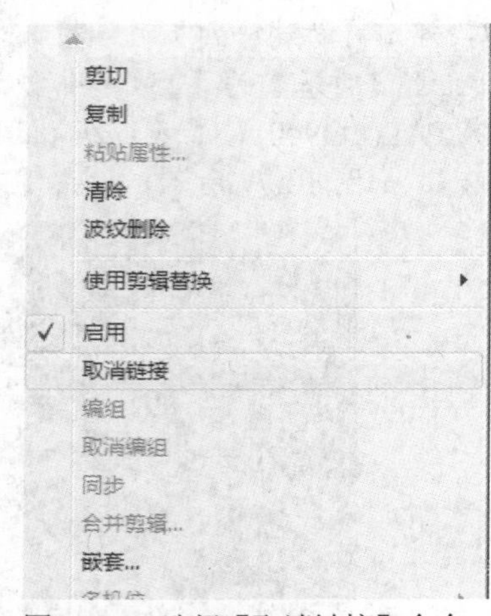

图 10-80 选择【取消链接】命令

(6) 单独选择【V1】轨道上的视频素材文件，执行右键【清除】命令将其删除，如图 10-81 所示。

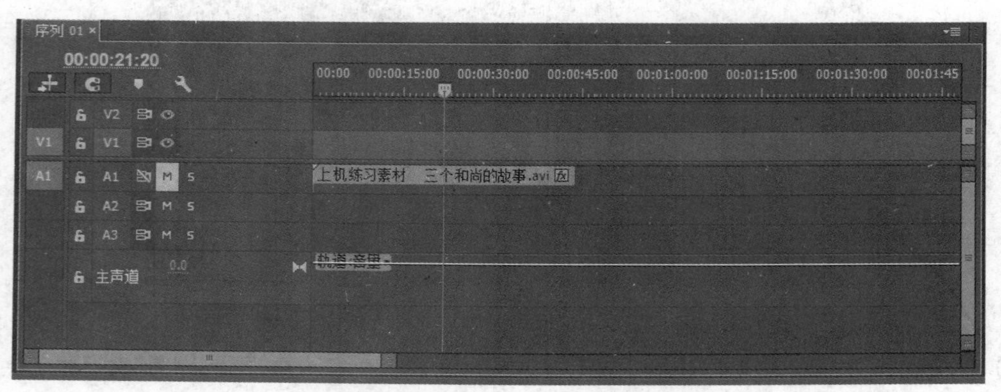

图 10-81 删除视频素材文件

(7) 对【配音】轨道上的音频素材进行预听，发现该音频持续时间很长，前 11 秒 10 帧为前奏，11 秒 10 帧至 31 秒 20 帧为故事简介，第 31 秒 20 帧后为故事的详细介绍。在此需对其进行调整，只留下故事简介部分。单击【配音】轨道上的音频文件，把鼠标靠近音频文件尾部，当鼠标变为形状时，按住鼠标左键不动，并同时向左边拖动，注意鼠标右下角显示的标码，在文件向左至第 31 秒 20 帧处时松开鼠标左键，这时后面音频文件均被删除。将时间线移至 11 秒 10 帧处，利用剃刀【工具】，将音频文件剪切开，同时选中前 11 秒 10 帧的音频文件，执行右键【波纹删除】命令，将该文件删除，如图 10-82 所示。

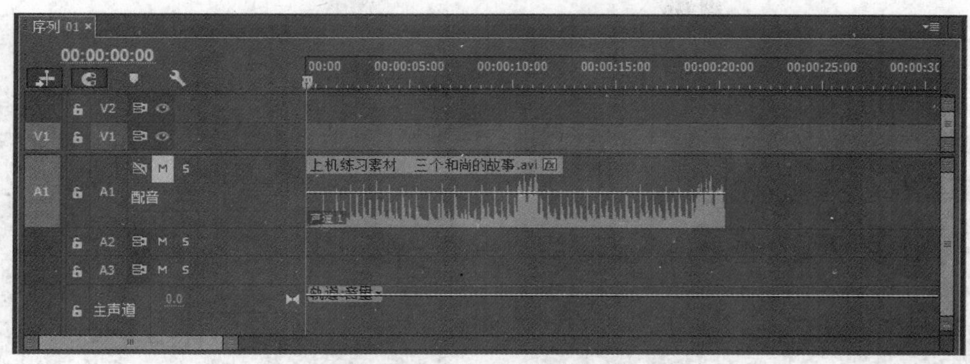

图 10-82　剪辑音频素材文件

(8) 接下来，用户要录制一段配音，为了不让已存在的音频文件影响录制工作，要将【配音】轨设置为静音。单击轨道上的【M】按钮，背景变成绿色，【配音】轨道即被设为静音，如图 10-83 所示。

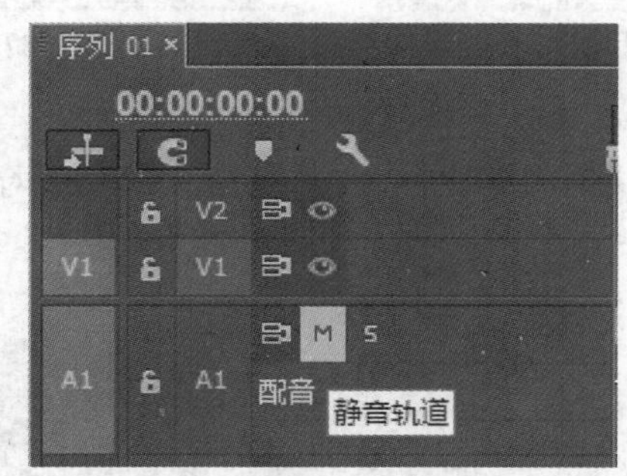

图 10-83　设置【配音】轨道为静音

(9) 单击选中【录音】轨，使其高亮显示，如图 10-84 所示。

(10) 执行【窗口】|【音轨混合器】|【序列 1】菜单命令，打开【音轨混合器】窗口，或者直接选择位于【源】窗口标签旁的【音轨混合器】标签，可以直接打开【音轨混合器】窗口，如图 10-85 所示。

图 10-84　选中【录音】轨道

图 10-85　打开【音轨混合器】窗口

(11) 单击【录音】轨道上的【R】按钮，此时，原先灰暗的按钮，会显示红色，录音轨被激活，如图 10-86 所示。

图 10-86　激活录音轨

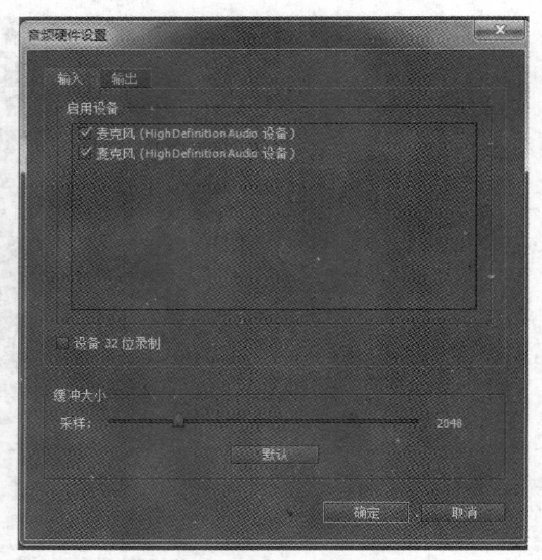

图 10-87　打开音频硬件设置

(12) 在录音开始之前，请确保麦克风已经与电脑连接好。打开 Windows 的音量控制面板，如图 10-87 所示。选择【编辑】|【首选项】命令，打开【首选项】对话框，选择【音频硬件】，选中【ASIO 设置】选项，如图 10-88 所示。确认【麦克风音量】为选中状态，单击【确定】按钮。【录音控制】面板如图 10-89 所示。

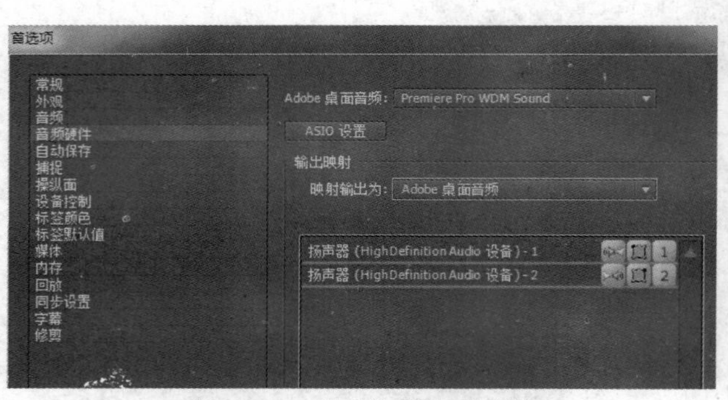

图 10-88　【首选项】对话框

图 10-89　【录音控制】面板

注意： Windows 的音量控制面板的设置会因声卡的不同而略有不同，用户可根据自身情况进行设置，保证音频可以顺利录制。

(13) 单击【音轨混合器】下方功能键中最右边的录制键 ，按下之后，录制键会出现闪烁，如图 10-90 所示。单击【播放/停止切换】按钮 ，即开始录制，此时对着麦克风说话，用户所说的一切将会被录制下来。

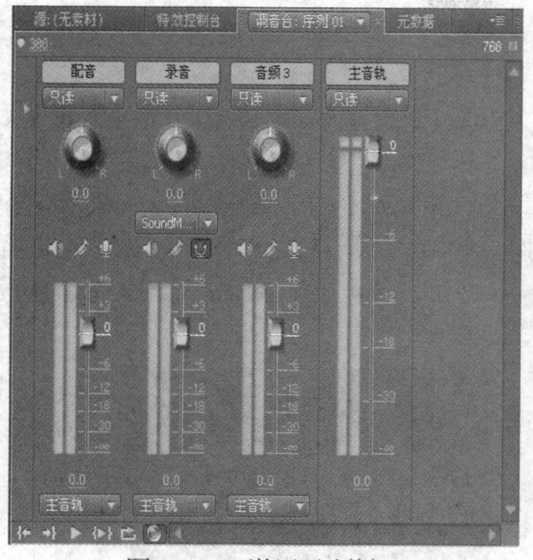

图 10-90　激活录制键

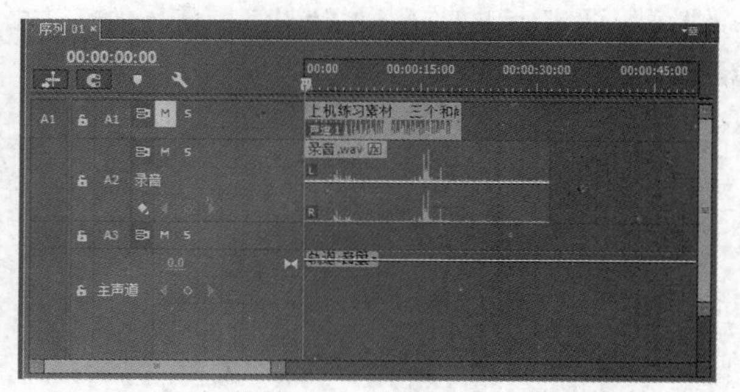

图 10-91　【录音】轨上的“录音.wav”音频素材文件

(14) 再次单击【播放/停止切换】按钮即停止录制。此时，【录音】轨上多了一个名为“录音.wav”的音频素材文件，如图 10-91 所示。同时在【项目】窗口中也多了一个“录音.wav”的文件，如图 10-92 所示。这个文件就是刚刚录制完成的录音文件，默认存放路径为项目文件的根目录。

(15) 在接下来的练习中，将使用事先录制好的一段音频文件，因此要将刚录制的文件删除。在【录音】轨道上右击，选择下拉菜单中的【删除轨道】命令，打开【删除轨道】对话框，如图 10-93 所示。在对话框中，选中【删除音频轨道】复选框，并在下拉列表中选择【录音】，如图 10-94 所示，单击【确定】按钮即可。当然用户也可以直接选中时间线上的“录音.wav”，按右键选择【清除】命令，便可将其删除。

图 10-92　项目面板中的“录音.wav”文件

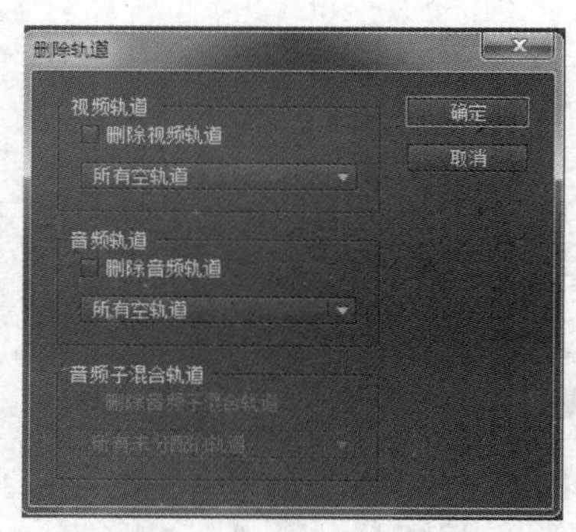

图 10-93　【删除轨道】对话框

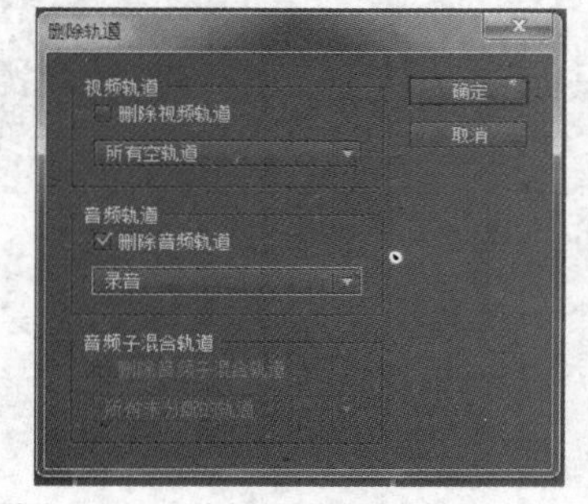

图 10-94　选择删除【录音】轨道

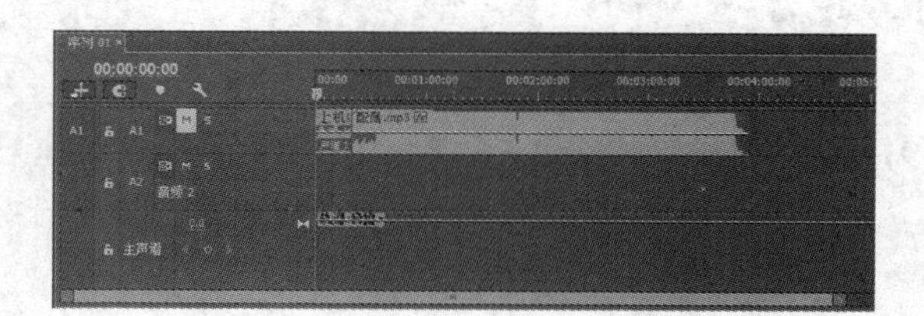

图 10-95　放置“配音.mp3”音频文件

(16) 导入“配音.mp3”音频文件，并将其拖动至【配音】轨道，紧贴“三个和尚的故事.avi”素材文件后方，如图 10-95 所示。

(17) 单击显示【配音】轨前面小喇叭，激活输出，播放【配音】轨道上的素材，查看【主音频计量器】。如果在【主音频计量器】中显示红色的警戒信息，如图 10-96 所示，则表明音频文件的最大音量已经超过了一定的限度，需要调节。在“配音.mp3”上右击，在弹出的快捷菜单中选择【音频增益】命令，弹出【音频增益】对话框，如图 10-97 所示，在显示的对话框中，选择输入适当的“负值”，以降低最高的音量，然后单击【确定】按钮，再次播放时就不会出现红色的警戒信息。此处，可不做调节。

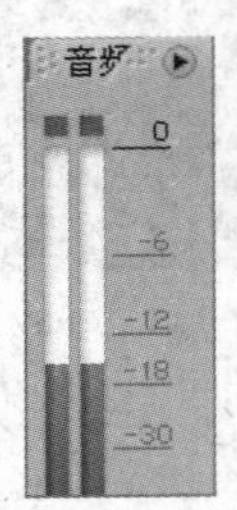

图 10-96　显示红色的警戒信息

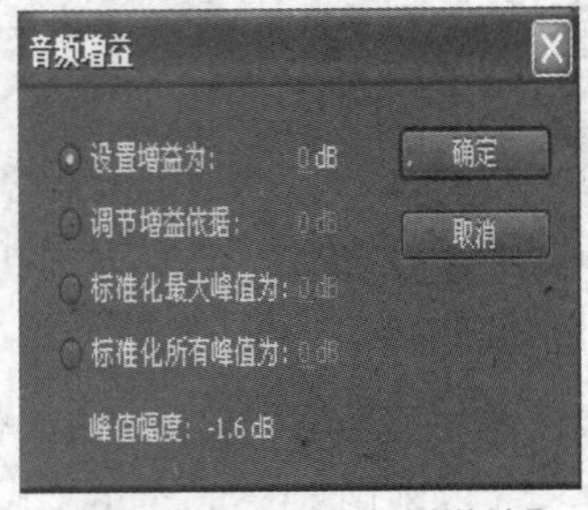

图 10-97　调整【音频增益】

(18) 导入“鼓掌.wav”音频文件，在【项目】窗口中双击“鼓掌.wav”音频文件，在【源】窗口中监听查看，该音频文件是一个单声道文件，如图 10-98 所示。确认选择“鼓掌.wav”音频文件，然后选择【剪辑】|【音频选项】|【源声道映射】命令，出现【源声道映射】对话框，在对话框中，选择【单声道模拟为立体声】单选按钮，如图 10-99 所示。

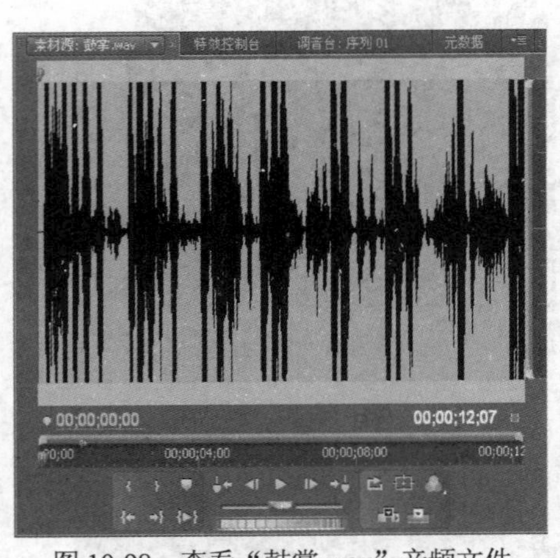

图 10-98　查看“鼓掌.wav”音频文件

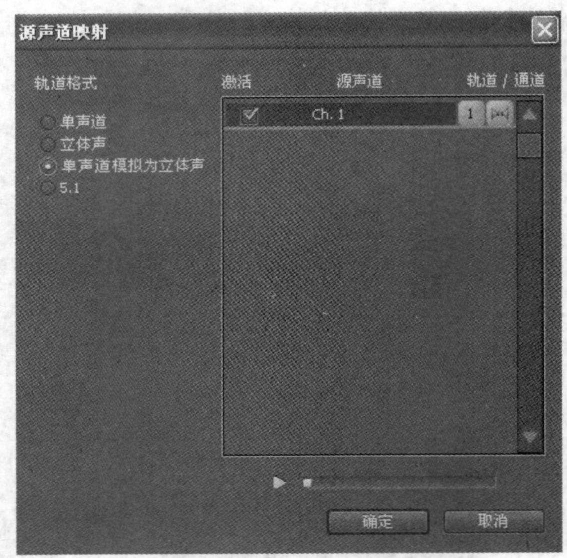

图 10-99　单声道模拟为立体声

(19) 单击【确定】按钮，这时用户可以发现【源】窗口中的“鼓掌.wav”音频文件已经显示为双声道，如图 10-100 所示。将“鼓掌.wav”音频文件拖动至【配音】轨道，紧贴“配音.mp3”文件后方，如图 10-101 所示。

图 10-100　“鼓掌.wav”音频文件显示为双声道

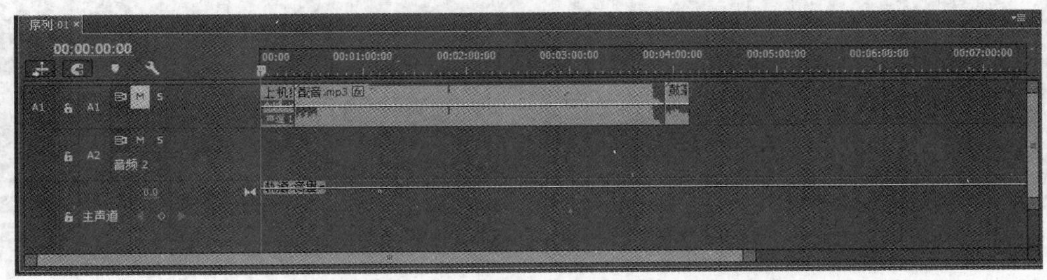

图 10-101　放置“鼓掌.wav”至【配音】轨道

(20) 选择【配音】轨道上的“配音.mp3”文件，按键盘上的【Page Up】键，使时间线指针位于文件开始的第一帧，也可通过时间线来调节。单击【显示关键帧】按钮，在显示的下拉菜单中选择【显示素材关键帧】选项，如图 10-102 所示。

图 10-102　选择【显示素材关键帧】选项

(21) 单击【添加/删除关键帧】按钮，添加一个关键帧。将时间移至第 5 秒处，按同样的方法，再添加一个关键帧，如图 10-103 所示。单击【跳转到前一个关键帧】按钮，回到第一个关键帧，如图 10-104 所示。

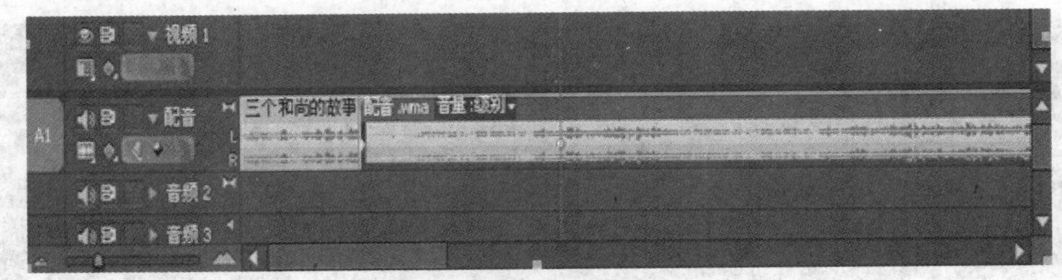

图 10-103　添加关键帧

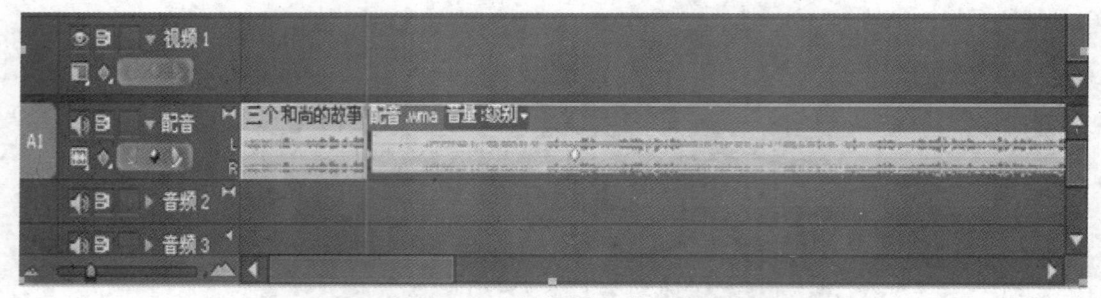

图 10-104　跳转到前一个关键帧

(22) 按住鼠标左键将关键帧控制点往下拉至最低端，使这个音频文件的开头形成一个淡入的效果，如图 10-105 所示。

图 10-105　编辑关键帧

(23) 打开【效果】面板，展开【音频过渡】下的【交叉渐隐】选项，如图 10-106 所示。

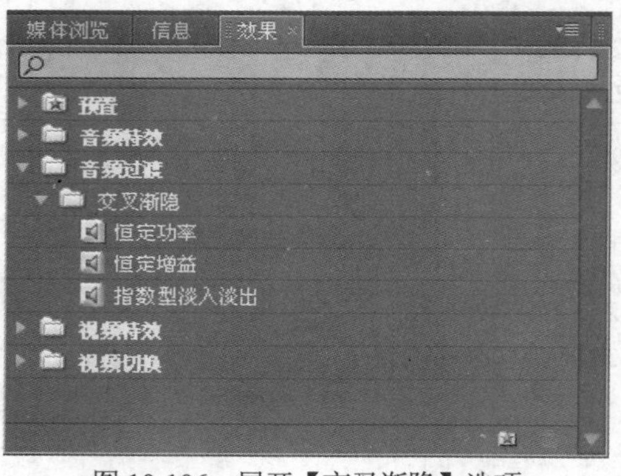

图 10-106　展开【交叉渐隐】选项

(24) 将时间拖至“配音.mp3”和“鼓掌.wav”的交界处，在【交叉渐隐】选项中，选择【恒定增益】效果，将其拖动至时间线处释放，如图 10-107 所示。

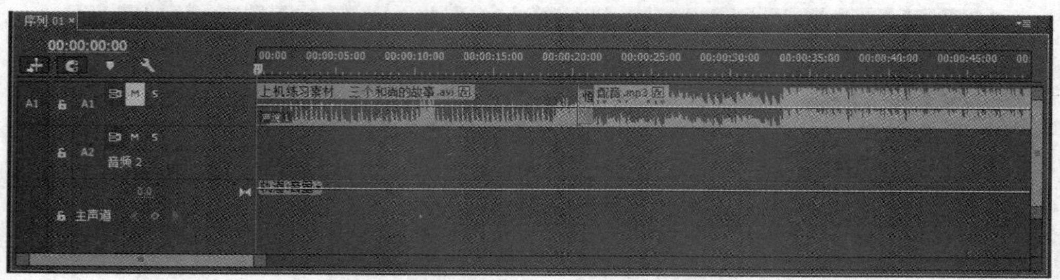

图 10-107　添加切换效果到“鼓掌.wav”首部

(25) 导入“图片 1.jpg”～“图片 6.jpg” 6 个图片素材文件，并将它们拖动至【视频 1】轨道，根据配音调整图片显示时间，如图 10-108 所示。

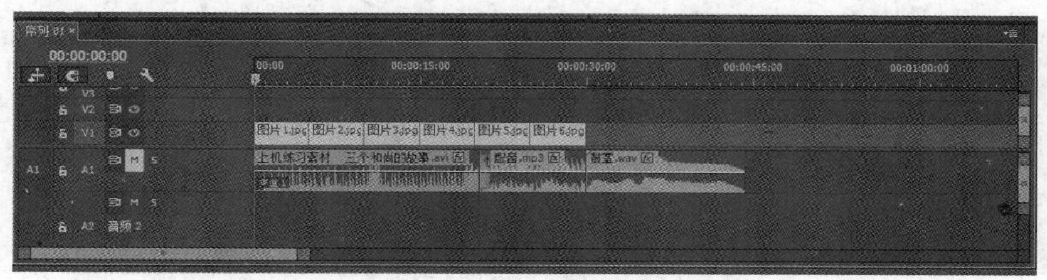

图 10-108　添加图片

(26) 调整完成后，通过【节目】窗口播放预览，利用【文件】|【导出】命令输出影片。

习　题

1. 简要描述【音量】、【音调】和【音色】的概念。
2. Premiere Pro CC 里可以使用哪 3 种音频类型？
3. Premiere Pro CC 里可以使用哪几种音频轨道？
4. 如何添加和删除音频轨道？
5. 如何进行音频文件类型的转换？
6. 如何调整音频的持续时间和播放速度？
7. 如何调节音频增益？
8. 如何为音频素材添加关键帧？
9. 如何利用【音轨混合器】调节平衡与音量？
10. 如何查看音频素材的音频显示单位？
11. Premiere Pro CC 中提供了哪些音频过渡效果？
12. Premiere Pro CC 中可以制作哪些音频特效？
13. Premiere Pro CC 中哪些音频特效是立体声所独有的？

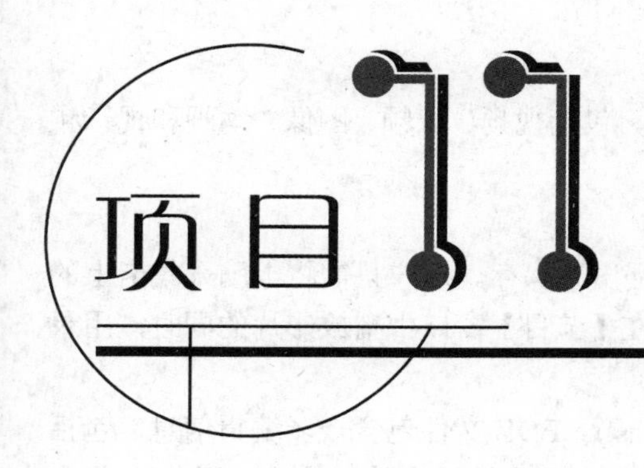

项目11 输出影片

学习目标

影片的制作流程一般包括素材的采集与导入、素材编辑、特效制作、字幕设计和输出与生成。Premiere Pro CC 操作过程都是以【导入】开始至【导出】结束的。当用户完成了对序列中素材的各项操作时，就可以产生最终视频。在 Premiere Pro CC 中，用户通过【导出】命令和【导出设置】对话框，可以完成各种格式的作品导出，也可将作品导出至其他媒体介质中，还可以直接录制成 CD、VCD 和 DVD 光盘等。本章将详细介绍如何利用 Premiere Pro CC 进行作品导出，讲解如何根据不同用户的不同需求进行作品导出设置，使用户可得心应手地对自己制作的作品进行输出。

本章重点

- 导出影片设置
- 导出静帧为单帧画面
- 导出视频片段为序列图像
- 创建 DVD

任务 1　了解导出影片

Premiere Pro CC 提出了多种输出方式。一般来说，最终的节目输出可以分为两大类，一类用于广播电视播出，另一类用于计算机上播放的 AVI 格式文件、静态图片、序列文件或动画文件。

因此，在 Premiere Pro CC 中，最终的输出有两种截然不同的压缩方式，即硬件压缩和软件压缩。广播电视节目需要硬件压缩，而计算机上的媒体播放，一般采用软件压缩的方式，最终的效果与计算机本身的视频卡有着非常重要的关系。

Premiere Pro CC 中的导出功能一般是在制作影片成品时使用的。首先要选择需要输出的序列，执行【文件】|【导出】命令，如图 11-1 所示，通过这些命令可以很轻松地输出各种所需的影音格式文件。

该级联菜单的各选项含义功能如下。

- 【媒体】：用于各种类型文件的各种格式输出，包括视频、音频、图像、动画和视音频文件等。
- 【字幕】：输出单独的字幕文件。
- 【磁带】：把节目导出到外部的磁带上，以供播出或保存。用户只需将电脑采集卡上的视频、音频信号(或者 DV 信号)送入录像机，在【节目】窗口中播放影片的同时，用录像机直接录制到 DV 磁带上即可。
- EDL：输出到脱机剪辑表 EDL(Edit Decision List)。EDL 文件包含众多编辑信息，包括素材所在磁带、文件的长度和所用效果等，目的在于为编辑大数据量的电视节目(如电视连续剧)时使用。先以一个压缩比率较大的文件(画面质量差、数据量小)进行编辑以降低编辑时对计算机运算和存储资源的占用，编辑完成后输出 EDL 文件，再通过导入 EDL 文件，采集压缩比率小甚至是无压缩的文件进行最终成片的输出。
- OMF：用于加载 AIFF 编码器。
- AAF：AAF 是 Advanced Authoring Format 的缩写，意为“高级制作格式”，是一种用于多媒体创作及后期制作、面向企业界的开放式标准。AAF 是自非线性编辑系统之后电视制作领域最重要的新进展之一，它解决了多用户、跨平台以及多台电脑协同进行数字创作的问题，给后期制作带来了极大的方便。
- Final Cut Pro XML：可以导入从 Final Cut Pro 导出为 XML 文件的整个项目、选定剪辑或选定序列。在 Premiere Pro 中，素材箱和剪辑的层次结构和名称与其在 Final Cut Pro 源项目中的层次结构和名称相同。另外，Premiere Pro 还会保留 Final Cut Pro 源项目的序列标记、序列设置、轨道布局、锁定的音轨和序列时间码起始点。Premiere Pro 会将来自 Final Cut Pro 文本生成器的文本导入 Premiere Pro 标题。

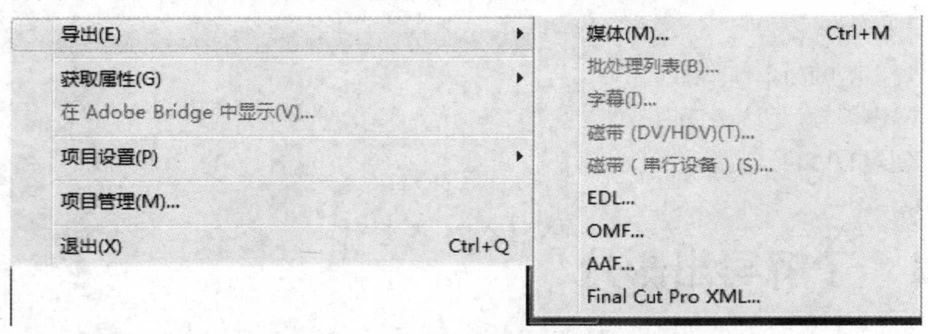

图 11-1 【导出】子菜单选项

任务 2 导出影片设置

影片【导出】中以【媒体】命令最为常用，下文将详细介绍【媒体】命令下导出影片的相关设置。

执行【文件】|【导出】|【媒体】命令，可以打开如图 11-2 所示的【导出设置】对话框。在当中可以看到它分为【预览】和【导出设置】两个窗口，下面就两个窗口分别进行介绍。

图 11-2　媒体【导出设置】对话框

11.2.1 【预览】窗口

【预览】窗口如图 11-3 所示。该窗口包含【源】和【输出】两个选项卡，在【源】选项卡中可对最终要输出的作品进行裁剪和设置，而【输出】选项卡可供用户预览最终的导出效果。右侧的按钮用于设置【长宽比校正】选项。

图 11-3　导出设置【预览】窗口

打开【源】选项卡，在其下方有一组工具按钮，各按钮含义如下。

- 【裁剪】：按下该按钮，可以激活【裁剪】属性，对文件进行裁剪。该按钮用于将当前整体对象进行大小修改。选中该按钮后，要输出的文件选框将变成白色，此时就可根据要输出的部分进行裁剪。
- 【参数设定】左侧 0 顶部 0 右侧 0 底部 0：通过左侧、顶部、右侧和底部 4 个参数来设定要输出的部分，其功能与【裁剪】按钮一样。
- 【输出比例】无：用于输出比例的设置。单击按钮，则出现多种输出比例供用户选择，如图 11-4 所示。

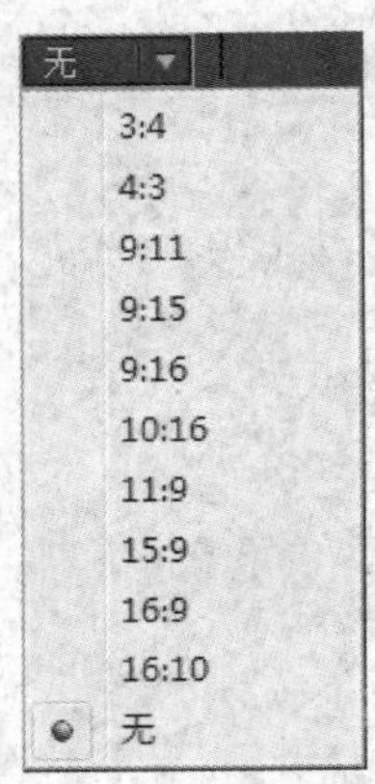

图 11-4　输出比例下拉菜单

设置完成以后，在【预览】窗口下方将显示文件的大小和输出的时长。左侧显示当前源文件的大小，右侧显示输出文件的大小，在下方显示输出的文件时长。

- 和按钮：用于设定入点和出点。
- 【显示比例】适合：用于当前显示比例的设置，单击按钮，则出现如图 11-5 所示的显示比例下拉菜单。一般情况下，系统默认为“适合”，用户也可根据自己的需要来设置。

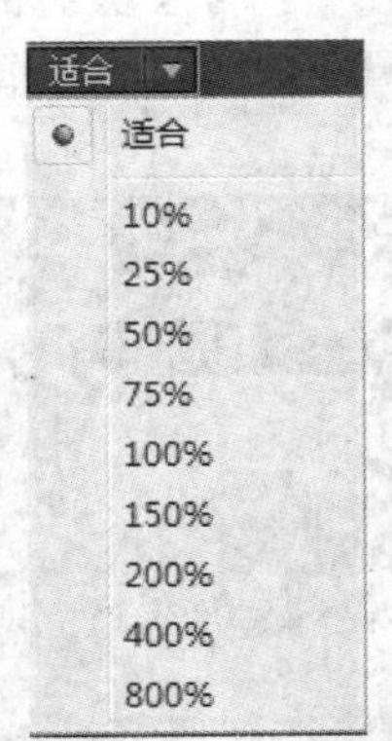

图 11-5　显示比例下拉菜单

- ：用于通过拖动和按钮输出位置的设置；通过拖动上方的【时间滑块】按钮，预览输出文件。

裁剪完成后，可切换至【输出】选项卡，如图 11-6 所示。可以查看即将输出的视频画面，用户可根据预览的输出样式进行裁剪设置。再次单击该选项卡，将重新返回【源】选项卡。

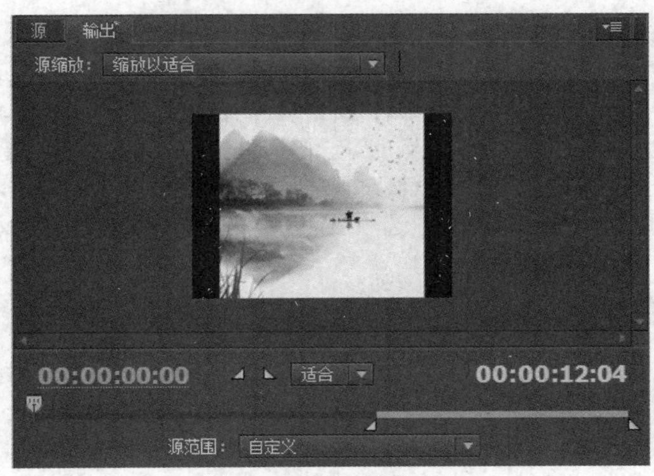

图 11-6　【输出】选项卡

11.2.2 【导出设置】窗口

【导出设置】窗口如图 11-7 所示。

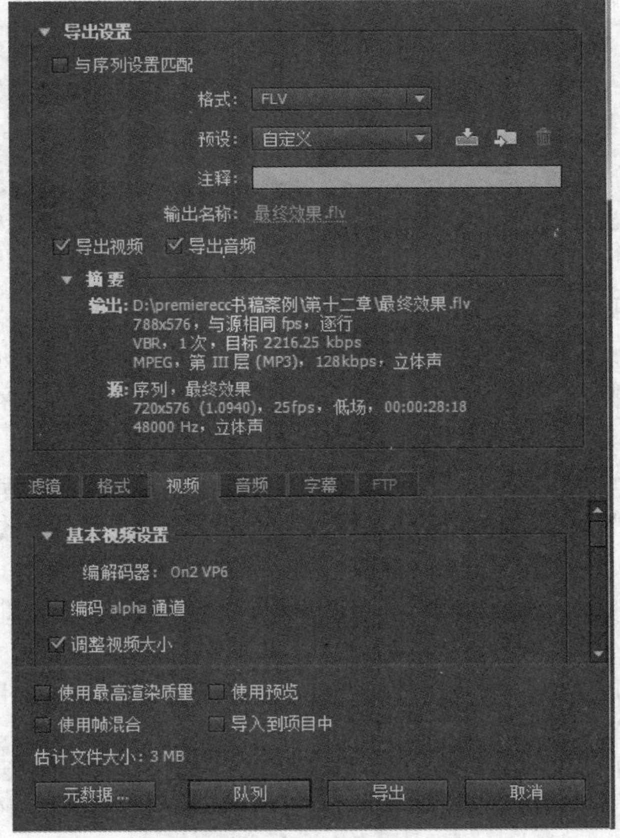

图 11-7　【导出设置】窗口

下面分别简要介绍该窗口中各设置选项的作用和功能。

- 【格式】选项：用户输出文件时，首先要设定的是文件输出的格式。单击格式选项后侧的▼按钮，用户可以从中选择多种文件格式的输出方式，如图 11-8 所示。最常用的格式是 AVI 视音频文件格式，当然也可导出为单独的图像或视频、音频文件。
- 【预设】选项：系统中提供的默认设置，用于设定文件输出的制式，其选项根据选择格式的不同而不同。单击【预设】选项后侧的▼按钮，如图 11-9 所示，可以在其中选择要输出文件制式的种类。

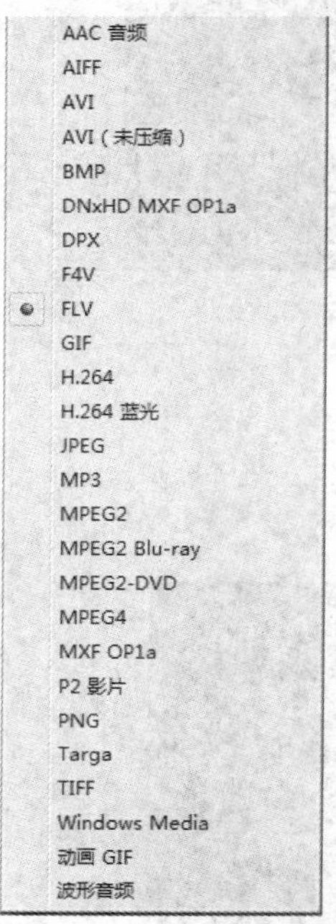

图 11-8 【格式】选项菜单

自定义
与源属性匹配（高质量）
与源属性匹配（中等质量）
移动电话 - 256x144、16x9、项目帧速率、300 kbps
移动电话 - 512x288、16x9、项目帧速率、500 kbps
移动电话 - 768x432、16x9、项目帧速率、900 kbps
Web - 256x144、16x9、项目帧速率、300 kbps
Web - 320x240、4x3、项目帧速率、500 kbps
Web - 512x288、16x9、项目帧速率、600 kbps
Web - 640x480、4x3、项目帧速率、800 kbps
Web - 768x432、16x9、项目帧速率、900 kbps
Web - 1024x576、16x9、项目帧速率、1800 kbps
Web - 1024x576、16x9、项目帧速率、2500 kbps
Web - 1280x720、16x9、项目帧速率、3500 kbps
Web - 1280x720、16x9、项目帧速率、4500 kbps
Web - 1920x1080、16x9、项目帧速率、5500 kbps
Web - 1920x1080、16x9、项目帧速率、7500 kbps

图 11-9 【预设】选项菜单

- 【预设】选项右侧 3 个按钮的功能如下。
  - 【保存预设】按钮：用于保存用户输出的制式，也可用于保存用户自定义的制式。这里选择一种预设，单击按钮，将弹出【预设错误】对话框，如图 11-10 所示。这是因为，选择的是系统预置的制式，导致不能将其覆盖，故出现错误。
  - 【导入预设】按钮：用于导入用户需要输出的预置。单击按钮，将弹出【导入预置】对话框，如图 11-11 所示，供用户打开需要输出的制式的位置，然后进行导入，导入的预置文件类型包括*.epr 和*.xml 两种。
  - 【删除预设】按钮：用于删除用户保存和导入的预置。值得注意的是：系统自带的预置将无法删除。
- 【注释】选项注释: ：用于为输出文件添加注释，单击即可进行输入。
- 【输出名称】选项：用于输出名称和输出路径的设置。单击系统默认的输出路径和名称，将出现【另存为】对话框，如图 11-12 所示，供用户选择要保存的路径和文件名称。

图 11-10　【预设错误】对话框　　　　图 11-11　【导入预置】对话框

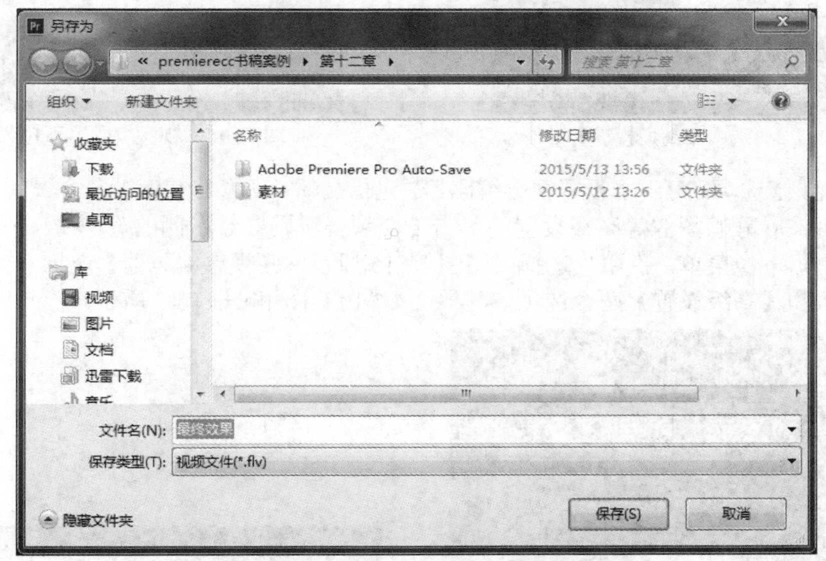

图 11-12　【另存为】对话框

在上述 4 个选项的下方，是【导出视频】和【导出音频】选项，单击前方的☑可选择是否导出。下方显示的是输出文件的摘要信息，如图 11-13 所示。

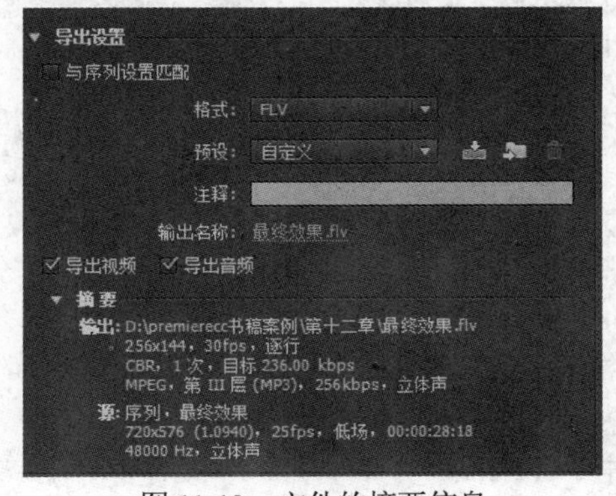

图 11-13　文件的摘要信息

从图 11-7 可以看出，高级模式相对于简单模式多了【滤镜】、【格式】、【视频】、【音频】、【字幕】和【FTP】选项。下面将对其中的几种选项进行简单介绍。

- 【滤镜】选项：用于设置滤镜效果的模糊程度和尺寸。单击 中的 按钮，此时显示了可以设置的参数但尚不能进行修改。单击 按钮，选中【高斯模糊】复选框，此时便可进行模糊度和模糊尺寸的编辑，如图 11-14 所示。

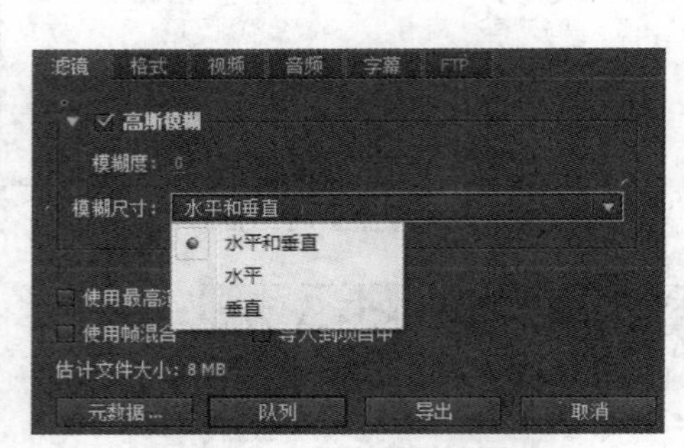

图 11-14　选中【高斯模糊】

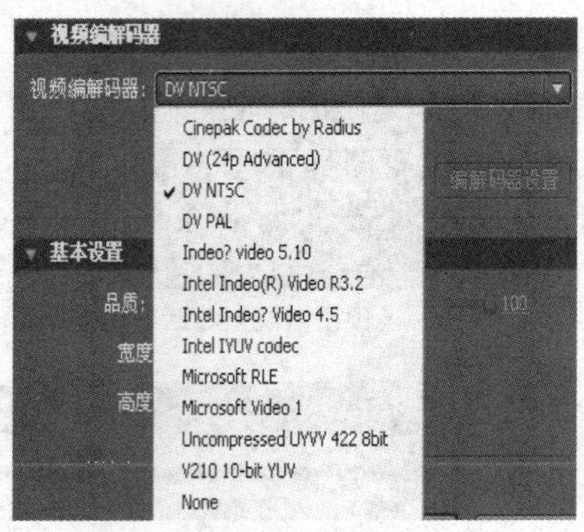

图 11-15　视频编码器下拉菜单

- 【视频】选项：可用于设置视频编码器，包括品质、高度和宽度等基本设置以及关键帧、是否扩展静帧图像等高级设置。单击【视频编解码器】右侧的 按钮，便可出现视频编码器下拉菜单，供用户选择，如图 11-15 所示。【视频编码器】选项下方有【基本设置】和【高级设置】两个选项，其界面如图 11-16 和图 11-17 所示。

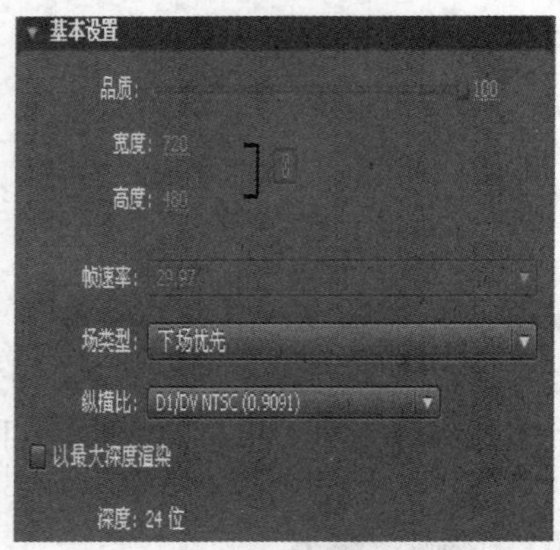

图 11-16　【基本设置】选项组

图 11-17　【高级设置】选项组

在【基本设置】选项组中，用户可对输出的文件品质、高度和宽度、帧速率、场类型、纵横比和深度进行设置。【品质】用于调整媒体输出格式的编解码器品质。一般来说，品质越高则画面越清晰，但相应的导出文件的容量越大，有可能在速度较慢的计算机上无法正常播放，而且还会占用更大的硬盘空间。【帧速率】用于设置每秒钟的帧比率。用户如果不想改变影像的帧比率的话，最好还是与项目文件的设置相同，用户可以设置 1～29.97fps 之间的各帧速率。

在【高级设置】选项组中，用户可设置关键帧的间隔以及是否扩展静帧图像。其中通过选择【关键帧间隔】，可以按照媒体输出格式的编解码器以数字的方式，设置所需的关键帧的数值。

- 【音频】选项：可用于输出影片中的音频编码器以及采样率、声道、采样类型和音频交错等属性的基本设置，如图 11-18 所示。

◉ 【其他】选项：可对输出影片中的其他属性进行基本设置，如图 11-19 所示。

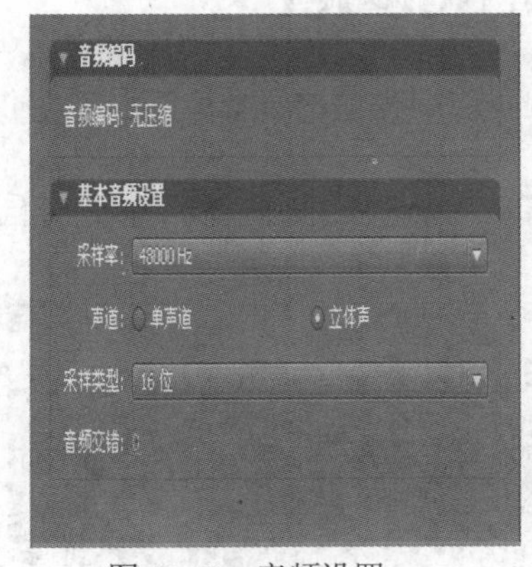

图 11-18 音频设置

图 11-19 其他设置

上述【滤镜】、【视频】、【音频】和【其他】四个选项是高级模式的常用选项。当用户输出的文件为视音频文件时，【高级模式】会呈现上述四个选项。当用户选择输出文件为 GIF、Windows 位图、Targa 和 TIFF 等图像格式文件时，则不能在【导出设置】对话框中设置与音频相关的参数选项，即仅出现【滤镜】、【视频】和【其他】三个选项。当用户选择输出格式文件为 mp3 和 Windows 波形等音频格式文件时，则不能在【导出设置】对话框中设置与视频相关的参数选项。而当用户选择输出文件为 Audio Only、H.264、H.264 Blu-ray 和 Windows Media 等格式文件时，则会出现【多路复用器】或【观众】选项，它们为不同的网络速度或设备配置提供多样的输出。如图 11-20 所示为【H.264】格式(常用流媒体格式)下的【多路复用器】选项卡，图 11-21 为【Windows Media】格式下的【观众】选项卡。

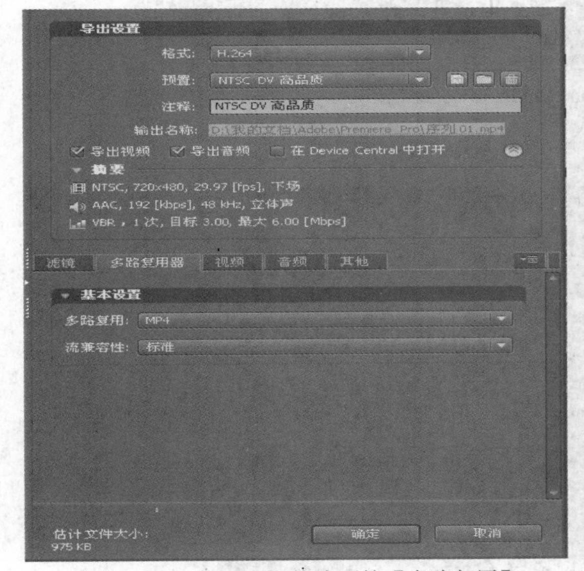

图 11-20 【H.264】格式下的【多路复用】

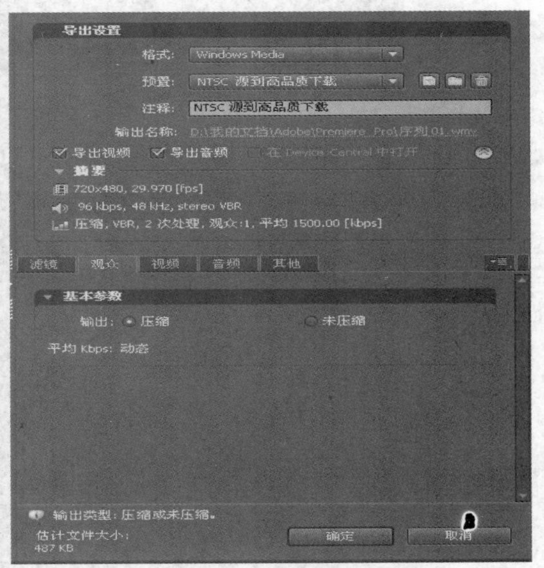

图 11-21 【Windows Media】格式下的【观众】

当用户完成整个导出设置后，单击【确定】按钮，便可进行文件的渲染和导出，导出完成后，可在存放路径下进行查看播放。

任务 3　使用 Adobe Media Encoder

Adobe Media Encoder CS5 是一个视频和音频编码应用程序，能够对各种格式的音频和视频文件进行编码。

用户在“导出设置”对话框中设置好参数后，单击“队列”按钮，Premiere 会自动启动 Adobe Media Encoder CS5 软件，界面如图 11-22 所示。

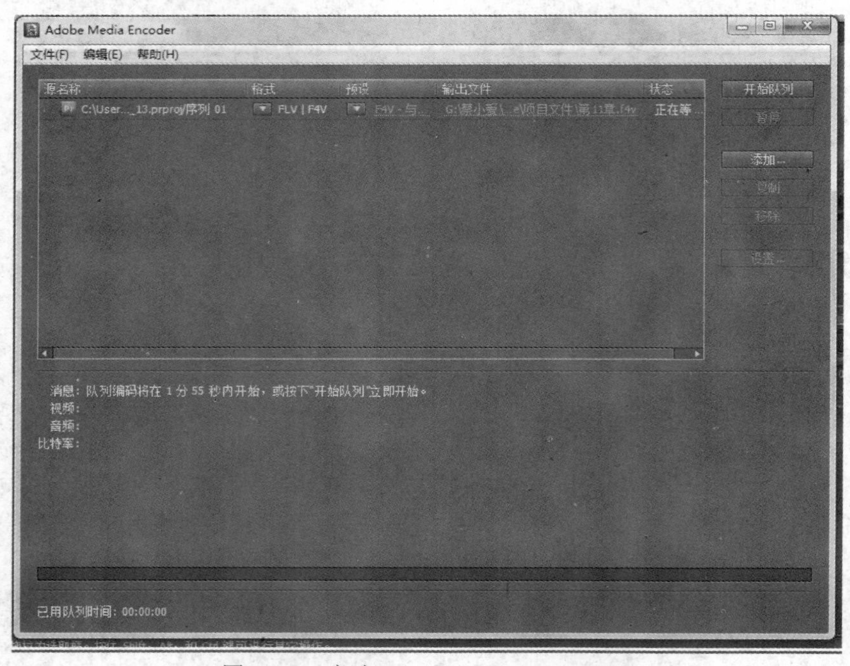

图 11-22　启动 Adobe Media Encoder CS5

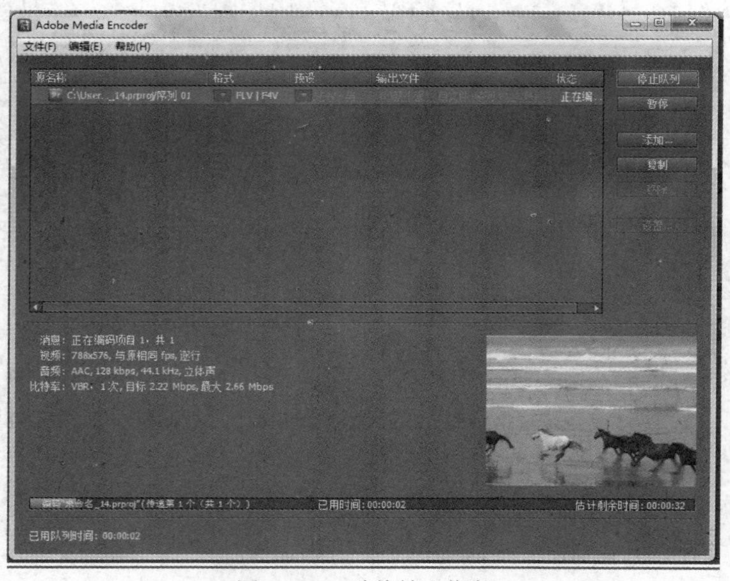

图 11-23　渲染输出信息

单击【开始队列】按钮，开始渲染输出影片，此时【开始队列】按钮将变为【停止队列】按钮，在软件下方可以看到渲染信息，如图 11-23 所示。

各按钮功能介绍如下。

- 【暂停】：单击该按钮可以暂停渲染，此时【暂停】按钮将变为【继续】按钮。
- 【停止队列】：单击该按钮可以停止渲染影片，此时会弹出如图 11-24 所示的提示对话框。

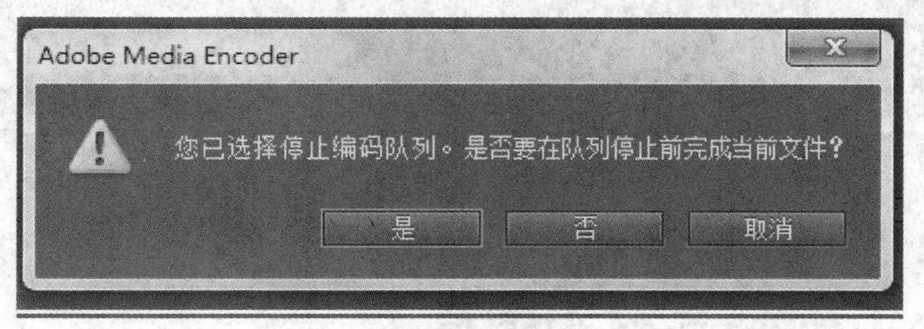

图 11-24　停止队列提示框

- 【添加】：单击该按钮可以在队列中添加一个或多个文件。图 11-25 所示为导入的 Premiere Pro 序列，单击【确定】按钮即可将选中的序列添加到队列中。

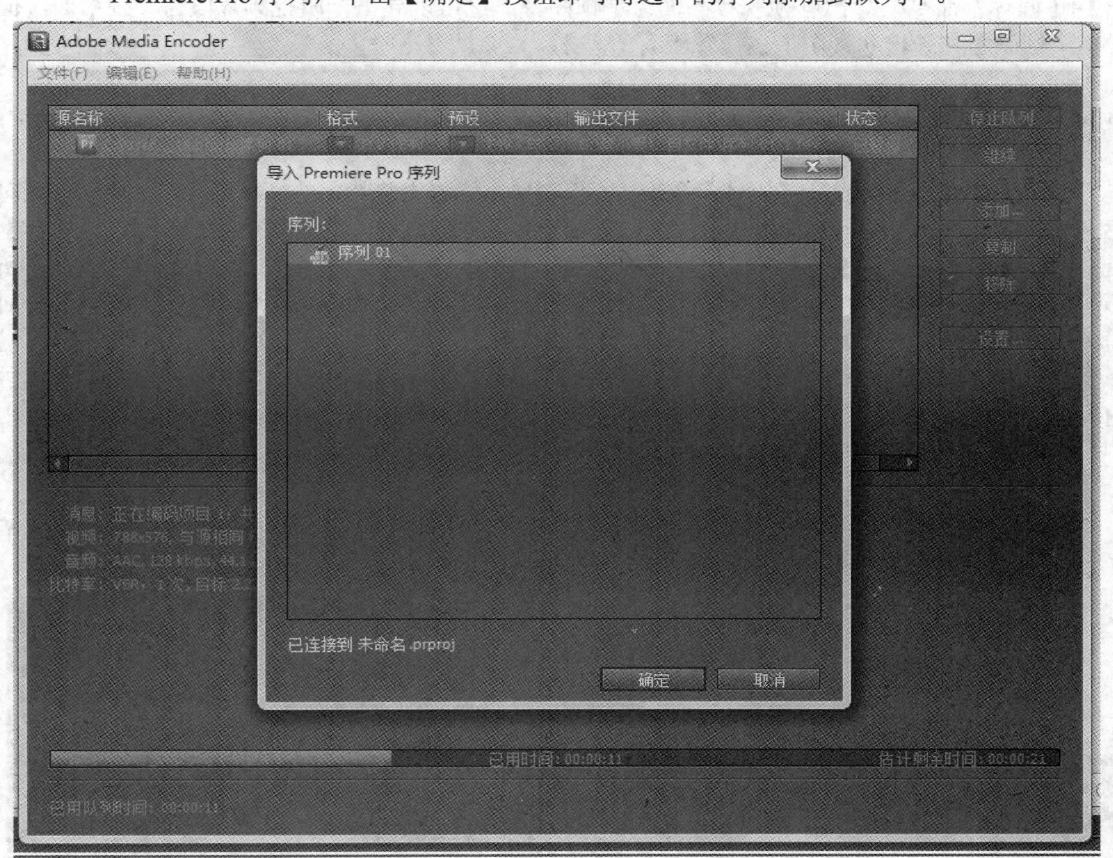

图 11-25　【导入 Premiere Pro 序列】对话框

- 【复制】、【移除】：将队列中选中的文件进行复制或移除操作，单击【移除】按钮时，将会弹出如图 11-26 所示的提示框。

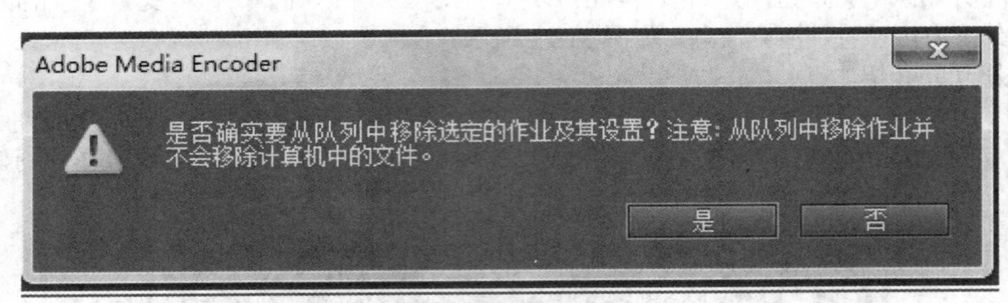

图 11-26　移除提示框

◉　【设置】：单击该按钮可以打开【导出设置】对话框进行设置。

任务 4　导出视频画面为图像

在 Premiere Pro CC 中，要将【时间线】窗口中视频素材导出为图像，可以执行【文件】|【导出】|【媒体】命令，导出静帧视频画面为单帧图像，也可以导出一段视频片段为序列图像，但导出单帧画面和导出序列图像在设置上有所差别。

11.4.1　导出静帧为单帧画面

执行【文件】|【导出】|【媒体】命令，不仅可以从素材中将特定的帧导出为单帧画面，同时还可以把多个轨道上运用各种效果合成的一个帧制作成单帧画面。值得注意的是，导出【媒体】命令根据【源】窗口和【项目】窗口以及【时间线】窗口的选择状态不同，导出的内容也会有所不同。在【源】窗口的情况下，执行【文件】|【导出】|【媒体】命令，会将【源】窗口中当前时间标记处的帧导出为单帧画面；在选择【项目】窗口中的素材时，执行【文件】|【导出】|【媒体】命令，会将素材的第一帧导出为单帧画面。用户可以将静帧导出为 BMP、TIF、GIF 和 TGA 四种图像文件格式。

【例 11-1】　打开一个已编辑完成的项目文件，从中选择一帧视频画面，将其导出成单帧画面。

(1) 启动 Premiere Pro CC，打开项目七中编辑完成的【节目预告】项目文件。

(2) 在【时间线】窗口中，移动时间线指针至所需的时间位置上，如图 11-27 所示。通过【节目】窗口查看显示的静帧画面，以确定所需导出静帧的画面位置，如图 11-28 所示。

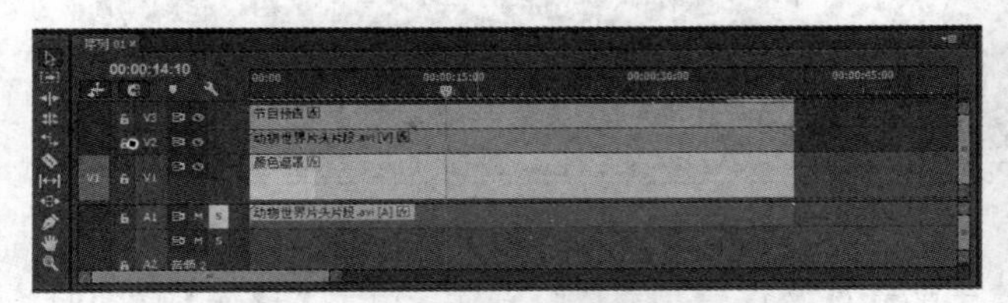

图 11-27　确定导出静帧的画面位置

图 11-28　【节目】窗口查看

(3) 执行【文件】|【导出】|【媒体】命令，或按 Ctrl+Shift+M 快捷键，打开媒体【导出设置】对话框，如图 11-29 所示，可对预输出的静帧图像进行预览。在右侧的设置对话框中单击【导出设置】窗口中的【格式】选项，选择【格式】下拉列表框中的【TIFF】文件格式，并对输出的【预设】进行选择，此处选用【PAL TIFF】。单击【输出名称】后方的路径，将弹出【另存为】对话框，如图 11-30 所示。用户可选择要保存的位置，输入要输出文件的名称，此处采用系统默认的名称“序列 01.tif”，单击【保存】按钮，返回【导出设置】对话框。设置完成后，单击下方的【确定】按钮，则弹出【输出单帧】对话框，如图 11-31 所示，单击【保存】按钮，即可按照设置的参数选项导出静帧画面为图像文件，导出完成后用户可以在保存的路径下进行查看。

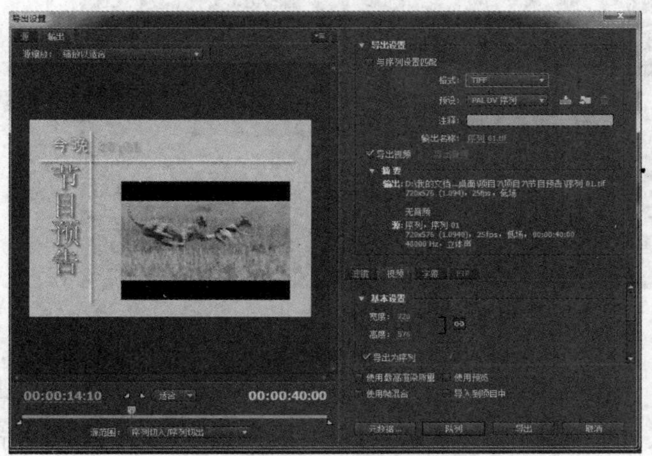

图 11-29　媒体【导出设置】对话框

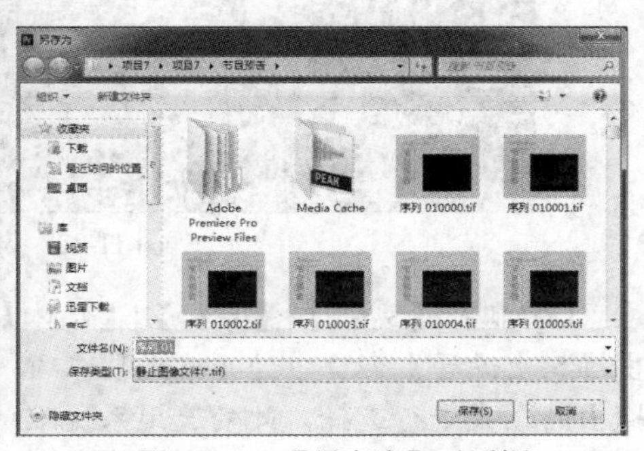

图 11-30　【另存为】对话框

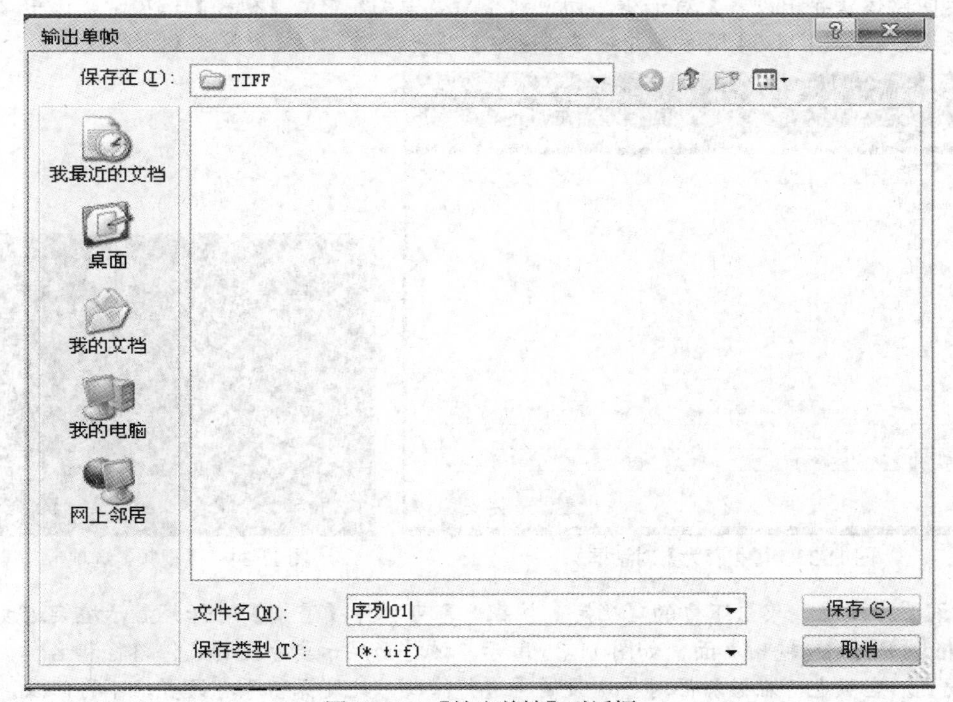

图 11-31　【输出单帧】对话框

11.4.2 导出视频片段为序列图像

导出视频片段为序列图像也是通过使用【文件】|【导出】|【媒体】命令实现的。

【例 11-2】 打开一个已编辑完成的项目文件，从中选择一个视频片段，将其导出为序列图像。

(1) 启动 Premiere Pro CC，打开项目七中编辑完成的【节目预告】项目文件。

(2) 在【时间线】窗口中，移动工作区域标识两侧的边界，设置导出为序列图像的工作区域，如图 11-32 所示。

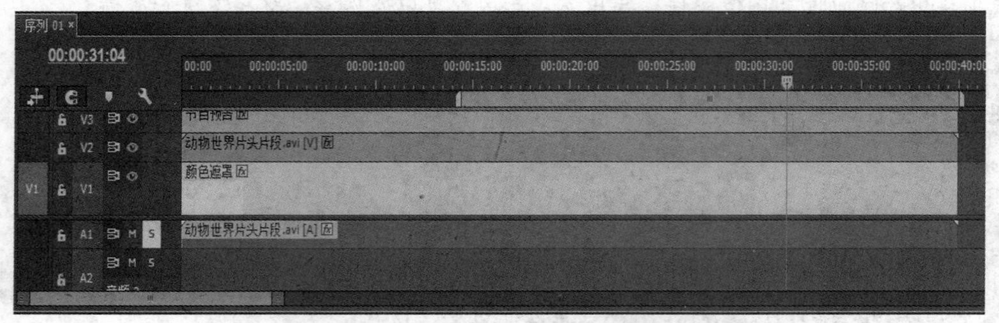

图 11-32 设置导出为序列图像的工作区域

(3) 执行【文件】|【导出】|【媒体】命令，打开媒体【导出设置】对话框。在该对话框中单击【导出设置】窗口中的【格式】选项，选择【格式】下拉列表框中的【Targa】文件格式，并对输出的预置进行选择，此处选用系统默认的【PAL Targa】。单击【输出名称】后方的路径，进行修改，如图 11-33 所示，选择要保存的位置，输入要输出文件的名称“序列 01”，单击【保存】按钮，返回媒体【导出设置】对话框。切换到【高级模式】中的【视频】选项卡，选中【导出为序列】复选框，如图 11-34 所示，并对【帧速率】、【场类型】和【纵横比】进行设置。

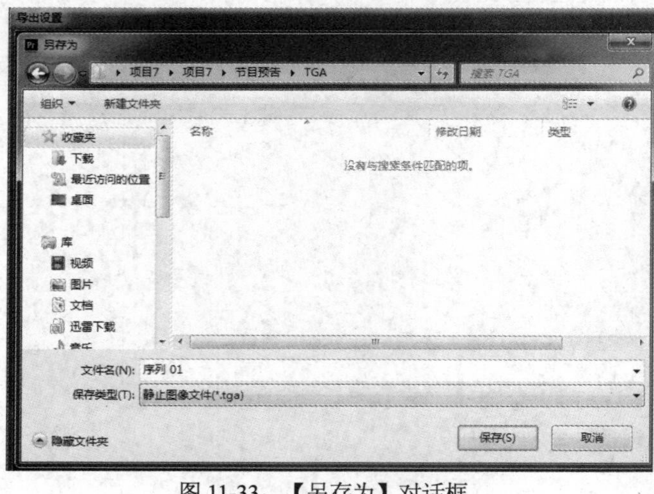

图 11-33 【另存为】对话框

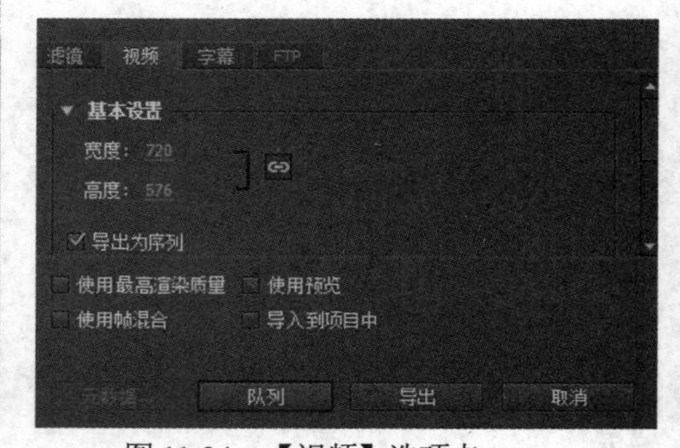

图 11-34 【视频】选项卡

(4) 设置完成后，单击下方的【确定】按钮，即可打开【渲染】对话框显示渲染进度，调出 Adobe Media Encoder 输出界面，如图 11-35 所示，该界面显示要导出的文件路径和名称，以及其他相关设置。当然也可在该界面对导出设置再进行修改，此处保留原有设置，不再修改。查看无误后，单击 Start Queue 按钮，便可进行导出。同时 Adobe Media Encoder 输出界面下方将显示导

出的时间，预览画面，如图 11-36 所示。导出完成后，关闭该界面，在存放路径下便可查看已导出的序列图像文件。

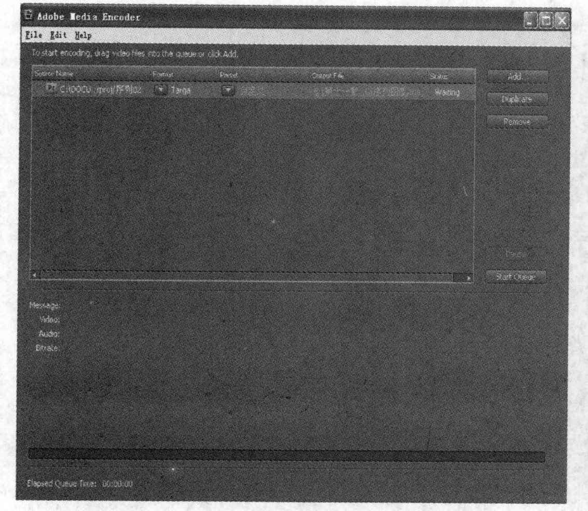

图 11-35　Adobe Media Encoder 输出界面

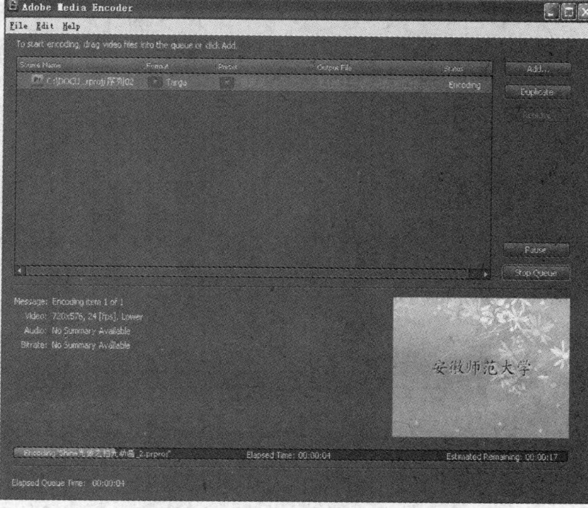

图 11-36　导出过程查看

导出过程中，如用户需要对导出设置进行修改，可单击【暂停】Pause按钮进行修改，完成后，单击【继续】Continue按钮，则继续导出；也可通过单击【添加】Add...按钮添加要导出的项目文件；或单击【删除】Remove按钮删除要导出的项目文件；或单击【复制】Duplicate按钮，复制相同的项目文件进行导出。

用户除了采用上述方法导出视频画面为图像外，也可通过直接执行【文件】|【导出】|【媒体】命令，调出【媒体】导出设置对话框。在【媒体】导出设置对话框的【预览】窗口中，通过拖动中的和按钮设置要输出的静帧图像或视频片段，再进行相关的导出设置，导出即可。

任务 5　创建 DVD

在 Premiere Pro CC 中，用户可以将【时间线】中的成品输出为 MPEG 编码的 DVD 文件，这样可以通过刻录成 DVD 光盘来播放。另外，用户也可以利用【文件】|【Adobe 动态链接】命令，将编辑完成的项目文件直接创建为 DVD，该操作要求用户使用的计算机必须带有 DVD 刻录机。

【例 11-3】　打开一个已编辑完成的项目文件，将其创建为 DVD。

(1) 启动 Premiere Pro CC，打开项目 7 外挂滤镜上机练习中编辑完成的 Shine 光效之扫光动画项目文件，如图 11-37 所示。

(2) 执行【文件】|【Adobe 动态链接】|【发送到 Encore】命令，调用【Adobe Encore CS5】，弹出【新建项目】对话框，输入【名称】为“Shine 光效之扫光动画 DVD”，选中【项目设置】下【创作模式】中的【DVD】，【电视制式】选择【PAL】，其他设置保持默认，如图 11-38 所示。

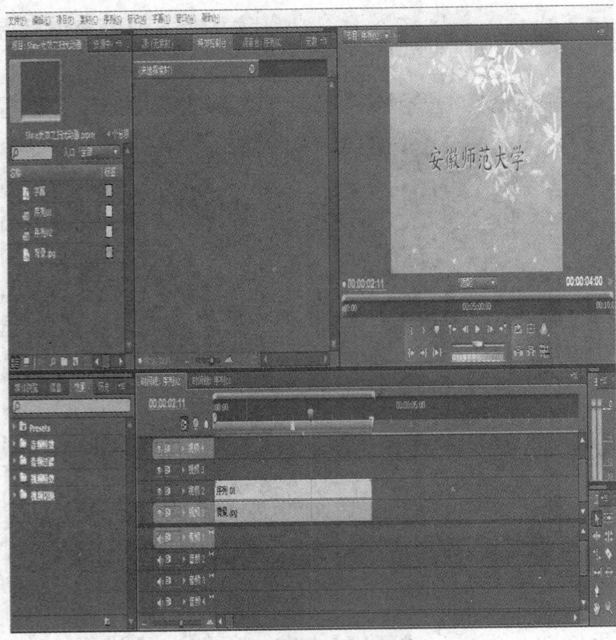

图 11-37　打开项目文件

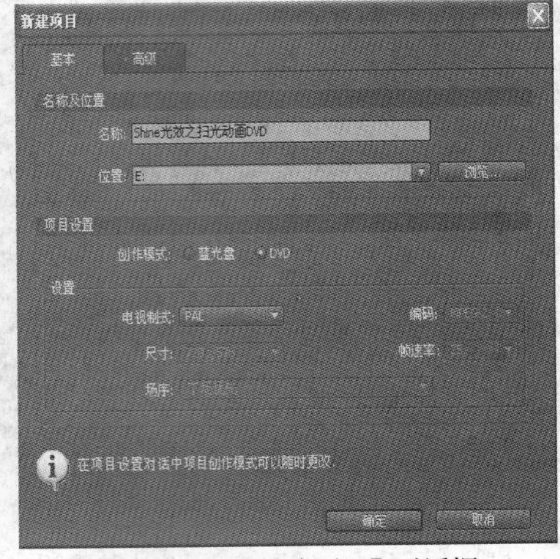

图 11-38　【新建项目】对话框

(3) 单击【确定】，显示【新建项目】进程，完成后将出现创建 DVD 设置对话框，如图 11-39 所示。单击左侧【项目】选项卡，可查看要创建为 DVD 的项目文件和序列，右侧用于属性的相关设置，包括名称和添加注释等，同时显示要创建为 DVD 的项目文件的详细信息。在【属性】窗口下方，可选用导出的模板和样式，此处均保持默认设置。

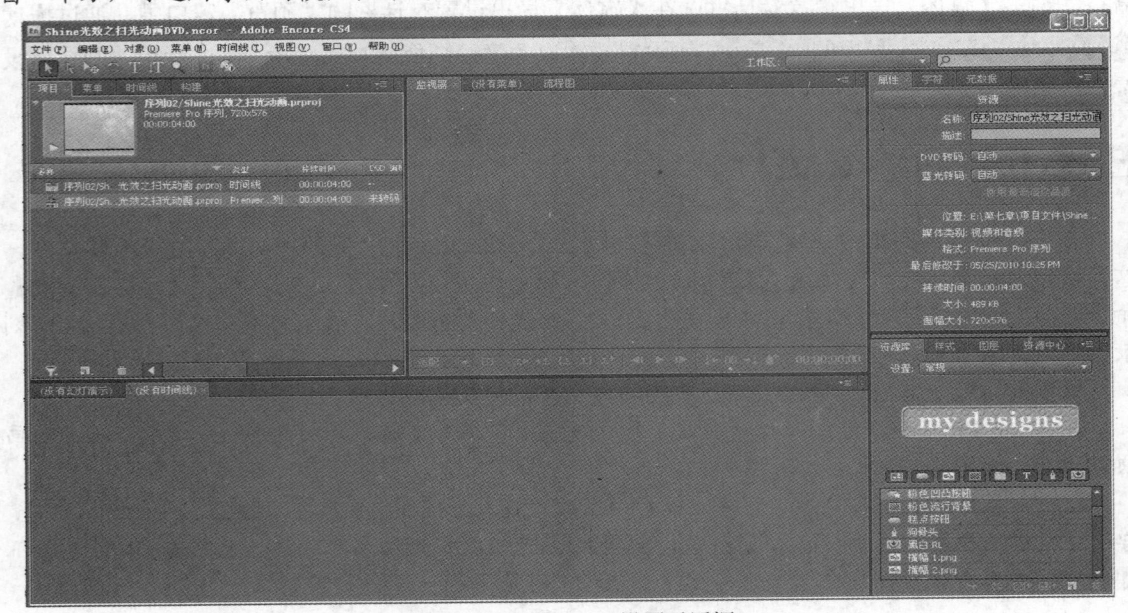

图 11-39　创建 DVD 设置对话框

(4) 单击左侧【构建】选项，切换到【构建】选项卡，如图 11-40 所示，设置适当参数，单击【构建】按钮，则弹出插入 DVD 光盘提示对话框，如图 11-41 所示，插入 DVD 光盘后，

便可进行 DVD 的创建。

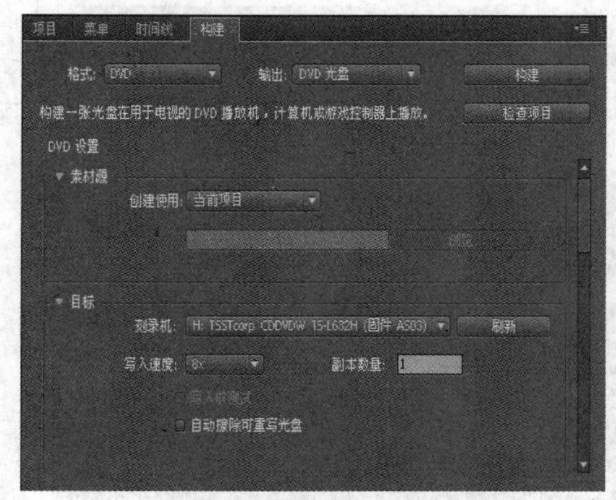

图 11-40 【构建】选项卡

图 11-41 插入 DVD 光盘提示对话框

创建完 DVD 后，便可在存放路径下查看和播放，在此不再赘述，用户可自行尝试。

拓展训练

本项目拓展训练主要通过运用 Premiere Pro CC 的导出功能，将已制作完成的项目文件导出为常用的视音频文件，使用户在上机练习的过程中进一步熟悉 Premiere Pro CC 中影片输出的一些基本操作。

(1) 启动 Premiere Pro CC，打开项目 7 外挂滤镜中编辑完成的 Shine 光效之放射效果项目文件。

(2) 在【节目】窗口中，单击【播放/停止切换】按钮，进行效果预览，如图 11-42 所示。

图 11-42 【节目】窗口预览

(3) 执行【文件】|【导出】|【媒体】命令，打开媒体【导出设置】对话框，如图 11-43 所示。

(4) 在媒体【导出设置】对话框的【预览】窗口中，通过拖动 中的【时间滑块】 来预览效果，并利用【裁剪】工具 对输出的部分进行裁剪，如图 11-44 所示。

(5) 单击【预览】窗口中的【输出】选项，在【输出】选项卡中，将【裁剪设置】设为【缩放以适配】，对裁剪后的效果进行预览，如图 11-45 所示。

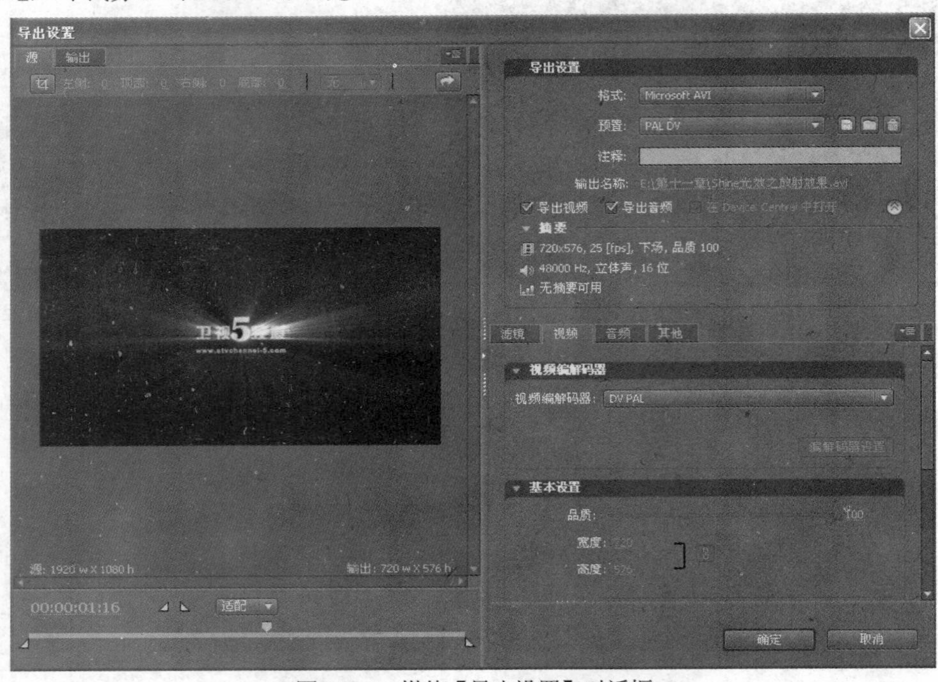

图 11-43 媒体【导出设置】对话框

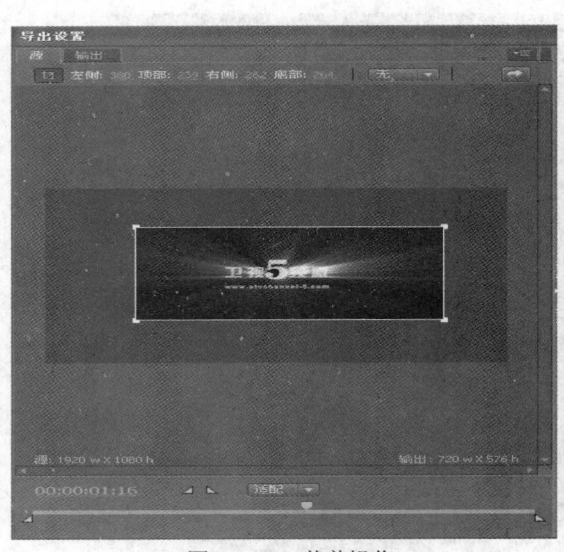

图 11-44 裁剪操作

图 11-45 【输出】选项中预览

(6) 单击右侧【导出设置】窗口中的【格式】选项，选择【格式】下拉列表框中的 Microsoft AVI 文件格式，并对输出的预置进行选择，此处选用国内通用的 PAL DV。单击【输出名称】后方的路径，弹出【另存为】对话框，设置存放路径，并将其命名为“Shine 光效之放射效果”，如图 11-46 所示，单击【保存】按钮，返回媒体【导出设置】对话框，其他选项均保持默认设置。

图 11-46　【另存为】对话框

(7) 设置完成后，单击下方的【确定】按钮，打开【渲染】对话框显示渲染进度，调出 Adobe Media Encoder 输出界面，如图 11-47 所示，该界面显示要导出的文件路径和名称，以及其他相关设置，查看无误后，单击 Start Queue 按钮，便可进行导出。

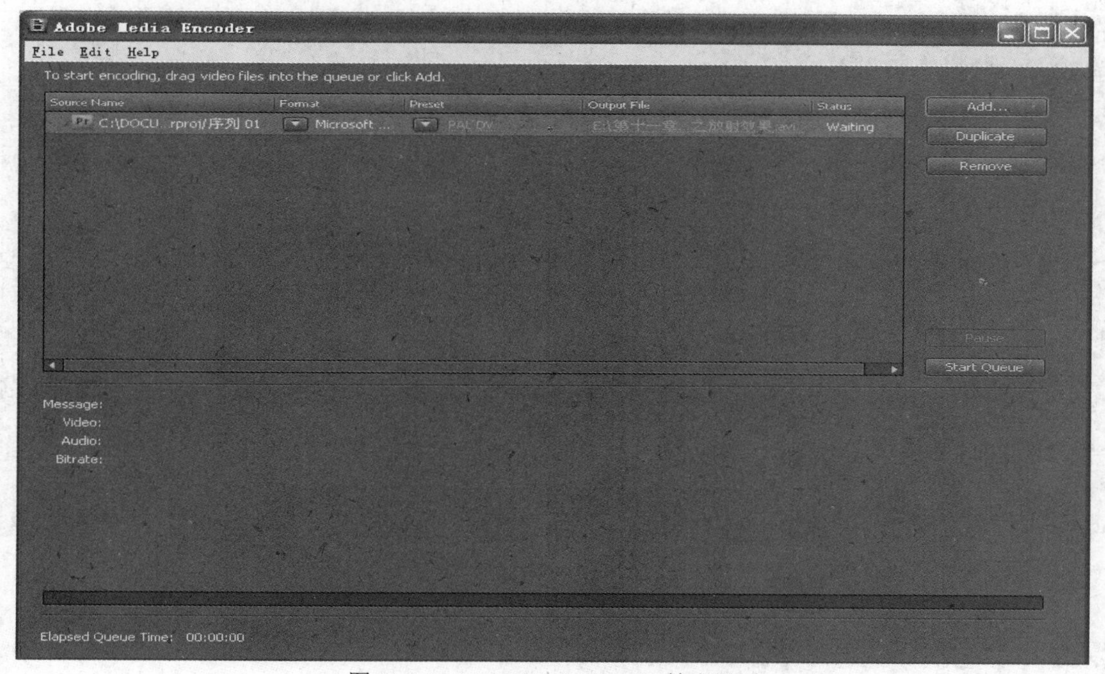

图 11-47　Adobe Media Encoder 输出界面

(8) 导出过程中，Adobe Media Encoder 输出界面下方将显示导出的时间，并提供画面预览，如图 11-48 所示。导出完成后，Status 将呈现绿色选中状态，如图 11-49 所示，表明导出成功完成。

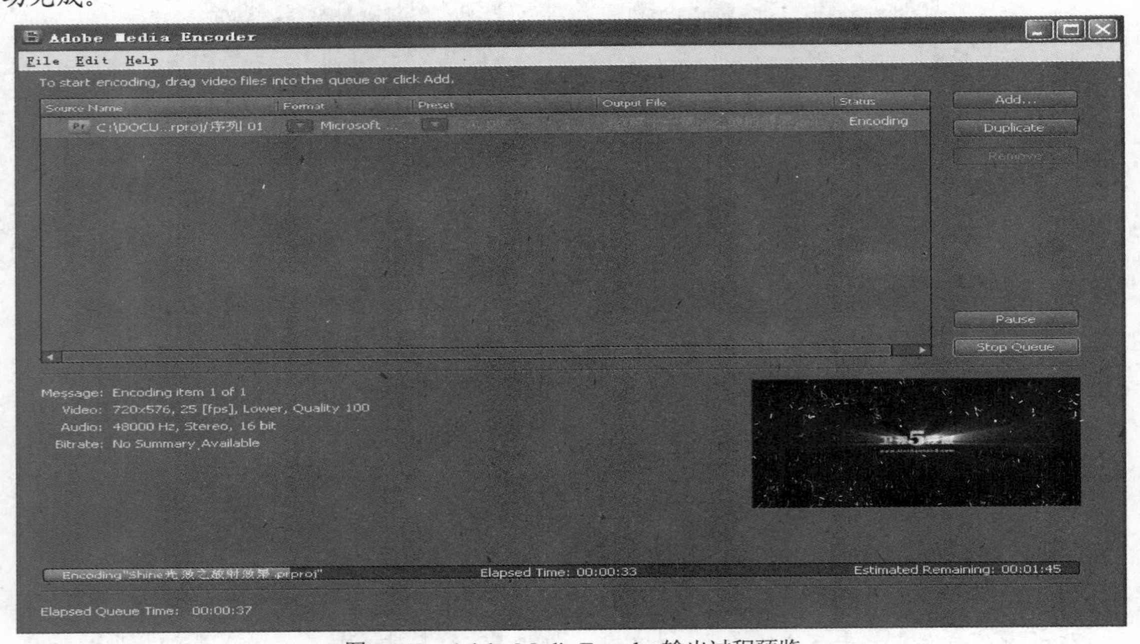

图 11-48　Adobe Media Encoder 输出过程预览

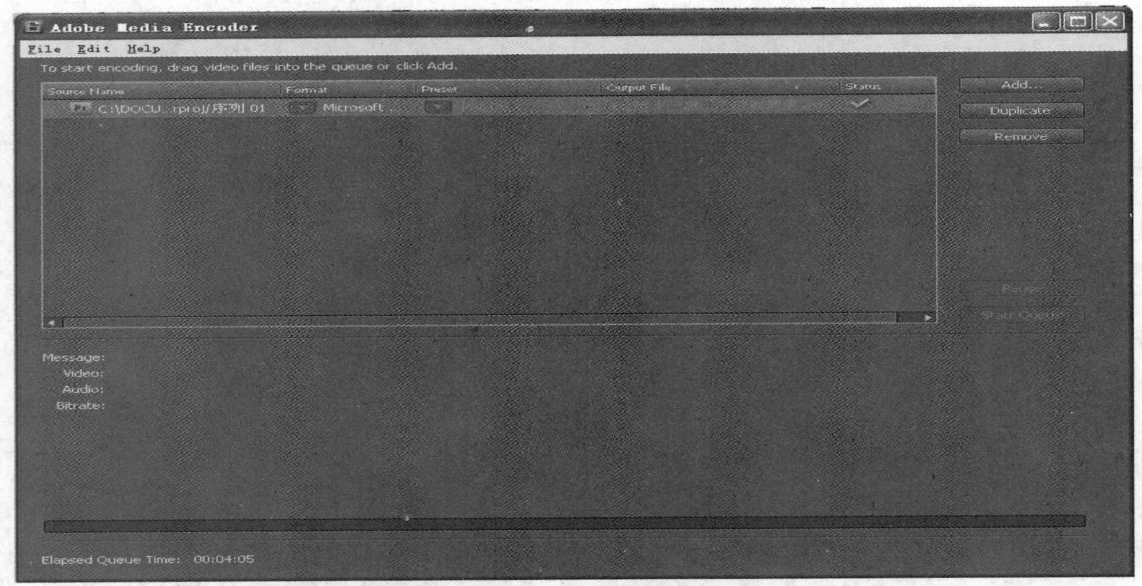

图 11-49　Adobe Media Encoder 输出完成界面

(9) 关闭输出完成界面，在存放路径下查看已导出的 AVI 文件，如图 11-50 所示，利用媒体播放工具可进行播放，整个导出过程操作完毕。

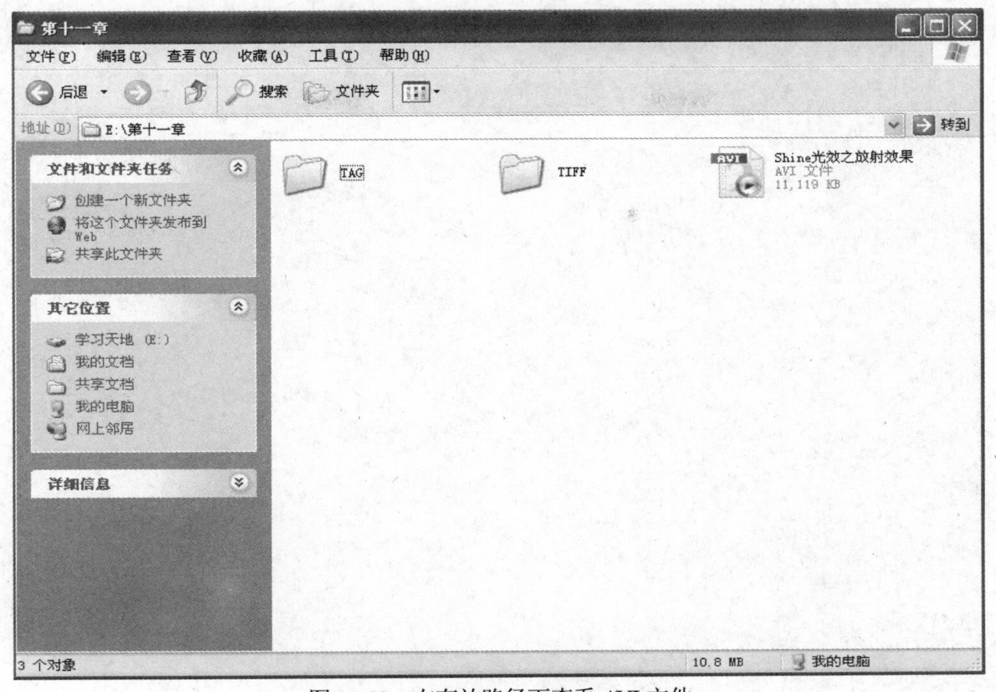

图 11-50　在存放路径下查看 AVI 文件

习　题

1. 在 Premiere Pro CC 中可以输出哪些文件格式？
2. 输出单帧画面可选择的文件类型有哪 4 种？
3. 在【音频设置】选项卡中，可以设置输出影片中音频的哪些属性？
4. 输出在计算机上播放的媒体时一般采用什么压缩方式？
5. 如何输出静帧为单帧画面？
6. 如何输出视频片段为序列图像？
7. 如何创建 DVD？

项目12

综合实训

学习目标

在日常生活中，很多人经常喜欢使用 Premiere 制作电子相册、庆生视频、婚礼视频等一些相对较复杂的短片，有时候需要为影片画面添加字幕、音乐及各种剪辑特效等。因此，这就需要制作者熟悉并掌握 Premiere 一定难度的使用技巧。本章通过对制作实例的详细介绍，使读者进一步体会和熟练 Premiere Pro CC 软件的操作技巧和应用。

本章重点

- 视频特效的应用
- 视频转场的应用
- 字幕特效的应用
- 剪辑技巧的应用

任务　制作视频短片《家乡美》

本任务要求配合使用视频、图片、音频，通过 Premiere 的编辑和特技功能，营造出恬淡而静谧的氛围，但又不乏活力，动画细腻，色彩和画面感雅致不俗，制作步骤如下：

(1) 启动 Premiere Pro CC 软件，设置【新建项目】对话框中项目文件的存储路径和名称，如图 12-1 所示。

(2) 单击【确定】按钮，在【项目】窗口中选择【新建项】|【序列】选项，即可进入【新建序列】窗口，序列命名为【片头】，在序列预设中选择 D-PAL 标准 48kHz，如图 12-2 所示。

(3) 单击【确定】按钮，在【项目】窗口的空白区双击，打开【导入】对话框，在其中选择下载文件中的【素材|项目12|素材】文件夹，单击【导入文件夹】按钮，导入后的【项目】窗口如图 12-3 所示。

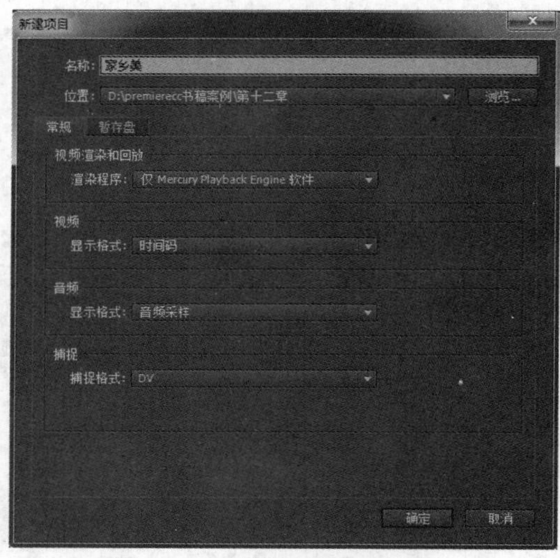

图 12-1 【新建项目】对话框

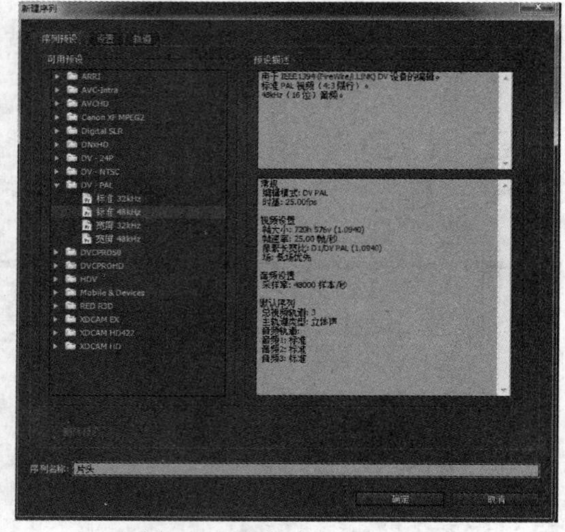

图 12-2 【新建序列】对话框

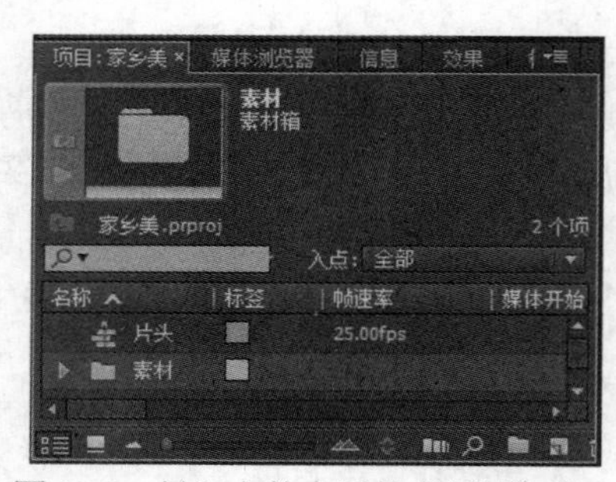

图 12-3 导入文件夹后的【项目】窗口

(4) 继续导入【序列图】文件夹中的序列图片，第一步选中第一张图片【画面_00000】，然后选中【图像序列】复选框，如图 12-4 所示，即可作为视频导入。

图 12-4 导入序列图片

(5) 使用【选择工具】将项目窗口中【画面_00000.jpg】素材拖至时间线上，放置到【V1】轨道上，如图 12-5 所示。

图 12-5　【画面_00000.jpg】素材拖至【V1】轨道

(6) 在【项目】窗口中，选择【新建分项】|【字幕】命令，如图 12-6 所示。输入字幕名称为“家乡美”，单击【确定】按钮进入字幕窗口。

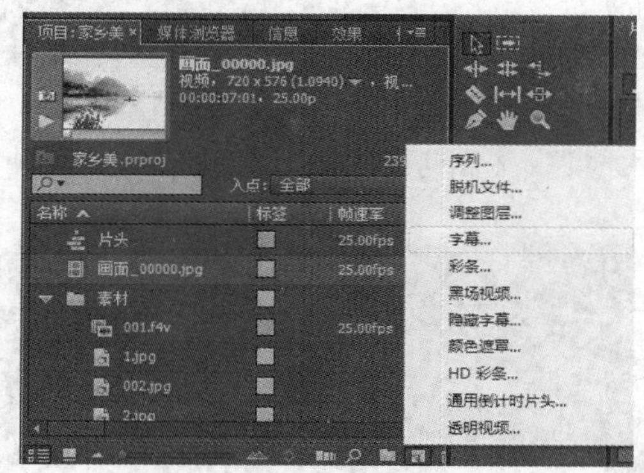

图 12-6　新建字幕

(7) 在字幕窗口中选择【文字工具】，单击编辑窗口，输入文字内容为“家乡美”，在【字幕属性】面板中设置相关属性，X 轴位置、Y 轴位置分别设为 360、280；宽、高分别设为 290、100；字体大小为 100，字体系列为【Adobe 楷体 std】，填充白色，添加【内侧边】，黑色，大小为 9，如图 12-7 所示，关闭字幕窗口。

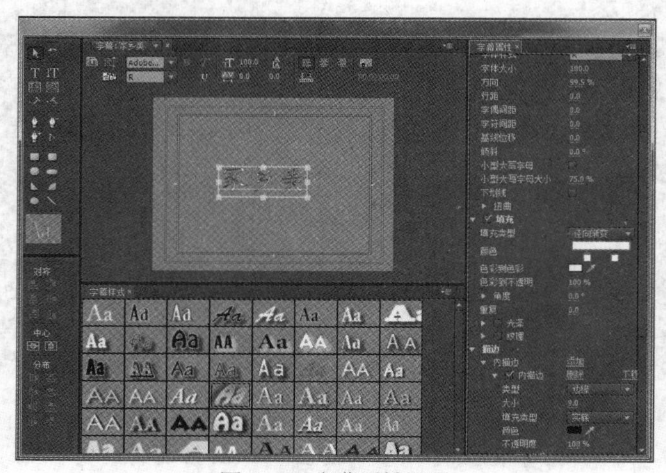

图 12-7　字幕属性设置

(8) 在【项目】窗口中新建一个文件夹，名字为“字幕”，将字幕“家乡美”拖放至文件夹进行归类。

(9) 选择字幕“家乡美”并拖放至【V2】轨道上，与【V1】轨道上内容长度保持一致，将播放头移至第 0 帧的位置，选择【效果控制台】并启动【缩放比例】动画，在第 0 帧的位置，缩放比例为 0%；在第 5 秒的位置，缩放比例为 100%，创建文字从小到大的动画过程，如图 12-8 所示。

图 12-8 为字幕“家乡美”添加特效

(10) 选择【编辑】|【首选项】|【常规】命令，静帧图像默认持续时间为 125 帧即 5 秒，如图 12-9 所示。

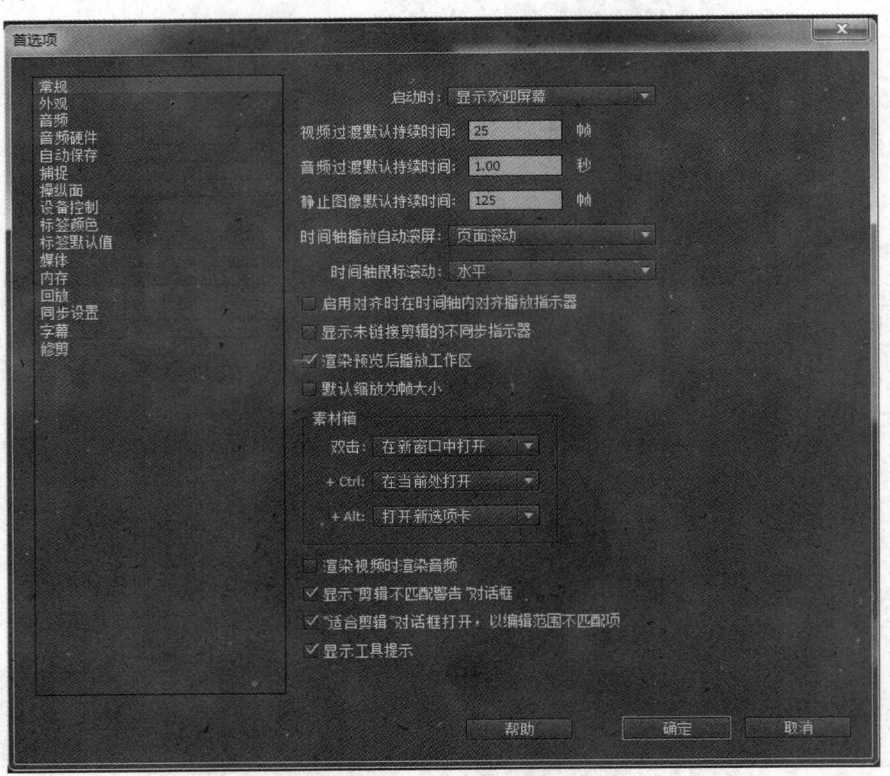

图 12-9 设置首选项

(11) 将图片素材【李白.jpg】拖至【V1】轨道上，吸附至前面的素材上。播放头移至两个素材之间，添加【视频过渡】中的【立方体旋转】特效，如图 12-10 所示。

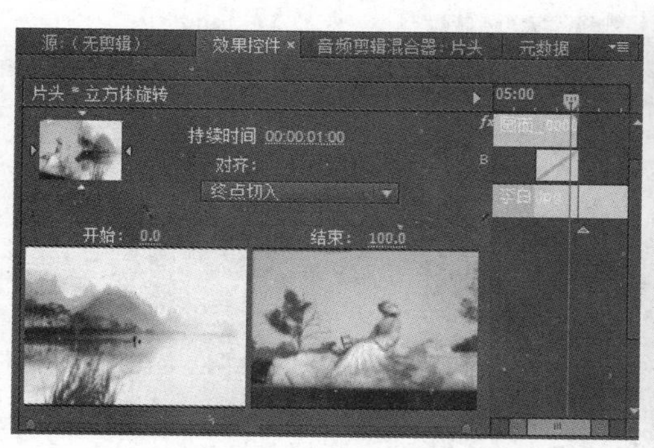

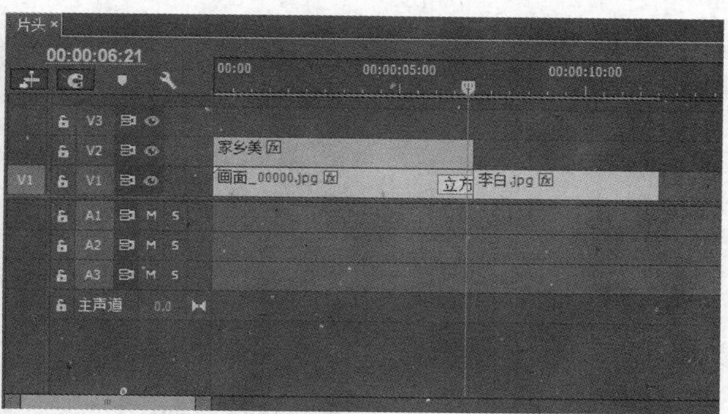

图 12-10　【立方体旋转】特效

(12) 新建字幕名称为"诗"，选择【垂直文字工具】 ，编辑内容为"众鸟高飞尽，孤云独去闲；相看两不厌，只有敬亭山。"，设置相关的字幕属性，如图 12-11 所示。设置完成后，关闭字幕窗口。

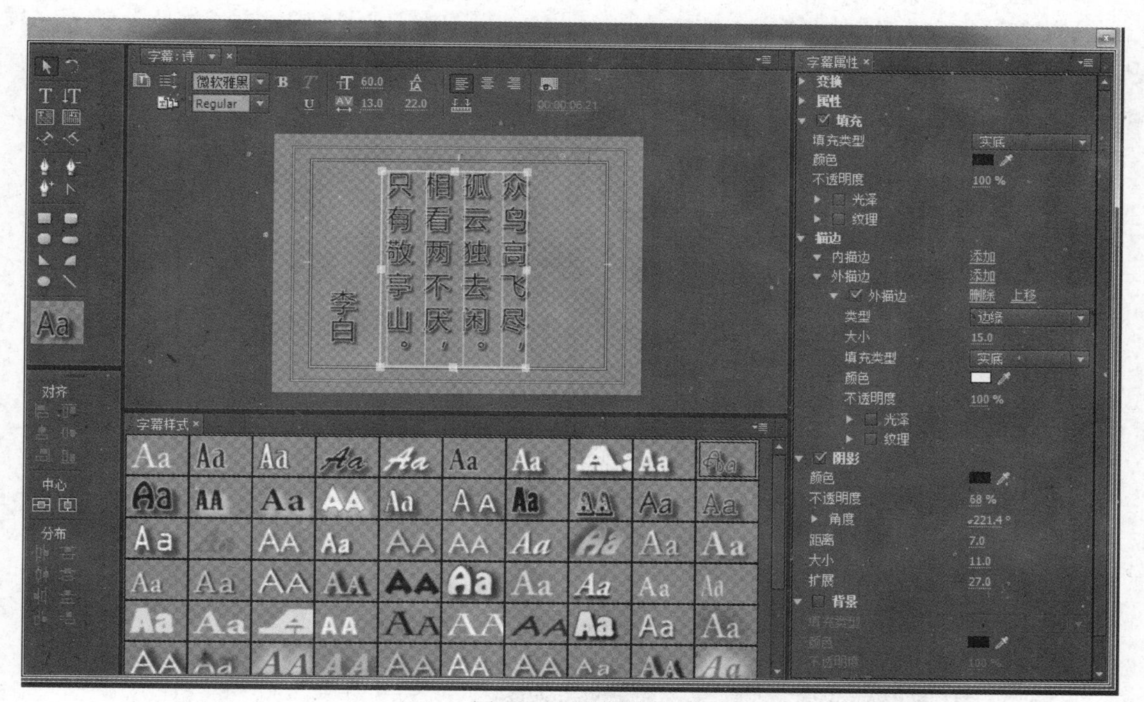

图 12-11　字幕设置

(13) 将刚设置的字幕"诗"拖放至【V2】轨道上。选中该字幕，在【效果】窗口中选择【视频效果】|【键控】|【4 点无用信号遮罩】选项，添加到字幕"诗"上，确定播放头在字幕"诗"的开始端，启动【上左】、【下左】动画按钮，在 00:00:07:01 位置设置参数分别为(561,0)、(561,576)；在 00:00:08:01 位置设置参数分别为(430,0)、(430,576)，如图 12-12 所示；在 00:00:09:01 位置设置参数分别为(360,0)、(360,576)；在 00:00:10:01 位置设置参数分别为(286,0)、(286,576)；在 00:00:11:01 位置设置参数分别为(180,0)、(180,576)；在 00:00:12:00 位置设置参数分别为(80,0)、(80,576)。

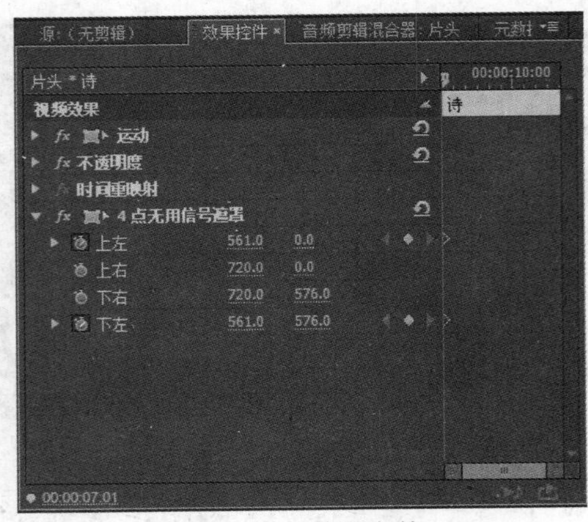

图 12-12　特效参数

(14) 在字幕“家乡美”和字幕“诗”之间添加【交叉溶解】视频过渡效果。

(15) 将视频“001.f4v”拖至【V1】轨道上，右键选择【取消链接】命令，并且删除【A1】轨道上的内容。如图 12-13 所示。

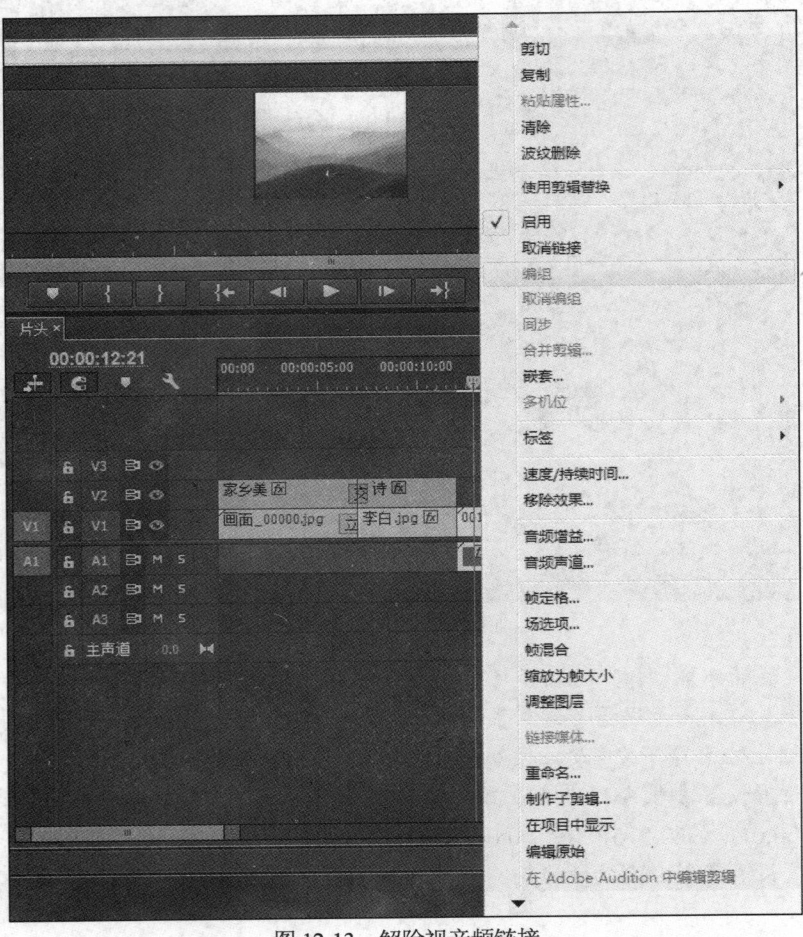

图 12-13　解除视音频链接

(16) 将【V2】轨道上的字幕【诗】与【V1】轨道内容长度保持一致，如图 12-14 所示。

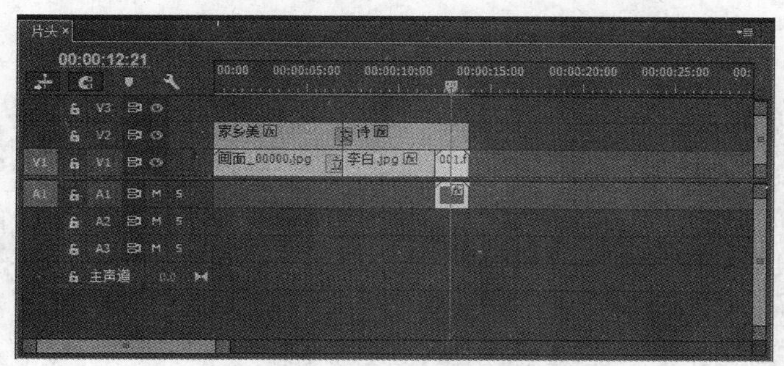

图 12-14　长度保持一致

(17) 新建序列，名称为【内容展示】；打开新建字幕对话框，将字幕名设置为【边角】，进入字幕窗口，在字幕工具面板中选择直线工具，在字幕设计栏中绘制直线，在【字幕属性】栏中设置 *X* 轴位置、*Y* 轴位置、宽、高分别为 220、217.5、30、5，如图 12-15 所示。

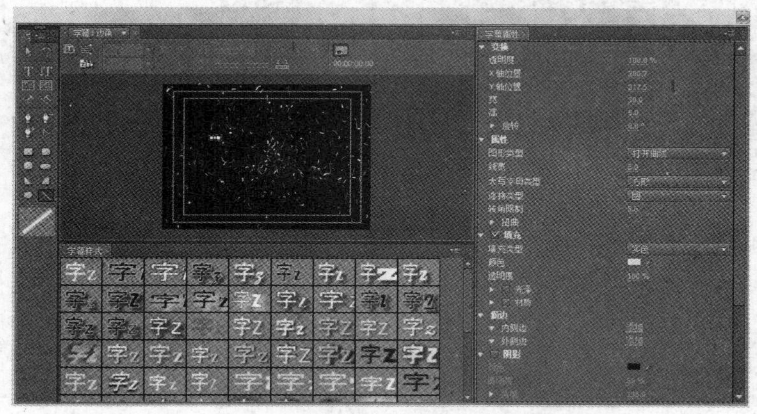

12-15　创建并设置直线

(18) 在字幕工具面板中选择【选择工具】，选中直线，执行复制(Ctrl+C)、粘贴(Ctrl+V)命令，将复制的直线【旋转】设置为 90 度，*X* 轴位置、*Y* 轴位置分别设为 188、233，如图 12-16 所示。

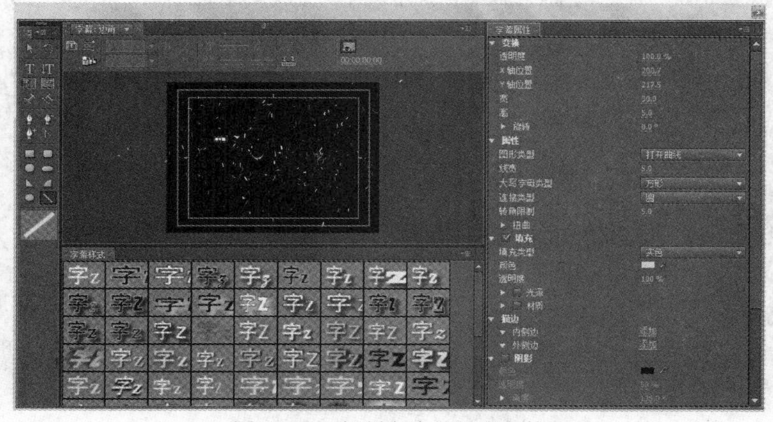

图 12-16　复制直线并设置参数

(19) 在字幕窗口中选中创建的两条直线，执行复制(Ctrl+C)、粘贴(Ctrl+V)命令，并设置相应的属性参数，配合使用对齐命令，效果如图 12-17 所示。

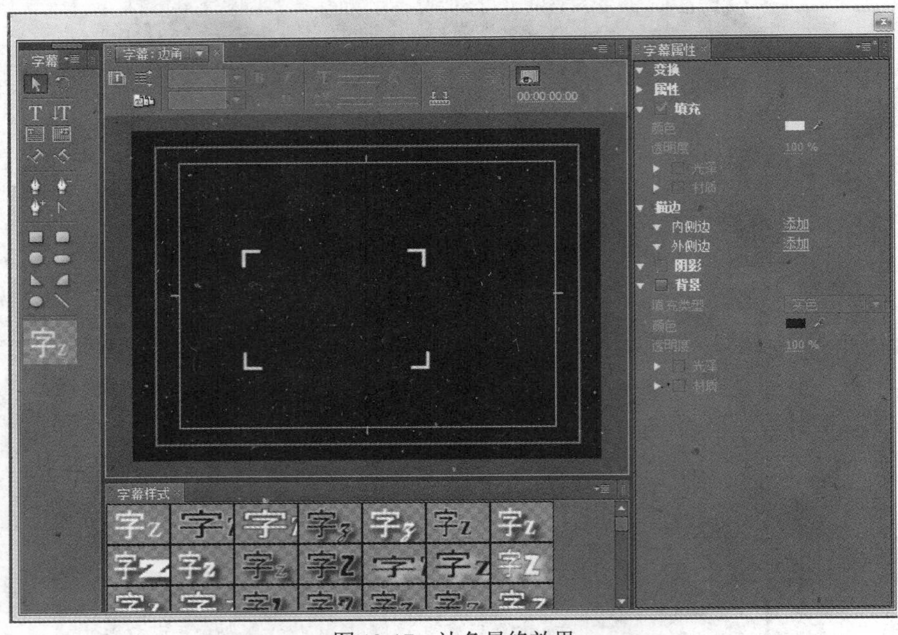

图 12-17　边角最终效果

(20) 单击【基于当前字幕新建】按钮，将字幕命名为【线条 1】，将原来的【边角】线全部删除，选择椭圆工具，在字幕窗口中创建椭圆，在字幕属性面板中 X 轴位置、Y 轴位置、宽、高分别为：390、85、650、5，选中【阴影】复选框，将颜色设为(0、255、255)，透明度为 80%、角度为：−180 度、距离为 5，大小为 1、扩散为 0，如图 12-18 所示。

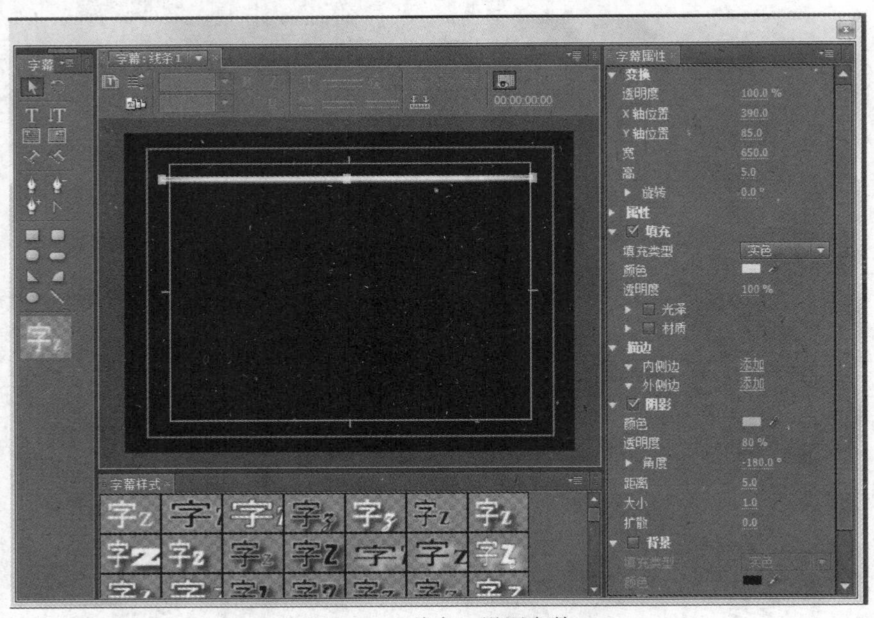

图 12-18　线条 1 设置参数

(21) 单击【基于当前字幕新建】按钮，将字幕命名为【线条 2】，选中字幕设计栏中的椭圆形，在字幕属性面板中将【旋转】设置为 180 度，将 Y 轴【位置】设置为 500，如图 12-19 所示。

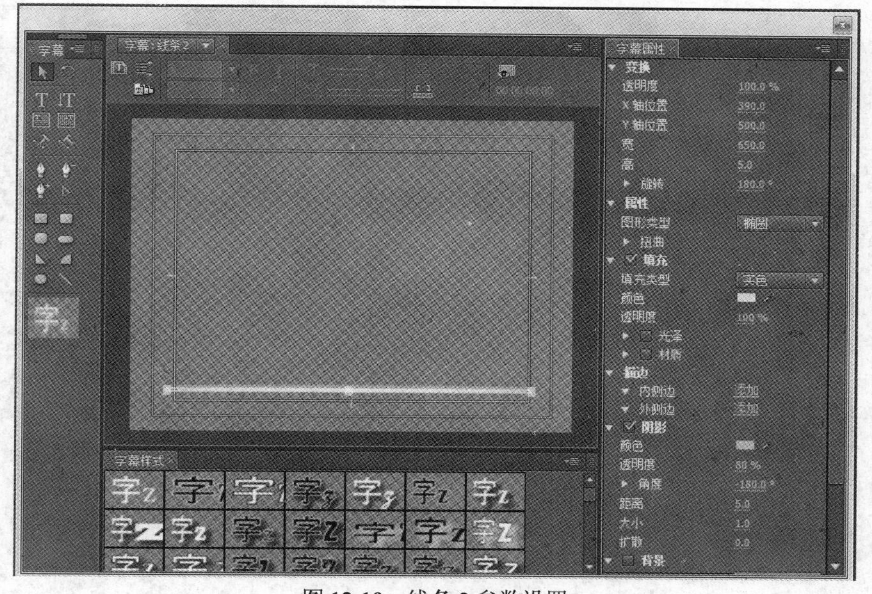

图 12-19　线条 2 参数设置

(22) 单击【基于当前字幕新建】按钮，将字幕命名为【线条 3】，选中字幕设计栏中的椭圆形，在字幕属性面板中将【旋转】设置为 90 度，X 轴位置、Y 轴位置、宽分别设为 650、290、550，如图 12-20 所示。

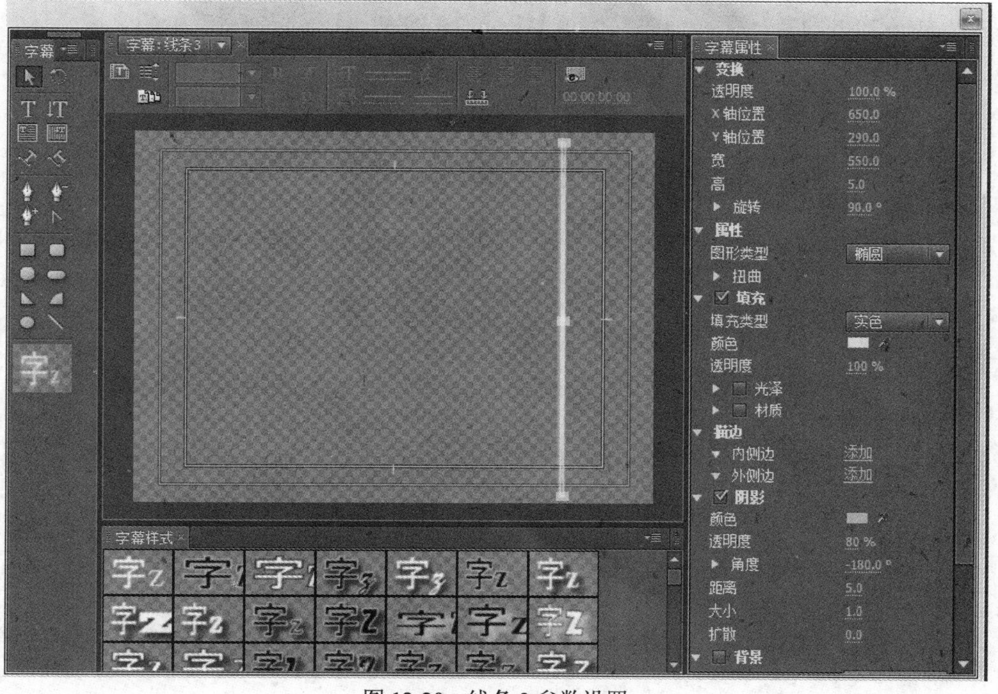

图 12-20　线条 3 参数设置

(23) 单击【基于当前字幕新建】按钮，将字幕命名为【线条 4】，选中字幕设计栏中的椭圆形，在字幕属性面板中将 *X* 轴位置设为 116，旋转设为 270 度，如图 12-21 所示。

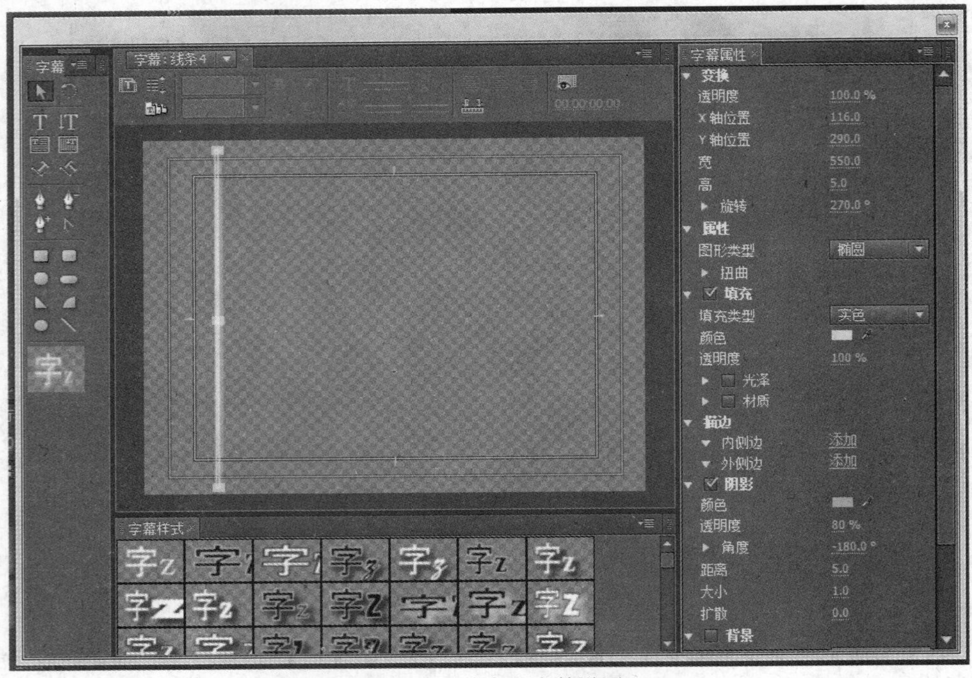

图 12-21　线条 4 参数设置

(24) 激活【内容展示】序列的时间性窗口，在菜单栏中选择【序列】|【添加轨道】命令，在对话框中设置【视频轨道】为 9，【音频轨道】设为 1，如图 12-22 所示。

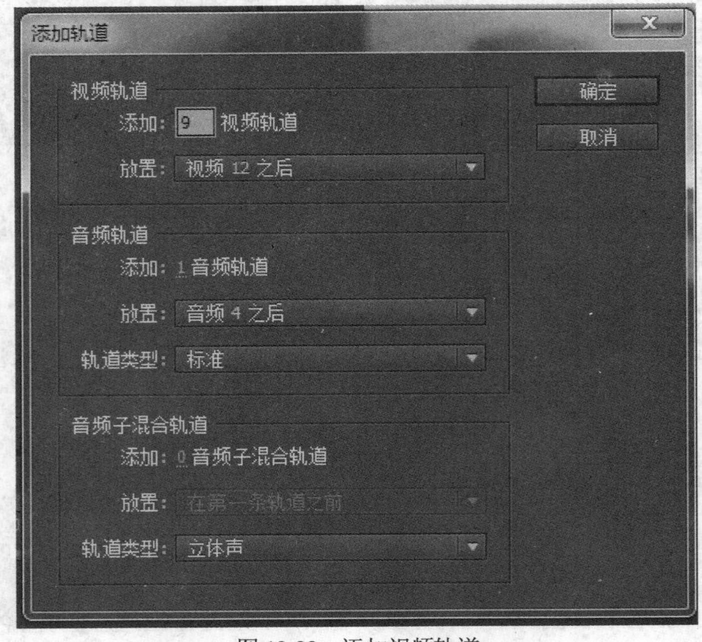

图 12-22　添加视频轨道

(25) 在项目窗口中将【背景.jpg】文件拖至【时间线】窗口的【V1】轨道中，将时间设置为 00:00:00: 10，将【背景.jpg】文件的结束处与编辑标识线对齐，如图 12-23 所示。选中【背景.jpg】文件切换到【效果控件】面板中，在时间为 00:00:00:00 时，启动【透明度】左侧的切换动画按钮，透明度设为 100%，在 00:00:00: 10 时，透明度设为 0%，形成渐隐动画效果。

图 12-23　拖动素材并调整

(26) 时间设置为 00:00:00:05，将素材 1.jpg 拖至【V2】轨道上，与编辑标识线对齐，右击 1.jpg 文件，在弹出的快捷菜单中选择【速度/持续时间】命令，设持续时间为 00:00:01:10，单击【确定】按钮，选中 1.jpg，在【效果控件】面板中单击缩放、透明度左侧的【切换动画】按钮，打开动画关键帧的记录，参数均设为 0%，如图 12-24 所示。

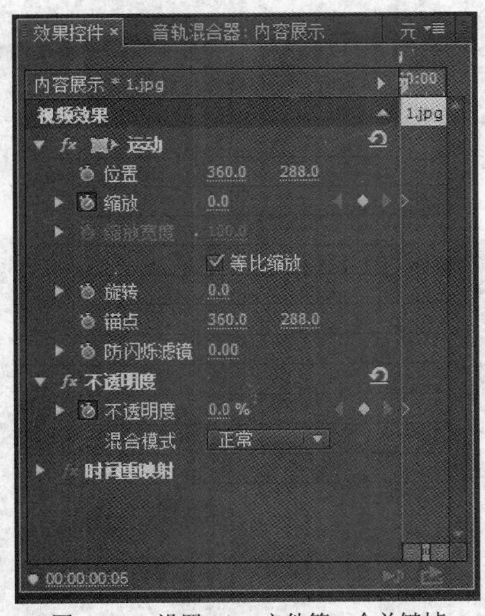

图 12-24　设置 1.jpg 文件第一个关键帧

(27) 将时间设置为 00:00:00:15，将缩放比例设置为 60%，透明度设为 100%，如图 12-25 所示。

图 12-25　设置 1.jpg 文件的第二个关键帧

(28) 为 1.jpg 文件添加高斯模糊效果，时间调至 00：00:00:12 位置，单击模糊度左侧的【切换动画】按钮，打开关键帧的记录，模糊度为 0，如图 12-26 所示；在 00:00:00:15 位置，模糊度为 40，如图 12-27 所示。

图 12-26　1.jpg 模糊度为 0

图 12-27　1.jpg 模糊度为 40

(29) 将时间调至 00:00:00:18，将 1.jpg 文件拖至视频 3 轨道上，与编辑标识对齐，将其结束处与视频 2 轨道中的 1.jpg 文件的结束处对齐，如图 12-28 所示。

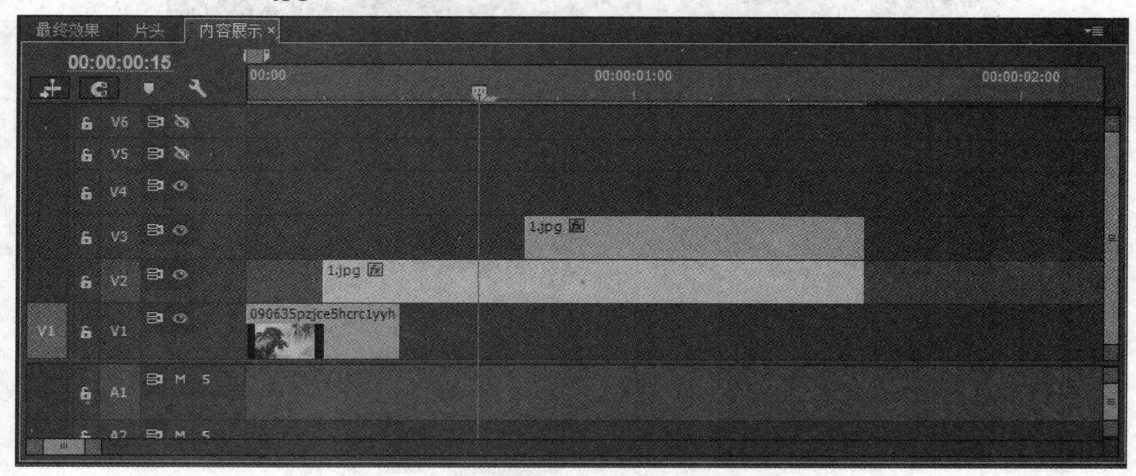

图 12-28 设置 1.jpg 文件

(30) 将时间调至 00:00:00:15，将【边角】字幕拖至视频 4 轨道上，与编辑标识对齐，将其结束处与视频 3 轨道中的 1.jpg 文件的结束处对齐。

(31) 为视频 3 轨道中的 1.jpg 文件添加【变换】|【裁剪】效果，并在【效果控件】面板中将缩放比例设置为 60%，将裁剪的左侧、顶部、右侧、底部分别设置为 18%、24%、19%、19%，如图 12-29 所示。

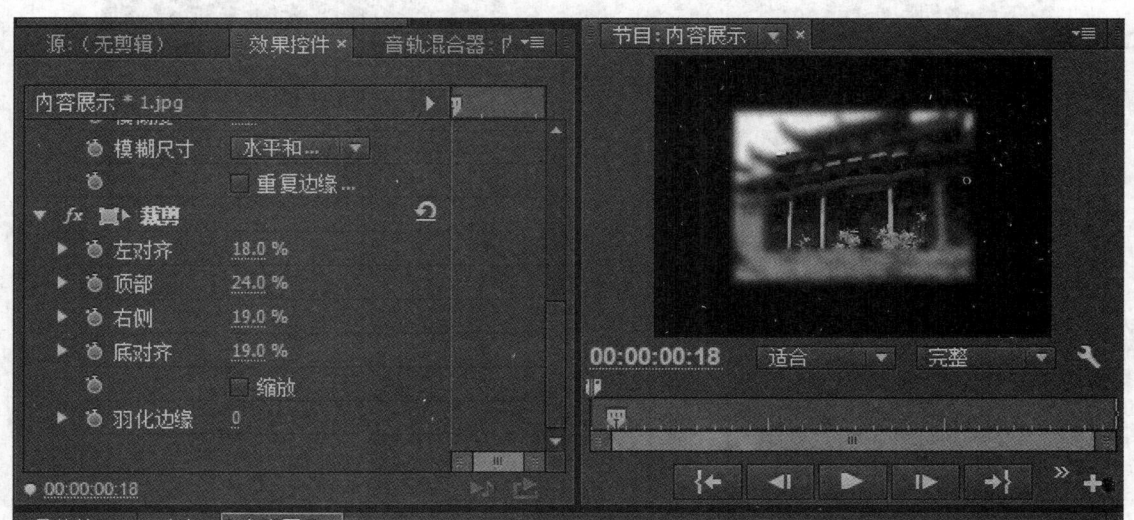

图 12-29 1.jpg 文件裁剪参数

(32) 为【边角】字幕添加【风格化】|【闪光灯】效果，【明暗闪动颜色】设为【黑色】，【随机明暗闪动概率】设为【10%】，【随机植入】为 3，如图 12-30 所示。

(33) 将图片 2.jpg 文件拖至【时间线】窗口的【V2】轨道中，将其开始处与【V2】中的 1.jpg 文件的结束处对齐，并在素材【速度/持续时间】中将持续时间设置为 00:00:00:18，如图 12-31 所示。

图 12-30　闪光灯参数设置

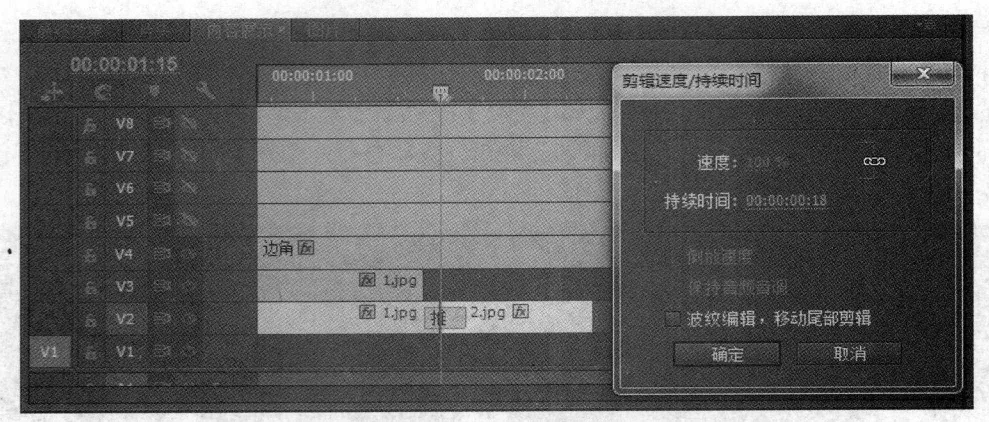

图 12-31　设置持续时间

(34) 将图片 2.jpg 文件的缩放比例设置为 60%，并为该文件的开始处添加【视频过渡】|【滑动】|【推】，将【推】效果的【持续时间】设置为 00:00:00:05，如图 12-32 所示。

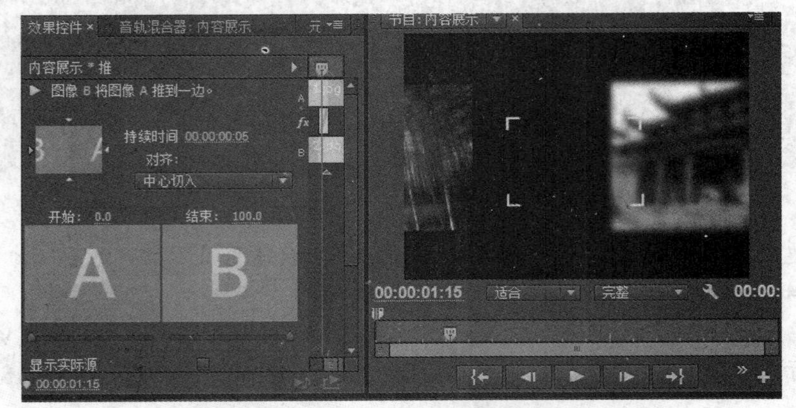

图 12-32　设置持续时间

(35) 选择 3.jpg 文件，在【效果控件】面板中将时间设置为 00:00:02:08，将【缩放】比例设置为 300，并单击其左侧的【切换动画】按钮，打开动画关键帧的记录，如图 12-33 所示。

图 12-33　设置关键帧

(36) 将时间设置为 00:00:02:18，在【效果控件】面板中将【缩放】比例设置为 60%，如图 12-34 所示。

图 12-34　设置 3.jpg 文件缩放比例

(37) 选择视频过渡中的【交叉溶解】效果，拖至【时间线】窗口的【视频 2】轨道的 2.jpg 和 3.jpg 文件的中间，将【持续时间】设置为 00:00:00:05，如图 12-35 所示。

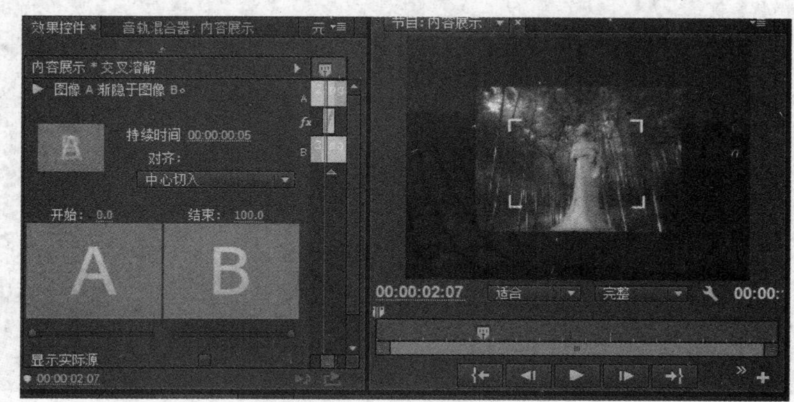

图 12-35　设置切换效果

计算机基础与实训教材系列

(38) 将时间设置为 00:00:02:22，将 4.jpg 文件拖至时间线窗口的 V3 轨道中，与编辑标识线对齐，将时间设置为 00:00:03:12，将 4.jpg 文件的介绍处与编辑标识线对齐，如图 12-36(a)和图 12-36(b)所示。

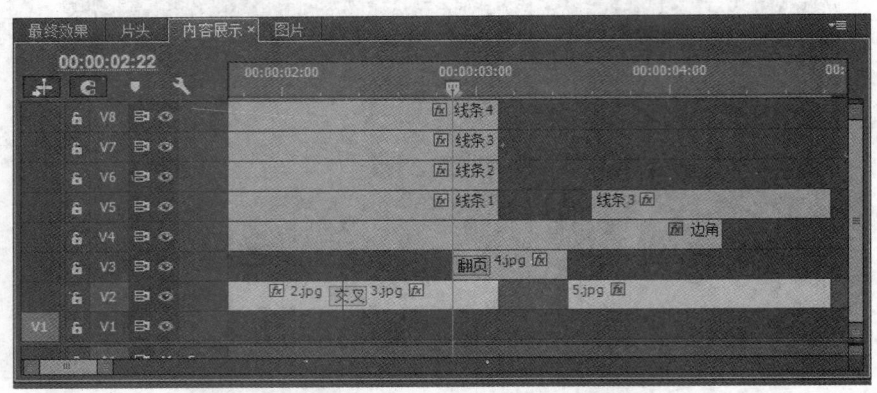

图 12-36(a)　4.jpg 文件时间长度设置 1

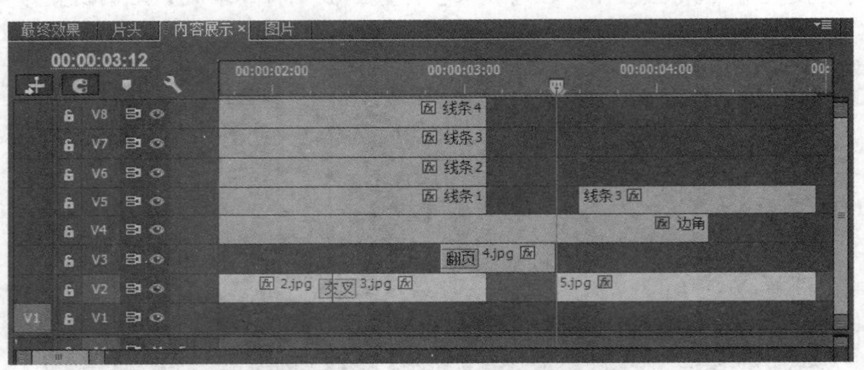

图 12-36(b)　4.jpg 文件时间长度设置 2

(39) 选中 4.jpg 文件，在【效果控件】面板中将时间设置为 00:00:03:10，将缩放比例设置为 60%，给透明度添加一个关键帧，将时间设置为 00:00:03:11，不透明度设为 0%，如图 12-37(a)和图 12-37(b)所示。

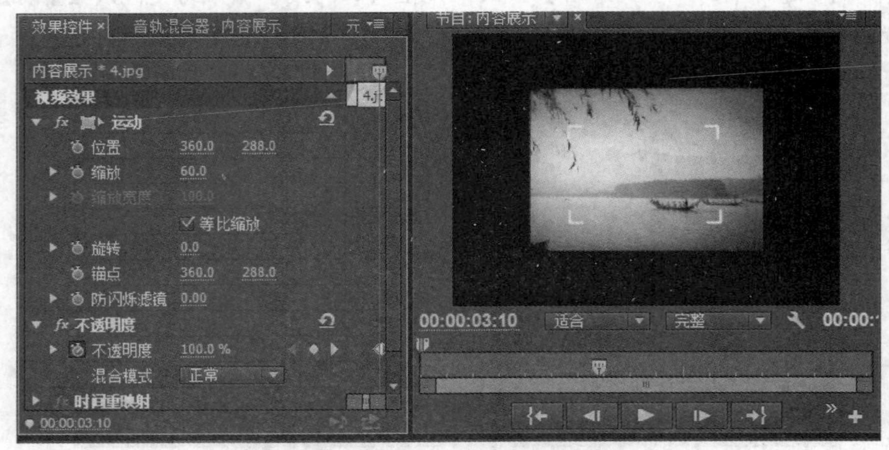

图 12-37(a)　4.jpg 文件关键帧的设置 1

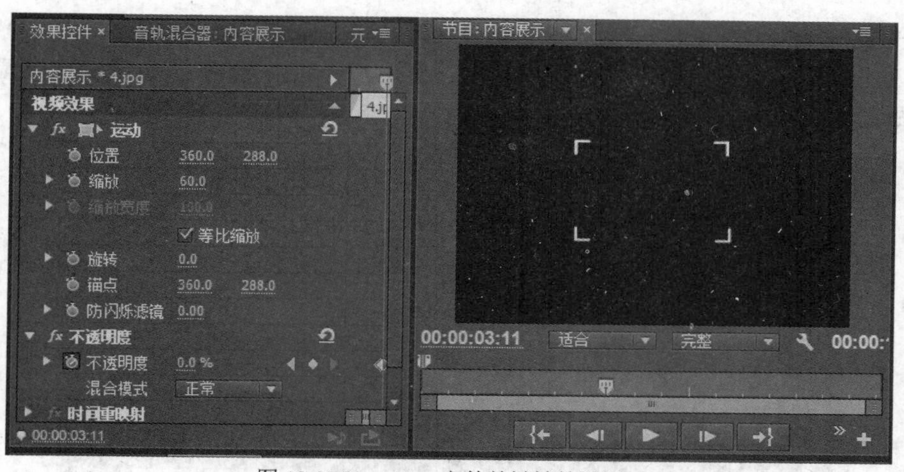

图 12-37(b)　4.jpg 文件关键帧的设置 2

(40) 为 4.jpg 文件的开始处添加翻页效果，在【效果控件】面板中将持续时间设置为 00:00:00:05，如图 12-38 所示。

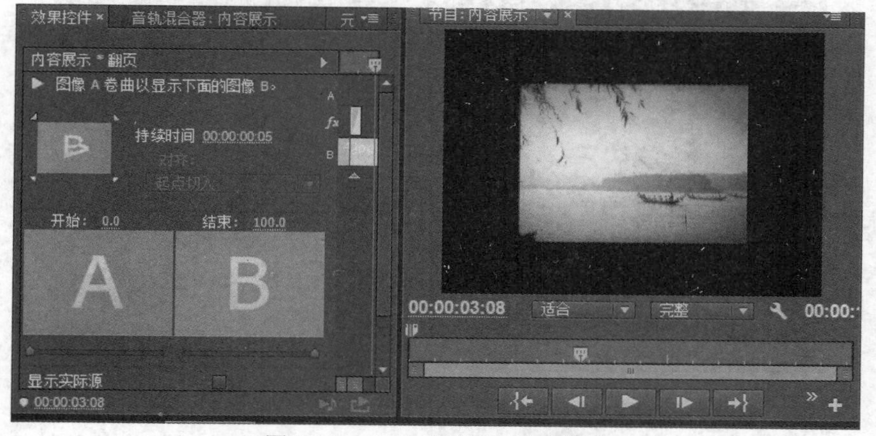

图 12-38　4.jpg 文件添加翻页效果

(41) 将 5.jpg 文件拖至【时间线】窗口的【V2】轨道中，将其开始处与【V3】轨道中的 4.jpg 文件的结束处对齐，将其持续时间设置为 00:00:01:10，如图 12-39 所示。

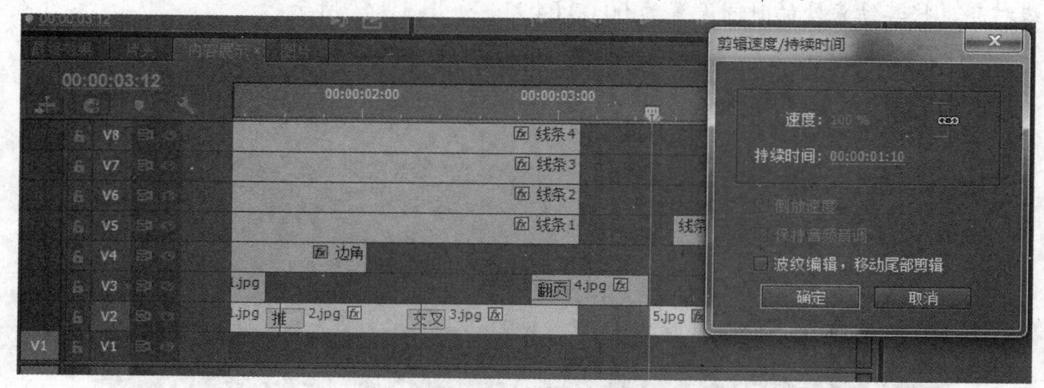

图 12-39　5.jpg 文件的调整设置

(42) 为 5.jpg 文件添加镜头光晕效果，在【效果控件】面板中将时间设置为 00:00:03:21，将缩放比例设置为 60%，将镜头光晕下的【光晕亮度】设置为 120%，将【光晕中心】设置为 535.5、38.5，如图 12-40(a)和图 12-40(b)所示。

图 12-40(a) 设置两处关键帧 1

图 12-40(b) 设置两处关键帧 2

(43) 为 5.jpg 文件的开始处添加黑场过渡效果，在特效控制台面板中将其持续时间设置为 00:00:00:05。

(44) 将时间设置为 00:00:03:21，将 6.jpg 文件拖至【时间线】窗口的【V3】轨道中，与编辑标识线对齐，将其结束处的时间设置为 00:00:04:21，如图 12-41 所示。

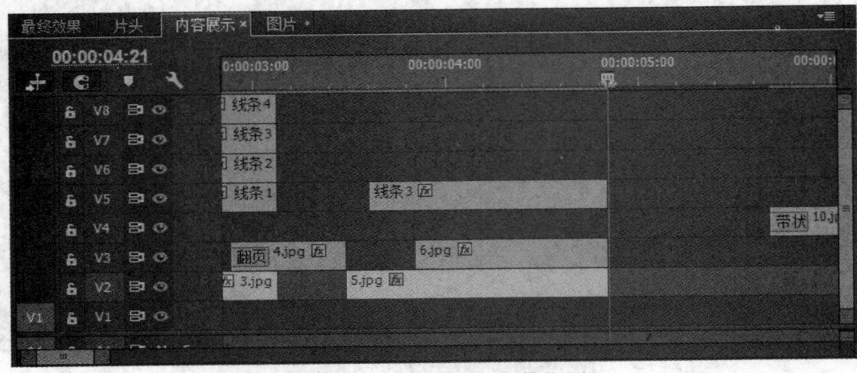

图 12-41 设置 6.jpg 文件位置

(45) 选中 6.jpg 文件，在【效果控件】面板中将时间设置为 00:00:03:21，将缩放比例设置为 18，将【位置】设为 654、650，单击其左侧的【切换动画】按钮，打开动画关键帧的记录，将时间设置为 00:00:04:14，在【效果控件】面板中将【位置】设为 654、167，如图 12-42(a)和图 12-42(b)所示。

图 12-42(a) 设置 6.jpg 两个关键帧 1

图 12-42(b) 设置 6.jpg 两个关键帧 2

(46) 将 7.jpg 文件拖至【V4】轨道中，将其开始处和结束处与【V3】轨道中 6.jpg 保持一致，切换到【效果控件】面板，将时间设置为 00:00:03:21，将缩放比例设置为 18，【位置】设为 66、-80，单击其左侧的【切换动画】按钮，打开动画关键帧的记录，将时间设置为 00:00:04:14，【位置】设为 66、410，如图 12-43(a)和图 12-43(b)所示。

图 12-43(a)　设置 7.jpg 两个关键帧 1

图 12-43(b)　设置 7.jpg 两个关键帧 2

(47) 将 8.jpg 文件拖至【时间线】窗口的【V2】轨道中，将其与 5.jpg 文件的结束处对齐，并将持续时间设为 00:00:00:14，将缩放比例设置为 60，在这两个素材之间添加立方体旋转效果，持续时间设为 00:00:00:05，如图 12-44 所示。

(48) 将时间设为 00:00:05:06，将 9.jpg 文件拖至【V3】轨道中，与编辑标识线对齐，将持续时间设置为 00:00:00:14，缩放比例设置为 60%，并在其开始处添加带状滑动效果，在【效果控件】面板中将持续时间设置为 00:00:00:05，单击【自定义】按钮，在打开的对话框中将【带数量】设置为 20，如图 12-45 所示。

图 12-44 视频切换效果

图 12-45 参数设置

(49) 使用同样的方法，将 10.jpg 文件拖至【V4】轨道中的 00:00:05:17 位置，将 11.jpg 文件拖至【V5】轨道中的 00:00:06:03 位置，缩放比例均设为 60%，持续时间为 00:00:00:14，同样添加带状滑动效果，设置同上。

(50) 将时间设置为 00:00:00:10，将线条 1 字幕拖至【V5】轨道中，与编辑标识线对齐，将其持续时间设置为 00:00:02:18。

(51) 选中线条【1】字幕，在特效控制面板中将位置设为-340、290，单击其左侧的【切换动画】按钮，打开动画关键帧的记录，将时间设置为 00:00:03:03，位置设为 1030、307，如图 12-46(a)和图 12-46(b)所示。

图 12-46(a) 线条 1 字幕的关键帧设置 1

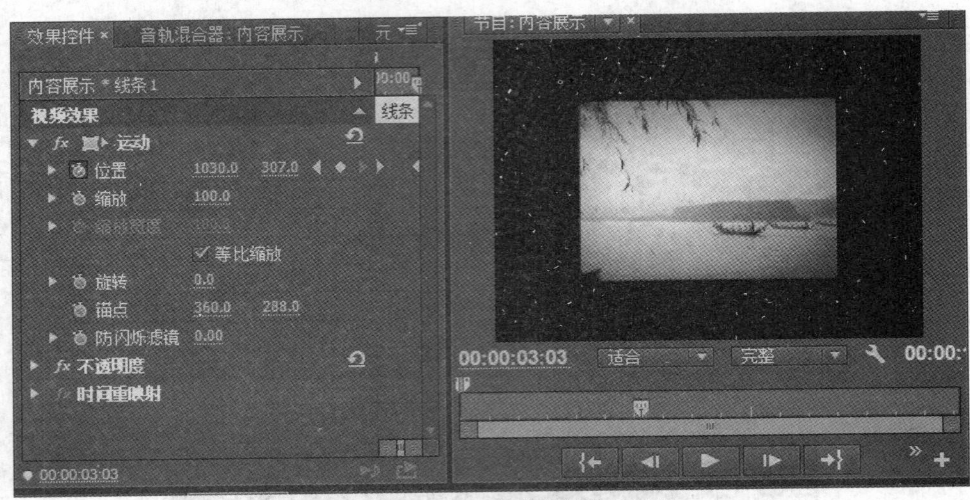

图 12-46(b)　线条 1 字幕的关键帧设置 2

(52) 将时间设置为 00:00:00:10，将线条 2 字幕拖至【V6】轨道中，与编辑标识线对齐，将其持续时间设置为 00:00:02:18，线条 1 和线条 2 字幕长度一致。

(53) 选中线条 2 字幕，在【效果控件】面板中将【位置】设为 1030、280，单击其左侧的【切换动画】按钮，打开动画关键帧的记录，将时间设置为 00:00:03:03，位置设为-340、230，如图 12-47(a)和图 12-47(b)所示。

图 12-47(a)　线条 2 字幕关键帧设置 1

(54) 将时间设置为 00:00:00:18，将线条 3 字幕拖至【V7】轨道中，与编辑标识线对齐，将其结束处与【V6】轨道中的线条 2 结束处对齐，切换至【效果控件】面板，将缩放比例设置成 80%，【位置】设为 405、288，透明度设置为 0%；将时间设置为 00:00:01:05，透明度设置为 100%，如图 12-48(a)和图 12-48(b)所示。

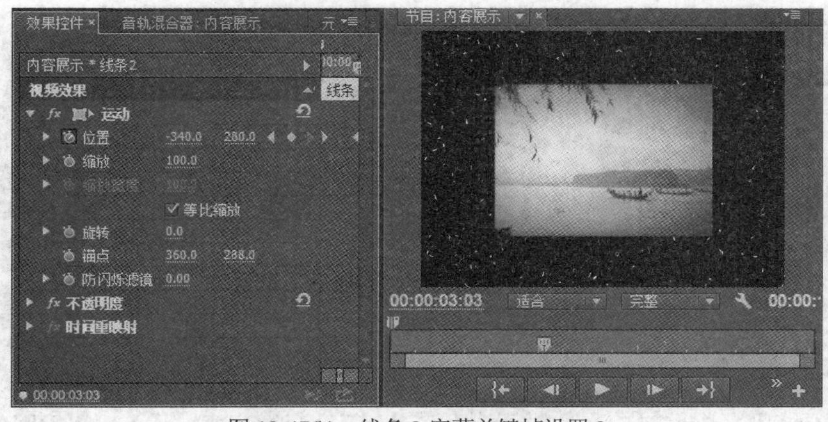

图 12-47(b)　线条 2 字幕关键帧设置 2

图 12-48(a)　线条 3 关键帧设置

图 12-48(b)　线条 3 关键帧设置

(55) 将线条 4 拖至【V8】轨道中，将其开始处和结束处与【V7】轨道中的线条 3 保持一致，并使用设置线条 3 的方法对线条 4 进行设置，如图 12-49(a)和图 12-49(b)所示。

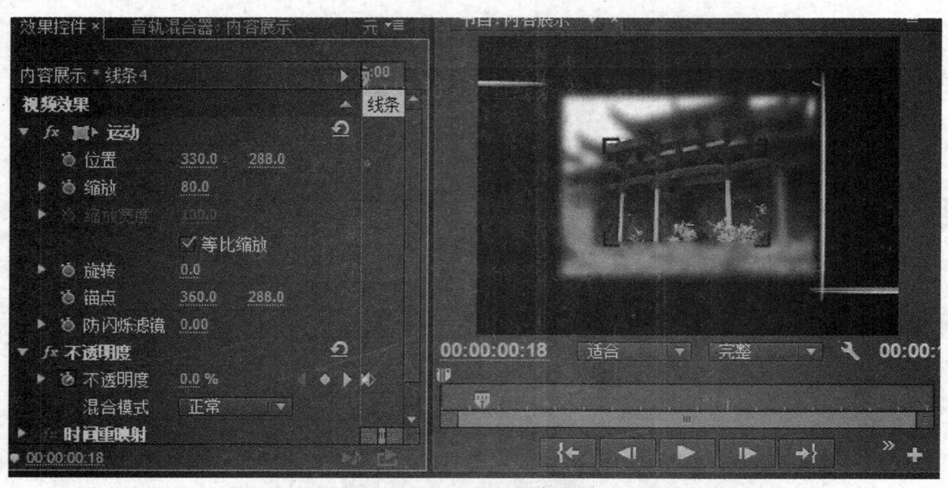

图 12-49(a)　线条 4 关键帧设置

图 12-49(b)　线条 4 关键帧设置

(56) 将时间设置为 00:00:03:15，将线条 3 字幕拖至【V5】轨道中，与编辑标识线对齐，将其结束处与【V4】轨道中的 7.jpg 文件结束处对齐，如图 12-50 所示。

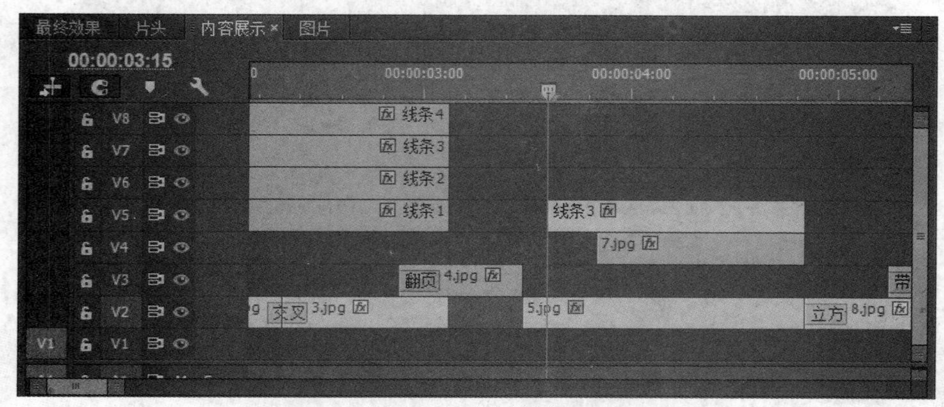

图 12-50　设置线条 3

(57) 切换至【效果控件】面板，将缩放比例设置为 80%，将位置设置为 405、-288，单击其左侧的【切换动画】按钮，打开动画关键帧的记录，将时间设置为 00:00:03:19，将位置设置为 405、288，如图 12-51(a)和图 12-51(b)所示。

图 12-51(a)　线条 3 关键帧设置

图 12-51(b)　线条 3 关键帧设置

(58) 将线条 4 字幕拖至【V6】轨道中，将其开始处和结束处与【V5】轨道中线条 3 保持一致，使用上步的方法进行设置，效果如图 12-52(a)和图 12-52(b)所示。

图 12-52(a)　线条 4 关键帧设置

图 12-52(b)　线条 4 关键帧设置

(59) 将时间设置为 00:00:03:24，将线条 1 字幕拖至【V7】轨道中，与编辑标识线对齐，将其持续时间设为 00:00:04:16。

(60) 切换至【效果控件】面板，将位置设为 1030、307，单击其左侧的【切换动画】按钮，打开动画关键帧的记录，将时间设置为 00:00:08:15，将位置设置为-340、307，如图 12-53(a)和图 12-53(b)所示。

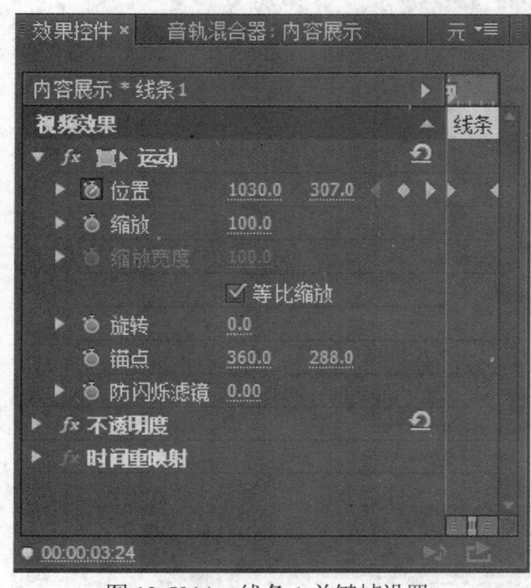

图 12-53(a)　线条 1 关键帧设置

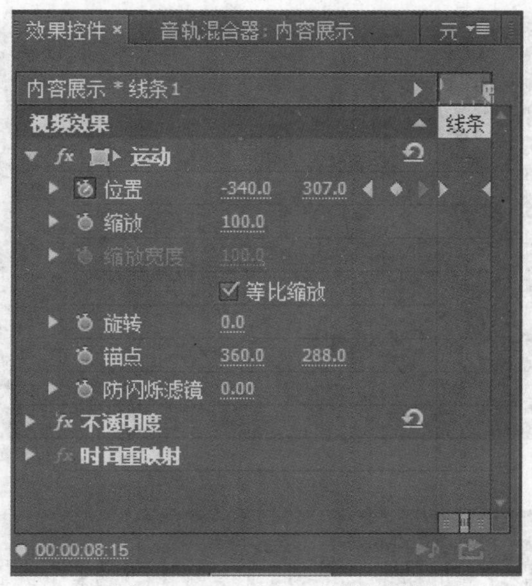

图 12-53(b)　线条 1 关键帧设置

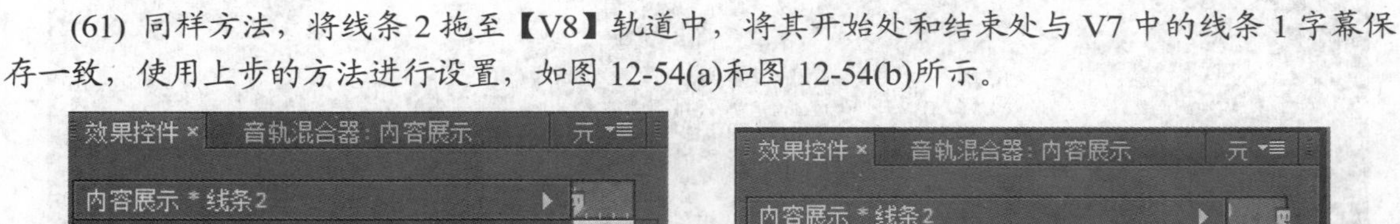

(61) 同样方法，将线条 2 拖至【V8】轨道中，将其开始处和结束处与 V7 中的线条 1 字幕保存一致，使用上步的方法进行设置，如图 12-54(a)和图 12-54(b)所示。

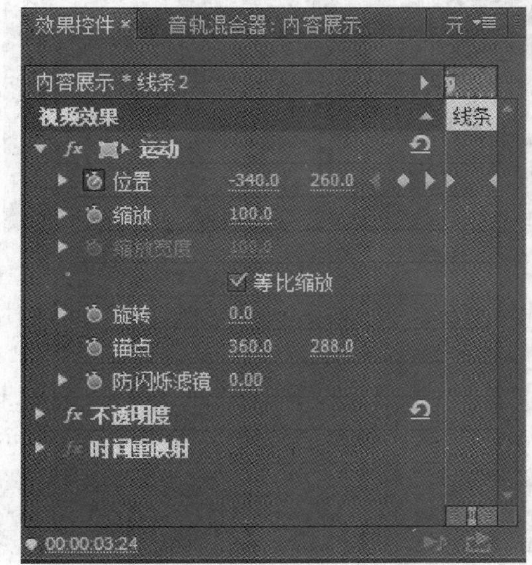

图 12-54(a)　线条 2 关键帧设置

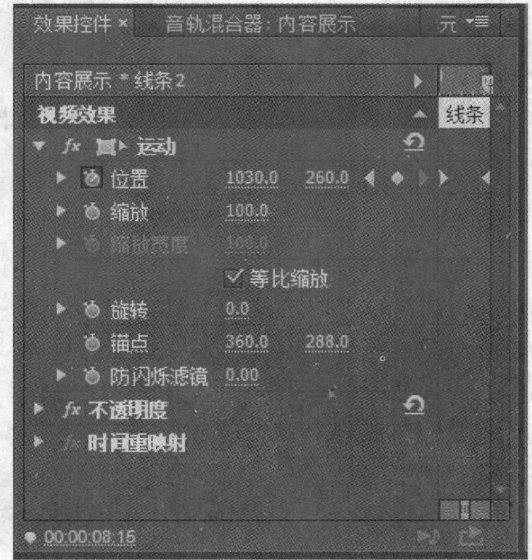

图 12-54(b)　线条 2 关键帧设置

(62) 将时间设置为 00:00:06:15，将 9.jpg 文件拖至【V3】轨道中，与编辑标识线对齐，将其持续时间设置为 00:00:00:06。

(63) 切换至【效果控件】面板，将缩放比例设置为 300%，单击其左侧的【切换动画】按钮，打开动画关键帧的记录，将时间设置为 00:00:06:17，将缩放比例设置为 60%，如图 12-55(a)和图 12-55(b)所示。

图 12-55(a)　设置 9.jpg 关键帧

图 12-55(b)　设置 9.jpg 关键帧

(64) 将 12.jpg 文件拖至【V3】轨道中，将其开始处与上步中的 9.jpg 结束处对齐，持续时间为 00:00:00:04，在【效果控件】面板中将缩放比例设置为 60%。

(65) 使用同样方法分别将 10.jpg、11.jpg、13.jpg、14.jpg、15.jpg、16.jpg、17.jpg、18.jpg、2.jpg 文件拖至【V3】轨道中，持续时间设置为 00:00:00:04，缩放比例设置为 60%，如图 12-56 所示。

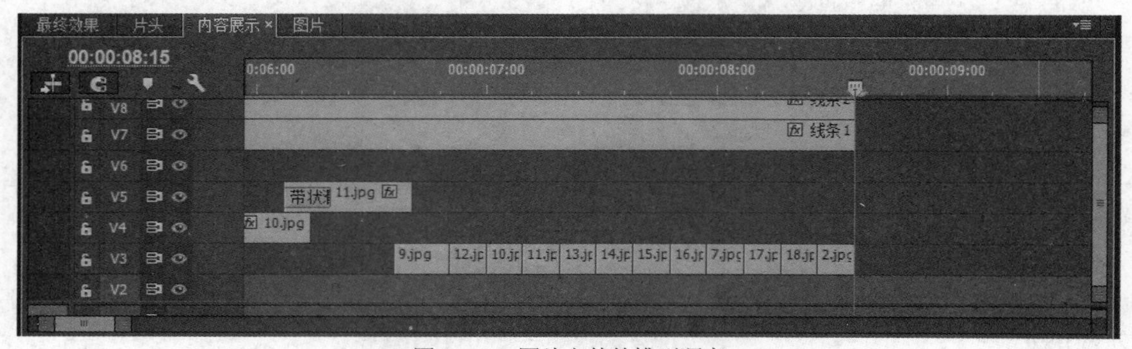

图 12-56　图片文件的排列顺序

(66) 再创建一个序列命名为"图片"，参数保持一致，单击【确定】按钮，激活【图片】序列的时间线窗口，添加 9 个视频轨道。

(67) 将 9.jpg 拖至【V1】轨道中，在【效果控件】面板中将缩放比例设置为 16%，【位置】设置为 64、55，如图 12-57 所示。

图 12-57　9.jpg 文件参数设置

(68) 将时间调至 00:00:00:04，将 12.jpg 拖至【V2】轨道上，将其开始处与编辑标识线对齐，结束处与【V1】轨道中的 9.jpg 文件结束处对齐。

(69) 选中 12.jpg 文件，在【效果控件】面板中将缩放比例设为 16%，位置设为 182.5、55。

(70) 使用同样方法，将其他文件每隔 4 帧分别拖至时间线的视频轨道上，并分别放在不同的视频轨道上，所有文件的结束处与 9.jpg 文件的结束处对齐，在【效果控件】面板中分别设置缩放比例和位置参数，效果如图 12-58(a)和图 12-58(b)所示。

图 12-58(a)　完成后的效果

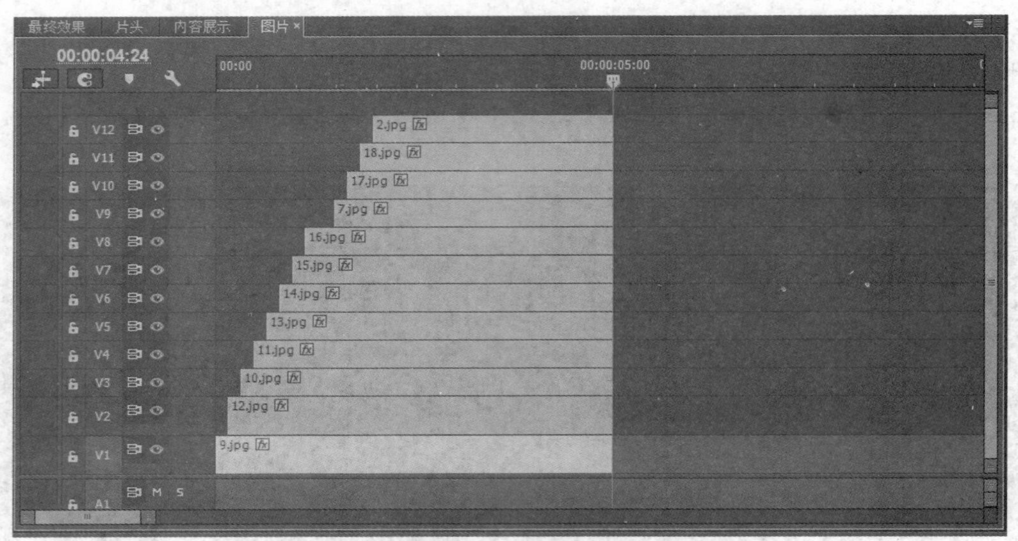

图 12-58(b)　完成后的效果

(71) 选择【内容展示】序列，将时间调至 00:00:06:17，将【图片】序列拖至【V2】轨道上，与编辑标识线对齐。在【图片】序列上右击，在弹出的快捷菜单中选择【取消链接】命令。

(72) 在时间线窗口中选择音频轨道中的【图片】文件，将其删除。

(73) 新建字幕名称为"叙说文字"，输入文字"一座历史悠久、文化灿烂、生态优越的文化古城；一座平安祥和、敦厚纯朴、宜商宜居的活力之城!"，【字体】设为【FZXingKai-S04】、【字体大小】为【69】、【纵横比】为 87%，填充白色，如图 12-59 所示。

图 12-59　【叙说文字】字幕设置

(74) 时间调至 00:00:08:15，将【叙说文字】字幕拖至【V2】上，并在其开始位置添加双侧平推门视频切换效果，字幕持续时间为 00:00:03:02，与【V2】轨道的结束时间一致，如图 12-60 所示。

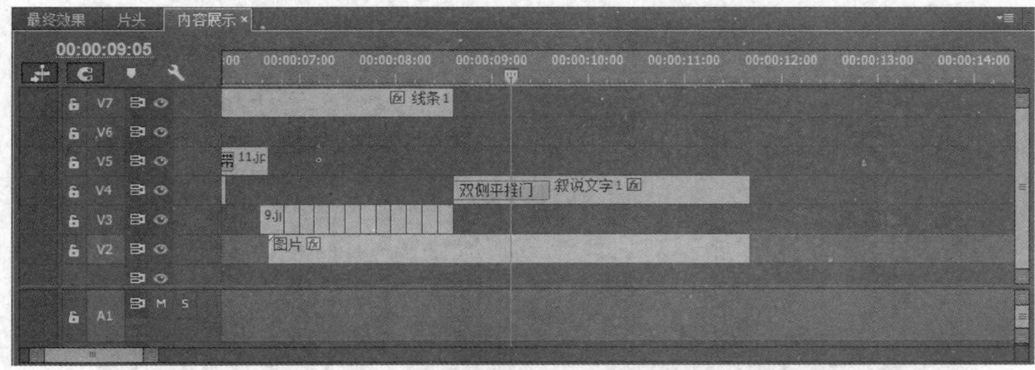

图 12-60　【叙说文字】设置

(75) 将时间调至 00:00:11:17，从项目窗口分别将宣纸.f4v、005.f4v、最后.f4v 视频素材拖至【V1】、【V2】、【V3】轨道，然后设置 3 个视频大小，如图 12-61 所示。

图 12-61　设置 3 个视频的大小

(76) 将时间调至 00:00:14:21，选择工具栏中的【剃刀】工具，将超出的视频全部进行裁剪，并删除，如图 12-62 所示。

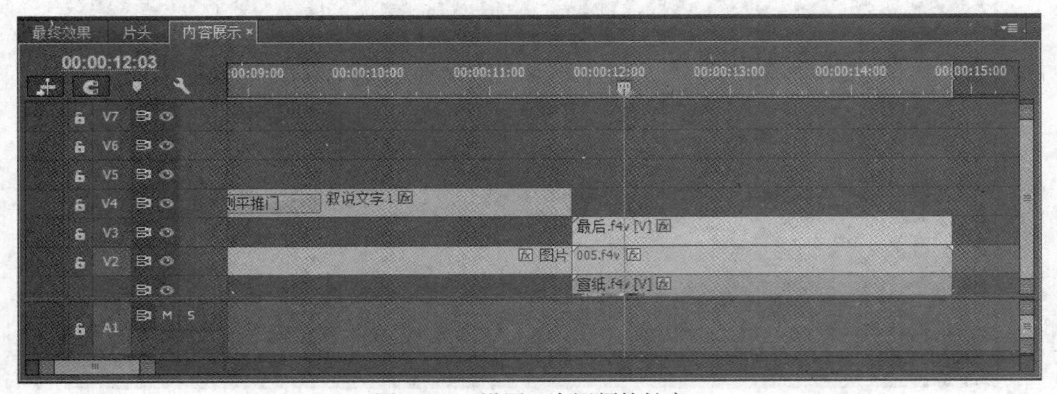

图 12-62　设置 3 个视频的长度

计算机基础与实训教材系列

(77) 新建一个字幕名称为“安徽宣城”，选择字幕工具栏中的垂直文字工具，在字幕窗口中输入【安徽】，用选择工具选中内容，将其设置为 myriadpro LtBlue 30，其他属性设置如图 12-63 所示。

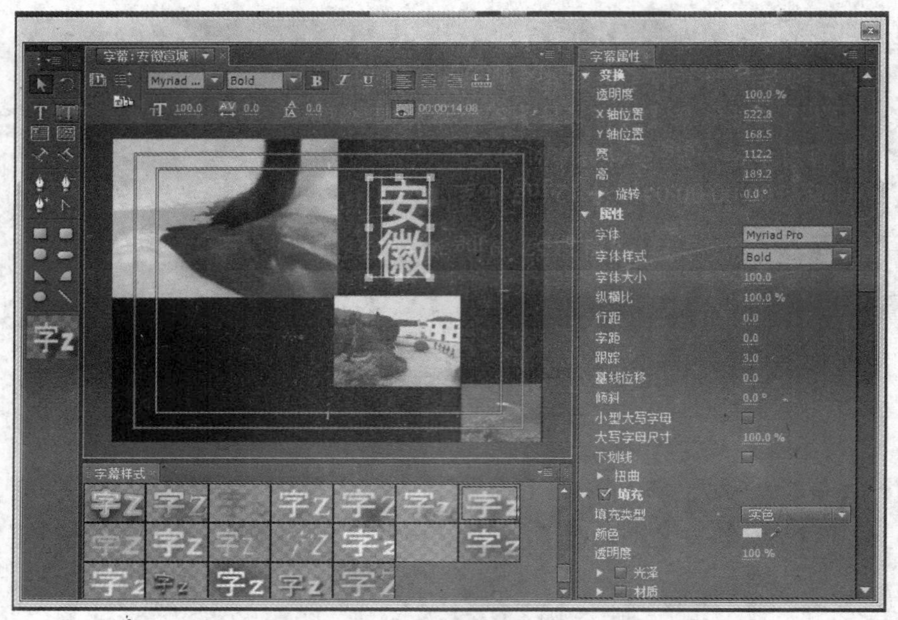

图 12-63 “安徽”字幕参数设置

(78) 单击【基于当前字幕新建】按钮，将字幕名改为“宣城”，将文字“安徽”删除，同样选择垂直文字工具，输入“宣城”，属性保持一致，如图 12-64 所示。

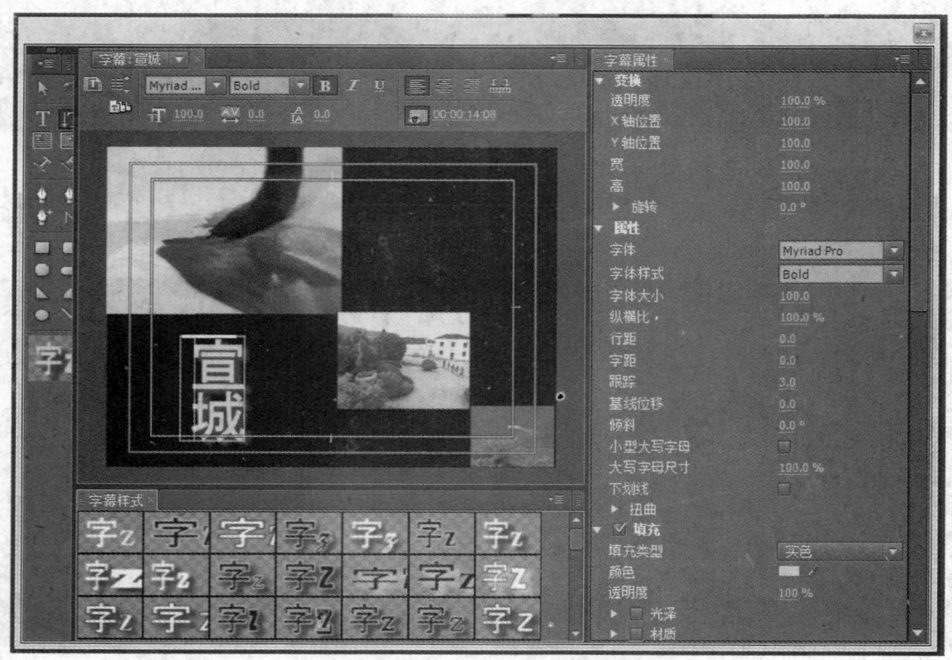

图 12-64 “宣城”字幕参数设置

(79) 分别将字幕"安徽"、"宣城"拖至视频轨道上，长度设置如图 12-65 所示。

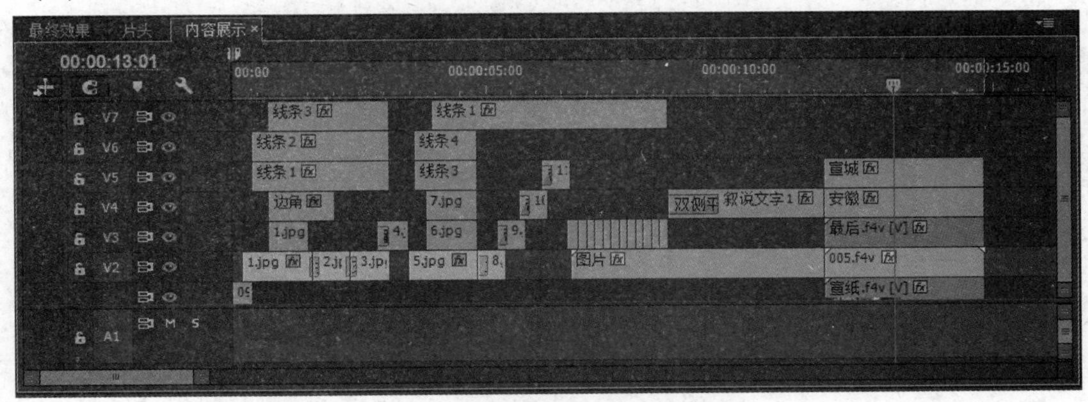

图 12-65　设置两个字幕的长度

(80) 新建一个序列名称为"最终效果"，激活【最终效果】时间线，分别将【片头】序列和【内容展示】序列拖放到【V1】上，解除视音频链接，并将音频轨道上的内容删除。

(81) 添加一个背景音乐。

(82) 在节目窗口中观看最终效果，导出视频。

习　题

新建一个项目文件【旅游宣传片 XT.prproj】，使用手边的素材和学过的制作方法，制作一个片头和一段重新剪辑的风光宣传片。